T0220210

# Erfolgreich studieren

Steffen Stock · Patricia Schneider
Elisabeth Peper · Eva Molitor
Herausgeber

# Erfolgreich studieren

## Vom Beginn bis zum Abschluss des Studiums

 Springer

Dr. rer. oec. Steffen Stock
OPITZ CONSULTING
Gummersbach GmbH
Kirchstraße 6
51647 Gummersbach
steffen.stock@studierendenratgeber.de

Dr. rer. nat. Elisabeth Peper
xit GmbH
forschen.planen.beraten
Frauentorgraben 73
90443 Nürnberg
elisabeth.peper@studierendenratgeber.de

Dr. phil. Patricia Schneider
Institut für Friedensforschung
und Sicherheitspolitik
an der Universität Hamburg (IFSH)
Beim Schlump 83
20144 Hamburg
patricia.schneider@studierendenratgeber.de

Dr. phil. Eva Molitor
Hohe Landesschule
Alter Rückinger Weg 53
63452 Hanau
eva.molitor@studierendenratgeber.de

ISBN 978-3-540-88824-6

Bibliografische Information der Deutschen Nationalbibliothek
Die Deutsche Nationalbibliothek verzeichnet diese Publikation in der Deutschen Nationalbibliografie;
detaillierte bibliografische Daten sind im Internet über http://dnb.d-nb.de abrufbar.

© 2009 Springer-Verlag Berlin Heidelberg

Dieses Werk ist urheberrechtlich geschützt. Die dadurch begründeten Rechte, insbesondere die der
Übersetzung, des Nachdrucks, des Vortrags, der Entnahme von Abbildungen und Tabellen, der Funk-
sendung, der Mikroverfilmung oder der Vervielfältigung auf anderen Wegen und der Speicherung
in Datenverarbeitungsanlagen, bleiben, auch bei nur auszugsweiser Verwertung, vorbehalten. Eine
Vervielfältigung dieses Werkes oder von Teilen dieses Werkes ist auch im Einzelfall nur in den
Grenzen der gesetzlichen Bestimmungen des Urheberrechtsgesetzes der Bundesrepublik Deutschland
vom 9. September 1965 in der jeweils geltenden Fassung zulässig. Sie ist grundsätzlich vergütungs-
pflichtig. Zuwiderhandlungen unterliegen den Strafbestimmungen des Urheberrechtsgesetzes.

Die Wiedergabe von Gebrauchsnamen, Handelsnamen, Warenbezeichnungen usw. in diesem Werk
berechtigt auch ohne besondere Kennzeichnung nicht zu der Annahme, dass solche Namen im Sinne der
Warenzeichen- und Markenschutz-Gesetzgebung als frei zu betrachten wären und daher von jedermann
benutzt werden dürften.

*Grafiken:* Nadya Innamorato, Hamburg
*Herstellung:* le-tex publishing services oHG, Leipzig
*Einbandgestaltung:* WMXDesign GmbH, Heidelberg

Gedruckt auf säurefreiem Papier

9 8 7 6 5 4 3 2 1

springer.de

# Vorwort der Herausgeber

*Studieren heißt nicht, alles zu wissen,*
*sondern Methoden zu erlernen,*
*um sich Neues zu erschließen.*

Liebe Leserinnen und Leser,

Ziel von „Erfolgreich studieren" ist zum einen, Ihnen einen Überblick über die Vielfalt des studentischen Lebens und Arbeitens zu geben und Ihnen Lust auf diesen neuen, aufregenden und schönen Lebensabschnitt zu machen. Zum anderen wird dieser Ratgeber Sie in allen wichtigen und möglicherweise problembehafteten Bereichen Ihres Studienlebens unterstützen.

Sie haben gerade einen Studienplatz erhalten oder studieren bereits? „Erfolgreich studieren" wird Sie von nun an begleiten, von der Orientierungsphase an allen Hochschultypen wie der Universität, Fachhochschule oder Berufsakademie bis zum Studienabschluss und zum Übergang ins Berufsleben bzw. bei der Fortsetzung Ihrer akademischen Laufbahn.

Die ersten Kapitel behandeln die Grundlagen Ihres Studiums. Daher möchten wir Ihnen die Lektüre dieser Kapitel besonders ans Herz legen; mit Themen wie Finanzierungs- und Versicherungsfragen sowie Studienorganisation (z. B. Lehrveranstaltungstypen und Zeitmanagement) sollten Sie sich unbedingt auseinandersetzen, um spätere Engpässe zu vermeiden. Neben Ihrem eigentlichen Studienfach sollten Sie dem Erwerb von möglichen Zusatzqualifikationen wie z. B. Fremdsprachen- und Computerkenntnissen oder einem Studium Generale Aufmerksamkeit schenken. Weitere Kapitel und Abschnitte werden erst für Sie interessant, wenn Sie unmittelbar mit einer neuen Situation wie einem geplanten Auslandsaufenthalt, einem Praktikum oder gesundheitlichen Problemen konfrontiert sind oder mit dem Gedanken an eine Veränderung spielen.

Möglicherweise finden Sie, dass in „Erfolgreich studieren" der Bereich der Leistungsnachweise, der ganz maßgeblich zum Studienerfolg beiträgt, nicht ausführlich genug dargestellt ist. Wir haben uns entschlossen, hier nur einen kurzen Überblick zu geben und diesem für ein Studium immens wichtigen Bereich ein eigenes Buch zu widmen, welches Themen wie Seminar- und Abschlussarbeiten, mündliche und schriftliche Prüfungen und einiges mehr ausführlich und praxisnah behandelt. Informationen hierzu finden Sie nach diesem Vorwort.

Gerade wer neu ins akademische Umfeld kommt, wird merken, dass es hier eine Vielzahl von Begriffen gibt, die außerhalb dieser Institutionen wenig geläufig sind. Was ist eine SWS? Was ist ein Kreditpunkt? Auch für diese Fälle gibt Ihnen dieser Ratgeber Hilfestellung. Die wichtigsten Begriffe rund um das Studium werden im Glossar in Anhang A allgemeinverständlich erklärt. So gewinnen Sie einen Überblick im vermeintlich undurchdringlichen Begriffsdschungel.

Sie haben einen Abschnitt gelesen, das Thema trifft auf Ihr Interesse und Sie wollen mehr dazu wissen? Kein Problem. Am Ende vieler Abschnitte finden Sie Literaturhinweise zum Weiterlesen.

Sie werden es bei einem Blick in den Bibliothekskatalog oder in die Regale des Buchladens bemerkt haben: Es gibt viele Studienratgeber. Zu Recht stellen Sie sich die Frage, was das Besondere an diesem Buch ist. „Erfolgreich studieren" richtet sich an Studierende an Universitäten, Fachhochschulen und Berufsakademien im gesamten deutschsprachigen Raum und ist somit für Studierende in und aus DEUTSCHLAND, ÖSTERREICH und der SCHWEIZ ein wertvolles Hilfsmittel für ein erfülltes Studium, wenngleich der Schwerpunkt auf der deutschen Situation liegt. In diesem Ratgeber finden Sie das geballte Wissen von 100 Autoren, die entweder ihr Studium bereits abgeschlossen haben oder noch dabei sind und die Abschnitte in interdisziplinären Autorenteams verfasst haben. In „Erfolgreich studieren" werden Studierende aller Disziplinen, z. B. Geistes-, Gesellschafts- und Naturwissenschaftler, angesprochen sowie Studierende mit ganz unterschiedlichen privaten und beruflichen Hintergründen. Natürlich verläuft ein von den Eltern finanziertes Studium anders als ein berufsbegleitendes. Wer im Studium ein Kind bekommt, wird sein Studium den veränderten Bedingungen anpassen müssen. Auch ausländische, ältere und behinderte Studierende sehen sich mit einer besonderen Situation konfrontiert; genauso kann ein Online-, Fern- oder Doppelstudium Sie besonders herausfordern. Und nicht zuletzt kann die eine oder andere z. B. gesundheitliche oder motivationale Krise Ihren Studienverlauf maßgeblich beeinflussen und zeitweilig sogar den erfolgreichen Abschluss infrage stellen. Diese kann z. B. durch den Wechsel von Studienort oder -fach, durch Stress oder Ängste ausgelöst werden. Auf diese Unwägbarkeiten müssen Sie angemessen reagieren, um sie bewältigen zu können. Ein erfolgreiches Studium ist keine Selbstverständlichkeit, so darf in diesem Buch auch ein Abschnitt zum Thema Studienabbruch nicht fehlen.

Sie sind mit Ihren Sorgen und Problemen nicht allein! Profitieren Sie deshalb insbesondere von den vielfältigen Erfahrungen anderer Studierender: Eine Innovation und besondere Stärke von „Erfolgreich studieren" sind die in Kapitel X abgedruckten Erfahrungsberichte von Studienabsolventen aus den einzelnen Disziplinen, darunter auch aus den neuen Bachelor- und Masterstudiengängen. Die Berichte bieten nicht nur reichhaltige Identifikationsmöglichkeiten, sondern Sie haben darüber hinaus die Gelegenheit, aus den Fehlern, aber auch aus den zielführenden Strategien anderer zu lernen.

So individuell wie Sie als Studierender sind, so individuell wird auch Ihr Studium verlaufen. Betrachten Sie „Erfolgreich studieren" als eine Fundgrube an wertvollen Informationen, aus der Sie je nach Ihren persönlichen Interessen und Ihrer jeweiligen Situation schöpfen können. Picken Sie sich das Passende heraus!

Für das gesamte Buch gilt, dass wir zwar keine allgemeingültigen Wahrheiten verkünden können, dennoch ein höchstmögliches Maß an Aussagekraft und Qualität gewährleisten wollen. Um dies zu erreichen, wurden fast alle Abschnitte bis auf die persönlichen Erfahrungsberichte von Autorengruppen verfasst, und alle Abschnitte wurden ausnahmslos einem doppeltblinden Begutachtungsverfahren (Peer-Review-Verfahren) unterzogen.

„Erfolgreich studieren" ist so aufgebaut, dass Sie an einigen Stellen als Leser miteinbezogen werden und damit auch etwas über sich selbst erfahren können. Wer nicht so gerne in ein Buch schreiben möchte oder darf, kann auf der Internetseite www.studierendenratgeber.de die mit dem Symbol ✍ gekennzeichneten Checklisten und ausfüllbaren Tabellen aus diesem Ratgeber kostenlos beziehen.

Außerdem möchten wir noch einige Hinweise in eigener Sache geben. Teilweise werden Preise bzw. Einkommensgrenzen angegeben. Diese beziehen sich jeweils – soweit nicht anders ausgewiesen – auf das Jahr 2008 und sollten im Einzelfall überprüft werden, da diese sich ändern können. Weiterhin werden in einigen Abschnitten Internetadressen genannt. Leider veralten diese Adressen schnell. Wir bitten daher um Verständnis, falls Sie damit nicht immer ans Ziel gelangen. Unter Eingabe geeigneter Stichwörter in eine Suchmaschine wird es Ihnen hoffentlich trotzdem möglich sein, die entsprechenden Internetseiten zum Thema aufzufinden.

Uns ist nicht entgangen, dass es Studentinnen und Studenten gibt; aus Gründen der Lesbarkeit haben wir uns allerdings für die Verwendung der männlichen bzw., sofern möglich, der geschlechtsneutralen Form wie z. B. Studierende entschieden. Selbstverständlich sollen sich Frauen und Männer von diesem Ratgeber gleichermaßen angesprochen fühlen, insbesondere im derzeit leider noch vorwiegend männlich dominierten Wissenschaftsbetrieb.

Unser größter Dank gilt allen beteiligten Autoren, die diesen Ratgeber mit Leben gefüllt haben und ohne deren Wissen, Erfahrung und Engagement dieses Buch niemals entstanden wäre. Besonders hervorzuheben sind diejenigen, die den Schreib- und Überarbeitungsprozess innerhalb ihrer Autorengruppe koordiniert haben.

Wir würden uns freuen, wenn Sie sich nach der Lektüre noch etwas Zeit für eine Rückmeldung nehmen. Hat Ihnen das Buch gefallen? Vermissen Sie ein Thema, das genau für Ihren Studienverlauf von Belang ist? Finden Sie Informationen in diesem Buch zu abstrakt oder wenig hilfreich? Lob, Kritik und Verbesserungsvorschläge nehmen wir gerne entgegen. Hierfür haben wir einen Fragebogen vorbereitet, den Sie unter *www.studierendenratgeber.de* ausfüllen können.

Wir widmen dieses Buch auch all denjenigen, die ihr Studium leider nie beendet haben. Machen Sie es besser!

Gummersbach, Hamburg, Würzburg und Hanau, im Januar 2009

Dr. Steffen Stock
Dr. Patricia Schneider
Dr. Elisabeth Peper
Dr. Eva Molitor

# Inhaltsverzeichnis

# I     Studienbeginn

Soll ich wirklich studieren? Was wird in dieser neuen Lebensphase, dem Studium, anders sein, als ich es aus der Schule oder der Ausbildung kenne? Im Folgenden bekommen Sie Hinweise, wie Sie Ihren Studieneinstieg organisieren können und was Sie beim Studienbeginn beachten sollten.

## 1     Selbsteinschätzung

Sie möchten studieren oder Sie haben gerade Ihr Studium aufgenommen und sind sich unsicher, ob Sie die richtige Entscheidung getroffen haben?

Die Wahl des Studiums und damit auch des zukünftigen Berufszweigs stellt eine weitreichende Weichenstellung dar. Mit dieser Entscheidung für eine Fachrichtung – und damit zwangsläufig auch gegen viele andere Richtungen – tun sich viele sehr schwer.

Im Folgenden finden Sie Anregungen, wie Sie sich selbst durch die Kenntnis Ihrer Stärken, Schwächen und persönlichen Ziele besser einschätzen und Ihre Entscheidung vielleicht etwas erleichtern können.

Vor Beginn eines Studiums sollten Sie Ihre Ziele genau kennen. Wo liegen Ihre Interessenschwerpunkte? Was wollen Sie mit diesem Studium erreichen? Wie stehen die Chancen, Ihr Ziel zu erreichen? Wie gut sind Ihre Qualifikationen für die entsprechende Studienrichtung?

Die Grundlage, auf der Sie Ihre Ziele erarbeiten können, ist eine möglichst genaue und objektive Kenntnis Ihrer Fähigkeiten, Stärken und Schwächen. Auch wenn es schwer ist, sich selbst objektiv zu beurteilen, können Sie doch versuchen, mit entsprechenden Arbeitsmitteln ein klareres Bild von sich zu bekommen (Brenner / Brenner 2004; www.was-studiere-ich.de). Einige Hochschulen bieten als Vorbereitung auf ein Studium die Möglichkeit, vorab an einem Self Assessment (Selbsteinschätzung) teilzunehmen und so Hinweise darauf zu erhalten, ob Sie sich für den angebotenen Studiengang eignen (ZSPB 2008).

Durch eine systematische Selbstanalyse erhalten Sie wichtige entscheidungsrelevante Informationen bez. Ihrer Neigungen und Fähigkeiten. Es kann durchaus hilfreich sein, so einen Test zu durchlaufen, um die eigene Entscheidung zu stützen bzw. zu hinterfragen. Insgesamt sind diese standardisierten Selbsteinschätzungstests jedoch nur Wegweiser und keine unantastbaren Entscheidungsgeber. Sie sollten sich nicht zu sehr verunsichern lassen, falls ein Ergebnis nicht nach Ihren Vorstellungen ausfällt. Hilfreich ist es auch, direkt zur Studienberatung zu gehen oder sich im Bekanntenkreis oder in Foren umzuhören, wie der von Ihnen gewählte Studiengang von Studierenden selbst eingeschätzt wird. Diese Einschätzungen sind natürlich nur subjektiver Natur, und nur weil dem einen ein Fach nicht liegt, muss das Gleiche nicht auf Sie zutreffen. Dennoch haben Sie durch persönliche Gespräche die Möglichkeit, Themen wie Ängste vor Anforderungen oder organisatorische Abläufe zur Sprache zu bringen.

Doch warum überhaupt studieren? Für ein Studium gibt es die unterschiedlichsten Gründe. Haben Sie sich schon einmal gefragt, welches Ihre persönlichen Gründe sind? Anregungen hierzu können Ihnen die nachfolgenden Tabellen geben. Dabei ist es nicht wichtig, wie häufig Sie „ja" ankreuzen, sondern dass Sie sich Ihrer eigenen Ansprüche und Ihrer tatsächlichen Beweggründe für das Studium bewusst werden (www.self-assessment.tu9.de/tm, www.allianz.de/start/perspektiven_tests).

Zunächst sollten Sie sich die Gründe für ein Studium bewusst machen (vgl. Tabelle 1).

**Tabelle 1.**   Checkliste: Gründe für ein Studium ✍

| | Warum möchte ich studieren? | ja | nein |
|---|---|---|---|
| 1 | Ich möchte mein Wissen in einem Themenbereich vertiefen. | | |
| 2 | Ich habe großes Interesse, mich mit neuen Themen zu beschäftigen. | | |
| 3 | Ich verbinde mit dem Studium einen konkreten Berufswunsch. | | |
| 4 | Nur durch ein Studium kann ich meine Gehaltsvorstellungen verwirklichen. | | |
| 5 | Die durch ein Studium zu gewinnende Unabhängigkeit von meinen Eltern und der neue Wohnort sind mir wichtig. | | |
| 6 | Das studentische Leben reizt mich. | | |
| 7 | Ich möchte den Ansprüchen meiner Eltern gerecht werden. | | |
| 8 | Meine Freunde studieren auch, ich möchte dazu gehören. | | |
| 9 | Ein Studium anzustreben war für mich immer selbstverständlich, ich habe das nie hinterfragt. | | |
| 10 | Ich möchte nur zur Überbrückung studieren, bis ich mir sicher bin, was ich in meinem Leben machen will. | | |

Mit dem Studium sind einige Vorteile verbunden:
- Ich erreiche einen höheren Qualifikationsgrad.
- Das Studium bietet mir grundsätzlich die Chance, ein höheres Einkommensniveau zu erreichen.
- Ich kann vertieftes Wissen in einem oder mehreren Themenbereichen (Expertenwissen) erlangen.

Ein Studium hat aber auch Nachteile:
- Für ein Studium muss ich viel Geld und Zeit investieren (Studiengebühren, Umzug etc.).

- Das Studium ist langwieriger als die alternativen Ausbildungen, die für mich in Frage kommen.
- Das Studium ist – vor allem an Universitäten – eher theoretisch und weist weniger Praxisbezug als z. B. eine Ausbildung auf.

Diese Vor- und Nachteile sollten Sie abwägen, bevor Sie sich für ein Studium entscheiden. Ein Studium sollten Sie dann beginnen, wenn für Sie persönlich die Vorteile die Nachteile überwiegen.

Die durchschnittliche Studiendauer bis zum Abschluss des ersten Studiums betrug in DEUTSCHLAND im Prüfungsjahr 2007, das das WS 2006/2007 und das SS 2007 umfasst, insgesamt 9,9 Semester. Jedoch variierte die Dauer zwischen den einzelnen Fächergruppen (vgl. Abb. 1). Die Fächergruppen sind gemäß der Systematik der amtlichen Statistik aufgeteilt (Statistisches Bundesamt 2008, 307 ff.).

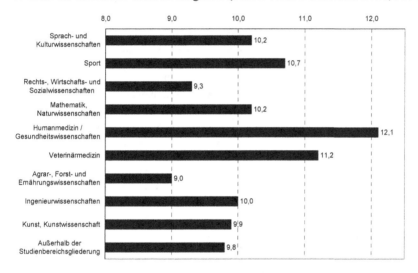

**Abb. 1.** Durchschnittliche Studiendauer bis zum ersten Studienabschluss in DEUTSCHLAND im Prüfungsjahr 2007 nach Fächergruppen (Statistisches Bundesamt 2008, 234 ff.)

Wenn Sie sich für ein Studium entschieden haben: Herzlichen Glückwunsch! Nun sollten Sie überprüfen, ob die Rahmenbedingungen bei Ihnen gegeben sind (vgl. Tabelle 2).

**Tabelle 2.**   Checkliste: Rahmenbedingungen ☞

| | *Welche Rahmenbedingungen muss ich beachten?* | *ja* | *nein* |
|---|---|---|---|
| 1 | Ich erfülle die Zugangsvoraussetzungen (Schulabschluss, Notendurchschnitt, Wartezeiten etc.). | | |
| 2 | Ich habe erforderliche Praktika abgeleistet. | | |
| 3 | Ich habe erforderliche Aufnahmeprüfungen bestanden. | | |
| 4 | Meine Finanzierung ist gesichert. | | |
| 5 | Ich weiß, wo ich wohnen bzw. dass ich täglich anreisen kann. | | |
| 6 | Ich kann die Einschreibefrist einhalten. | | |

Die beste Motivation für ein Studium ist eine gute Portion Neugier auf die Erkenntnisse dieses Fachgebiets. Um das zu Ihnen passende Fach bzw. die zu Ihnen passenden Fächer herauszufinden, können Sie auf den Ergebnissen Ihrer Selbstanalyse aufbauen.

Bei der Wahl des Studienorts sollten Sie Aspekte wie die Finanzierung eines möglichen Umzugs und evtl. Studiengebühren (vgl. Abschnitt III 1.2) in vielen Bundesländern bzw. Kantonen mit einkalkulieren. Ihre Entscheidung sollte aber vor allem davon abhängig sein, wie sehr sich die von Ihnen präferierte Hochschule auf Ihr Fachgebiet spezialisiert hat, und welche Möglichkeiten Ihnen dort für eine gute Ausbildung geboten werden. Auf der Internetseite der jeweiligen Hochschule können Sie sich über Ihr Fachgebiet informieren. Lassen Sie sich die Prüfungsordnung und Informationen (z. B. ein Vorlesungsverzeichnis) über den in Frage kommenden Studiengang zusenden, falls diese nicht im Internet verfügbar sind.

Das Durchschnittsalter beim ersten Studienabschluss lag in DEUTSCHLAND im Prüfungsjahr 2007 insgesamt bei 27,6 Jahren, wobei es in den einzelnen Fächergruppen leicht variierte (vgl. Abb. 2).

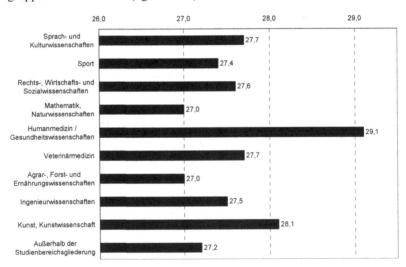

**Abb. 2.**  Durchschnittsalter beim ersten Studienabschluss in DEUTSCHLAND im Prüfungsjahr 2007 nach Fächergruppen (Statistisches Bundesamt 2008, 234 ff.)

Falls das Hauptaugenmerk bis jetzt auf der universitären Ausbildung lag, sollten Sie sich auch über Angebote von Fachhochschulen und Berufsakademien informieren (vgl. Abschnitte I 3.1 und VIII 3). Wenn Sie bspw. an der Universität die Praxisnähe vermissen, kann eine Fachhochschule oder Berufsakademie eine passende Alternative für Sie sein. Ein Fernstudium ist für Sie vielleicht die richtige Alternative, falls Sie sehr an Ihren Wohnort gebunden sind oder nebenberuflich studieren wollen (vgl. Abschnitt IX 2).

Wenn Sie sich für ein Fach und eine Hochschule entschieden haben und sich Ihrer Sache sicher sind, gilt es, sich mit den Anforderungen des Studiums auseinanderzusetzen. Im Studium erwarten Sie unterschiedliche Prüfungsmöglichkeiten, von mündlichen Prüfungen, Referaten über Klausuren und Hausarbeiten (vgl. Abschnitt V 2). Daher ist es wichtig, sich frühzeitig die Fähigkeit anzutrainieren, sich nicht nur stetig in neue Themen, sondern auch in neue methodische Arbeitsformen einfinden zu können. Kurz gesagt: Sie müssen das Lernen lernen.

### Tipps zum Weiterlesen (für Abschnitt I 1)

Brenner / Brenner 2004; Chevalier 2005, 13 ff.; ZSPB 2008.

## 2    Unterschied zur Schule und Ausbildung

Es gibt vielfältige Unterschiede zwischen einem neu aufgenommenen Studium an einer Hochschule und den Erfahrungen, die Sie in anderen Lernkontexten bisher gemacht haben. Schule und Ausbildung sind strukturiert durch enge Lernzielvorgaben, Curricula, Gliederungen der einzelnen Kurse nach Nutzenüberlegungen. Die Situation in einer Schulklasse ist durch das enge Verhältnis zwischen Lehrer und Schüler geprägt, in der Hochschule hingegen sind Sie zunächst nur ein Gesicht in der Masse. Auch gibt es an der Universität häufig keine Anwesenheitspflicht (vgl. Abschnitt II 7.6). Durch die Umstellung der Abschlüsse auf Bachelor und Master unterliegt jedoch auch das Studium einer zunehmenden Regulierung.

Schüler müssen in schulischen Prüfungen oft nur Teilbereiche parat haben, die dann abgefragt werden. In der Hochschule geht es darum, die Gesamtheit des bisher Gelernten abrufbar zu haben sowie zu zeigen, dass Sie sich den Stoff selbstständig angeeignet haben und ihn in Prüfungssituationen anwenden können.

Ein weiterer wesentlicher Unterschied ist die Übersichtlichkeit. Bei Studienbeginn geht es darum, sich einen Überblick über die Anforderungen des Lebens an der Universität zu verschaffen und evtl. auch ein neues Selbstbild aufzubauen, das der veränderten Situation entspricht, wie selbstständiger zu werden, Lerninhalte selbst aufzubereiten etc. Sie müssen sich selbst um Anmeldefristen und Prüfungen kümmern und sind so für die Organisation und Strukturierung der Lernabläufe in hohem Maße selbst verantwortlich. Generell markiert das Studium die Zeit, in der Sie durch weniger Fremdvorgaben bestimmt werden, auch wenn dies für die neuen Bachelor-Studiengänge nicht mehr in dem Maße zutrifft wie in dem alten System.

Anfangs gibt es Einführungsveranstaltungen (vgl. Abschnitt II 7.1), die helfen, die neue Situation zu bewältigen. In jeder Vorlesung und in jedem Seminar setzen sich die Teilnehmer neu zusammen; es sind nun in der Regel die Inhalte und nicht die Einteilung in eine Klasse und ein Kurssystem, die darauf Einfluss haben, wen Sie in welchen Veranstaltungen treffen. Sie werden schnell lernen müssen, sich selbst zu organisieren und eigenverantwortlich Entscheidungen zu treffen. Daran ändert auch die stärkere Strukturierung der Studiengänge im Rahmen des Bologna-Prozesses nichts (vgl. Abschnitt II 1).

Ein Studium an der Berufsakademie (vgl. Abschnitt I 3.1) kommt den Abläufen einer betrieblichen Ausbildung und den vertrauten Strukturen der Schule ziemlich nahe. An einer Fachhochschule und innerhalb der Theoriephasen an der Berufsakademie existiert meist ein fester Stundenplan. Die Kursstärke entspricht in etwa der Größe einer Schulklasse und die Zusammensetzung bleibt für die gesamte Studiendauer gleich. Die Praxisphasen an der Berufsakademie finden in den jeweiligen Ausbildungsunternehmen statt.

# 3   Hochschulform

Universität, Fachhochschule oder Berufsakademie – was ist das Richtige für mich? Bei der Wahl der passenden Hochschulform ist einiges zu bedenken. Hinweise, auch aus Sicht von Professoren, liefern Ihnen die folgenden Abschnitte.

## 3.1   Allgemeines

Hochschule ist die umfassende Bezeichnung für eine Einrichtung des tertiären Bildungsbereichs. Hierzu gehören Fachhochschulen, Gesamthochschulen, Handelshochschulen, Kirchliche Hochschulen, Kunst- und Musikhochschulen, Medizinische Universitäten und Tierärztliche Hochschulen, Pädagogische Hochschulen, private Hochschulen, Technische Hochschulen, Technische Universitäten, Universitäten und Wirtschaftshochschulen. Die Berufsakademien gehören streng genommen nicht zu den Hochschulen, werden aber aus Vereinfachungsgründen in diesem Ratgeber darunter subsumiert. Die wichtigsten Hochschulformen werden im Folgenden kurz vorgestellt.

Im Gegensatz zu anderen Hochschulen zeichnen sich die **Universitäten** durch einen breiten Fächerkanon aus. Typisch sind die klassischen Fakultäten für Philosophie (Geisteswissenschaften), Medizin, Theologie und Rechtswissenschaften. Dazu kommen die Naturwissenschaften sowie die Wirtschafts- und Sozialwissenschaften. Die Universitäten verfügen über das Recht zur Verleihung von Promotionen und Habilitationen. Besondere Formen sind die Fernuniversität und die Universitäten der Bundeswehr.

Andere Hochschulen, die nicht die Bezeichnung „Universität" führen, beschränken sich dagegen meist auf ein spezielles Themengebiet wie z. B. Technik oder Kunst oder nur auf einzelne Fächer wie Tiermedizin.

Eine **Fachhochschule** (FH) ist eine Hochschulform, die anwendungsorientierte Studiengänge auf wissenschaftlicher Grundlage anbietet. Fachhochschulen führen zunehmend die Bezeichnung „Hochschule" oder auch englischsprachig „University of Applied Sciences". Das Studienangebot von Fachhochschulen erstreckt sich über natur-, sozial-, wirtschaftswissenschaftliche, technische und künstlerische Studiengänge. Im Zuge des Bologna-Prozesses (vgl. Abschnitt II 1) bieten auch die Fachhochschulen gestufte Bachelor- und Masterabschlüsse (vgl. Abschnitt II 3) in akkreditierten Studiengängen an. Besondere Formen der Fachhochschulen sind die Fernfachhochschulen und die Fachhochschulen für öffentliche Verwaltung.

Ein Studium an der **Berufsakademie** (BA) ist die wohl praxisnaheste Form eines Studiums in DEUTSCHLAND. Der Bewerber benötigt neben der Hochschulreife oder der Fachhochschulreife einen Ausbildungsvertrag mit einem geeigneten Unternehmen. Das Studium ist in wechselweise an der Berufsakademie und in dem jeweiligen Unternehmen stattfindende Theorie- und Praxisphasen gegliedert. Anstatt der üblichen vorlesungsfreien Zeit stehen dem Studierenden zwischen vier und sechs Wochen Urlaub im Jahr innerhalb der Praxisphasen zu. Über die gesamte Zeit der Ausbildung erhält der Studierende meist ein Gehalt zwischen 400 und 1.200 € pro Monat. Das Studium dauert sechs Semester, wobei kaum eine Möglichkeit der Semesterwiederholung besteht. Im Unterschied zu Fachhochschulen gelten Berufsakademien in manchen Bundesländern nicht als Hochschulen und verleihen den Bachelor als staatliche Abschlussbezeichnung anstatt als akademischen Grad. Dies hat jedoch in der Berufspraxis in der Regel keine Bedeutung. Einige Bundesländer (z. B. Baden-Württemberg, Bayern und Berlin) haben mittlerweile die Berufsakademie in ihren Hochschulgesetzen als Duale Hochschule den Fachhochschulen gleichgestellt. Berufsakademien gibt es in ÖSTERREICH und der SCHWEIZ nicht.

## 3.2    Sichtweisen von Professoren

Ob Sie an einer Berufsakademie, Fachhochschule oder Universität studieren, hängt von formalen Rahmenbedingungen wie der Hochschulzugangsberechtigung, aber auch von ganz persönlichen Faktoren ab. Bevorzugen Sie die Vermittlung praxisorientierten Wissens, soll Ihre Ausbildung drei Jahre dauern oder dürfen es auch fünf Jahre sein? Kommt für Sie ein Umzug in Frage oder möchten Sie lieber an der Hochschule in Ihrer Nähe studieren? Die Entscheidung für eine bestimmte Hochschulform wird Sie auch noch nach dem Studienabschluss begleiten. Daher sollten Sie diese wichtige Entscheidung mit Bedacht treffen. Im Folgenden schildern Professoren, die mit den verschiedenen Hochschulformen vertraut sind, welche Kriterien bei der Auswahl zu berücksichtigen sind.

**Erfahrungsbericht 1**
**Wenn Du nicht weißt, wohin Du willst ...**

> Als Alice im Wunderland eine weiße Katze nach dem Weg fragt, antwortet diese: „Wenn Du nicht weißt, wohin Du willst, dann kommt es auch nicht darauf an, welchen Weg Du nimmst."

Die einfachen Fragen sind oft die schwierigsten: Wer bin ich? Was will ich? Was kann ich? Die meisten Menschen stellen sich solche schweren Fragen gar nicht erst. Es ist erschreckend, wie viele Studierende ihre Hochschule ohne zielgerichtete Recherche wählen. *Studienfach* und *Studienort* wählen sie aufgrund der Empfehlungen von und der Nähe zu Eltern oder Freunden. Der Kauf des ersten eigenen Autos wird häufig gründlicher vorbereitet als die Studienentscheidung, obwohl letztere das weitere Leben ungleich stärker prägt.

Verhalten Sie sich bitte anders! Denken Sie intensiv über sich, Ihre Ziele, Wünsche, Neigungen und Träume, aber auch über Ihre Fähigkeiten nach. Dabei helfen Ihnen die Studienberater der Arbeitsagenturen gerne. Zum Beispiel: Wer Mathematik nicht mag, wird vermutlich kein guter Ingenieur oder Manager, sollte aber auch Jura meiden: Dort brauchen Sie wie in Mathe logisch-abstraktes Denkvermögen. Eine realistische Selbsteinschätzung erspart Ihnen und uns Professoren viel Frust. Es bringt Spaß, engagierte und motivierte Studierende zu fördern; ein schon im ersten Semester absehbares, aber jahrelang hinausgezögertes Scheitern ist hingegen vergeudete Lebenszeit. Es ist traurig, wenn Studierende ihr Fach wählen, ohne dabei die eigenen Neigungen und Fähigkeiten zu berücksichtigen.

Das Studium ist zu lang, um es ohne eigene fachbezogene Motivation durchzuhalten. Wer studiert, um sich selbst zu finden, wird meist kläglich scheitern – ein Studium taugt selten als Selbsttherapie. Wenn Sie Ihr Studienfach fremdbestimmt wählen („Papa hat gesagt ..."), werden Sie vermutlich ebenso Schiffbruch erleiden. Seien Sie also bitte selbstkritisch. „Was will ich?" ist eine schwierige Frage, besonders wenn Sie langfristig denken – und das sollten Sie.

Überlegen Sie sich bitte auch, ob ein Studium überhaupt das Richtige für Sie ist. Ihre Professoren erwarten geistige Selbstständigkeit! Das klingt einfach, ist aber gerade für Schüler eine schwierige Umstellung. An Hochschulen ist Information plötzlich eine Holschuld, keine Bringschuld. Drastisch gesagt: Wer zu faul zum Lesen ist, hat dort nichts verloren. Wer die eigene Studienordnung nicht versteht, wird entweder vom Studieninhalt intellektuell überfordert oder hat eine Hochschule gewählt, die es nicht einmal schafft, selbst organisatorisches Basiswissen verständlich zu vermitteln.

Wenn Sie wissen, dass und was Sie studieren wollen, kommt die Anschlussfrage: „Wo will ich studieren?" Allein in Deutschland gibt es fast 400 Hochschulen; das Studium im Ausland ist heute leichter denn je. Sie haben also die Qual der Wahl. Bei der Eingrenzung helfen ein paar Grundsatzentscheidungen.

Welcher *Hochschultyp* liegt Ihnen? Durch die Bachelor-Einführung werden die Universitäten den Fachhochschulen ähnlicher. Tendenziell bleibt aber der Unterschied zwischen dem eher verschulten, praxisorientierten Kleingruppenstudium der Fachhochschulen und den Spielräumen anonymer Massenuniversitäten erhalten. Fachhochschulabsolventen wird der Wechsel in universitäre Master- und Promovierendenprogramme oder die Forschung oft immer noch künstlich erschwert.

Auch der *Studienort* ist prägend. Ein wichtiges Indiz für dessen Qualität sind Hochschul-Rankings, die allerdings wie jede Information mit Vorsicht zu genießen sind. Bedenken Sie, dass Rankings ein Profilierungsinstrument für Zeitschriftenverlage sind – Ziel ist nicht Objektivität, sondern eine hohe Auflage. Viele staatliche Hochschulen haben noch nicht verinnerlicht, dass Sie die Kunden sind. Bei privaten Hochschulen sollten Sie hingegen das versierte Marketing kritisch überprüfen. Persönlicher Augenschein und das eigene „Bauchgefühl" für die inhaltliche Ausrichtung und Attraktivität der Wunschhochschule helfen dabei.

Ein anderes Kriterium ist die Größe der Stadt. Die kulturelle Vielfalt und das Nachtleben von Metropolen erfordern Selbstdisziplin, sonst versumpfen Sie. Viele Studierende an Großstadt-Unis pendeln aus dem Umland ein und haben schon vor dem Studium ihren festen Freundeskreis. Das erschwert es „Zugereisten", Freunde zu finden. An Provinzhochschulen sind die meist auswärtigen Studierenden tendenziell kontaktfreudiger. In kleinen Städten studiert es sich oft schneller, preiswerter und spaßiger.

Es gibt in Deutschland fast zwei Millionen Studierende. Überlegen Sie sich frühzeitig, wie Sie sich aus dieser Masse hervorheben können. Durch die Einführung der Bachelor-Abschlüsse scheinen die Studierenden zielstrebiger und erfolgsorientierter geworden zu sein. Dies birgt die Gefahr des Schmalspurstudiums.

Wie können Sie sich also profilieren? Indem Sie über den Tellerrand des eigenen Fachs schauen und Ihre *Persönlichkeit* bilden, statt nur Scheine zu sammeln. Wenn Sie mit Absolventen sprechen, werden Sie immer wieder hören, dass Vorlesungen nicht das Spannende und Wichtige am Studium sind. Klar, häufige Anwesenheit hilft beim Prüfungserfolg, aber in dreißig Jahren werden meine Studierenden den Inhalt meiner Vorlesungen längst vergessen haben, ihre Freunde und Feten hoffentlich aber nicht. Gute Noten sind wichtig – um sich von anderen guten Studierenden abzuheben, brauchen Sie aber mehr: Relevante *Praktika* macht heute fast jeder, oft sind sie sogar vorgeschrieben. Außeruniversitäres *Engagement* bringt Ihnen viel mehr Erfahrung als jede Theorie; das *Auslandsstudium* ist ein Turbolader für Marktwert und Persönlichkeitsentwicklung. Vor allem sollten Sie aber ein Studienfach wählen, das Ihnen Spaß bringt. Erstens dürften Sie anschließend jahrzehntelang in diesem Gebiet arbeiten und zweitens sind wir alle besser, wenn wir etwas gerne tun.

In diesem Sinne toi, toi, toi für Ihr Studium.

Prof. Dr. oec. Dirk Fischbach

### *Erfahrungsbericht 2*
### *Duales Studium an der Berufsakademie*

Liebe Studieninteressierte, stellen Sie sich vor, Sie halten jetzt nicht diesen Studienratgeber in den Händen, sondern besuchen den Stand der Berufsakademie Stuttgart / Horb auf einer Jobbörse und Sie fragen mich nach den Besonderheiten des dualen Studiums an der Berufsakademie bzw. in Baden-Württemberg an der Dualen Hochschule. Was würde ich Ihnen dann erzählen?

Das Studium an der Berufsakademie bringt einige Charakteristika mit sich, die es von anderen Hochschulformen unterscheiden:

- Zum Studium schließen Sie einen Ausbildungsvertrag mit einer unserer Ausbildungsfirmen ab.
- Das Studium gliedert sich in Theorieblöcke an der Berufsakademie und Praxisphasen im Ausbildungsunternehmen.
- In der betrieblichen Praxis werden Lehrinhalte aus der Theorie ergänzt bzw. auf praktische Problemstellungen übertragen, wodurch Sie schon während des Studiums die Branche und das Umfeld des Betriebes gut kennenlernen werden und Ihnen der häufig zitierte Praxisschock nach Ende des Studiums erspart bleibt.
- Durch die Projektaufgaben in den Praxisphasen gewinnen unsere Studierenden ein hohes Maß an Handlungs- und Sozialkompetenz.
- Durch den dreimonatigen Wechsel zwischen Theorie- und Praxisphasen erwartet Sie ein sehr kompaktes Studium, d. h. die zu leistende Stundenzahl pro Woche ist gegenüber Fachhochschulen bzw. Universitäten leicht erhöht.
- Das Studium ist mit einer monatlichen Vergütung verbunden, welche Ihnen durchgängig über die drei Jahre von der Ausbildungsfirma gezahlt wird.
- Lehrveranstaltungen werden in kleinen Gruppen (bis max. 30 Studierende) abgehalten, wodurch eine flexible, auf die individuellen Stärken bzw. Schwächen der Studierenden abgestimmte Form der Wissensvermittlung möglich ist.
- Die Wege zu den Dozenten sind kurz, d. h. Sie können uns unabhängig von Sprechzeiten kontaktieren, um fachliche oder organisatorische Fragen zu klären.
- Ihre Bachelorarbeit werden Sie im betrieblichen Umfeld verfassen, wodurch das Übertragen aktueller wissenschaftlicher Kenntnisse auf praktische Problemstellungen gewährleistet wird.
- Das Abschließen des Studiums ist Ihnen in sechs Semestern garantiert, sofern Sie das Studium bis dahin erfolgreich absolviert haben. Dadurch ist ein früher Eintritt ins Berufsleben möglich.
- Die Arbeitsmarktchancen sind hervorragend, insbesondere liegt die Übernahmequote unserer Absolventen seit Jahren zwischen 80 und 90 Prozent.

Da ich Sie gut und objektiv informieren möchte, verschweige ich Ihnen aber auch nicht die folgenden Aspekte, die an der Berufsakademie weniger anzutreffen sind:

- Durch die Kompaktheit des Studiums ist der Lehrplan für einen Studiengang vorgegeben, eine freie Fächerwahl ist nicht möglich.
- Durch die stringente Organisationsform ist Bummeln nicht möglich.

- Sie können keine Vorlesungen schwänzen, es besteht Anwesenheitspflicht.
- Durch die kleinen Gruppen haben wir die Möglichkeit zu interaktiven Unterrichtsformen, ein Verstecken in der Vorlesung gibt es nicht.

Haben Sie sich durch diese Argumente für ein Studium an der Berufsakademie begeistern können? Dann haben Sie sicherlich noch weitere Fragen. Diese kann ich natürlich nur erahnen, habe im Folgenden aber mal ein paar häufig an uns gestellte Fragen aufgeführt.

- *Müssen wir für das Studium Literatur anschaffen oder stellen Sie Skripte zur Verfügung?*
  Natürlich bekommen Sie von uns Skripte oder andere Unterlagen und Arbeitsmaterialien. Allerdings ist auch das Anschaffen von weiterer Literatur sinnvoll, um sein Wissen zu vertiefen oder die Dinge aus einem anderen Blickwinkel erklärt zu bekommen.
- *Was ist aus Ihrer Sicht der größte Unterschied zur Schule?*
  An der Hochschule, auch an der relativ gut durchorganisierten Berufsakademie, müssen Sie viel mehr Eigeninitiative als in der Schule aufbringen.
- *Besteht bei Ihnen die Möglichkeit eines Auslandssemesters und halten Sie das für sinnvoll?*
  Wir bieten diese Möglichkeit in den meisten Studiengängen an. Sie sollten diesen Schritt aber aus Überzeugung machen und nicht, um den Lebenslauf aufzupeppen.
- *Sind Praktika und Engagement außerhalb der Hochschule für den weiteren Karriereweg wichtig?*
  Praktika sind bei uns durch die Praxisphasen im Ausbildungsunternehmen „abgegolten", aber der Einsatz in einem Verein oder einer Organisation wird von den meisten Arbeitgebern positiv bewertet. Alternativ können Sie sich als Studierender aber auch an der eigenen Hochschule in der Fachschaft oder anderen Gremien engagieren. Auch hier gilt aber (wie beim Auslandssemester): Überzeugung und Interesse sollten die entscheidenden Beweggründe sein.
- *Wie schätzen Sie Hochschulrankings ein?*
  Diese sind aus meiner Sicht mit deutlicher Vorsicht zu genießen. Sie basieren auf Befragungen von Hochschullehrern und Unternehmensvertretern (beide Gruppen neigen bei solchen Fragen zur Subjektivität) oder von Studierenden (hier sind die Mengen häufig statistisch fragwürdig).

Prof. Dr.-Ing. Olaf Herden

# 4    Checklisten für Studienanfänger

Aller Anfang ist schwer! Mit der Aufnahme des Studiums beginnt ein gänzlich neuer Lebensabschnitt, der sich in wesentlichen Punkten vom Schülerdasein unterscheidet. Dieser neue Lebensabschnitt muss gut vorbereitet werden. Je früher bestimmte Informationen vorliegen, desto besser. Es ist daher ratsam, sich bereits vor der Hochschulzugangsberechtigung z. B. darüber Gedanken zu machen, welches Studienfach Sie wählen möchten. Zumindest sollte aber die Zeit unmittelbar nach der Hochschulreife zum Einholen von Informationen genutzt werden, obwohl vielen die Zeit bis zum Studienbeginn noch sehr lang vorkommt.

Im Folgenden werden einige der wichtigsten Punkte zur Vorbereitung für den Start in das Studium zusammengestellt, damit Sie eine Reihe wichtiger Termine nicht verpassen. Allerdings können Checklisten niemals abschließend sein. Je nach Studienfach und individueller Situation werden sich andere Fragestellungen ergeben, die zu beachten sind. Die nachfolgenden Checklisten sollten daher vielmehr als Orientierung begriffen werden. Sie müssen sie noch individuell anpassen.

Vor dem Studienstart sollten Sie frühzeitig das Studienfach (vgl. Tabelle 3) sowie die Hochschule (vgl. Tabelle 4) auswählen.

**Tabelle 3.**    Checkliste: Auswahl des Studienfaches ☝

| |
| --- |
| ❑   Brainstorming über eigene Interessen durchführen;<br>❑   Informationen bei der Arbeitsagentur über Studiengänge einholen;<br>❑   Im Internet nach Informationen zur Berufswahl suchen (www.studienwahl.de);<br>❑   Ihre Ideen zur Wahl des Studienganges mit erfahrenen Bekannten diskutieren;<br>❑   Einen Schnuppertag der Hochschule besuchen. |

**Tabelle 4.**    Checkliste: Auswahl der Hochschule ☝

| |
| --- |
| ❑   Für DEUTSCHLAND bei der Zentralstelle für die Vergabe von Studienplätzen (ZVS, www.zvs.de) nachsehen, ob der gewünschte Studiengang zentral vergeben wird. Falls das der Fall ist, den dortigen Informationsmöglichkeiten folgen.<br>❑   Klären, ob eine Bewerbung für den Studiengang erforderlich ist oder eine Einschreibung unmittelbar möglich ist.<br>❑   Überlegen, ob ein Studium im Ausland in Frage kommt (vgl. Abschnitt IX 10).<br>❑   Falls das Studienfach nicht zentral vergeben wird, Grobauswahl gewünschter Studienorte treffen. Hier hilft das Internet weiter.<br>❑   Internetseiten der Hochschulen in der Vorauswahl durchsehen. Ggf. Termine mit den dortigen Zentralen Studienberatungen oder den Beratungsstellen der jeweiligen Fakultäten vereinbaren.<br>❑   Vorausgewählte Hochschulen und den Standort besuchen. Dabei die o. g. Termine wahrnehmen. Oft gibt es auch die Möglichkeit, als Gast eine Vorlesung zu besuchen. Dies muss vorher abgesprochen werden.<br>❑   Endgültige Auswahl in Form eines eigenen Rankings treffen.<br>❑   Informieren, ob ein vorgeschaltetes Praktikum oder andere zeitintensive Voraussetzungen vor der Einschreibung nötig sind.<br>❑   Ggf. nach einem Praktikumsplatz suchen. |

Weiterhin sollten Sie sich nach der Hochschulreife bzw. während des Wehr- oder Zivildienstes, aber noch vor dem Studienstart zur Einschreibung in den infrage kommenden Hochschulen informieren (vgl. Tabelle 5), ggf. spezifische Voraussetzungen erfüllen (vgl. Tabelle 6), mit der Wohnungssuche beginnen (vgl. Tabelle 7), die Einschreibung durchführen (vgl. Tabelle 8) sowie sich um die Finanzierung kümmern (vgl. Tabelle 9).

**Tabelle 5.**    Checkliste: Informationen zur Einschreibung bei den Hochschulen ☝

❑ Termine erfragen;
❑ allgemeine Informationen zum Einschreibeprozess einholen, z. B. ob persönliche Anwesenheit erforderlich ist oder eine schriftliche Anmeldung reicht;
❑ in Erfahrung bringen, welche Unterlagen nötig sind (Zeugnisse, Praktikumsbescheinigungen, polizeiliches Führungszeugnis, amtliche Bescheinigungen, aktuelle Passfotos, Zertifikate etc.);
❑ Kopien der Unterlagen anfertigen und ggf. beglaubigen lassen.

**Tabelle 6.**    Checkliste: Spezifische Voraussetzungen überprüfen ☝

❑ Ggf. Eignungsprüfung beantragen und absolvieren,
❑ ggf. Praktikum absolvieren.

**Tabelle 7.**    Checkliste: Wohnungssuche ☝

❑ Zeitungsanzeigen beantworten;
❑ sich im Internet beim Studierendenwerk über Lage, Kosten und Ausstattung der jeweiligen Wohnheime informieren (vgl. Abschnitt II 7.2);
❑ Wohngemeinschaftsanzeigen und Wohnungsangebote auch von Internetseiten vergleichen und den persönlichen Bedürfnissen und finanziellen Möglichkeiten folgend auf Wohnungs- bzw. Zimmersuche begeben (Termine vereinbaren, Wohnungen anschauen etc.).

**Tabelle 8.**    Checkliste: Einschreibung ☝

❑ Einschreibe- und ggf. Bewerbungsunterlagen anfordern;
❑ am Einschreibetermin (möglichst zu Beginn der Einschreibephase) einschreiben. Eine Woche vorher alle Unterlagen nochmals auf Vollständigkeit durchsehen. Im Zweifel telefonisch bei der Hochschule anfragen, ob die eigenen Unterlagen ausreichend sind;
❑ alternativ: ggf. Bewerbung bei der ZVS durchführen;
❑ ggf. Studienplatz annehmen.

**Tabelle 9.**    Checkliste: Finanzierung ☝

❑ Gedanken zur Finanzierung machen;
❑ mit den Eltern oder anderen Verwandten über die Finanzierung des Studienwunsches sprechen;
❑ Kostenplan aufstellen (vgl. Abschnitt III 1.8);
❑ nach Bestätigung der Einschreibung ggf. BAföG (vgl. Abschnitt III 2.2) beantragen;
❑ ggf. Nebenbeschäftigung suchen (vgl. Abschnitt III 2.4.2);
❑ ggf. Stipendium beantragen (vgl. Abschnitt III 2.3);
❑ Möglichkeiten für Vergünstigungen in Erfahrung bringen (vgl. Abschnitt III 1.3).

Direkt vor Aufnahme des Studiums müssen Sie sich um den Bezug der Wohnung kümmern (vgl. Tabelle 10), sich hochschulortspezifische Informationen (vgl. Tabelle 11) und die für Sie relevanten Studien- und Prüfungsordnungen (vgl. Tabelle 12) besorgen sowie sich um die Arbeitsberechtigungen kümmern (vgl. Tabelle 13).

**Tabelle 10.** Checkliste: Wohnung beziehen ☞

❑    Mietvertrag unterschreiben;
❑    Telefon- und Internetanschluss beantragen;
❑    Möbel beschaffen;
❑    Hausrat wie Geschirr, Wasserkocher, Toaster beschaffen;
❑    Umzug organisieren;
❑    Wohnung bzw. Zimmer beziehen und einrichten;
❑    spezielle Arbeitsmaterialien besorgen (ggf. Arbeitskleidung für Labor etc.);
❑    bei Versorgern (Strom, ggf. Wasser etc.) anmelden;
❑    beim Einwohnermeldeamt anmelden.

**Tabelle 11.** Checkliste: Hochschulortspezifische Informationen ☞

❑    Gültigkeitsbereich des Semestertickets in Erfahrung bringen (vgl. Abschnitt III 1.2);
❑    Stadtplan besorgen;
❑    klären, ob es vor Studienbeginn einen Vorkurs oder eine Orientierungsphase gibt;
❑    Ort und Zeit der ersten (Einführungs-)Veranstaltung in Erfahrung bringen;
❑    Fachschaftsinfos besorgen.

**Tabelle 12.** Checkliste: Studien- und Prüfungsordnung ☞

❑    Beim Studierendenbüro der Fakultät nachfragen oder im Internet recherchieren;
❑    die Vorgaben mit dem aktuellen Lehrangebot vergleichen.

**Tabelle 13.** Checkliste: Arbeitsberechtigungen ☞

❑    An Einführungsveranstaltung der Bibliothek teilnehmen;
❑    Bibliotheksausweis beantragen;
❑    Nutzungsrechte für Online-Zeitschriften erwerben;
❑    Kopierkarte bzw. Rabattkarte für den Kopierer in der Bibliothek und im Kopierladen besorgen;
❑    Internetzugang an der Hochschule beantragen.

Zu Studienbeginn sollten Sie sich um Stunden- und Arbeitsplatzplanung (vgl. Tabelle 14) sowie die Freizeitangebote der Hochschule (vgl. Tabelle 15) kümmern.

**Tabelle 14.** Checkliste: Stunden- und Arbeitsplatzplanung

☐   Fachliche Einführungsveranstaltungen besuchen;
☐   Vorlesungsverzeichnis kaufen oder im Internet besorgen;
☐   Stundenplan erstellen, ggf. hilft die Fachschaft;
☐   Konzept zum weiteren Studienverlauf anlegen;
☐   ggf. zu Veranstaltungen anmelden (vgl. Abschnitt II 7.6);
☐   ggf. Referatsthemen frühzeitig belegen;
☐   ggf. frühzeitige Anmeldung zu Prüfungen;
☐   Büromaterial besorgen (vgl. Abschnitt IV 2);
☐   Ordner anlegen.

**Tabelle 15.** Checkliste: Freizeitangebote

☐   Programme von Hochschulgemeinden und -organisationen besorgen;
☐   Feiern und Freizeitprogramme der Fachschaft besuchen (vgl. Abschnitt II 7.8).

# 5   Studiensituation im statistischen Überblick

Im Folgenden wird anhand der jeweiligen landesspezifischen Statistiken ein Überblick über die Studiensituation in Deutschland, Österreich und der Schweiz gegeben. In diesen drei Ländern wird keine einheitliche Fächersystematik verwendet, weshalb keine integrierte Sichtweise möglich ist. In Österreich und der Schweiz werden für Universitäten und Fachhochschulen sogar unterschiedliche Fächersystematiken verwendet. Für die Schweiz gibt es jedoch eine Systematik zur Zusammenfassung zu Fachbereichsgruppen (BFS 2007). Eine Untergliederung erfolgt nur für Fächergruppen mit mehr als 30.000 Studierenden.

## 5.1   Deutschland

Im Prüfungsjahr 2007 wurden in DEUTSCHLAND 262.548 Studienabschlüsse erworben. Diese teilen sich nach der Prüfungsart wie in Abb. 3 dargestellt auf.

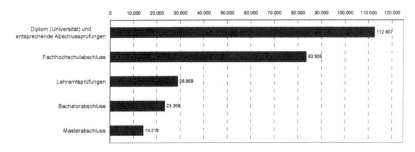

**Abb. 3.** Bestandene Studienabschlüsse in DEUTSCHLAND im Prüfungsjahr 2007 nach Prüfungsart (Statistisches Bundesamt 2008, 20)

Die Zuordnung zu den einzelnen Fächergruppen ist in Abb. 4 dargestellt.

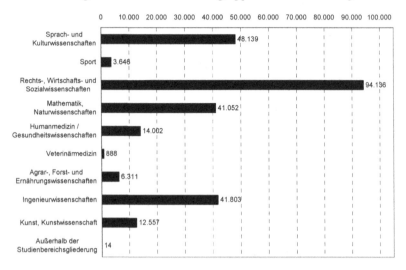

**Abb. 4.** Bestandene Studienabschlüsse in DEUTSCHLAND im Prüfungsjahr 2007 nach Fächergruppen (Statistisches Bundesamt 2008, 19 f.)

Der Anteil der in DEUTSCHLAND von Frauen bestandenen Abschlussprüfungen lag im Jahr 2007 bei 51,5 %, wobei er zwischen den Fächergruppen erheblich variierte (vgl. Abb. 5).

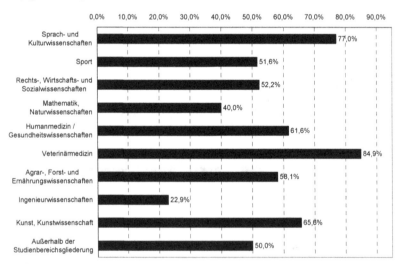

**Abb. 5.** Frauenanteil an den bestandenen Abschlussprüfungen in DEUTSCHLAND im Prüfungsjahr 2007 nach Fächergruppen (Statistisches Bundesamt 2008, 19 f.)

In Abb. 6 bis 9 werden die in DEUTSCHLAND abgelegten Studienabschlüsse in den Fächergruppen mit mehr als 30.000 Studierenden im Prüfungsjahr 2007 weiter in die einzelnen Fächer untergliedert.

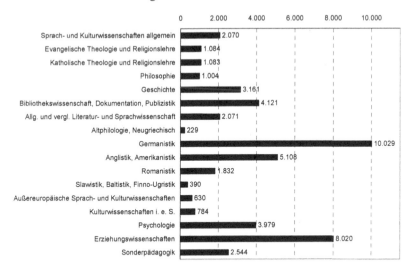

**Abb. 6.** Bestandene Studienabschlüsse in der Fächergruppe Sprach- und Kulturwissenschaften in DEUTSCHLAND im Prüfungsjahr 2007 (Statistisches Bundesamt 2008, 22)

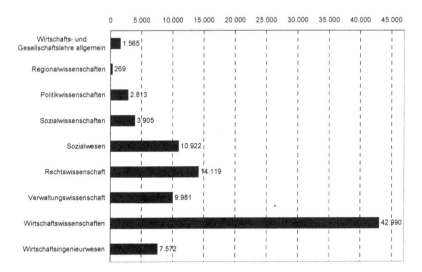

**Abb. 7.** Bestandene Studienabschlüsse in der Fächergruppe Rechts-, Wirtschafts- und Sozialwissenschaften in DEUTSCHLAND im Prüfungsjahr 2007 (Statistisches Bundesamt 2008, 22)

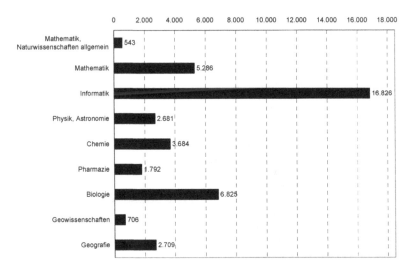

**Abb. 8.** Bestandene Studienabschlüsse in der Fächergruppe Mathematik, Naturwissenschaften in DEUTSCHLAND im Prüfungsjahr 2007 (Statistisches Bundesamt 2008, 22)

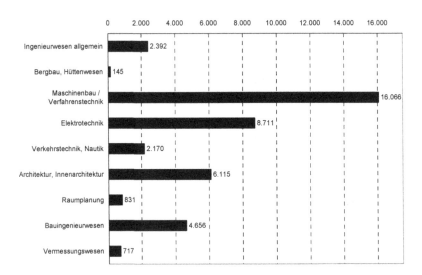

**Abb. 9.** Bestandene Studienabschlüsse in der Fächergruppe Ingenieurwissenschaften in DEUTSCHLAND im Prüfungsjahr 2007 (Statistisches Bundesamt 2008, 22)

## 5.2  Österreich

Im Studienjahr 2006/2007 gab es in ÖSTERREICH insgesamt 28.542 Studienabschlüsse, davon 22.121 an Universitäten (vgl. Abb. 10) und 6.421 an Fachhochschulen (vgl. Abb. 10).

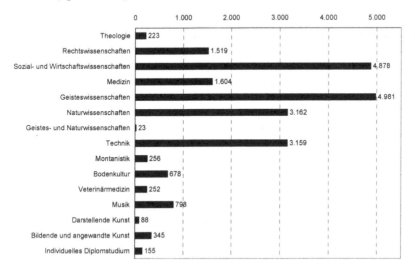

**Abb. 10.** Studienabschlüsse an öffentlichen Universitäten in ÖSTERREICH im Studienjahr 2006/2007 nach Hauptstudienrichtungen (Statistik Austria 2008b)

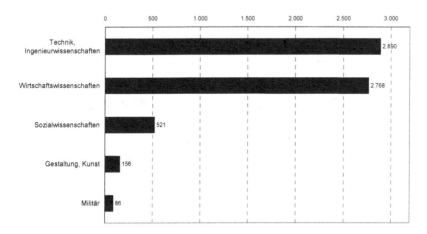

**Abb. 11.** Studienabschlüsse an Fachhochschulen in ÖSTERREICH im Studienjahr 2006/2007 nach Ausbildungsbereichen (Statistik Austria 2008a)

Der Anteil der in ÖSTERREICH von Frauen bestandenen Abschlussprüfungen lag im Studienjahr 2006/2007 insgesamt bei 52,0 %, an Universitäten bei 55,2 % (vgl. Abb. 12) und an Fachhochschulen bei 40,8 % (vgl. Abb. 13), wobei der Anteil bei den unterschiedlichen Hauptstudienrichtungen bzw. Ausbildungsbereichen erheblich variierte.

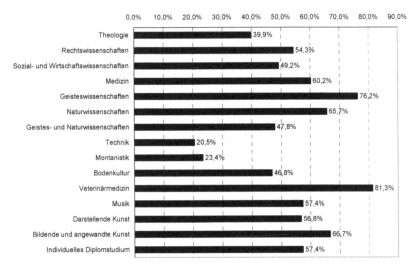

**Abb. 12.** Frauenanteil an den Studienabschlüssen an öffentlichen Universitäten in ÖSTERREICH im Studienjahr 2006/2007 nach Hauptstudienrichtungen (Statistik Austria 2008b)

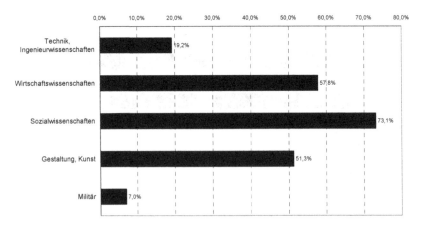

**Abb. 13.** Frauenanteil an den Studienabschlüssen an Fachhochschulen in ÖSTERREICH im Studienjahr 2006/2007 nach Ausbildungsbereichen (Statistik Austria 2008a)

## 5.3   Schweiz

Im Jahr 2007 gab es in der SCHWEIZ insgesamt 33.877 Studienabschlüsse, davon 19.714 an Universitäten (vgl. Abb. 14) und 14.163 an Fachhochschulen und Pädagogischen Hochschulen (vgl. Abb. 15).

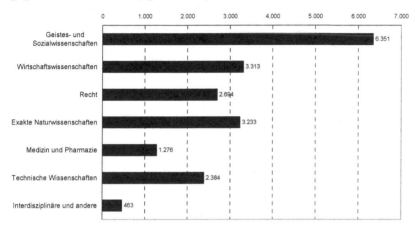

**Abb. 14.** Studienabschlüsse an Universitäten in der SCHWEIZ im Jahr 2007 nach Fachrichtungen (BFS 2008b, 26 ff.)

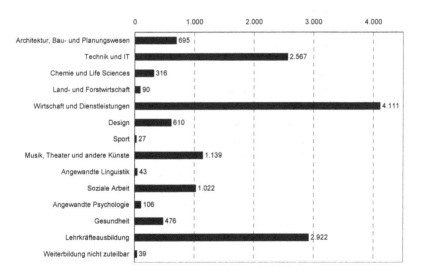

**Abb. 15.** Studienabschlüsse an Fachhochschulen und Pädagogischen Hochschulen in der SCHWEIZ im Jahr 2007 nach Studiengängen (BFS 2008a, 14 ff.)

Der Anteil der in der SCHWEIZ von Frauen erfolgreich absolvierten Abschlussprüfungen lag im Prüfungsjahr 2007 insgesamt bei 47,4 %, an Universitäten bei 49,3 % (vgl. Abb. 16) und an Fachhochschulen und Pädagogischen Hochschulen bei 44,9 % (vgl. Abb. 17), wobei der Anteil bei den unterschiedlichen Fachrichtungen bzw. Studiengängen erheblich variierte.

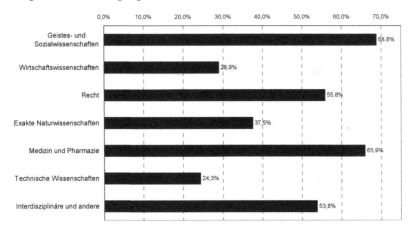

**Abb. 16.** Frauenanteil an den Studienabschlüssen an Universitäten in der SCHWEIZ im Jahr 2007 nach Fachrichtungen (BFS 2008b, 26 ff.)

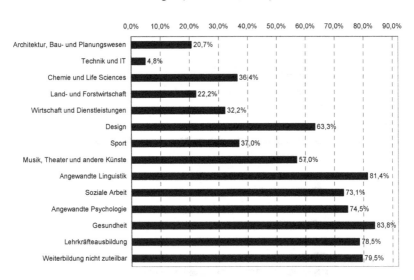

**Abb. 17.** Frauenanteil an den Studienabschlüssen an Fachhochschulen und Pädagogischen Hochschulen in der SCHWEIZ im Jahr 2007 nach Studiengängen (BFS 2008a, 14 ff.)

# II    Rahmenbedingungen

Sie sind neu an der Hochschule und werden mit Begriffen überflutet, die Sie noch nie gehört haben? Keiner sagt Ihnen genau, was Sie wo, wann und wie tun sollen? Sie fühlen sich allein gelassen und überfordert? Lesen Sie in Ruhe das folgende Kapitel. Es ist alles nicht so schlimm, wie es anfangs aussieht, und auch Sie werden sich bald zurechtfinden.

## 1    Hochschulpolitische Rahmenbedingungen

Der Bologna-Prozess bezeichnet einen tiefgreifenden Umstrukturierungsprozess zur Gründung eines einheitlichen europäischen Hochschulraumes: 1999 vereinbarten 29 europäische Staaten die Entwicklung und die Einführung eines Systems für vergleichbare Studienabschlüsse innerhalb der EU. Herausgekommen ist dabei ein gestuftes Studiensystem, welches sich in Bachelor und Master untergliedert.

Befürworter des neuen Systems betonen die Vergleichbarkeit und Verkürzung der Studienzeiten, Kritiker hingegen sehen Probleme bei der inhaltlichen Qualität und der instrumentellen Ausrichtung dieser Art von Studiensystemen. Für Letztere scheint das Humboldtsche Bildungsideal, nämlich die ganzheitliche Ausbildung der sieben freien Künste in Verbindung mit der jeweiligen Studienfachrichtung, gefährdet.

Als Studierender sollten Sie sich hierüber eine eigene Meinung bilden und sich ein wenig mit aktuellen hochschulpolitischen Entwicklungen beschäftigen. Dazu bestens geeignet sind entsprechende Artikel in den einschlägigen Zeitschriften sowie in DEUTSCHLAND die Sendung „Campus und Karriere" des Deutschlandfunks (www.dradio.de). Zudem stellt die Hochschulrektorenkonferenz (HRK) ein breites Spektrum an Informationen zur Verfügung (www.hochschulkompass.de).

In Deutschland besitzen die Länder die Kulturhoheit. Neben einer Rahmengesetzgebung des Bundes werden die wesentlichen Angelegenheiten auf Länderebene geregelt. Dies führt zu teilweise sehr unterschiedlichen Ausgestaltungen in der Organisation der Hochschulen und der verwendeten Terminologie, so dass an dieser Stelle nur allgemeine Grundsätze dargestellt werden können. Das Hochschulrahmengesetz (HRG) beruht auf der vor der Föderalismusreform geltenden Zuständigkeitsverteilung zwischen Bund und Ländern. Fundamentale Angelegenheiten werden dort bundeseinheitlich geregelt. Eine Zweiteilung des Hochschulsystems erfolgt durch die Unterscheidung zwischen Universitäten und Fachhochschulen, wobei Letztere ein anwendungsorientiertes Studium anbieten. Neben den staatlichen und staatlich anerkannten Hochschulen gibt es seit den 1990er Jahren eine steigende Zahl von privaten, kommerziellen Bildungseinrichtungen, die alle unterschiedliche Bezeichnungen tragen. Davon zu unterscheiden sind die staatlichen Berufsakademien (BA). Die Hochschulen gliedern sich traditionell in Fakultäten, die heute größtenteils durch größere Einheiten verwandter Fächer ersetzt wurden. An der Spitze dieser Verwaltungseinheiten steht der Dekan. Das Dekanat nimmt Aufgaben im Bereich der Fachstudienberatung, der Prüfungsorganisation, der Ausgestaltung von Studiengängen und der Verwaltung von Studiengebühren wahr. Die Fakultätsräte sind gewählte Gremien aus Professoren, akademischem Mittelbau und Studierendenschaft, die an der Verwaltung mitwirken. Diese Statusgruppen sind im Senat vertreten, einer legislativen Versammlung, die über alle wichtigen, nicht zum Tagesgeschäft gehörenden Fragen der Hochschule berät und beschließt. Der Senat oder der Hochschulrat wählt den Rektor, einen Professor, der der Hochschule auf Zeit vorsitzt und sie nach außen vertritt. Dem Rektor bzw. Präsidenten steht der Kanzler als Leiter der Hochschulverwaltung zur Seite. Die Studierenden werden nicht nur an den Hochschulgremien beteiligt, sie verfügen ebenfalls über eine eigene Vertretung, das Studierendenparlament (StuPa), das als Vollzugsorgan den Allgemeinen Studierendenausschuss (AStA) wählt. Dies sind die Organe der sog. verfassten Studierendenschaft, die alle Studierenden der Hochschule umfasst. Die Vertretungen der Studierendenschaft haben die Aufgabe, die fachlichen, wirtschaftlichen und sozialen Interessen der Studierenden wahrzunehmen, zu hochschulpolitischen Fragen Stellung zu nehmen, politische und kulturelle Bildung und Sport zu fördern sowie überregionale und internationale Beziehungen zu pflegen. Ein darüber hinausgehendes „allgemeinpolitisches Mandat" existiert aufgrund des Zwangscharakters der Studierendenschaft nicht. Auf Fächerebene werden die Studierenden von Fachschaften vertreten; hier finden Fachschafts- bzw. Fakultätswahlen statt. Die Fachschaften nehmen die studiengangspezifischen Interessen der Studierenden wahr, sie organisieren Studienberatung und Einführungsveranstaltungen für Erstsemester (vgl. Abschnitt II 7.1). Gremienarbeit im Hochschulbereich ist ein besonders dankbares politisches Betätigungsfeld: Selten können politische Entscheidungsprozesse so hautnah miterlebt werden, zudem trainiert das Engagement die im Berufsleben erwünschten Schlüsselqualifikationen (Soft Skills).

Es existieren verschiedene Organisationen, die z. T. unter Mitwirkung studentischer Vertreter die Hochschulpolitik gestalten. Die HRK dient der Interessenvertretung der deutschen Hochschulen bei den Parlamenten und Regierungen bzw. Ministerien. Der „freie zusammenschluss von studentInnenschaften (fzs, www.fzs.de)" als Zusammenspiel der Studierendenschaften der verschiedenen Hochschulen versucht, die studentischen Interessen auf Bundesebene zu vertreten. Der Deutsche Akademische Austauschdienst (DAAD, www.daad.de) vergibt Stipendien, vermittelt Studienplätze und dient dem professoralen Austausch über die Ländergrenzen hinweg. Die Interessen der Professorenschaft vertreten der Deutsche Hochschulverband (DHV, www.hochschulverband.de) und der Bund demokratischer Wissenschaftlerinnen und Wissenschaftler (BdWi, www.bdwi.de). Das Deutsche Studentenwerk (DSW, www.studentenwerk.de) ist der Zusammenschluss der einzelnen Studierendenwerke. Hierbei handelt es sich um von den

Hochschulen getrennte Körperschaften, die sich um die sozialen Belange der Studierenden kümmern (Wohnheime, Mensen, Kinderbetreuung, psychologische und Sozialberatung). Das DSW dient der länderübergreifenden Interessenwahrnehmung; hier können Sie Informationen zu allen sozialen Bezügen des Studiums erhalten (vgl. Abschnitt II 7.7). Die Länderzuständigkeit auf dem Bildungssektor bedingt die Notwendigkeit einer koordinierenden Institution. Die Kultusministerkonferenz (KMK) ist die Interessenvertretung der Kultus- und Wissenschaftsministerien der Länder. Die KMK hat in der Vergangenheit wichtige Projekte realisiert, wie die Einrichtung der Zentralstelle für die Vergabe von Studienplätzen (ZVS) oder die Verabschiedung von Rahmenstudienordnungen.

Jahrzehntealt sind die Klagen über schlechte Studienbedingungen, insbesondere über das ungünstige Betreuungsverhältnis an den „Massenuniversitäten". Reformbemühungen scheiterten an der fehlenden Finanzierbarkeit und den rechtlichen Rahmenbedingungen wie dem sog. „Kapazitätsrecht", das die Zahl der Studienplätze fixiert. Neue Initiativen sollen einen Wettbewerb zwischen den Hochschulen ermöglichen. Im Rahmen der Exzellenzinitiative wurden neun Universitäten für die Schaffung von Forschungsclustern und Graduate Schools ausgezeichnet. Traditionell existieren in DEUTSCHLAND keine dominierenden Eliteuniversitäten. Jedoch bestanden immer schon Niveauunterschiede, die sich in Zukunft durch die erweiterten Möglichkeiten der Hochschulen zur Bewerberauswahl, durch die Exzellenzinitiative in der Forschung sowie durch die Einwerbung von Drittmitteln deutlich vergrößern werden. Die Hochschulen stehen noch vor weiteren Herausforderungen: Im „Hochschulpakt 2010" haben Bund und Länder vereinbart, 90.000 zusätzliche Studienplätze zu schaffen, um für die Zunahme der Studienbewerberzahlen (z. B. in Folge der Verkürzung der Schulzeit auf zwölf Jahre) in den nächsten Jahren gerüstet zu sein.

**Tabelle 16.** Wichtige Akteure der Hochschulpolitik in DEUTSCHLAND

| *Institution* | *Internetadresse* |
|---|---|
| Bologna-Prozess | www.coe.int |
| Bologna-Zentrum der HRK | www.hrk-bologna.de |
| Bundesministerium für Bildung und Forschung (BMBF) | www.bmbf.de |
| Centrum für Hochschulentwicklung (CHE) | www.che-concept.de |
| Gemeinsame Wissenschaftskonferenz (GMK) | www.gwk-bonn.de |
| GEW-Studierendengruppen | www.wissenschaft.gew.de |
| Hochschul-Informations-System GmbH (HIS) | www.his.de |
| Wissenschaftsrat (WR) | www.wissenschaftsrat.de |

ÖSTERREICH hat die rechtlichen und organisatorischen Rahmenbedingungen für die Implementierung des Bologna-Prozesses sofort geschaffen und dementsprechend weit fortgeschritten ist seine Umsetzung. Bereits 1999 wurde zur Koordination eine österreichische Bologna-Follow-Up-Gruppe eingerichtet, in der alle entscheidenden Akteure vertreten sind. Alle Stufen des österreichischen Bildungssystems sind Gegenstand tiefgreifender Reformprozesse. Ein Schwerpunkt der österreichischen Bildungsreform ist die flächendeckende Einführung eines internen Qualitätsmanagements an Schulen (Q. I. S.). Ein weiterer Schwerpunkt ist die Dezentralisierung der Bildungsfinanzierung und die Stärkung der Entscheidungsverantwortung auf lokaler bzw. institutioneller Ebene. Die Umsetzung der Bologna-Ziele geht zügig voran, im Jahr 2008 waren fast 50 % der Studiengänge an Universitäten und Fachhochschulen auf das Bachelor-Master-System umgestellt. Zudem müssen neue Studiengänge dem Modell des zweistufigen Studiensystems folgen. Das Diploma Supplement wird an den Universitäten automatisch ausgestellt, im Fachhochschulsektor besteht eine entsprechende Verpflichtung seit 2005.

Das European Credit Transfer and Accumulation System (ECTS) ist für alle Universitätsstudien verpflichtend, allerdings werden nicht alle Instrumente (z. B. Notenskala) auf die gleiche Weise eingesetzt. Im Fachhochschulsektor ist die ECTS-Anwendung ein Prüfkriterium in der (Re-)Akkreditierung. Österreich strebt den Aufbau nationaler Centers of Excellence an, die sich auf die thematischen Stärken des Nationalen Innovationssystems konzentrieren sollen. Mit dem Universitätsgesetz (UG) 2002 hat ein mehrjähriger Reformprozess seinen vorläufigen Abschluss gefunden, dessen Ziel es war, die Autonomie der öffentlichen Universitäten zu erhöhen und die Steuerungsmöglichkeiten von Politik und Verwaltung auf eine neue Basis zu stellen. Die Universitäten verkörpern juristische Personen des öffentlichen Rechts mit voller Rechtsfähigkeit und umfassender Geschäftsfähigkeit. Dies kann als Kernaussage des Gesetzes verstanden werden. In der Organisation der Universität wurden Entscheidung und Verantwortung nunmehr zusammengeführt. Für Universitäten gilt nicht mehr das Bundeshaushaltsrecht, sondern sie erhalten dreijährige Globalbudgets. Das UG 2002 regelt die allgemeinen Entscheidungsabläufe, jedoch nicht den inneren Aufbau der Universitäten. Die Details der Organisation werden in einer Satzung festgelegt, die der Akademische Senat beschließt. Jede Universität verfügt über einen Universitätsrat, der als Aufsichtsorgan fungiert und strategische Entscheidungen trifft. Er wird zur Hälfte vom Akademischen Senat, zur anderen Hälfte vom Minister bestellt. Die Leitung der Universität liegt bei einem kollegialen Rektorat, an dessen Spitze ein Rektor steht. Er wird vom Universitätsrat aus einem Vorschlag des Akademischen Senats gewählt.

Die Österreichische Hochschülerinnen- und Hochschülerschaft (ÖH) ist die gesetzliche Interessenvertretung aller Studierenden. Wenn Sie an einer österreichischen Universität oder Fachhochschule studieren, werden Sie automatisch Mitglied der ÖH und bezahlen jedes Semester vor der Meldung der Fortsetzung des Studiums den ÖH-Beitrag. Die ÖH ist in vier Ebenen gegliedert (Bundesvertretung, Universitätsvertretung, Fakultätsvertretung, Studienvertretung), so dass einerseits eine österreichweite, geeinte politische Vertretung möglich ist, andererseits den Studierenden lokale Anlaufstellen für die täglichen Probleme im Universitätsleben zur Verfügung stehen. Die Studienvertretung (StV) ist Ihre unmittelbare Ansprechpartnerin. Ziel ist es, Ihnen einen möglichst reibungslosen Studienablauf zu ermöglichen, von der Erstsemesterberatung bis hin zu einer ständigen Präsenz während des gesamten Studienverlaufs.

Die Hochschullandschaft ist in der SCHWEIZ sehr ähnlich gegliedert wie in Deutschland. Den Bundesländern entsprechen die Kantone. Derzeit gibt es in der Schweiz zwölf universitäre Hochschulen (zehn kantonale Universitäten und zwei Eidgenössische Technische Hochschulen, ETH), acht Fachhochschulen (FH) und 14 Pädagogische Hochschulen (PH). Seit dem WS 2001/2002 stellt die Schweiz auf das Bologna-System um. Da die unterschiedlichen Sprachregionen der Schweiz sich meist an den jeweiligen Nachbarländern orientieren, gibt es nach dem Bachelor die Möglichkeit, einen Master zu 90 oder zu 120 Kreditpunkten zu erwerben (www.crus.ch). In einzelnen Fachbereichen gibt es schweizweite Vereinigungen, die sich jährlich treffen.

## 2    Persönliches und gesellschaftliches Umfeld

Nach wie vor haben einige Schulabgänger nur eine sehr vage Vorstellung vom Studium. Seien Sie sich dessen bewusst, dass das Studium keine bloße Fortsetzung der Schulzeit ist (vgl. Abschnitt I 2). Es wird von Ihnen erwartet, dass Sie selbstständig die Fähigkeiten und Fertigkeiten erlangen, die zum erfolgreichen Abschluss Ihres Studiums und in Ihrem späteren Tätigkeitsfeld relevant sind.

Eine besondere Herausforderung Ihrer Studiensituation liegt darin, dass Sie nun verstärkt hinsichtlich selbstorganisatorischer und eigenständiger Fähigkeiten gefordert sind. Eine weitere einschneidende Veränderung ist der möglicherweise mit dem Studienbeginn verbundene Ortswechsel. Das heißt, Sie müssen sich auf neue Beziehungen einlassen, ja überhaupt in der Lage sein, auf unbekannte Menschen zuzugehen und in Eigeninitiative neue Kontakte aufzubauen. Wie Sie diesen neuen Herausforderungen begegnen können, hängt von Ihren eigenen Voraussetzungen wie Selbstvertrauen, mitgebrachten Fähigkeiten wie Kommunikativität, Kompromissbereitschaft sowie jeweiligen Wertmaßstäben ab. Eine wichtige Rolle spielen hierbei Ihre bisherigen Erfahrungen wie etwa Anerkennung durch Eltern, Geschwister und Freunde.

Um bereits im Vorfeld eine erste Orientierung zu haben, welche Erwartungen Sie schon bald nach Studienbeginn werden erfüllen müssen, können Informationen und Ratschläge ehemaliger oder erfahrener Studierender förderlich sein. Viele relevante Informationen erhalten Sie in den Einführungsveranstaltungen durch Studienfachkommilitonen, Ihre Dozenten und Tutoren (vgl. Abschnitt II 7.1) oder beim Gespräch auf den Fluren und in den Mensen der neuen Hochschule. Versuchen Sie daher möglichst bald zu Studienbeginn, Kontakte zu knüpfen (vgl. Abschnitt II 7.8). Netzwerke zu Kommilitonen, die Sie vor Ort oder über Internetplattformen aufbauen können, verhelfen Ihnen nicht nur zu Insider-Informationen, sondern dienen auch dem regen fachlichen und nichtfachlichen Austausch und tragen dazu bei, dass Sie sich im Studium und am Studienort wohl fühlen. Wer sich hier schnell sein eigenes Netzwerk aufbaut, wird immer bei den Ersten sein, die über wichtige Ereignisse und Fachveranstaltungen, einzuhaltende Fristen, ein Zimmerangebot oder die Fete der Fachschaft informiert sind. Die Studienfachkommilitonen sind auch hilfreich, wenn Sie mal eine Vorlesung versäumt haben, und oft macht es auch einfach mehr Spaß, nicht so allein auf dem Campus zu sein.

Die Erfahrungen höhersemestriger Studierender können für Sie sehr hilfreich sein. So finden Sie heraus, worauf ein bestimmter Dozent in Prüfungssituationen Wert legt oder in welcher Reihenfolge die Lehrveranstaltungen (vgl. Abschnitt II 6) am besten belegt werden. Auch die Forschungskontexte des jeweiligen Fachgebiets und bspw. Möglichkeiten, hier ein Praktikum zu absolvieren, können für Ihre Studiengestaltung wichtig sein. Meist ist es auch einfacher für Sie, wenn Sie den fachlichen Kontakt zu den jeweiligen Dozenten suchen. Wichtige Kontakte lassen sich etwa vor Ort über Studierendenvereine, über die Fachschaft, über Tutoren, über Freizeitangebote der Hochschule, über Wohnheime und studentische Wohngemeinschaften, über Aushänge am Schwarzen Brett der jeweiligen Fakultät, über Nebentätigkeiten oder über persönliche Bekanntschaften aufbauen. Irgendwann werden Sie kaum noch erkennen können, auf welchem Weg Insiderwissen zu Ihnen gelangt ist.

Netzwerke sind jedoch nicht nur hinsichtlich Ihrer Studienorganisation hilfreich, sondern können Ihnen auch in anderen Lebenssituationen wie etwa bei der Wohnungssuche nützlich sein. Bedenken Sie aber immer, dass Netzwerke vom Geben und Nehmen leben. Sie werden schnell an den Rand eines Netzwerkes gedrängt werden, wenn Sie immer nur profitieren wollen. Wenn Sie sich aber aktiv einbringen wollen, werden Sie dazu Gelegenheiten finden. Ein gutes Netzwerk lebt davon, dass seine Mitglieder unterschiedliche Fähigkeiten und Begabungen haben. Der Aufbau eines lebendigen Beziehungsumfeldes ist immer auch mit Engagement und Empathiefähigkeit verbunden.

Vielleicht werden Sie durch Erzählungen anderer Studierender schnell bemerken, dass es an Ihrer Hochschule andere Gepflogenheiten gibt als an anderen Hochschulen oder dass Ihre Kommilitonen eigene Sichtweisen, Haltungen, Bedeutungskontexte und Horizonte aufweisen als Studierende in anderen Fakultäten. Nicht zuletzt wird in der Hochschulsozialisationsforschung auch die Ausbildung eines fachspezifischen Habitus beschrieben, was sich dann vielleicht dadurch bemerkbar macht, dass Sie Dinge sagen oder denken wie „typisch Soziologe" oder „klassischer Medizinerwitz".

In Ihrer neuen Umgebung am Studienort und auf dem Campus werden Sie zu Beginn vielleicht auf ganz wenige Merkmale reduziert wahrgenommen. Sie werden selbst beobachten, dass auch Sie andere Menschen im Gedächtnis zunächst nach oberflächlichen Eigenschaften speichern, etwa unter der Kategorie „der mit dem komischen Dialekt", „die mit den grünen Haaren". Sie sollten sich Ihrer Außenwirkung bewusst sein, damit Sie nicht in einer Schublade landen, in die Sie gar nicht wollen. Denn die ersten Bekanntschaften werden gemacht, solange Sie noch keiner richtig kennt und Sie besser einschätzen kann. Eventuell findet sich eine Gruppe Studierender aus der gleichen Region zusammen, oder Sie schließen sich einer Studierendengemeinde an, manchmal genügt aber schon ein Smalltalk, um herauszufinden, dass es Gemeinsamkeiten gibt. Dabei reichen am Anfang Kleinigkeiten wie ein gemeinsam benutztes Brillenputztuch oder der gemeinsam verpasste Bus.

Mit Ihrem Wechsel hin zum Status eines „Studierenden" werden Sie von Ihrer persönlichen Umwelt auch als solcher wahrgenommen. Das hat möglicherweise zur Folge, dass Sie gegen bestimmte Vorurteile ankämpfen müssen. Vorurteile sind meist lang tradierte und wenig reflektierte Meinungen, die vor aller konkreten Erfahrung liegen und den Beteiligten in ihrer Wirksamkeit auch nicht immer bewusst sind. So ist es jeweiligen Mitmenschen selbst nicht bewusst, dass das Vorurteil, Studierende seien notorische Langschläfer und würden die Nacht zum Tage machen, eben nicht unbedingt eine adäquate Vorstellung vom Studierendenleben sein muss. Einen in die Nacht verschobenen Biorhythmus kann sich nur leisten, wer nicht jeden Tag am frühen Morgen Vorlesungen besuchen muss oder andere Pflichten zu erledigen hat. Gehen Sie mit Pauschalkritik locker um, zeigen Sie mit einem Lächeln, dass nicht alles wahr ist, was über Studierende geredet wird. Genauso wie das Studium Sie selbst prägen wird, haben Sie die Chance, das Bild von der Studierendenschaft zu prägen.

Machen Sie sich selbst, Ihrem alten und neuen Umfeld klar, dass Sie in erster Linie Sie selbst sind und auch bleiben möchten. Ihre Wünsche zählen, und nach einiger Zeit werden Sie dann auch an dem gemessen, was Sie tun, bspw. an Ihrem Engagement im Netzwerk, Ihrem Einsatz im Studium und in Arbeitsgruppen.

### Tipps zum Weiterlesen (für Abschnitt II 2)

Bargel et al. 2005; Deutsch / Gäbler 2006.

## 3  Studienabschlüsse im Überblick

Mit dem Abschluss der Hochschulausbildung ist die Verleihung eines akademischen Grades verbunden. Im Folgenden werden diese aufgeführt. Die angegebenen Zeiten stellen Regelstudienzeiten (vgl. Abschnitt II 5) und nicht die tatsächlichen Studienzeiten dar.

- Diplom nach vier- bis fünfjährigem Studium an einer Universität, Kunsthochschule, Technischen Universität oder Technischen Hochschule bzw. Diplom (FH) nach vierjährigen Studium an einer Fachhochschule;
- Magister nach vier- bis fünfjährigem Studium;
- Staatsexamen meist nach vier- bis fünfjährigem Studium;
- Bachelor nach drei-, seltener vierjährigem Studium an einer Hochschule;
- Master nach einem Studium von insgesamt fünf Jahren.

Die Diplom- und Magister-Studiengänge werden im Zuge des Bologna-Prozesses (vgl. Abschnitt II 1) bis 2010 auslaufen. An ihrer Stelle wird das gestufte Studiensystem mit den Abschlüssen Bachelor und Master eingeführt. Aufgrund der weiten Verbreitung der auslaufenden Studienabschlüsse werden jedoch im Folgenden die o. g. einzelnen Hochschulabschlüsse dargestellt.

Das **Diplom** ist bislang der häufigste akademische Grad. Die Diplom-Studiengänge bereiten traditionell vor allem auf ingenieur- und naturwissenschaftliche sowie auf weitere durch ein klar umrissenes Berufsbild definierte akademische Berufe vor. Der mit dem Abschluss verbundene akademische Grad setzt sich stets aus dem Wort „Diplom" und der Bezeichnung der betreffenden Fachrichtung zusammen. In DEUTSCHLAND dürfen Diplomgrade gem. § 18 Hochschulrahmengesetz (HRG) nur von Hochschulen verliehen werden. Fachhochschulen dürfen das Diplom ebenfalls als akademischen Grad verleihen, wobei seit 1987 der Zusatz (FH) obligatorisch ist.

Das Diplomstudium unterteilt sich in das meist viersemestrige Grundstudium und das Hauptstudium. Das Grundstudium wird mit einer Zwischenprüfung, dem sog. Vordiplom, abgeschlossen. Daran schließt sich das meist vier- bis sechssemestrige Hauptstudium an, das mit weiteren Prüfungen und einer Diplomarbeit endet. Die Regelstudienzeit beim Diplom an Universitäten beträgt üblicherweise acht bis zehn Semester. Die Regelstudienzeit für das eher anwendungsorientierte Diplom an Fachhochschulen beträgt maximal acht Semester. In ÖSTERREICH gibt es den akademischen Grad „Diplom" nur in den Ingenieurwissenschaften. Studien in anderen Fächern führen in Österreich zu dem akademischen Grad „Magister".

Das **Magisterstudium** in DEUTSCHLAND zeichnet sich im Gegensatz zum Diplomstudium durch eine breitere wissenschaftliche Orientierung aus. Das Besondere hierbei ist, dass die Studierenden ihre Fächer aus dem gesamten Angebot einer Universität weitgehend selbst bestimmen können. Die Studierenden belegen entweder ein Hauptfach und zwei Nebenfächer oder aber zwei Hauptfächer. Beim Studium der zwei Nebenfächer sollen grundlegende Kenntnisse in diesen erworben werden, beim Studium von zwei Hauptfächern wird neben den Grundlagen Wert auf die Beschäftigung mit speziellen Themenkreisen gelegt. Der Universitätsabschluss „Magister Artium" (M. A.) wird primär nach einem geistes- oder sozialwissenschaftlichen Studium verliehen, das auf keinen bestimmten Beruf vorbereitet.

Magistergrade von Fachhochschulen in ÖSTERREICH werden generell mit dem Zusatz „(FH)" gekennzeichnet. Allerdings kann der erworbene Magistergrad auf den neu eingeführten Mastergrad umgeschrieben werden.

In der SCHWEIZ war bislang das Lizentiat das Pendant zum deutschen bzw. österreichischen Magister. Das Lizentiat wird jedoch durch den Magister abgelöst.

Das **Staatsexamen**, auch als Staatsprüfung bezeichnet, ist kein akademischer Grad, sondern eröffnet den Zugang zu bestimmten vom Staat regulierten Berufen. Dieses ist in DEUTSCHLAND im Bereich der Rechtswissenschaft, der Lebensmittelchemie, dem Lehramt, der Medizin, der Pharmazie und dem höheren Forstdienst zu finden. Hier existiert neben dem Ersten Staatsexamen, das den Studienabschluss an einer Hochschule bildet, noch das Zweite Staatsexamen und teilweise sogar ein Drittes Staatsexamen.

Der **Bachelor** oder Bakkalaureus (lat. baccalaureus; Lorbeerbekränzter) ist der erste akademische Grad, der von Hochschulen nach Abschluss einer wissenschaftlichen Ausbildung vergeben wird. Dieser stellt den ersten berufsqualifizierenden Abschluss dar.

In DEUTSCHLAND kann der Bachelor-Abschluss auch an Berufsakademien (vgl. Abschnitt I 3.1) erworben werden. Die Absolventen erhalten dann eine staatliche Abschlussbezeichnung anstatt eines akademischen Grades. Dies bedeutet, dass mit einem Bachelor-Abschluss, der an einer Universität oder einer Fachhochschule erworben wurde, die Voraussetzungen vorliegen, um ein Masterstudium anzuschließen. Der Bachelor-Abschluss verleiht dieselben Berechtigungen wie die bisherigen Diplomabschlüsse der Fachhochschulen (KMK 2007, 11). Bei einem Absolventen einer Berufsakademie entscheidet dies die jeweils aufnehmende Universität bzw. Fachhochschule.

In ÖSTERREICH wurde der Bachelor-Abschluss bis Mai 2007 Bakkalaureat genannt. Künftig wird der Bachelor anstelle des Bakkalaureus verliehen.

Der **Master** (lat. magister; Vorsteher, Meister) ist in vielen europäischen Staaten der zweite akademische Grad, den Studierende an Hochschulen als Abschluss
einer wissenschaftlichen Ausbildung erlangen können. Der Mastergrad wird nach
einem ein- bis zweijährigen Studium verliehen. Studienvoraussetzung ist ein Bachelor-Abschluss oder der Abschluss in einem traditionellen, einstufigen Studiengang (Magister, Diplom, Erstes Staatsexamen). Master-Studiengänge sind zulassungsbeschränkt. Zulassungsvoraussetzung ist in der Regel ein überdurchschnitt-
licher erster Studienabschluss.

Zur Abschlussprüfung beim Master gehört das Verfassen einer schriftlichen
Abschlussarbeit, der sog. Thesis oder Masterarbeit, mit der die Fähigkeit nachgewiesen wird, innerhalb einer vorgegebenen Zeit eine Fragestellung aus dem jeweiligen Fach selbstständig mit wissenschaftlichen Methoden zu bearbeiten.

In DEUTSCHLAND kann der Master als akademischer Grad von Universitäten
und gleichgestellten Hochschulen, Kunst- und Musikhochschulen sowie Fachhochschulen verliehen werden. Die Master-Studiengänge sind nach den Profil-
typen „stärker anwendungsorientiert" und „stärker forschungsorientiert" zu unterscheiden (KMK 2007, 6). Der Master-Abschluss verleiht dieselben Berechtigungen wie die bisherigen Diplom- und Magisterabschlüsse der Universitäten
(KMK 2007, 11).

In Deutschland gibt es konsekutive, nicht-konsekutive und weiterbildende
Master-Studiengänge (KMK 2007, 6 f.):

- Ein *konsekutiver Master-Studiengang* baut auf einem speziellen Bachelor-
  Studiengang auf. Er kann diesen fachlich fortführen und vertiefen oder, soweit
  der fachliche Zusammenhang gewahrt bleibt, fachübergreifend erweitern.
- Ein *nicht-konsekutiver Master-Studiengang* baut inhaltlich nicht auf den vorangegangenen Bachelor-Studiengang auf. Er schließt an ein beliebiges, abgeschlossenes Studium an.
- *Weiterbildende Studiengänge* setzen eine qualifizierte berufspraktische Erfahrung voraus und sollen die beruflichen Erfahrungen der Studierenden berücksichtigen und auf diesen aufbauen.

In Deutschland können für die Bachelor- und die konsekutiven Master-
Studiengänge die in Tabelle 17 dargestellten Bezeichnungen vergeben werden.

**Tabelle 17.** Abschlüsse im Bachelor und im konsekutiven Master in DEUTSCHLAND
(KMK 2007, 9 ff.)

| Fächergruppen | Abschlussbezeichnungen im Bachelor | Abschlussbezeichnungen im konsekutiven Master |
|---|---|---|
| Agrar-, Forst- und Ernährungswissenschaften; Mathematik; Medizin; Naturwissenschaften | Bachelor of Science (B. Sc.) | Master of Science (M. Sc.) |
| Darstellende Kunst; Kunstgeschichte; Künstlerisch angewandte Studiengänge; Sprach- und Kulturwissenschaften; Sport, Sportwissenschaft; Sozialwissenschaft | Bachelor of Arts (B. A.) | Master of Arts (M. A.) |
| Freie Kunst | Bachelor of Fine Arts (B. F. A.) | Master of Fine Arts (M. F. A.) |
| Ingenieurwissenschaften | Bachelor of Science (B. Sc.); Bachelor of Engineering (B. Eng.) | Master of Science (M. Sc.); Master of Engineering (M. Eng.) |
| Lehramt | Bachelor of Education (B. Ed.) | Master of Education (M. Ed.) |
| Musik | Bachelor of Music (B. Mus.) | Master of Music (M. Mus.) |
| Rechtswissenschaften | Bachelor of Laws (LL. B.) | Master of Laws (LL. M.) |
| Wirtschaftswissenschaften | Bachelor of Arts (B. A.); Bachelor of Science (B. Sc.) | Master of Arts (M. A.); Master of Science (M. Sc.) |

Bei den Ingenieur- und Wirtschaftswissenschaften richtet sich die Abschlussbezeichnung nach dem Fachgebiet, dessen Bedeutung im Studiengang überwiegt.

Die Abschlussbezeichnungen nicht-konsekutiver und weiterbildender Master-
Studiengänge können – müssen aber nicht – von den Hochschulen abweichend zu
den o. g. Bezeichnungen für konsekutive Master-Studiengänge gewählt werden.
Deshalb ist es möglich, dass für inhaltlich ähnliche Studiengänge an verschiedenen Hochschulen unterschiedliche Abschlussbezeichnungen vergeben werden. Bei
den nicht-konsekutiven Master-Studiengängen ist der Master of Business Administration (MBA) der häufigste Abschluss.

Für Bachelor- und Master-Studiengänge gilt, dass jede Hochschule für die Abschlussbezeichnungen auch rein deutschsprachige Formen, wie z. B. Bakkalaureus
der Wissenschaften oder Magister der Wirtschaftwissenschaften verwenden kann.
Ursprünglich lateinische Wörter werden hierbei unter „deutschsprachig" subsumiert. Jedoch sind gemischtsprachige Bezeichnungen wie Bachelor der Wissenschaften ausgeschlossen. Auch wird die Art der Bildungseinrichtung, wie z. B.

„(FH)", nicht mit angegeben. Fachliche Zusätze zu den oben aufgeführten Abschlussbezeichnungen sind nicht erlaubt. Der Titel muss in der Form und der Sprache geführt werden, in der er verliehen wurde (KMK 2007, 10).

> Allgemein gilt, dass entsprechend den Hochschulgesetzen der Länder akademische Grade nur in der Form geführt werden dürfen, die durch die Verleihungsurkunde bzw. die Prüfungsordnung festgelegt ist.

Beispielsweise darf ein Absolvent mit Diplom einer Universität trotz rechtlicher Gleichstellung nicht stattdessen eigenmächtig einen Mastergrad führen oder umgekehrt. Ein Mastergrad darf auch nicht aufgrund eines mit Erfolg abgeschlossenen Diplom-Studienganges von der Hochschule verliehen werden (KMK 2007, 7 f.).

Die Anzahl der Studierenden im Prüfungsjahr 2007 nach Prüfungsarten ist exemplarisch für DEUTSCHLAND in Abb. 18 dargestellt.

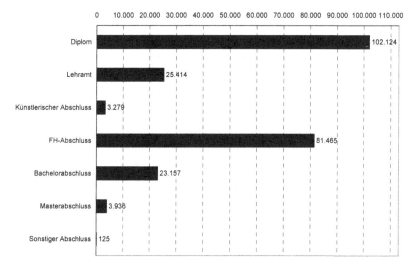

**Abb. 18.** Anzahl von Studierenden mit bestandener Prüfung im ersten Studienabschluss in DEUTSCHLAND im Prüfungsjahr 2007 nach Prüfungsgruppen (Statistisches Bundesamt 2008, 234 ff.)

# 4 Formale Voraussetzungen

Um ein Studium aufzunehmen, sollten Sie vor allem das Interesse für das Wunschfach, Neugier auf dessen Inhalte und die entsprechenden schulischen Vorkenntnisse mitbringen. Des Weiteren gilt es formale Voraussetzungen zu beachten. Die wichtigsten werden nachfolgend dargestellt:

Die bedeutsamste Studienvoraussetzung ist in DEUTSCHLAND das Abitur. Es berechtigt zum Studium an allen deutschen Hochschulen. Das Fachabitur ist Zugangsvoraussetzung zu Fachhochschulen. Besonders qualifizierte Berufstätige können durch einen Anerkennungsbescheid ihrer Ausbildung oder Fortbildung oder durch Bestehen einer Eignungsprüfung zum Studium zugelassen werden. Bei allen zulassungsbeschränkten Studiengängen ist eine Bewerbung erforderlich, entweder bei der Zentralstelle für die Vergabe von Studienplätzen (ZVS) in Dortmund oder bei der Hochschule selbst. Bei diesen „Numerus-clausus-Fächern" gibt es erheblich weniger Studienplätze als Studieninteressierte. Aus diesem Grund wird nach der Abiturdurchschnittsnote ausgewählt, teilweise in Verbindung mit anderen Kriterien wie z. B. Noten in bestimmten Fächern, Berufsausbildung, Ergebnis eines Studierfähigkeitstests oder eines Auswahlgesprächs. Bestimmte Quoten der Studienplätze werden an Ausländer, nach sozialen Gesichtspunkten (Härtefallantrag) oder nach Wartezeit vergeben. Erfordert ein Studiengang besondere Fähigkeiten und Kenntnisse (z. B. Sprachen, Sport, Kunst), so ist eine Aufnahmeprüfung (Eignungsfeststellungsverfahren) zu absolvieren.

Zukünftig werden sich Studierende darauf einstellen müssen, dass die Teilnahme an einem Orientierungstest oder -gespräch gefordert wird. In einem solchen Test oder Gespräch sollen die Studieninteressierten über die Anforderungen des Faches informiert und in die Lage versetzt werden, selbstkritisch zu prüfen, ob sie den Anforderungen des Studiums genügen können. Nach Abschluss des Bewerbungsverfahrens erfolgt per Bescheid eine Zulassung oder Absage. Da in der Regel nicht alle Bewerber den Studienplatz annehmen, werden kurze Zeit später Nachrück- und Losverfahren durchgeführt, die sich zum Teil noch in die Vorlesungszeit erstrecken. Nach der Zulassung muss noch eine Einschreibung, evtl. unter Vorlage beglaubigter Zeugnisse oder Originaldokumente erfolgen. Nicht zuletzt ist auch die Zahlung der Studiengebühr (vgl. Abschnitt III 1.2) Studienvoraussetzung, da sonst keine Einschreibung erfolgt. Die Bewerbungs- und Einschreibungsfristen sind innerhalb von Bundesländern, Hochschulen und Studiengängen sehr verschieden. Für ausländische Bewerber beginnen sie einige Wochen vor den entsprechenden Fristen der Bildungsinländer, da das Zulassungsverfahren bspw. aufgrund von Sprachprüfungen, Anerkennung von Schul- und Studienleistungen aufwendiger ist (www.bildungskompass.de).

Um in ÖSTERREICH an einer Hochschule studieren zu können, müssen Studierende die allgemeine Hochschulreife (Matura) nachweisen. Daneben müssen laut Studienberechtigungsgesetz bei manchen Studiengängen noch weitere Kenntnisse nachgewiesen werden wie z. B. die Kenntnis der lateinischen Sprache für Rechtswissenschaften. Neben der Matura kann auch über eine Studienberechtigungsprüfung die allgemeine Hochschulreife erlangt werden. Die Einschreibung für das WS erfolgt zumeist in den Monaten September und Oktober, für das SS im Februar und März. Die genauen Daten sind bei der jeweiligen Hochschule zu erfragen. Ausländische Bewerber müssen die Gleichwertigkeit ihres Abschlusses zur Matura nachweisen, ansonsten können Ergänzungsprüfungen vorgeschrieben werden. Studierende, deren Muttersprache nicht deutsch ist, müssen die Kenntnis der deutschen Sprache nachweisen. Das Zulassungsansuchen ist bereits vor der allgemeinen Zulassungsfrist bis zum 1. September für das WS bzw. bis zum 1. Februar für das SS einzureichen. Genauere Informationen hierzu sowie die notwendigen Formulare finden Sie beim Studienservice der jeweiligen Hochschule. Der Studienbeitrag beträgt ca. 380 € pro Semester (zuzüglich 10 % bei verspäteter Einzahlung in der Nachfrist).

Voraussetzung für die Zulassung an einer Universität in der SCHWEIZ ist die allgemeine Hochschulreife (Maturitätsausweis) sowie ein Mindestalter von 18 Jahren. Außerdem wird die Beherrschung der Studiensprache vorausgesetzt. Seit 2007 gibt es in der Schweiz keine WS und SS mehr, zur Vereinheitlichung und aufgrund internationaler Durchlässigkeit der Studiengänge wurde das System umgestellt: Nun gibt es ein Herbstsemester, das von August bis Januar und ein Frühlingssemester, das von Februar bis Juli dauert. Die Vorlesungszeit des Herbstsemesters liegt üblicherweise zwischen Mitte September und Weihnachten, diejenige des Frühlingssemesters zwischen Mitte Februar und Ende Mai. Daher haben sich auch die Anmeldefristen geändert: 30. April für das Herbstsemester und 30. November für das Frühlingssemester, wobei eine Aufnahme zum Frühlingssemester selten möglich ist.

Voraussetzung für die Zulassung zu einem Hochschulstudium ist ein eidgenössisch anerkanntes Maturitätsausweis oder ein von der Universität als gleichwertig akzeptierter ausländischer Ausweis. Über die Anerkennung eines solchen Zeugnisses entscheidet die jeweilige Hochschule. Die Prüfungsdaten für die nur teilweise anerkannten Maturazeugnisse sind jeweils am Ende des Semesters und können den Internetseiten der Universitäten entnommen werden. Grundsätzlich gibt es in der Schweiz mit Ausnahme der Medizin keine Zulassungsbeschränkung für ein Hochschulstudium.

Eine Besonderheit der Universität Fribourg ist zudem das System „30+“: Wer keine Matura hat und mindestens 30 Jahre alt ist, kann per Aufnahmeprüfung zum Studium zugelassen werden.

Die Studiengebühren sind an den einzelnen Hochschulen unterschiedlich. Das Spektrum reicht von 500 bis 2.000 CHF pro Semester. Der Entscheid über die Zulassung fällt in die Kompetenz der einzelnen Hochschulen. In Fribourg finden zweimal pro Jahr (Juni und August bzw. September) Aufnahmeprüfungen für Bewerber statt, deren Reifezeugnis nur bedingt anerkannt wird oder von denen die gewählte Hochschule aus anderen Gründen diese Prüfungen verlangt. Über die Zulassungsbedingungen für ausländische Bewerber informiert die Rektorenkonferenz der Schweizer Universitäten (CRUS, www.crus.ch). Aus Kapazitätsgründen werden allerdings keine ausländischen Studienbewerber in den Fachrichtungen Human-, Zahn- und Veterinärmedizin aufgenommen. Nach einer Zusage müssen ausländische Studierende bei der Schweizerischen Botschaft in ihrem Land nachfragen, welche Formalitäten sie vor der Einreise in die Schweiz zu erledigen haben. Dabei müssen sie den Nachweis erbringen, dass sie über genügend Eigenmittel zur Finanzierung ihres Studiums verfügen. Die Aufenthaltsbewilligung muss jährlich erneuert werden.

## 5    Studienaufbau und Studiengestaltung

Bachelor- und Master-Studiengänge sind immer modular aufgebaut. Modularisierung bedeutet die Gliederung der Lehrinhalte eines Studiengangs in thematische Einheiten, also **Module**, mit definiertem Inhalt, Lern- und Qualifikationsziel. Module werden als die Bausteine des Studienprogrammes bezeichnet, sind mit Kreditpunkten versehen und zu abprüfbaren Einheiten zusammengefasst. Dabei kommen verschiedene Lehrformen (vgl. Abschnitt II 6) wie z. B. Vorlesungen, Seminare, Übungen oder Praktika zum Einsatz, die auch in Kombination angeboten werden können. Kombinierte Angebote haben in der Regel einen Umfang von vier bis zehn Semesterwochenstunden und sollen in maximal zwei Semestern abgeschlossen werden können.

Es werden Pflicht-, Wahlpflicht- und Wahlmodule unterschieden. Pflichtmodule müssen von allen Studierenden belegt werden, während Wahlpflichtmodule begrenzte thematische Bereiche charakterisieren, aus denen die Studierenden wählen können. Bei Wahlmodulen haben die Studierenden die freie Auswahl innerhalb des vorgegebenen Modulangebotes.

Jedes Modul wird in einer Modulbeschreibung dargestellt. Darin werden neben Inhalten, Lern- und Qualifikationszielen auch Angaben zum Umfang, den zu vergebenden Kreditpunkten, zu Teilnahmevoraussetzungen und begleitender Literatur gemacht. Die Modulbeschreibungen werden in einem Modulkatalog z. B. in der Studienordnung aufgeführt. Ergänzend dazu ist das Modulhandbuch bzw. das kommentierte Vorlesungsverzeichnis heranzuziehen.

In den bundesländerübergreifenden Strukturvorgaben der Kultusministerkonferenz in DEUTSCHLAND (KMK 2007) ist festgelegt worden, dass bei der Einführung und *Akkreditierung* von Bachelor- und Master-Studiengängen eine Modularisierung der entsprechenden Studiengänge und ein Kreditpunktesystem nachgewiesen werden müssen. Das ECTS wird in ganz Europa angewendet und soll die Anerkennung von Studienleistungen erleichtern und somit die Studierendenmobilität, insbesondere ins Ausland, fördern. Auslandsaufenthalte zum Zwecke des Studiums werden sehr geschätzt und sollen nicht mit Studienzeitverlängerung „bestraft" werden. *Kreditpunkte*, auch als Leistungspunkte (LP) oder Credit Points (CP) bezeichnet, sind eine Maßeinheit, die den Arbeitsaufwand charakterisiert, den die Studierenden im Durchschnitt erbringen müssen, um die definierten Lernziele einer Lehrveranstaltung oder eines Moduls erfolgreich zu erreichen. Ein Kreditpunkt entspricht einer Arbeitsbelastung (Workload) von maximal 30 Stunden (in DEUTSCHLAND zwischen 25 und 30 Stunden, in ÖSTERREICH genau 25 Stunden und in der SCHWEIZ genau 30 Stunden). Bei 900 Arbeitsstunden pro Semester entspricht das 30 Kreditpunkten. Bei der Berechnung der Arbeitsbelastung wird zwischen *Präsenzstudium* und *Selbststudium* unterschieden. Im Präsenzstudium werden die Kontaktstunden gezählt, die die Lernenden für den Besuch von Vorlesungen, Praktika oder Moduleinheiten aufbringen müssen, während zum Selbststudium u. a. die Arbeitszeit gehört, die zur Vor- und Nachbereitung, zu

Prüfungsvorbereitungen und für das Anfertigen von Referaten und Hausarbeiten benötigt wird. Sie sind also abhängig von erfolgreich erbrachten Studienleistungen und unabhängig von der Benotung der jeweiligen Leistung. Kreditpunke sind quantitative, jedoch keine qualitativen Indikatoren. Kreditpunkte und Noten müssen immer getrennt voneinander ausgewiesen werden.

In einigen Studiengängen sind noch Unterteilungen analog zum Grund- und Hauptstudium bei den auslaufenden Staatsexamens-, Magister- oder Diplom-Studiengängen zu finden. Es ist darauf hinzuweisen, dass derartige Einteilungen im Bologna-Prozess (vgl. Abschnitt II 1) nicht vorgesehen sind und teilweise sogar dem Grundgedanken, der der Einführung der Bachelor- und Master-Studiengänge zugrunde lag, widersprechen. Allerdings gibt es im Gegensatz zu den Diplom-, Magister- und Staatsexamens-Studiengängen keine Zwischenprüfung.

Ein *Bachelor-Studiengang* (vgl. Abschnitt II 3) hat meist eine Regelstudienzeit von sechs Semestern, in seltenen Fällen auch von sieben oder acht Semestern. Nach dem ECTS sind bei sechs Semestern 180 Kreditpunkte zu erwerben, 210 bei sieben Semestern bzw. 240 bei acht Semestern.

Die Regelstudienzeit für einen *Master-Studiengang* (vgl. Abschnitt II 3) beträgt mindestens ein, höchstens zwei Jahre. Bei einem konsekutiven Studiengang darf die Gesamtregelstudienzeit fünf Jahre nicht überschreiten, was 300 Kreditpunkten entspricht.

Für die **Benotung** von Leistungen wird in DEUTSCHLAND in der Regel auch weiterhin die schulische Notenskala von 1 bis 5 herangezogen. Dabei ist 1,0 mit „sehr gut" die beste Note. Weiterhin gibt es Abstufungen, wie z. B. 1,3 („eins minus") oder 1,7 („zwei plus"). Die Note 4,0 ist häufig die schlechteste, mit der eine Prüfung als bestanden gewertet werden kann. Beim Notensystem in ÖSTERREICH gibt es hingegen nur vier Bewertungsstufen: Auszeichnung (1), guter Erfolg (2), bestanden (3 / 4), nicht bestanden (5). In der SCHWEIZ gibt es in den meisten Kantonen die Noten 5 bis 1. Hierbei ist 5 die beste und 1 die schlechteste Note. Weiterhin sind auch halbe Noten wie 2,5 zugelassen. Damit im Ausland erworbene Noten in DEUTSCHLAND anerkannt werden, müssen diese zunächst nach der sog. „modifizierten bayrischen Formel" umgerechnet werden (www.uni-oldenburg.de/iso/28086.html und www.anabin.de).

Für das absolvierte Bachelor- und Masterstudium wird eine Abschlussnote vergeben, die sich meist aus allen im Studiengang erlangten Modulnoten zusammensetzt, da in der Regel alle Module mit einer studienbegleitenden Prüfungsleistung abgeschlossen und somit benotet werden. Die Noten können – müssen aber nicht – nach den Modulen gewichtet werden. Findet eine Gewichtung statt, dann in der Regel nach den Kreditpunkten, die einem Modul zugeordnet werden. Am Ende des Studiums wird eine Gesamtnote errechnet, eine Abschlussprüfung über das gesamte Studium findet also nicht statt. Für die internationale Vergleichbarkeit reicht das jedoch nicht aus. Daher wird zusätzlich das ECTS-Notensystem angewandt. Nach der ECTS-Bewertungsskala werden die Studierenden nach statistischen Gesichtspunkten aufgeteilt.

Die erfolgreichen Studierenden erhalten folgende Noten (HRK 2004):

- A   (= die besten 10 %),
- B   (= die nächsten 25 %),
- C   (= die nächsten 30 %),
- D   (= die nächsten 25 %),
- E   (= die nächsten 10 %).

An die erfolglosen Studierenden werden die folgenden Noten vergeben:

- FX   (= nicht bestanden, es sind Verbesserungen erforderlich),
- F   (= nicht bestanden, es sind erhebliche Verbesserungen erforderlich).

Neben der absoluten nationalen Benotung wird also eine relative europäische Bewertung angegeben, die es erlaubt, die individuelle Leistung eines Studierenden in Bezug auf die anderen Studierenden einzuordnen. Dies geschieht meist auf dem *Diploma Supplement* (Ergänzung zum Zeugnis), das zusätzlich zu den nationalen Urkunden ausgestellt wird. Das Diploma Supplement wird dem Hochschulabschluss beigefügt und enthält eine standardisierte Beschreibung von Art, Stufe, Kontext und Status des vom Graduierten erfolgreich abgeschlossenen Bachelor- bzw. Master-Studienganges. Hierdurch soll Transparenz geschaffen und die akademische und berufliche Anerkennung von Befähigungsnachweisen wie akademischen Graden erleichtert werden. Es wird auch schematisch das nationale Bildungssystem erklärt, was bei einer Bewerbung im Ausland und zur dortigen Einordnung der Abschlüsse nützlich ist (ec.europa.eu/education/policies/rec_qual/ recognition/diploma_de.html).

### *Tipps zum Weiterlesen (für Abschnitt II 5)*

FIBAA 2004; KMK 2007.

## 6   Lehrveranstaltungstypen

Aus der Schule kennen Sie verschiedene Formen des Unterrichts. An der Hochschule werden Ihnen bekannte, aber auch neue Lehrformen begegnen. Im Folgenden erhalten Sie einen Überblick über die unterschiedlichen Veranstaltungstypen.

### 6.1   Vorlesung

Eine Vorlesung behandelt ein Thema unter verschiedenen Aspekten. Vorlesungen reichen von der Vermittlung von Grundlagenwissen im Rahmen einer Einführungsvorlesung bis hin zur Vorstellung aktueller Forschungsergebnisse und -arbeiten.

Das Lehrformat der Vorlesung fällt in den Aufgabenbereich von Professoren, Privatdozenten, Juniorprofessoren und Lehrbeauftragten. Vorlesungen sind eine besonders anspruchsvolle Unterrichtsform, in der Ihnen in kompakter Form Wissen vermittelt wird. Hat der Dozent seine Vorlesung nachvollziehbar strukturiert, ist er ein guter Redner und unterstützt seine Ausführungen zusätzlich durch Visualisierungen, kann die Vorlesung für Sie ein Gewinn sein. Der Lernerfolg hängt nicht nur vom regelmäßigen Besuch der Vorlesung und vom aktiven Zuhören ab, sondern auch von Ihrer Vor- und Nachbereitung. Liegt der Vorlesung ein (literarisches) Werk zugrunde, sollten Sie dieses zur *Vorbereitung* lesen; sonst sind viele Ausführungen für Sie wertlos, da Sie keine Anknüpfungspunkte finden. Häufig werden zur Vorlesung Begleitmaterialien angeboten. Sind die Vorlesungsfolien oder ein Skript z. B. auf den Internetseiten der Hochschule, in der Seminarbibliothek oder im Kopierladen vorab verfügbar, sollten Sie sich dieses Material so früh wie möglich besorgen. Sie können während der Vorlesung darauf Notizen machen oder Fragen formulieren, die Sie meistens im Anschluss an die Vorlesung stellen können. Jede Form des Mitschreibens während der Vorlesung unterstützt die Merkfähigkeit. Daher ist das *Mitschreiben* neben dem *Zuhören* Ihre zweite wichtige Aktivität in Vorlesungen. Die *Nachbereitung* bedeutet eine Reorganisation, Systematisierung und Reinschrift der angefertigten Notizen. Mitunter werden in der Vorlesung auch konkrete Leseempfehlungen gegeben, denen Sie folgen sollten. Die Zeitinvestition lohnt sich: Sie ist zugleich eine gute Prüfungsvorbereitung.

Eine besondere Form ist die *Ringvorlesung*, die in der Regel Bestandteil des Studium Generale (vgl. Abschnitt VI 1) ist. Bei der üblicherweise öffentlichen Ringvorlesung wird jede Vorlesung von einem anderen Dozenten abgehalten. Dabei wird das Oberthema meist interdisziplinär aus unterschiedlichen Blickwinkeln beleuchtet.

## 6.2  Seminar

Das Seminar gibt es als Lehrveranstaltungsform vor allem in den geistes- und gesellschaftswissenschaftlichen Fachgebieten. Mit der Bezeichnung „Seminar" ist eine Lehrveranstaltungsform gemeint, „… in der die Teilnehmer durch Vorträge und Diskussionen ein bestimmtes Thema gemeinsam erarbeiten …" (Messing 2006, 68). Abzugrenzen ist das Seminar von einem *Kolloquium* dadurch, dass Letzteres eine Veranstaltung für bestimmte Gruppen von Studierenden (meist Examenskandidaten oder Promovierende) bezeichnet. In der Regel finden die Seminarsitzungen während des Semesters einmal pro Woche für zwei Stunden statt. Seminare, die an wenigen Tagen konzentriert über mehrere Stunden und häufig am Ende des Semesters oder auch in der vorlesungsfreien Zeit stattfinden, werden als Blockseminare bezeichnet.

Es ist nicht immer leicht, sich einen der begehrten Plätze in dem gewünschten Seminar zu sichern. Die zeitliche Koordination mit anderen Lehrveranstaltungen stellt eine weitere Herausforderung dar, die es zu meistern gilt. Die verschiedenen Seminarangebote finden Sie im Vorlesungsverzeichnis Ihres Studienganges, mittlerweile häufig auf der Internetseite des jeweiligen Institutes. In der Regel besteht in Seminaren eine Anwesenheitspflicht (vgl. Abschnitt II 7.6), die zwar der akademischen Freiheit der Studierenden zuwiderläuft, zu einer regelmäßigen Teilnahme jedoch immens beiträgt.

Der übliche Ablauf eines Seminars kann grob in drei Phasen unterteilt werden:
1. Vor dem Seminar müssen sich interessierte Studierende in der Regel dafür anmelden. Das läuft meist über eine Internetseite und ist häufig nur in einem bestimmten Zeitraum möglich. Teilweise ist die Teilnahme am Seminar an das vorherige Bestehen einer Klausur oder eine persönliche Vorstellung beim Dozenten gebunden. Oft wird in der ersten Seminarsitzung das Seminar inhaltlich und organisatorisch vom Dozenten vorgestellt. Teilweise wird zum Seminar auch ein Skript verkauft. Häufig werden relevante Materialien für das Seminar auf einer Internetseite des Lehrstuhls zur Verfügung gestellt. Zu Beginn der Lehrveranstaltung werden, soweit das in der Vorankündigung des Seminars noch nicht geschehen ist, Literaturhinweise gegeben und die jeweiligen Referatsthemen mit den Studierenden abgesprochen.
2. Im Verlauf des Seminars werden dann die jeweiligen Vorträge von Studierenden allein oder in der Gruppe ausgearbeitet und vorgetragen bzw. verteidigt. Anschließende Diskussionen werden von Studierenden oder dem Dozenten moderiert, teilweise werden Sitzungsprotokolle angefertigt.
3. Nach dem Seminar werden Sie üblicherweise eine schriftliche Ausarbeitung Ihres Referates oder eine Hausarbeit zu einem bestimmten Thema anfertigen. Teilweise muss die Hausarbeit bereits vor dem Seminar erstellt werden. Teilweise besteht die Möglichkeit, ein Projekt zu bearbeiten, bspw. in der Medien- und Kommunikationswissenschaft das Erstellen einer Dokumentation. Manchmal werden Sie auch zu einem Schwerpunkt des Seminars geprüft oder am Ende der Lehrveranstaltung werden Seminarinhalte in einer Klausur abgefragt.

Was zeichnet ein gelungenes Seminar aus? An erster Stelle steht auf Seiten des Dozenten eine klare Seminarstruktur und auf Seiten der Studierenden die engagierte, fachlich fundierte Mitarbeit. In wissenschaftlichen Auseinandersetzungen geht es weniger um subjektive Erfahrungsnähe als vielmehr um die methodisch kontrollierte Betrachtung eines Gegenstandsbereiches. Es geht darum, sinnvolle Fragen zu stellen und reflektierte, methodisch gesicherte Antworten zu finden. Ein weiterer wichtiger Aspekt dieser Lehrveranstaltungsform liegt in der aktiven Erarbeitung und Präsentation eines Themenbereiches. Im Gegensatz zur Vorlesung besteht die Aufgabe im Seminar, sich mehr oder weniger eigenständig mit einem Gegenstandsbereich auseinanderzusetzen und diesen vor einer Gruppe auch angemessen zu präsentieren.

## 6.3   Übung und Tutorium

In Vorlesungen (vgl. Abschnitt II 6.1) vermittelt der Dozent in frontaler Form Wissen. Das in Vorlesungen vermittelte Wissen ist oftmals theoretisch und sehr abstrakt. Zwischen- und Nachfragen sind zwar meistens erlaubt, längere Diskussionen oder die praktische Erprobung der vermittelten Inhalte jedoch nicht vorgesehen. Die **Übung** ist ein ergänzendes Angebot und bereitet Studierende in der Regel ganz gezielt auf die abschließende Klausur vor. In dieser Veranstaltungsform wird das vermittelte Wissen praktisch angewendet und durch Übungsaufgaben vertieft. Die Übung trägt der Erkenntnis Rechnung, dass reines Zuhören für einen Lernerfolg zumeist nicht ausreicht. Die in der Theorie vermittelten Vorlesungsinhalte werden hier durch die aktive Beteiligung der Studierenden geübt bzw. an konkreten Fällen durchgearbeitet. Beispielsweise können in einer ergänzenden Übung zur Statistikvorlesung Aufgaben durchgerechnet werden, Naturwissenschaftler führen entsprechend Experimente selbst durch oder Geisteswissenschaftler erwerben Sprachkenntnisse bzw. vertiefen diese. Zum Teil zielen Übungen auf die Vermittlung und Erprobung berufsrelevanter Qualifikationen ab. Da Übungen das notwendige Selbststudium und häusliche Üben der vermittelten Inhalte ergänzen, haben Sie hier die Möglichkeit, eine Rückmeldung über Ihren Lernfortschritt und die noch zu schließenden Wissenslücken zu erhalten.

Übungen werden zumeist von Promovierenden oder wissenschaftlichen Mitarbeitern des Lehrstuhls durchgeführt. Teilweise gibt es bei Übungen benotete oder unbenotete Leistungsnachweise. Ist die Teilnahme an Übungen freigestellt und dient etwa der Klausurvorbereitung, wird der regelmäßige Besuch teilweise nur über unbenotete Teilnahmebescheinigungen bestätigt. Die Teilnahme an bestimmten Übungen kann aber auch die Voraussetzung für die Zulassung zu weiteren Übungen sein.

Das **Tutorium** ist eine besondere Form der Übung. Hier vertieft ein Studierender eines höheren Semesters mit einer zahlenmäßig überschaubaren Gruppe Studierender die Inhalte z. B. anhand von Übungsaufgaben oder alten Klausuren. Die Teilnahme an einem Tutorium ist zumeist freiwillig und wird im Unterschied zur Übung weder benotet noch bescheinigt. Aufgrund der geringen Distanz zwischen Studienanfängern und Studierenden höherer Semester können Sie in Tutorien auch die Fragen stellen, die Sie sich sonst nicht zu stellen trauen.

Viele Fakultäten bieten zudem Übungen oder Tutorien an, die in die Methodik des wissenschaftlichen Arbeitens einführen und Sie auf diese Weise auf Leistungsnachweise wie etwa Seminararbeiten vorbereiten.

## 6.4   E-Learning

Der Einsatz internetbasierter Informations- und Kommunikationstechnologien zur Unterstützung von Lehr- und Lernprozessen hat sich unter dem Begriff E-Learning (Electronic Learning) mittlerweile an den meisten deutschen Hochschulen etablieren können (www.e-teaching.org/referenzbeispiele). An der Ruhr-Universität Bochum etwa liegt der Anteil von internetunterstützten Lehrveranstaltungen derzeit bei ca. 20 %. Gerade vor dem Hintergrund des Bologna-Prozesses (vgl. Abschnitt II 1) mit der Umstellung der Studiengänge auf das zweistufige Bachelor- und Master-System und einer damit verbundenen Ausweitung selbstgesteuerter und -organisierter Lernzeiten kann davon ausgegangen werden, dass der Anteil computer- und internetgestützter Angebote im Studium weiter zunehmen wird. E-Learning umfasst dabei all diejenigen „... Lernangebote, bei denen digitale Medien (a) für die Präsentation und Distribution von Lerninhalten und / oder (b) zur Unterstützung zwischenmenschlicher Kommunikation zum Einsatz kommen ..." (O. V. 2005b). Für Studierende sind Computer und Internet als Werkzeug für die individuelle Informationsbeschaffung sowie als Orte der Kommunikation mit Mitlernenden und zunehmend auch mit Dozenten nicht mehr wegzudenken.

*Lehrveranstaltungen* mit E-Learning-Anteilen lassen sich je nach Quantität des Einsatzes neuer Medien in Blended Learning, virtuelle und medienunterstützte Lehrveranstaltungen unterteilen. Dabei ist der Einsatz von Lernsoftware – abhängig vom Studienfach – und die Einbeziehung von Web-2.0-Anwendungen möglich. Gerade bei Veranstaltungen mit hohem E-Learning-Anteil sind aufgrund der zeitlichen Flexibilität gegenüber traditionellen Präsenzlehrveranstaltungen Kompetenzen im Bereich Zeitmanagement (vgl. Abschnitt IV 3) sehr hilfreich.

Die bisweilen wohl am weitesten verbreitete Form des E-Learning-Einsatzes ist dadurch gekennzeichnet, dass traditionelle Lehrveranstaltungen wie Vorlesungen (vgl. Abschnitt II 6.1) und Seminare (vgl. Abschnitt II 6.2) durch E-Learning-Methoden angereichert und unterstützt werden. Die Ausgestaltungsformen können hierbei sehr unterschiedlich sein. Bewährt hat sich der Einsatz von internetbasierten Lernplattformen bzw. Learning-Management-Systemen wie z. B. Blackboard, BSCW (Basic Support of Cooperative Work), ILIAS (Integriertes Lern-, Informations- und Arbeitskooperations-System) oder Moodle, die Studierenden vielfältige Möglichkeiten des Informations- und Materialienabrufs wie z. B. virtueller Semesterapparat, Ankündigungen, Vorlesungsfolien) sowie Kommunikations- und Kooperationstools wie z. B. Forum, E-Mail, Chat zur Verfügung stellen. Des Weiteren bietet eine zentrale Lernumgebung in der Hochschule den Studierenden den Vorteil, an einem Ort den Zugang zu allen Online-Kursen zu erhalten. Zeitaufwendiges Zusammensuchen von Informations- und Kommunikationsangeboten in unterschiedlichen Systemen entfällt.

Der Begriff *Blended Learning* beschreibt Lehr- bzw. Lernszenarien, in denen Präsenz- und E-Learning-Phasen miteinander verknüpft werden (Arnold et al. 2004, 94 f.). Diese Form des E-Learning kommt bspw. dann zum Einsatz, wenn die Präsenztermine einer Lehrveranstaltung nicht wöchentlich, sondern in längeren zeitlichen Abständen z. B. in Form eines Blockseminars (vgl. Abschnitt II 6.2) mit wenigen Präsenzterminen stattfinden. Die dazwischenliegenden Phasen können von den Studierenden online z. B. über eine Lernplattform mit Web Based Trainings (WBT) oder offline z. B. mit CDs oder DVDs mit Lernsoftware als Computer Based Training (CBT) dazu genutzt werden, die Präsenzsitzungen inhaltlich mithilfe eines vom Lehrenden bereitgestellten E-Learning-Angebots vor- und nachzubereiten. Auch ein Austausch mit Kommilitonen und Dozenten sowie die Diskussion und Präsentation von Arbeitsergebnissen ist mittels E-Learning möglich.

*Virtuelle Lehrveranstaltungen* finden ausschließlich in einem internetgestützten Lernraum statt. Die Studierenden können ortsungebunden und zeitlich flexibel teilnehmen und stehen über verschiedene Kommunikations- und Kooperationswerkzeuge in Verbindung mit ihren Kommilitonen und Lehrenden. Um nicht vorhandene Präsenztermine auszugleichen, können auch sog. Virtual-Classroom-Anwendungen zum Einsatz kommen. Zu vorher festgelegten Zeiten werden online mittels Text-Chat, Sprach- oder Videofunktion Konferenzen und Präsentationen in Echtzeit abgehalten.

*Medienunterstützte Lehrveranstaltungen* bieten Studierenden durch multimedial aufbereitete und interaktive computer- und internetbasierte Lernsoftware eine Möglichkeit, die jeweiligen Veranstaltungsinhalte selbstständig vor- und nachzubereiten. Häufig befinden sich am Ende einzelner Themenblöcke (Quiz-)Fragen, Simulationen oder Tests zum behandelten Inhalt, die zur Überprüfung des Lernfortschritts dienen.

Mit Aufkommen des Web 2.0 halten auch vermehrt Anwendungen wie Wikis, Weblogs oder Podcasts Einzug in Lehr- und Lernzusammenhänge an Hochschulen. Wikis bieten relativ einfache Möglichkeiten der Kooperation. Weblogs dokumentieren und präsentieren Lernverläufe. Arbeitsergebnisse und Podcasts können Audio- oder Videoelemente einbinden.

# 7 Studentisches Leben

Mit dem Studium treten Sie in eine neue Lebensphase. Sie lernen neue Menschen kennen, vielleicht auch eine neue Stadt. Ihr Alltag wird in erster Linie durch Lehrveranstaltungen bestimmt, aber Sie haben auch viele Freiräume. Wie Sie Ihre Studienzeit und das neue studentische Leben gestalten können, erfahren Sie im Folgenden.

## 7.1 Orientierungsphase

Endlich ist es soweit, der Beginn des ersten Semesters steht unmittelbar bevor und Ihre Vorfreude ist hoffentlich groß. Doch gleichzeitig werden Ihnen sicherlich auch kleinere Bedenken, Sorgen oder Fragen kommen. Das ist nicht weiter verwunderlich. Nahezu jeder angehende Studierende hat sich gefragt, ob er den Hörsaal am ersten Tag wohl rechtzeitig finden wird. Gleichzeitig mögen Sie sich Sorgen machen, ob Sie den Herausforderungen des Studiums inhaltlich und methodisch gewachsen sind. Wenn Sie zum Studienbeginn die Stadt gewechselt haben, kommen noch weitere Fragen hinzu. Wie werden Sie sich in der ungewohnten Umgebung zurechtfinden, wie erste Kontakte knüpfen (vgl. Abschnitt II 7.8)? Doch seien Sie versichert, diese Sorgen sind normal und verflüchtigen sich schnell. Denn hier kommt die Orientierungsphase ins Spiel. Vorweg müssen Sie wissen, dass die Teilnahme sehr wichtig ist.

Die meisten Hochschulen sehen zu Beginn des Semesters eine Orientierungsphase vor, die auch als Einführungswoche oder Orientierungseinheit (OE) bezeichnet wird. Sie werden sicher schnell auf der Internetseite Ihrer Fakultät fündig und haben rechtzeitig alle wichtigen Informationen wie Beginn, Ort und Dauer beisammen. Die Orientierungsphase wird in der Regel vom Dekanat der Fakultät in Zusammenarbeit mit engagierten Studierenden höherer Semester vorbereitet und durchgeführt. Die genaue Ausgestaltung dieser Orientierungsphase hängt von der jeweiligen Fakultät ab. So beginnt die Orientierungsphase mancherorts bereits vor der Vorlesungszeit und anderorts am ersten Vorlesungstag, ebenso variiert die Dauer zwischen zwei Tagen und drei Wochen. Einige Gemeinsamkeiten zwischen allen Formen der Orientierungsphase gibt es jedoch. So können Sie sich sicher auf eine Begrüßungsveranstaltung freuen. Ohne Ihnen die Überraschung nehmen zu wollen; Sie können darauf gefasst sein, dass diese Veranstaltung oftmals für einen kleinen Scherz auf Ihre Kosten genutzt wird. Verzweifeln Sie also nicht, wenn der Dekan verkündet, dass kurzfristig die Zahl der Studienanfänger halbiert werden muss. Dies ist, aller Voraussicht nach, nur ein Scherz. Doch handelt es sich bei der Begrüßung keineswegs nur um eine Spaß-Veranstaltung. Sie sollten diese nicht versäumen, denn hier werden aktuelle organisatorische Hinweise gegeben und der Ablauf der Orientierungsphase erläutert. Möglicherweise erhalten Sie auch einen persönlichen Ablaufplan für die Orientierungsphase und werden in kleinere Gruppen aufgeteilt. In diesen Arbeitsgruppen, welche von erfahrenen Studierenden geleitet werden, lernen Sie Ihr Studienfach besser kennen. Unter anderem lernen Sie anhand praktischer Beispiele, welche Formalitäten bei schriftlichen Arbeiten unbedingt einzuhalten sind. Teilweise werden in Vorträgen bereits inhaltliche Grundkenntnisse vermittelt, die für die ersten Vorlesungen vorausgesetzt werden. Es kann jedoch auch sein, dass diese Kenntnisse in speziellen Einführungsseminaren gelehrt werden.

In ÖSTERREICH gleichen sich, anders als in Deutschland, die Orientierungsphasen an den verschiedenen Hochschulen sehr. In speziellen Tutoriumsprojekten werden Studienanfänger über das gesamte erste Semester begleitet. Dabei werden Kontakte zu Studierenden in höheren Semestern geknüpft, die gerne ihre Erfahrungen und ihr Wissen weitergeben. Abgerundet wird der Erfahrungstransfer durch Veranstaltungen der einzelnen Studienvertretungen.

Die Universitäten in der SCHWEIZ organisieren ebenfalls Orientierungsphasen, wobei diese meist aus einem allgemeinen, fachübergreifenden Teil und einem spezifischen, in den einzelnen Instituten stattfindenden Teil bestehen. Professoren, Studienberater und ältere Studierende arbeiten hier eng zusammen, um den neuen Erstsemestern den Studienbeginn so angenehm wie möglich zu gestalten.

Der Nutzen der Orientierungsphase geht weit über die inhaltlichen Hinweise hinaus. Die Tutoren oder Leiter der Arbeitsgruppen werden Ihnen alle wichtigen Hinweise und Tipps geben können, die für ein erfolgreiches Studium vor Ort erforderlich sind. Hierzu können auch Führungen über den Campus mit Hinweisen auf günstige Cafés, gut sortierte Buchläden und nicht zuletzt eine Führung durch die Bibliothek gehören. Doch auch das Vergnügen kommt in der Orientierungsphase in der Regel nicht zu kurz. Diese wird oft durch eine Erstsemester-Party abgerundet. Ein bemerkenswertes Phänomen werden Sie auch bald erleben: Viele wichtige Freundschaften entstehen bereits in der Orientierungsphase. Selbst in fortgeschrittenen Semestern wird diese Gruppe noch existieren und für Sie die erste Anlaufstelle sein. Zögern Sie nicht, sich auch noch lange nach der Orientierungsphase an Ihre Tutoren zu wenden, diese teilen ihr Wissen und ihre Erfahrung großzügig mit ihren „Erstis". Wenn Sie die Orientierungsphase nicht besuchen können, ist nicht alles verloren, jedoch wird Ihnen der Start ins Studium schwerer fallen. Um es kurz zu fassen: Ein wichtiger Grundstein eines erfolgreichen und aufregenden Studiums wird in dieser ersten Zeit gelegt. Nutzen Sie also die Ihnen gebotene Möglichkeit! Gehen Sie aufgeschlossen und mit berechtigter Vorfreude in diese erste Phase Ihres Studiums.

Wenn Ihnen die Orientierungsphase geholfen und viel Spaß gemacht hat, denken Sie doch darüber nach, selber einmal Tutor zu werden.

## 7.2    Wohnheime

Oft befindet sich der Hochschulstandort weit entfernt vom Heimatort. Und selbst, wenn dem nicht so ist, beginnt ein neuer Lebensabschnitt, in dem sich Studierende häufig ihren ganz persönlichen Wohnraum wünschen. Neben der ersten eigenen Wohnung oder dem Einzug in eine Wohngemeinschaft bieten Wohnheime eine der preiswertesten Unterkunftsmöglichkeiten.

Der überwiegende Anteil der Wohnheime wird von den örtlichen Studierendenwerken geführt. Dies sind hochschulnahe Sozialeinrichtungen, die z. B. die Mensen betreiben. Auch Kirchen und andere Wohlfahrtseinrichtungen bieten Studierenden günstige Wohnheimplätze an.

Informationen und Aufnahmeformalitäten finden Sie zum einen über die Internetseite Ihrer Hochschule (vgl. Abschnitt II 7.7) und zum anderen über Suchmaschinen. Die Betreiber der Wohnheime haben sich verschiedene Verteilungsschlüssel für die Bewerber einfallen lassen. Eine häufig genutzte Variante ist die traditionelle Warteliste. Kriterium für einen Platz auf der Liste ist in vielen Fällen der Herkunftsort des Bewerbers. Studierende aus Nachbarorten haben weniger gute Chancen als Studierende aus weit entfernten Gebieten. Auch wird berücksichtigt, welche Möglichkeiten den Bewerbern auf dem freien Wohnungsmarkt eingeräumt werden. In Kombination führen die beiden letztgenannten Kriterien dazu, dass ausländische Studierende bei der Verteilung der Wohnraumplätze meist gute Chancen haben.

Als weiteres Kriterium erwarten Kirchen und andere Betreiber oft die Mitgliedschaft oder zumindest die geistige Nähe des Bewerbers zu ihrer Einrichtung oder ihren Zielen. Dies führt dazu, dass in diesen Wohnheimen die Gruppe der Bewohner insgesamt homogener ist als in den Wohnheimen der Studierendenwerke, deren Bewohner sich am ehesten als „buntes Völkchen" bezeichnen lassen.

Es empfiehlt sich, sehr früh Kontakt zu den Betreibern der Wohnheime aufzunehmen, sobald Sie sich für einen Studienplatz beworben oder bereits dafür entschieden haben. Für den Eintrag in die Wartelisten ist oft noch keine Immatrikulationsbescheinigung nötig, lediglich beim späteren Abschluss eines Mietvertrages muss diese vorgelegt werden.

Mehrbettzimmer finden sich nur noch höchst selten in Wohnheimen. Die Regel sind Ein-Zimmer-Apartments mit Kochnische, Dusche und Toilette. In einigen Einrichtungen sind die Küchen gemeinschaftlich zu nutzen; es finden sich auch noch einige Beispiele, wo dies auch bei Bädern der Fall ist. Moderne Wohnheime sind als kleine Wohnungen ausgelegt, deren Zimmer wie bei Wohngemeinschaften mit einzelnen Studierenden belegt werden. Ein großer Vorteil der Wohnheime gegenüber vielen anderen Wohnformen ist, dass die Zimmer meist möbliert oder zumindest teilmöbliert angeboten werden. Dies spart Geld für die Anschaffung von Möbeln und ermöglicht einen unkomplizierten Wechsel der Wohnung. Dabei haben die bisherigen Bewohner im Gegensatz zu selbst organisierten Wohngemeinschaften allerdings kein Mitspracherecht bei der Besetzung der sonstigen Zimmer.

Oft gibt es in den Wohnheimen Gemeinschaftsräume zum Feiern und Beisammensein, dazu Waschmaschinen und Sporträume. Gelegentlich werden von den Studierenden Wohnregeln erstellt, die bspw. einen Putzplan, Recycling- oder Gartendienst vorsehen.

Wo viele Menschen auf engstem Raum beisammen leben und Kulturen sich mischen, bleiben Probleme nicht aus. Wohnheime sind selten Orte der Stille. Nachbarn mit konträren Biorhythmen können dem Wohnheimbewohner den letzten Schlaf rauben. Auf der anderen Seite können Sie gerade in der Gemeinschaft schnell neue Kontakte knüpfen und viele soziale Aktivitäten mitgestalten. Legendär sind in jedem Wohnheim die selbst organisierten Partys, bei denen Mitbewohner helfen und mitfeiern. Falls Probleme auftreten, hilft oft ein Heimrat weiter, der von den Bewohnern gewählt wird und sich um jegliche Fragen kümmert. Meist gibt es auch einen Ansprechpartner des Betreibers, der sich regelmäßig über die Lage im Wohnheim informiert.

Wohnheime sind somit eine Wohnform mit vielen Vor- und Nachteilen. Wer kontaktfreudig und bereit ist, mit mehreren Studierenden in einer Gemeinschaft zu leben, und zudem keine großen wohnlichen Ansprüche stellt, kann im Wohnheim preiswert und gemütlich leben und dabei durch die Vielfalt seiner Einwohner interessante Erfahrungen machen. Allerdings meist nur auf Zeit. Oft ist der Mietvertrag auf eine bestimmte Semesteranzahl befristet, was aber nur in seltenen Fällen zu echten Problemen führt, da im Einzelfall auch Verlängerungen möglich sind. Ausziehen müssen Sie spätestens mit Beendigung des Studiums. Aber dann werden Sie vermutlich bereit für die ersten eigenen vier Wände sein.

## 7.3    Mensa

Die Mensa ist die „Kantine" der Universität. Fast alle Hochschulen haben eine, lediglich kleinere Einrichtungen verfügen manchmal über keine eigene Mensa. Anders als früher bietet sie heute nicht mehr nur „billiges" Essen für Studierende. Das Angebot reicht vielfach vom preiswerten Stammessen bis hin zum hochwertigen Salatbuffet und Gerichten in Restaurantklasse. In ihrem Auftrag, preiswertes und gesundes Essen für Studierende anzubieten, werden die Mensen je nach Landesgesetz unterschiedlich bezuschusst. Es ist daher obligatorisch, dass Sie als Studierender beim Bezahlen in der Mensa Ihren Studierendenausweis vorlegen müssen, da Gäste und Mitarbeiter einen höheren Preis zahlen.

Neben der eigentlichen Nahrungsaufnahme ist die Mensa immer auch ein Ort der Kommunikation. Schwarze Bretter, Stände bzw. Nischen mit Angeboten für Studierende und vor allem der persönliche Kontakt mit Kommilitonen gehören dazu. Sie können sich beim Essen über Neuigkeiten und Informationen zu Vorlesungen, Mitschriften, Klausuren, aber auch über Freizeitaktivitäten austauschen.

Vielen Mensen eilte bez. der Qualität ein gefestigter negativer Ruf voraus. Im Laufe der Zeit hat sich aber einiges zum Positiven geändert. Mensen sind mit ihren angeschlossenen Cafeterien zu zeitgemäßen Einrichtungen geworden, die an Vielfalt und Qualität einiges zu bieten haben. Wettbewerbe, in denen Mensen für gutes Essen und guten Service ausgezeichnet werden, tun dabei ihr übriges.

## 7.4   Studentischer Alltag

Lange schlafen, faulenzen, ab und an mal eine Lehrveranstaltung besuchen und in der Woche feiern gehen. Das sind die gängigen Klischees des studentischen Alltags. Aber es stellt sich für viele Studienanfänger die Frage, wie ihr Tagesablauf tatsächlich aussehen wird. Da gibt es die Phasen der Vorlesungszeit, der Prüfungen und die vorlesungsfreie Zeit. Die Vorlesungszeit bietet mit den Lehrveranstaltungen eine gute Orientierung. In der Prüfungsphase konzentriert sich das Leben auf die Bibliothek, den heimischen Schreibtisch oder die Lerngruppe. Auch der Arbeitsaufwand in der viel beneideten Phase der vorlesungsfreien Zeit sollte nicht unterschätzt werden. Der Arbeitsaufwand durch Hausarbeiten, Prüfungsvorbereitungen oder Praktika ist oft größer als erwartet und fordert viel Selbstdisziplin. Ein Lernplan kann verhindern, dass alle Arbeiten in die letzte Woche vor der Abgabe fallen und Sie in Zeitnot geraten (vgl. Abschnitt IV 3). Referate sollten Sie lieber am Anfang der Vorlesungszeit halten, um sich gegen Ende besser auf die Prüfungen vorbereiten zu können.

Es ist sinnvoll, sich den Arbeitstag von vornherein einzuteilen. Dies kann bei einem Tag ohne Veranstaltungen in etwa so aussehen: Nach dem Aufstehen und einem guten Frühstück kann ein Arbeitsblock von vier Stunden folgen. Danach ist Zeit für eine längere Pause mit einer Mahlzeit und Zeit für Erledigungen wie z. B. Einkäufe. Sie können sich z. B. bei einem Spaziergang oder Sonnenbad auch eine Stunde entspannen. Danach sollte wieder Kraft da sein für einen weiteren – geschlossenen – Arbeitsblock. An einem Tag mit Veranstaltungen ersetzen Sie die Arbeitsblöcke durch die Veranstaltungen. Erst danach beginnt die Freizeit, ansonsten verlieren Sie zu viel Zeit, die Ihnen vor Prüfungen fehlt. Eine genaue Tagesplanung hängt natürlich von Ihren individuellen Lebensgewohnheiten ab. Wenn Sie sich selbst ein Pensum setzen, werden Sie aber auch das gute Gefühl erleben, das Ziel erreicht zu haben. Der „Feierabend" ist dann wirklich verdient.

Doch besteht der studentische Alltag nicht nur aus Vorlesungen, Büffeln, Hausarbeiten und Sprechstunden. Viele Hochschulen bieten ein kostengünstiges Angebot für verschiedene Sportarten, Musik- und Theatergruppen oder ein selbstorganisiertes Kino. Informieren Sie sich beim AStA, der Österreichischen Hochschülerinnen- und Hochschülerschaft (ÖH, www.oeh.at) Ihrer Hochschule oder beim Verband der Schweizer Studierendenschaften (VSS, www.vss-unes.ch) über die verschiedenen Freizeitangebote. Vielleicht interessiert Sie ja auch eine der zahlreich angebotenen Hochschulgruppen. Auch Ihre Hochschulstadt wird ein umfassendes Freizeitangebot bereithalten. Dies alles sind zudem Möglichkeiten, in der neuen und meist fremden Stadt Kontakte zu knüpfen (vgl. Abschnitt II 7.8).

Die besondere Herausforderung am studentischen Alltag ist es, den goldenen Mittelweg zu finden zwischen Schreibtisch, Lehrveranstaltungen und Freizeit. Natürlich hat das Vorantreiben des Studiums immer die oberste Priorität. Aber vergessen Sie nicht, sich für Ihre Anstrengungen zu belohnen!

### Tipps zum Weiterlesen (für Abschnitt II 7.4)

Leppert / Ramm 1998, 89 ff.


## 7.5    Bibliotheken

Egal, was Sie studieren – ohne Bücher wird es nicht gehen! Dass diese in Bibliotheken zu finden sind, dürfte Sie nicht überraschen. Doch Bibliothek ist nicht gleich Bibliothek und erst eine effiziente Arbeitsweise in diesen ermöglicht ein erfolgreiches Studium. In den Bibliotheken können Sie die Fachliteratur, die Sie zum Lernen für Prüfungen und zum Schreiben Ihrer wissenschaftlichen Arbeiten benötigen, finden. Doch das ist oft leichter gesagt als getan. Das Wissen der Welt steigt rasant an und auch die Bibliotheksbestände wachsen in immer schnellerem Tempo. Daher ist es unerlässlich, sich mit dem Aufbau einer Bibliothek zu befassen. „Jede Bibliothek ist anders – aber alle haben eine Systematik ...“ (Knorr 1998, 162) ist hierbei die entscheidende Maxime.

Die Bücher sind nicht willkürlich in die Regale gestellt, sondern nach einem Ordnungssystem sortiert. Dieses orientiert sich meistens an Studienfächern und dem Inhalt der Bücher, allerdings gibt es auch andere Sortierungen, z. B. nach dem Erscheinungsjahr. Die thematische Sortierung können Sie dazu benutzen, sich einen Überblick über ein bestimmtes Sachgebiet zu verschaffen, indem Sie im entsprechenden Bücherregal stöbern.

Ein wichtiger Unterschied besteht zwischen Präsenz- und Leihbibliotheken. Während in einer Leihbibliothek die vorhandenen Bestände für eine gewisse Frist entliehen werden können, ist in einer Präsenzbibliothek nur die Einsicht direkt vor Ort möglich. Deshalb sind Präsenzbibliotheken in der Regel auch mit Computern, internetfähigen Arbeitsplätzen und Kopierern ausgestattet. Manchmal ist jedoch auch eine sog. Wochenendausleihe von Freitag bis Montag möglich.

Eine besondere Form einer Leihbibliothek ist die sog. Magazinbibliothek. Hierbei sind die Bestände in einem für Benutzer unzugänglichen Magazin untergebracht und können nur nach vorheriger Bestellung ausgeliehen werden. Um unnötige Gebühren zu vermeiden, sollten Sie sich vor der Ausleihe über die genauen Ausleihregeln informieren.

Unterschieden werden muss auch zwischen den großen Universitäts- bzw. Fachhochschulbibliotheken, die eine Vielzahl von Fachrichtungen abdecken, und den spezialisierten Fachbibliotheken.

Um Ihr gewünschtes Buch zu finden, benötigen Sie die Signatur, welche Sie über Kataloge recherchieren können. Mittlerweile haben alle Bibliotheken elektronische Kataloge, den sog. OPAC (Online Public Access Catalogue), eingeführt, die das Finden der geeigneten Literatur stark vereinfacht haben. Mit unterschiedli-

chen Kriterien wie z. B. Autor, Titel, Erscheinungsjahr oder Schlagwörtern können Sie die vorhandenen Bestände durchsuchen und die angezeigten Ergebnisse
reduzieren. Neben dem lokalen Katalog Ihrer Bibliothek gibt es auch regionale
und überregionale Verbundkataloge wie z. B. den Karlsruher Virtuellen Katalog
(kvk.uni-karlsruhe.de).

Nicht nur die Kataloge unterlagen in den letzten Jahren einem Wandel. Die Vir-
tualisierung der Bibliotheken schreitet in schnellem Tempo voran. Neben wenigen
Büchern sind es vor allem Fachzeitschriften, welche oft in digitaler Form bezogen
werden können. Hierbei können Sie wie bei Katalogen anhand von Suchkriterien
in verschiedenen Datenbanken nach Artikeln in Zeitschriften suchen und diese
dann gleich im PDF-Format speichern oder ausdrucken. Die Benutzung dieser Datenbanken ist in der Regel sehr teuer, jedoch bieten viele Bibliotheken Hochschul-
angehörigen eine Auswahl an Datenbanken zur kostenlosen Benutzung an.

Auch die Fernleihe, also das Ausleihen von Büchern und die Kopie von Buch-
bzw. Zeitschriftenartikeln, die in Ihrer Bibliothek nicht vorhanden sind und von
anderen Bibliotheken zugeschickt werden, ist mittlerweile bequem online durch-
führbar. Erkundigen Sie sich rechtzeitig, welche Formalitäten wie z. B. Anmeldung und Gebühren hier eingehalten werden müssen! Daneben bieten Bibliotheken zu Beginn eines Semesters Kurse an, die Ihnen die Informations- und
Literaturrecherche in den unterschiedlichen Katalogen und Datenbanken der Bibliothek erklären. Eine Teilnahme an diesen kostenlosen Einführungen ist gerade
für Erstsemester sehr zu empfehlen, denn die Zeit, die Sie hier aufwenden, werden
Sie bei Ihrer Literatursuche mehrfach wieder einsparen.

In den Bibliotheken liegt das Wissen, das Sie für Ihr Studium brauchen. Daher
investieren Sie die Zeit, Struktur und Angebot Ihrer Bibliothek kennenzulernen!
Erkunden Sie doch auch noch kleinere Bibliotheken wie z. B. die Stadtbibliothe-
ken – vielleicht entdecken Sie so Ihren bevorzugten Arbeitsplatz.

## 7.6    Anwesenheitspflicht in Vorlesungen und Seminaren

Wie zu Schulzeiten gibt es beim Studium einen Stundenplan, den sich der Studierende entweder selbst zusammenstellt oder bereits fertig erhält. Letzteres ist insbesondere an Fachhochschulen und Berufsakademien der Fall, kommt aber auch
z. B. an Universitäten beim Medizinstudium vor. An Fachhochschulen ist die
Gruppengröße meist so überschaubar, dass auf Anwesenheitslisten weitgehend
verzichtet wird. An Universitäten sieht es wegen der großen Anzahl an Studierenden häufig anders aus, wobei es auch Studiengänge gibt, die vollkommen auf An-
wesenheitsverpflichtungen verzichten.

Um ein Seminar oder eine Vorlesung erfolgreich zu bestehen, müssen Studierende verschiedene Kriterien erfüllen. Die erste Voraussetzung ist die Einschreibung in eine Veranstaltung. In der ersten Veranstaltungsstunde ist die Anwesenheit dringend zu empfehlen, da hier die Teilnehmerlisten aufgestellt und die
Kriterien für die erfolgreiche Teilnahme an dem Kurs besprochen werden.

Die weiteren Voraussetzungen können je nach Veranstaltung variieren und reichen von der puren regelmäßigen Anwesenheit über das Halten eines Referats bis

zum Schreiben einer Hausarbeit oder Bestehen einer Klausur. Die Anwesenheit wird durch die einzutragende Unterschrift in jeder stattfindenden Veranstaltung kontrolliert. Oft wird gestattet, zwei Mal unentschuldigt zu fehlen. Zunehmend wird sogar eine Entschuldigung zur Bedingung gemacht (bis hin zum Nachweis einer Krankschreibung). Sollten Sie öfter abwesend sein, haben Sie keinen Anspruch auf eine Prüfung für die entsprechende Veranstaltung.

Um eine Überforderung durch hohe Arbeitslast zu vermeiden, empfiehlt es sich, sofern keine Vorgaben bestehen, mit einer überschaubaren Anzahl an Kursen ins erste Semester zu starten. Orientierungsgröße sollten die Kreditpunkte und nicht die Anzahl der Semesterwochenstunden sein, da diese wenig über die reale Arbeitsbelastung aussagen. Es nützt auch wenig, sich von Kommilitonen in die herumgereichten Listen eintragen zu lassen, ohne selbst die Veranstaltungen zu besuchen, da sich dann Probleme beim Schreiben der Klausur ergeben. Bei kleineren Veranstaltungen versteht es sich von selbst, dass die Dozenten die Anwesenheit nicht nur anhand einer Liste feststellen.

Für viele Veranstaltungen mag es von Vorteil sein, wenn die Anwesenheit überprüft wird, bei manchen Vorlesungen ist es jedoch nicht immer notwendig oder möglich, jeden Termin wahrzunehmen, insbesondere, wenn das vorgetragene Skript vorliegt. Für Sie ist es ratsam, in solchen speziellen Fällen den Dialog mit dem Dozenten zu suchen. Ansonsten sollten Sie sich für eine faire Überprüfung einsetzen, die die Kontrolle nicht zu weit treibt. So kann es durchaus vorkommen, dass die Anwesenheit durch den Dozenten zu Beginn jeder Sitzung 20 Minuten lang durch Aufrufen der Teilnehmer überprüft wird. Um solche extremen Ausnahmefälle zu vermeiden, sollten Sie sich im Gegenzug nicht massenhaft von Kommilitonen eintragen lassen, sondern die Listen, sofern sie bestehen, ernst nehmen und stattdessen durch konstruktive Kritik darauf hinwirken, dass die Lehrveranstaltungen tatsächlich Ihr Studium bereichern.

## 7.7   Anlaufstellen

Entscheiden Sie sich für ein Studium, werden zahlreiche neue Situationen auf Sie zukommen, die sich erheblich von Ihrem bisherigen Alltag in der Schule oder in einer Ausbildung unterscheiden. Wurden Ihnen in Schule und Ausbildung noch viele Formalitäten abgenommen, müssen Sie sich als Studierender um Ihre Belange größtenteils selbst kümmern. Wie finde ich eine günstige Wohnung? Habe ich Anspruch auf BAföG (vgl. Abschnitt III 2.2)? Sollte ich für ein Semester ins Ausland gehen und welcher Zeitpunkt ist dafür günstig? Wie kann ich ein Auslandssemester finanzieren? Was passiert, wenn ich eine Klausur nicht bestanden habe? Seien Sie sich gewiss: Für die meisten organisatorischen Fragen und Probleme, vor die Sie sich gestellt sehen, gibt es eine Lösung.

Für Fragen zur Wohnungssuche, zur Finanzierung, zum Hochschul- oder Studienfachwechsel, zu Auslandsaufenthalten, zu gesundheitlichen oder psychosozialen Beschwerden oder zu rechtlichen Belangen finden Sie an den Hochschulen kompetente Ansprechpartner, die Ihnen mit Rat und Tat zur Seite stehen können. Scheuen Sie sich nicht, sich umfassend bei den jeweiligen Anlaufstellen zu informieren! Sie haben das Recht, diese Institutionen in Anspruch zu nehmen und sollten im Sinne einer möglichst störungsfreien Studienzeit nicht zögern, von diesem Recht Gebrauch zu machen.

Wenn Sie allgemeine Informationen zu Studienfächern, Studienablauf und -planung, Schwerpunktbildung und Berufsaussichten wünschen, leisten die Zentrale Studienberatung Ihrer Hochschule, Berufsberater der Arbeitsagenturen, ARGEn, des Arbeitsmarktservice (AMS, www.ams.or.at) bzw. der Regionalen Arbeitsvermittlungszentren (RAV, www.treffpunkt-arbeit.ch) oder auch einzelne Dozenten wertvolle Hilfestellung.

Die *Zentrale Studienberatung* bietet über Informationen zum allgemeinen organisatorischen Ablauf an einer Hochschule hinaus oftmals auch Hilfe in Krisensituationen wie einer falschen Studienfachwahl, bei psychischen oder gesundheitlichen Problemen oder bei Diskriminierungen an der Hochschule. Auch in allen formalen Fragen kann Ihnen die Zentrale Studienberatung weiterhelfen.

Formalitäten zur Einschreibung oder zur Prüfungsanmeldung klären Sie mit den jeweils zuständigen Ämtern wie dem Studierendensekretariat oder dem Prüfungsamt des eigenen Faches. Adresswechsel, Beurlaubungen und Änderungen im Studierendenstatus sind unverzüglich dem Studierendensekretariat zu melden. In DEUTSCHLAND klären Sie Fragen zum BAföG-Antrag mit dem *BAföG-Amt.*

In vielen Belangen können Sie sich an das *Studierendenwerk* wenden. Es berät bei rechtlichen, sozialen, psychologischen, gesundheitlichen und finanziellen Fragen. Auch die Wohnheime werden von dieser Institution verwaltet. Des Weiteren unterhält das Studierendenwerk Mensen und Cafeterien, teilweise auch Kinderkrippen und Kindergärten. Größere Hochschulen verfügen über eine eigene (psycho-)soziale Beratungsstelle, die verschiedene Kurse anbietet, z. B. für Studierende mit Prüfungsangst. Wenn Sie beglaubigte Kopien benötigen, können Sie diese kostengünstig über das Studierendenwerk anfertigen lassen.

Insbesondere bei rechtlichen und finanziellen Problemen kann der jeweilige *Allgemeine Studierendenausschuss (AStA)* Unterstützung bieten. Der AStA vermittelt Studierende bei rechtlichen Schwierigkeiten an geeignete Rechtsanwälte, berät zu finanziellen Hilfen wie Studienabschlusskrediten, hilft bei der Wohnungssuche, bei organisatorischen Fragen zum studentischen Alltag oder bei der Planung von Auslandsaufenthalten. Nicht zu unterschätzen sind auch die häufig vom AStA eingerichteten Schwarzen Bretter, an denen Sie Wohnungsangebote finden oder Wohnungsgesuche platzieren können, Möbel, technische Geräte, Fachbücher und Dienstleistungen suchen oder anbieten können, teilweise sogar Mitfahrgelegenheiten anbieten oder finden können.

Wenn Sie beabsichtigen, für eine gewisse Zeit Ihr Studium im Ausland fortzusetzen oder abzuschließen (vgl. Abschnitte VI 7 und IX 10), sollten Sie sich an das *Akademische Auslandsamt,* das *Internationale Büro* bzw. die *Mobilitätsstelle* wenden, das umfangreiche Informationen zu Partneruniversitäten, Austauschprogrammen und Fördermöglichkeiten bereithält.

Leider kann nicht jede Hochschule Informationen und Anlaufstellen in gleichem Umfang anbieten. Möglicherweise gibt es aber an Ihrem Studienort einen Erstsemester-Ratgeber mit allen wichtigen Anlaufstellen. Vernachlässigen Sie auch nicht die informellen Informationswege! Wenn Sie wissen möchten, was Sie an Fähig- und Fertigkeiten für die Organisation Ihres Studienalltages mitbringen sollten, tauschen Sie sich am besten mit fortgeschritteneren Kommilitonen, der Fachschaft oder Tutoren des eigenen Faches aus. Auch Dozenten können Sie bei Fragen zur Studienorganisation und zur Schwerpunktsetzung kontaktieren.

## 7.8    Kontakte knüpfen

Wer über gute Kontakte zu Kommilitonen, Alumni und Dozenten verfügt, kann einfacher mit den neuen Herausforderungen des Studierendenlebens umgehen. Wenn Sie Ihr Studium beginnen, kennen Sie jedoch zumeist kaum jemanden an der neuen Hochschule oder in der neuen Wohnumgebung. Wie können Sie also Kontakte knüpfen, die Ihren Einstieg in den Studienalltag erleichtern, Ihr Studium durch fachlichen Austausch, gemeinsame Hobbys oder soziale Aktivitäten bereichern und Freundschaften schließen, die über das Studium hinaus Bestand haben?

Machen Sie sich keine Sorgen zum Studienstart! Sofort bei sog. Erstsemester-Veranstaltungen wie etwa der Orientierungsphase (vgl. Abschnitt II 7.1) lernen Sie Kommilitonen mit ähnlichen Fragen und Problemen kennen. Schließen Sie sich also zusammen, erkunden Sie Ihre neue Umgebung und planen Sie gemeinsam Ihren Stundenplan! Beginnt erst einmal der Studienalltag, stoßen Sie in Vorlesungen, Seminaren oder der Mensa immer wieder auf Kommilitonen, mit denen Sie schnell Anknüpfungspunkte finden werden. Zögern Sie nicht, jederzeit mit Ihren Nachbarn ein Gespräch anzufangen. So lernen Sie schnell eine Vielzahl von interessanten Menschen kennen.

Wenn Sie gerne singen, Sport machen oder sich sozial engagieren möchten, treten Sie doch einer der zahlreichen Hochschulgruppen und Studierendenvereine bei. An vielen Hochschulen gibt es eine Auswahl an Freizeitaktivitäten, wo neue Akteure stets gern gesehen sind. Auch bieten der Hochschulsport und in ÖSTERREICH das Universitätssportinstitut jedes Semester ein abwechslungsreiches Programm, durch das Sie nicht nur Ihre Fitness stärken, sondern auch auf sportlich interessierte Studierende treffen.

Die evangelischen und katholischen Hochschulgemeinden, Regionalgruppen und auch Non-Profit-Organisationen wie etwa „terre des hommes" oder „amnesty international" bieten häufig die Möglichkeit, sich gesellschaftlich oder sozial zu engagieren. Dort tun Sie nicht nur Gutes, sondern lernen auch Menschen mit ähnlichen Interessen kennen. Durch ein Engagement in Ihrer Fachschaft, im Allgemeinen Studierendenausschuss (AStA) bzw. in der ÖH oder im Verband der Schweizer Studierendenschaften (VSS) können Sie neben neuen Kontakten auch sehr viele Erfahrungen und Informationen sammeln.

Des Weiteren sind Sprachkurse (vgl. Abschnitt VI 2) und berufsvorbereitende Workshops der Hochschulen geeignet, um Kontakte zu knüpfen und darüber hinaus die eigenen sprachlichen Fertigkeiten und Schlüsselqualifikationen zu stärken.

Zusätzlich zu den bisher benannten Möglichkeiten, mithilfe derer Sie Kontakte aufbauen können, helfen z. B. www.studivz.net, www.studententum.de oder www.xing.de, eigene Netzwerke am Leben zu halten und neue aufzubauen. Eine Vielzahl von Studierenden hat dort ein Profil eingerichtet.

# III  Finanzierung

Es ist kein Geheimnis: Ein Studium kostet viel Geld. Insbesondere wenn Sie Abstand vom „Hotel Mama" genommen haben, sollten Sie sich über die nun anfallenden Kosten und die möglichen Finanzierungsquellen informieren.

## 1  Kosten

Im Folgenden erfahren Sie, welche Kosten in Ihrem Studium auf Sie zukommen werden. Mit einer Finanzplanung können Sie Ihr Budget im Griff behalten.

### 1.1  Lebenshaltungskosten

Wie jeder andere Mensch müssen auch Studierende essen und brauchen das sprichwörtliche Dach über dem Kopf. Wenig überraschend ist es daher, dass Wohnung und Lebensmittel die Aufwendungen sind, für die monatlich am meisten Geld ausgegeben wird. Nach der Sozialerhebung von 2006 macht der durchschnittliche finanzielle Aufwand eines Studierenden für das Wohnen ca. 34 % seines gesamten Budgets aus (BMBF 2007, 225). Diese Ausgaben hängen zum einen von den persönlichen Präferenzen und zum anderen stark von äußeren Faktoren wie dem Wohnort, der Wohnsituation oder dem individuell gewohnten Standard ab (vgl. Abschnitte II 7.2 und III 1.4).

So sind bspw. die Ausgaben eines Studierenden in München, der allein wohnt und Auto fährt, sehr viel höher als die eines Studierenden in Dresden, der in einer Wohngemeinschaft lebt und mit dem Fahrrad fährt. Zu einem gewissen Anteil korrespondieren die Ausgaben auch mit dem persönlichen Lebensstil. Zwei Drittel der Studierenden geben für die Miete 150 bis 300 € und für Lebensmittel zwischen 80 und 200 € im Monat aus (BMBF 2007, 225).

Neben Ausgaben für Essen und Wohnen kommen sowohl Kosten für Kleidung, Lernmaterialien, Fahrten als auch Aufwendungen für Körperpflege, Gesundheit und kulturelles Leben hinzu. Studierenden bieten sich jedoch vielfältige Möglichkeiten, die Kosten zu verringern und trotzdem gut zu leben. So gibt es z. B. bei kulturellen Veranstaltungen oft reduzierte Tarife für Studierende (vgl. Abschnitt III 1.3).

***Tipps zum Weiterlesen (für Abschnitt III 1.1)***

Für DEUTSCHLAND: Gerth 2007; Verbraucherzentrale Nordrhein-Westfalen 2007; für ÖSTERREICH: Davidovits 2004, 193 ff.


## 1.2    Studien- und Verwaltungsgebühren

Studieren ist eine Ihrer wichtigsten Investitionen in die Zukunft und erfordert einen langen (finanziellen) Atem. Seit das Bundesverfassungsgericht 2005 in DEUTSCHLAND (BVerfG, 2 BvF 1/03 vom 26. Januar 2005) das Verbot von **Studiengebühren** für verfassungswidrig erklärt hat, haben die meisten Bundesländer Gebühren eingeführt oder planen dies. Zum Teil sind dabei die bestehenden Langzeit-Studiengebühren bei deutlicher Überschreitung der Regelstudiendauer weggefallen, zum Teil bestehen diese zusätzlich weiter. Es ist also ratsam, sich vorab über Höhe und Konditionen von Studiengebühren der zukünftigen Hochschule zu informieren.

Die Gesamtabgabensumme von bis zu 760 € (bis zu 500 € Studiengebühren zzgl. regulärer Semesterbeitrag und ggf. Semesterticket) pro Semester für das Erststudium an staatlichen Hochschulen in DEUTSCHLAND kann für einen weiteren Studiengang deutlich überschritten werden. Bei diesen teilweise berufsbegleitend durchgeführten Studiengängen gilt die Bindung der Hochschulen an die Gebührenhöhe des Grundstudiums von bis zu 500 € nicht. Hier sollen die tatsächlichen Kosten des Studiums möglichst durch die Studierenden getragen werden. Gleiches gilt für private Hochschulen, wo deutlich höhere Gebühren bzw. Entgelte anfallen. Bisweilen wird bei der Gebührenhöhe zwischen Erst- und Zweitstudium unterschieden.

Studienkredite (vgl. Abschnitt III 2.2) ermöglichen eine Vorfinanzierung des Studiums und werden in der Regel nach dem Abschluss ratenweise zurückgezahlt. Daneben kommen verschiedene Härtefallregelungen für eine Gebührenbefreiung in Betracht, wie z. B. chronische Krankheit oder Behinderung, Betreuung eines Kindes, Pflege eines Angehörigen oder in Deutschland auch der Nachweis, dass zwei Geschwister bereits Studiengebühren zahlen. In Baden-Württemberg können Studierende, die eine weit überdurchschnittliche Begabung aufweisen oder im Studium herausragende Leistungen erbringen, von den Gebühren befreit werden. In besonderen Notlagen ist ausnahmsweise die Stundung oder der Erlass der Gebühren möglich, so bspw. wenn der unmittelbar bevorstehende Studienabschluss gefährdet würde. Bei ausländischen Studierenden, die im Rahmen eines Austauschprogramms an eine deutsche Hochschule wechseln, ist aufgrund eines Stipendienprogramms (vgl. Abschnitt III 2.3) oder einer Hochschulkooperation eine Gebührenbefreiung möglich. Durch Stipendienprogramme und erweiterte Beschäftigungsmöglichkeiten im Hochschulbereich bemühen sich manche Hochschulen, den Studierenden Möglichkeiten der Refinanzierung zu schaffen.

Von den allgemeinen Studiengebühren ist in Deutschland der **Semesterbeitrag** zu unterscheiden, zu dessen Zahlung Studierende einer deutschen Hochschule bei der Einschreibung und der Rückmeldung für jedes Semester verpflichtet sind. Dabei handelt es sich um einen pauschalen Betrag in Höhe von ca. 100 €, der unabhängig von der finanziellen Situation der einzelnen Studierenden erhoben wird. Die Höhe des Semesterbeitrages kann sehr unterschiedlich ausfallen, da dieser nicht einheitlich festgelegt ist. Auch kann es aufgrund variierender Kosten zu Unterschieden bei den Semesterbeiträgen verschiedener Standorte der gleichen Hochschule kommen. Auskunft über die Höhe der Semesterbeiträge erteilen die jeweiligen Hochschulen selbst oder die entsprechenden Studierendenwerke (www.studentenwerk.de).

Der Semesterbeitrag umfasst *Verwaltungsgebühren*, die bei der Einschreibung oder anderen Verwaltungstätigkeiten anfallen, und einen *Solidarbeitrag* für das Studierendenwerk, das Studierendenparlament und die Unfallversicherung. Aus den Beiträgen für das der Hochschule zugeordnete Studierendenwerk, das sich um die sozialen Belange der Studierenden kümmert (Mensa, Wohnheim etc.), werden unter anderem Beratungsangebote und Kinderbetreuung finanziert sowie kulturelle Projekte gefördert.

An vielen Hochschulen in Deutschland fällt zusätzlich noch der Beitrag für das *Semesterticket* an. Dieses berechtigt Studierende sechs Monate lang zur vergünstigten Nutzung des öffentlichen Personennahverkehrs. Die Kosten hierfür sind von allen Studierenden der jeweiligen Hochschule unabhängig von der tatsächlichen Nutzung öffentlicher Verkehrsmittel zu bezahlen und betragen je nach Standort bis zu 160 €.

Bei verspäteter Zahlung des Semesterbeitrages droht schlimmstenfalls die Exmatrikulation, auf jeden Fall wird eine Versäumnisgebühr fällig. Unter ähnlichen Voraussetzungen wie bei den Studiengebühren kommt auch hier eine Gebührenbefreiung in Betracht. Informieren Sie sich bei dem für Sie zuständigen Studierendensekretariat oder dem zuständigen Studierendenparlament. Eine Befreiung wird meist nur in Härtefällen oder bei Abwesenheit während des gesamten Semesters gewährt. Allerdings wird die Verwaltungsgebühr in jedem Fall erhoben. Wenn Sie Ihr Studium über eine Nebentätigkeit finanzieren, können Sie Semesterbeiträge in der Steuererklärung geltend machen (vgl. Abschnitt III 1.6).

Auch in ÖSTERREICH werden seit dem WS 2002/2003 Studienbeiträge erhoben. Die Höhe des Studienbeitrages liegt bei ca. 365 €, wobei die Studierenden bei einer eigenen Zweckwidmungsabstimmung über die Verwendung der Studienbeiträge bestimmen können. Einzelne Fachhochschulen erheben keinen Beitrag. Für weiterbildende Studiengänge, wie z. B. Universitätslehrgänge, legen die Hochschulen selbst die Höhe des Beitrages fest. Des Weiteren muss mit dem Studienbeitrag auch ein Sozialbeitrag von ca. 16 € bezahlt werden, der der ÖH zugutekommt. Durch einen Betrag von 0,36 € wird der Studierende durch eine Versicherung gegen Folgekosten von Personen- und Sachschäden abgesichert. Studierenden, die an einem Mobilitätsprogramm teilnehmen, sowie jenen ausländischen Studierenden, die aus den am wenigsten entwickelten Ländern der Welt stammen, werden die Studienbeiträge erlassen. Weitere Ausnahmen können die Hochschulen selbst treffen. So werden an vielen Hochschulen behinderten und chronisch kranken Studierenden die Studienbeiträge rückerstattet. In Österreich muss das Semesterticket beim jeweiligen Verkehrsbetrieb separat erworben werden.

An allen Hochschulen in der SCHWEIZ werden Studiengebühren erhoben. Die Gebühren sind je nach Hochschule unterschiedlich und reichen von 550 CHF bis 700 CHF, nur die Universität St. Gallen und die Università della Svizzera italiana (Universität der italienischsprachigen Schweiz) in Lugano weichen mit Gebühren in Höhe von 1.000 CHF bzw. 2.000 CHF deutlich davon ab. Ausländische Studierende bezahlen an einigen Hochschulen etwas höhere Beiträge. Für Abschlussprüfungen werden teilweise zusätzliche Prüfungsgelder erhoben. Die kantonalen Hochschulgesetze sehen in Härtefällen meist die Möglichkeit eines Erlasses der Studiengebühren vor. Die Formulare dafür beziehen Sie direkt bei Ihrer Hochschule. Wenn Sie bereits ein Darlehen oder Stipendium erhalten, hat ein Gesuch auf Erlass der Studiengebühren allerdings wenig Aussicht auf Erfolg; in diesen Fällen werden Studierende nur selten von der Studiengebühr befreit. In der Schweiz gibt es kein Semesterticket.

## 1.3    Vergünstigungen

Studierenden steht meistens nicht viel Geld zur Verfügung, daher sollten Sie die Möglichkeiten für Vergünstigungen nutzen. Diese können Sie in den verschiedensten Bereichen erhalten: von günstigen Wohnmöglichkeiten über subventioniertes Essen bis zu vergünstigter Software und ermäßigten Eintrittsgeldern.

Am meisten können Sie bei den laufenden monatlichen Kosten im Bereich der **Lebenshaltung** sparen, also bei den Ausgaben für Miete, Ernährung, Medien und Transportmittel. Wohnheime für Studierende sind die meist preiswerteste Variante des Wohnens mit einbegriffenen Nebenkosten (vgl. Abschnitt II 7.2). Wohngemeinschaften sind ebenfalls eine kostengünstige Variante des Wohnens. In ÖSTERREICH können Sie Wohnbeihilfe beantragen. In der Mensa (vgl. Abschnitt II 7.3) können Sie zu günstigen Preisen mittags und teilweise sogar abends essen – oder Sie kochen selbst. Gegen Vorlage eines Einkommensnachweises ist in DEUTSCHLAND und ÖSTERREICH eine Befreiung von den Rundfunkgebühren durch die Gebühreneinzugszentrale (GEZ, www.gez.de) bzw. die Gebühren Info Service (GIS, www.orf-gis.at) möglich. In DEUTSCHLAND kann der Telefonsozialtarif der Telekom oder anderer Anbieter unter Vorlage des BAföG-Bescheids oder der vergünstigte Internetzugang uni@home beantragt werden, in ÖSTERREICH kann ein Telefonzuschuss beantragt werden. In der SCHWEIZ erhalten Studierende z. B. bei den drei großen Telefongesellschaften Swisscom, Sunrise und Orange spezielle Tarife. In allen drei Ländern bieten Geldinstitute Studierenden häufig vergünstigte oder sogar kostenlose Girokonten an. Sofern Sie nicht über ein Semesterticket verfügen bzw. Sie außerhalb des jeweiligen Geltungsbereichs öffentliche Nahverkehrsmittel benutzen möchten, können Sie z. B. bei der Deutschen Bahn bis zu einer gewissen Altersgrenze ermäßigte Fahrkarten nutzen.

Auch Ihre **Studienkosten** können Sie senken, wenn Sie auf Angebote achten, die Sie z. B. in kostenlosen Studierendenzeitschriften finden. Software können Sie häufig in der günstigen, aber meist auch funktionseingeschränkten Studierendenversion beziehen. Nutzen Sie darüber hinaus Angebote der Hochschule wie kostenlose Sprach- und Computerkurse (vgl. Abschnitte VI 2 und VI 3) und Unterstützung vom Rechenzentrum. Manche Zeitschriften-Abonnements können Sie zum Studierendentarif beziehen. Als Nachweis reicht meist der Studierendenausweis, den Sie bei schriftlichen Angeboten in Kopie beifügen müssen.

Wer wenig Geld zur Verfügung hat, braucht dennoch nicht auf die Teilnahme am kulturellen Leben zu verzichten. Für die Mitgliedschaft in Vereinen und Verbänden wird in der Regel ein günstigerer Studierendentarif angeboten. Eintrittskarten für Kinos, Theater, Konzerte und Sportveranstaltungen werden häufig zu Studierendentarifen verkauft.

Wenn Sie ins Ausland reisen, können Sie über den Internationalen Studierendenausweis (International Student Identity Card, ISIC) Vergünstigungen z. B. bei Hotelbuchungen erhalten oder die dortigen Mensen der Hochschulen benutzen.

Bei Angeboten ist es wichtig, vorher nach Ermäßigungen zu fragen und den Studierendenausweis oder BAföG-Bescheid vorzulegen, denn nachträglich werden sie meist nicht gewährt.

## 1.4    Unterkunftskosten

Der Beginn des Studiums ist für viele mit dem Auszug aus dem elterlichen Haushalt verbunden. Die meisten wissen zu diesem Zeitpunkt wenig über die Kosten, die mit einer eigenen Wohnung bzw. einem Zimmer in einer Wohngemeinschaft oder einem Wohnheim verbunden sind. Während die Zimmersuche in einem Wohnheim (vgl. Abschnitt II 7.2) keine Kosten verursacht, entstehen bei der Suche auf dem privaten Wohnungsmarkt evtl. Ausgaben für Zeitungsanzeigen oder Maklergebühren, die jedoch nur einmalig zu leisten sind. Zu den Unterkunftskosten, die regelmäßig anfallen, gehören neben der Kaltmiete Mietnebenkosten und Heizkosten, die auch Betriebskosten genannt werden. In der Warmmiete werden üblicherweise die Kaltmiete und die Betriebskosten zusammengefasst.

Die Kaltmiete wird ausschließlich für die Raumnutzung berechnet. Je nach Studienort schwankt diese erheblich. Der örtliche Mietspiegel liefert Informationen, welche Miethöhen je nach Ausstattung, Lage und Baujahr bzw. Renovierungszustand der Wohnungen ortsüblich sind. Zu den Betriebskosten gehören u. a. die Kosten für Abfallbeseitigung, Straßenreinigung, Wasserver- und -entsorgung, Hausmeisterleistungen, Versicherungen und evtl. Kabelanschluss. Für die Betriebskosten werden in der Regel monatliche Vorauszahlungen geleistet, die mit der jährlichen Betriebs- bzw. Nebenkostenabrechnung verrechnet werden. Die Höhe der Vorauszahlungen richtet sich meist nach dem Verbrauch des letzten Abrechnungszeitraums. Es ist daher sinnvoll zu überprüfen, ob diese dem eigenen Wohn- bzw. Verbrauchsverhalten entsprechen, um ggf. Nachzahlungen zu vermeiden. Häufig tauchen bei der Abrechnung Fragen auf, z. B. ob der Vermieter Kosten auf den Mieter umlegen darf oder dies mit einem geeigneten Umlageschlüssel, der sich nach Quadratmeter oder Anzahl der Personen richtet, auf alle Mieter geschehen ist. Bleiben Positionen offen oder gibt es Probleme mit dem Vermieter, bieten Mietervereine Hilfe. Dort können Sie die Nebenkostenabrechnungen prüfen lassen und auch Beratung zu allen weiteren relevanten Themen in Anspruch nehmen. Voraussetzung ist eine Mitgliedschaft in einem Mieterverein.

In Wohngemeinschaften genügt es, wenn ein Mitbewohner Mitglied ist. Das Mitglied muss nicht der Hauptmieter sein. Der Beitrag für eine Mitgliedschaft in DEUTSCHLAND beläuft sich auf ca. 45 € jährlich.

Weitere Kosten, die nicht im engeren Sinne zu den Unterkunftskosten zählen, sind Strom, Rundfunkgebühren, Telefon, Internet (vgl. Abschnitt III 1.3) und Versicherungen (vgl. Abschnitt III 1.5). Ein Vergleich von Anbietern und Tarifen bietet die Möglichkeit, Kosten zu sparen.

Je nach Hochschulstandort können die Unterkunftskosten sehr hoch sein und das zur Verfügung stehende Budget übersteigen. Informationen über Zuschüsse und Hilfen erhalten Sie in den Sozialberatungen der Studierendenwerke.

## 1.5    Versicherungen

Das Thema Versicherungen ist sicherlich nicht das erste, an das Sie gleich nach Ihrer Einschreibung denken. Dennoch sollten Sie sich über ein paar grundlegende Risiken wie Unfälle, ernsthafte Erkrankungen oder gar Schadensersatzforderungen Gedanken machen. Zu den Pflichtversicherungen gehören die sog. Sozialversicherungen. In DEUTSCHLAND zählen hierzu die Kranken-, Pflege-, Unfall-, Arbeitslosen- und Rentenversicherung – wobei für Studierende lediglich die Kranken- und Pflegeversicherung obligatorisch sind. Darüber hinaus gibt es natürlich viele Versicherungen, die Sie freiwillig abschließen können. Dabei sollten Sie versuchen, sich gegen Risiken, deren Folgen unabsehbar sind oder die Sie in den finanziellen Ruin treiben könnten, abzusichern, ohne dass die Versicherungskosten Sie selbst in den Ruin treiben!

In der gesetzlichen **Krankenversicherung** ihrer Eltern können geringfügig verdienende Studierende bis zum 25. Lebensjahr (verlängert um Wehr- oder Zivildienstzeit) in DEUTSCHLAND mitversichert bleiben. Diese sog. Familienversicherung ist beitragsfrei, wenn mindestens ein Elternteil in einer gesetzlichen Krankenversicherung versichert ist. Nach der Vollendung des 25. Lebensjahres oder bei einem Einkommen über 400 € fällt die Familienversicherung weg. Die gesetzliche Krankenversicherung bietet in solchen Fällen Versicherungen zum Studierendentarif an. Dieser liegt derzeit bei ca. 55 € monatlich. Sie können sich neben der gesetzlichen Krankenversicherung auch privat versichern. Studierende, die bereits vor Beginn ihres Studiums durch ihre Eltern privat krankenversichert waren und es weiterhin bleiben möchten, können sich von der gesetzlichen Versicherungspflicht befreien lassen. Dafür sollten Sie Kontakt zu Ihrer privaten Krankenversicherung aufnehmen, um sich rechtzeitig über die Vor- und Nachteile einer studentischen Weiterversicherung zu informieren. Sind Sie von der Versicherungspflicht befreit, können Sie erst dann wieder in eine gesetzliche Krankenversicherung wechseln, wenn Sie eine sozialversicherungspflichtige Beschäftigung aufnehmen oder sich nach dem Studium arbeitslos melden. Dann werden Sie von der Bundesagentur für Arbeit automatisch gesetzlich versichert.

Die studentische Krankenversicherung endet mit Beginn des 15. Fachsemesters oder ab dem 30. Lebensjahr. Nur in Ausnahmefällen können Studierende dann noch den günstigen Tarif nutzen. Das gilt in der Regel für Studierende, die auf dem Zweiten Bildungsweg ihre Hochschulreife erlangt haben, die eine Behinderung nachweisen können oder wegen Schwangerschaft oder Kinderbetreuung ihr Studium nicht im vorgegebenen Zeitraum abschließen konnten.

Wenn Sie zur Finanzierung Ihres Studiums einer Tätigkeit mit einem monatlichen Verdienst zwischen 400 € und 800 € nachgehen, teilen Sie sich den Beitrag für die Kranken- und Pflegeversicherung mit Ihrem Arbeitgeber. Allerdings übernehmen die Arbeitgeber den größeren Anteil, sodass Ihr Beitrag bei einem Verdienst von 400 € nur ca. 5 € betragen würde. Bringt die Tätigkeit 600 € ein, müssen Sie mit 30 € und bei 800 € mit ca. 55 € als Versicherungsbeitrag rechnen. Eine vergleichsweise ungünstige Regelung besteht dagegen bei allen Tätigkeiten, bei denen Sie weniger als 400 € verdienen. Der Arbeitgeber führt hierbei eine pauschale Sozialversicherungsabgabe ab, in dieser ist jedoch kein Krankenversicherungsschutz enthalten. Sie müssten sich zusätzlich krankenversichern. Daher ist es aus krankenversicherungstechnischer Sicht nicht empfehlenswert, eine Tätigkeit unter 400 € anzunehmen, wenn Sie nicht bereits z. B. über Ihre Eltern oder Ihren Ehepartner versichert sind.

Sind Sie durch ein Arbeitsverhältnis wieder sozialversicherungspflichtig geworden und damit gesetzlich versichert, beträgt Ihr Beitrag zur gesetzlichen Krankenversicherung im Schnitt 15 % Ihres Bruttoeinkommens. Bis 2008 wurde der Beitrag je zur Hälfte vom Arbeitgeber und von Ihnen als Arbeitnehmer getragen. Nun ist der Arbeitnehmeranteil um 0,9 % höher. Für die Pflegeversicherung werden 1,7 % des Einkommens fällig, die von Ihnen und Ihrem Arbeitgeber zu gleichen Teilen übernommen werden. Falls Sie kein Kind haben, erhöht sich Ihr Beitrag zur Pflegeversicherung um weitere 0,25 % des Einkommens, die Sie alleine – also ohne Beitrag des Arbeitgebers – entrichten müssen. Ehepartner ohne eigenes Einkommen sowie Kinder sind in der gesetzlichen Krankenversicherung beitragsfrei mitversichert. Für Studierende, die eine Familie planen, ist dies einer der großen Vorteile gegenüber einer privaten Krankenversicherung. Durch den Wettbewerb der Krankenversicherungen variieren die Beitragssätze zwischen den gesetzlichen Kassen leicht. Ab dem 1. Januar 2009 legt die Bundesregierung mit der Einführung des Gesundheitsfonds einen einheitlichen Beitragssatz fest. Beitragsunterschiede gibt es dann nur noch im Rahmen der von den Kassen bedarfsweise erhobenen Zusatzbeiträge. Ein Wechsel innerhalb der gesetzlichen Krankenversicherung ist unter Einhaltung der Kündigungsfristen jederzeit möglich.

In ÖSTERREICH ist eine günstige Form der Krankenversicherung die studentische Selbstversicherung. Hier trägt der Staat die Hälfte der Kosten. Der verbleibende Eigenbeitrag liegt bei ca. 25 € pro Monat. Nachteil einer studentischen Selbstversicherung ist, dass Sie in den ersten sechs Monaten zwar einzahlen müssen, jedoch keine Leistungen erhalten (Ausnahmen sind Schwangerschaft ab acht Wochen vor der Entbindung, Vorversicherung oder vorherige Mitversicherung). Mit dem Antrag sollten Sie unbedingt gleichzeitig einen Antrag auf Herabstufung stellen, da Sie ansonsten den vollen Monatsbeitrag in Höhe von ca. 340 € zahlen müssen. Eine Herabstufung kann im günstigsten Fall auf ca. 50 € erfolgen. Als evtl. günstigere Versicherungsvarianten der Krankenversicherung sollten Sie prüfen, ob eine Mitversicherung bei den Eltern, auch wenn diese im EU-Ausland leben, oder die Mitversicherung beim Ehe- oder Lebenspartner möglich ist. In allen

Fällen gibt es zahlreiche Einschränkungen im Zugang. Attraktiv ist es in der Regel eher, den Zugang zur Sozialversicherung über ein Beschäftigungsverhältnis zu erlangen. Neben den genannten Möglichkeiten gibt es auch in Österreich private Krankenversicherungen. Da deren Leistungsumfang sehr unterschiedlich ist, sind solche Angebote sehr genau zu prüfen.

Studierende, die nicht Staatsangehörige der EU, der Mitgliedsstaaten des Europäischen Wirtschaftsraumes oder der Schweiz sind, müssen für ihren Antrag auf Aufenthaltsbewilligung und in manchen Fällen auch für Reisevisa einen in Österreich gültigen Krankenversicherungsschutz nachweisen, und zwar für den Zeitraum der Einreise bis zum Abschluss einer Versicherung in Österreich. Für Gaststudierende mit begrenzter Aufenthaltsdauer kann eine Auslandsreiseversicherung, die vor der Einreise nach Österreich abgeschlossen wurde, einen zeitlichen und im Leistungsumfang begrenzten Krankenversicherungsschutz bieten (www.help.gv.at/Content.Node/148/Seite.1480001.html#krankenversicherung).

In der SCHWEIZ ist es gesetzlich vorgeschrieben, eine Krankenversicherung (Grundversicherung) bei einem der vielen Krankenversicherer abzuschließen. Zusätzlich können Sie sich gegen einen Aufpreis halbprivat oder privat versichern. Die Prämien sind von Wohnort und Alter abhängig. Junge Erwachsene zwischen 19 und 25 Jahren zahlen vergünstigte Beiträge. Ein Vergleich der unterschiedlichen Prämienmodelle der Krankenversicherungen lohnt sich (www.comparis.ch). Unter bestimmten Umständen erhalten Sie von Ihrem Wohnkanton einen finanziellen Beitrag für die Prämien an die obligatorische Krankenversicherung, die Individuelle Prämienverbilligung (IPV). Diese ist je nach Einkommen und Kanton unterschiedlich (www.bag.admin.ch/themen/krankenversicherung).

Eine **Auslandskrankenversicherung** ist für alle Studierenden sinnvoll, die einen Teil ihres Studiums im Ausland verbringen möchten (vgl. Abschnitt VI 7). In DEUTSCHLAND ist eine vollständige Kostenerstattung im Falle einer Krankheit oder einer ernsthaften Verletzung während eines Auslandsaufenthalts mit der gesetzlichen Krankenversicherung kaum möglich. Oft wird nur die Notfallbehandlung vor Ort bezahlt und diese auch nur innerhalb der EU oder in solchen Staaten, mit denen ein Sozialversicherungsabkommen geschlossen wurde. Wird ein Rücktransport notwendig, kann das leicht zu einer jahrelangen Verschuldung führen. Für eine Auslandskrankenversicherung sind meist private Anbieter am günstigsten. Hier lohnt sich ein Preisvergleich, denn die Policen unterscheiden sich enorm. In der Regel werden diese Versicherungen für ein Jahr abgeschlossen und gelten für mehrere Reisen ins Ausland. Allerdings müssen Sie genau darauf achten, für wie viele Reisetage am Stück die Versicherungspolice ausgestellt ist. Für einen Aufenthalt von mehr als sechs Wochen müssen oft zusätzliche Gebühren gezahlt werden.

In ÖSTERREICH verhält es sich mit der Auslandskrankenversicherung genauso wie in Deutschland. Die verschiedenen österreichischen Krankenversicherungen bieten hierzu unterschiedliche Regelungen an, eine volle Abdeckung ist aber nie gewährleistet. Deshalb sollten Sie nach Prüfung der verschiedenen Angebote eine private Auslandskrankenversicherung anstreben.

Wenn Sie als SCHWEIZER Studierender einige Zeit ins Ausland gehen möchten, so erkundigen Sie sich am besten direkt bei Ihrer Krankenversicherung nach dem

Versicherungsschutz im Ausland. Manche Grundversicherungspakete enthalten bereits eine bis zu zwölfmonatige Deckung für medizinische Dienste im Ausland. Wenn Sie überlegen, demnächst Ihre Krankenversicherung zu wechseln, bietet Ihnen www.comparis.ch auch hier sehr gute Vergleichsmöglichkeiten.

Wenn Sie als Studierender im Rahmen eines Austausches o. Ä. in der Schweiz wohnhaft sind, können Sie sich auf Gesuch bei der entsprechenden kantonalen Behörde von der obligatorischen Grundversicherung für höchstens drei Jahre befreien lassen. Dies ist jedoch nur möglich, wenn Sie für die Geltungsdauer der Befreiung einen gleichwertigen Versicherungsschutz aus Ihrem Herkunftsland schriftlich nachweisen können. Eventuell ist es preisgünstiger, wenn Sie die obligatorische Schweizer Grundversicherung abschließen.

Die **private Haftpflichtversicherung** gehört zu den wichtigsten Versicherungen. Dennoch wird sie häufig vernachlässigt. Die private Haftpflichtversicherung versichert Schäden, die in Folge von Unachtsamkeit bzw. Fahrlässigkeit entstehen. Grobe Fahrlässigkeit bzw. Vorsatz sind davon natürlich ausgenommen. Die Haftpflichtversicherung kommt für Schäden auf, die anderen entstehen.

In DEUTSCHLAND und ÖSTERREICH sind Studierende, für die das Studium die erste Ausbildung ist, über die Eltern mitversichert, sofern diese haftpflichtversichert sind. Bei der Haftpflichtversicherung ist darauf zu achten, ob auch Schäden, die im Zuge der Berufs- bzw. Studienausbildung entstehen können (z. B. Beschädigung teurer Laboreinrichtungen), versichert sind. In ÖSTERREICH sind Studierende durch ihren Studienbeitrag auch gegen Folgekosten von Personen- und Sachschäden abgesichert (vgl. Abschnitt III 1.2). Wenn Studierende in der SCHWEIZ eine Wohnung bzw. ein Zimmer mieten, wird oft der Nachweis einer Haftpflicht- und Hausratversicherung verlangt.

Eine Besonderheit in der SCHWEIZ stellt die obligatorische Haftpflichtversicherung für Fahrräder dar. Wer Fahrrad fährt, muss jährlich für ca. 6 CHF eine sog. Velo-Vignette kaufen und diese gut sichtbar am Fahrrad (Velo) anbringen.

Sie sollten auch über den Abschluss einer **privaten Unfallversicherung** nachdenken. In DEUTSCHLAND sind Studierende durch die gesetzliche Unfallversicherung auf ihren Wegen zur und von der Hochschule, auf dem Campus selbst, aber auch während des Hochschulsports versichert. Eine Unfallversicherung, egal ob eine reine Risikounfallversicherung, bei der kein Geld angespart wird, oder eine kapitalbildende, bei der ein Teil der Prämie angespart wird, kommt im Falle eines Unfalls i. Allg. für bleibende Gesundheitsschäden auf. Zusätzlich können aber durch entsprechende Prämien auch Genesungskosten, Krankenhaustagegeld etc. erstattet werden.

In ÖSTERREICH sind Sie als Studierender Mitglied der ÖH. Dadurch sind Sie im Rahmen eines mit einer großen Versicherung abgeschlossenen Versicherungspaketes unfall- und haftpflichtversichert. Die Unfallversicherung deckt hierbei jedoch nur den Weg von und zur Hochschule und die Aktivitäten auf dem Campus selbst ab. Um auch darüber hinaus unfallversichert zu sein, sollten Sie die jeweiligen Angebote von privaten Versicherungen vergleichen. Sämtliche Versicherungen bieten auch besondere Konditionen für Studierende an.

In der SCHWEIZ kann die Unfalldeckung in der obligatorischen Krankenversicherung (Grundversicherung) eingeschlossen werden. Wer mindestens acht Stunden pro Woche bei einem einzelnen Arbeitgeber angestellt ist, was bei vielen Studierendenjobs der Fall sein dürfte, wird bereits durch den Arbeitgeber automatisch gegen Unfall mitversichert.

Für eine **Berufs- bzw. Erwerbsunfähigkeitsversicherung** entscheiden sich die meisten erst mit Eintritt ins Berufsleben. Dabei hat es durchaus Vorteile, sich schon in jungen Jahren gegen Berufs- oder Erwerbsunfähigkeit zu versichern. Beispielsweise haben Sie dann einen günstigeren Eintrittstarif und eine problemlosere Gesundheitsprüfung, die später nicht erneuert werden muss. Die meisten Fälle von Berufs- oder Erwerbslosigkeit passieren nicht bei einem Unfall, der durch eine Unfallversicherung abgesichert werden könnte, sondern sind erkrankungsbedingt. Die Kosten einer Berufs- oder Erwerbsunfähigkeitsversicherung sind vom Berufsziel bzw. dem ausgeübten Beruf abhängig.

Die **Hausratversicherung** schützt persönliches Eigentum und ersetzt Schäden aus Diebstahl oder Beschädigung durch Feuer, Wasser und Sturm. Je weniger wertvolle Gegenstände ein Studierender besitzt, desto unwichtiger ist eine Hausratversicherung. Eine Hausratversicherung ist relativ günstig und deckt im Verlust- bzw. Schadensfall den Neuwert der Gegenstände ab. Die Versicherungssumme bei einer Hausratsversicherung sollte so gut wie möglich dem Wert des Hausrats entsprechen und ggf. mit der Zeit angepasst werden. Bei einer Unterversicherung kann die Versicherung die Erstattung im Schadensfall empfindlich kürzen. Wer ein teures Fahrrad hat, sollte über eine Fahrradversicherung nachdenken. Denn nicht immer ist das Fahrrad in der Hausratversicherung enthalten. Doch Vorsicht, eine Erstattung bei Diebstahl erfolgt meist nur, wenn das Fahrrad an einem unbeweglichen Gegenstand angeschlossen war. Auch ist das Rad nachts oft nur dann versichert, wenn es angeschlossen in einem abgeschlossenen Raum steht (Fahrradkeller o. Ä.). Fahrräder sind oft nicht zum Neuwert, sondern zum Zeitwert versichert. Das kann einen deutlichen Unterschied ausmachen, wenn das Rad gestohlen wird!

### *Tipps zum Weiterlesen (für Abschnitt III 1.5)*

Für DEUTSCHLAND: BMG 2008; für ÖSTERREICH: ÖH Klagenfurt 2007; ÖH 2007.

## 1.6    Steuerfragen

Im Laufe Ihres Studiums werden Sie auch mit steuerlichen Fragen konfrontiert werden. Wie sind die Studienkosten steuerlich absetzbar? Müssen Stipendien versteuert werden? Diese und weitere Fragen werden im Folgenden beantwortet.

In DEUTSCHLAND wird seit Änderung der Steuergesetze im Jahr 2004 zwischen den Kosten eines Erststudiums und denen eines Zweitstudiums (vgl. Abschnitt VIII 3) bzw. einer beruflichen Fortbildung unterschieden.

Für das akademische Erststudium (in der Regel Bachelorstudium; vgl. Abschnitt II 3) können Kosten als private Sonderausgaben bis zu einem Betrag von maximal 4.000 € jährlich berücksichtigt werden. Steuerliche Auswirkungen hat dies allerdings nur, wenn andere steuerpflichtige Einnahmen im jeweiligen Steuerjahr vorliegen, denn eine Übertragung der Kosten auf andere Jahre ist bei Sonderausgaben nicht möglich. Eine Ausnahme besteht bei einem praxisnahen Erststudium im Rahmen von Dienstverhältnissen (z. B. beim Studium an einer Berufsakademie). Ein Abzug der Studienkosten als Werbungskosten oder Betriebsausgaben ist dann möglich.

Für ein akademisches Zweitstudium – in der Regel ein Masterstudium, das nicht zwingend konsekutiv sein muss (vgl. Abschnitt II 3) – oder eine berufsbezogene Fortbildung sind die entstehenden Kosten immer als Werbungskosten oder Betriebsausgaben in vollem Umfang abzugsfähig (BMF-Schreiben vom 4. November 2005, BStBl. 2005 I, 955, Tz. 26 sowie BFH-Urteil vom 4. November 2003, BStBl. 2004 II, 891). Da bei Beschäftigungsverhältnissen Werbungskosten pauschal mit 920 € berücksichtigt sind, tritt eine steuerliche Entlastung erst ein, wenn dieser Betrag überschritten ist.

Aufgrund anhängiger Verfahren beim Bundesfinanzhof zur steuerlichen Behandlung der Kosten für ein Erststudium und der steuerlich besseren Klassifizierung als Werbungskosten empfiehlt es sich, ggf. Einspruch gegen den erlassenen Steuerbescheid einzulegen, um Steuervorteile nach Abschluss des Studiums zu bewahren. Es ist daher in jedem Fall notwendig, während des Studiums jährlich eine Steuererklärung abzugeben und darin ein negatives Einkommen als „vorweggenommene Werbungskosten" anzugeben. Nur so kann das Finanzamt einen in der Zukunft zu berücksichtigenden Verlust feststellen.

Sollten sich die Werbungskosten während des Studiums mangels Einkünften in dem aktuellen Veranlagungszeitraum nicht auswirken, weil Sie in dem betreffenden Kalenderjahr keine ausreichenden Einkünfte erzielt haben, so können die Aufwendungen anhand eines Verlustvortrages mit späteren Einkünften steuermindernd verrechnet werden. Auch ein Verlustrücktrag, also eine Verrechnung der Verluste infolge der Studienkosten mit Einkünften aus früheren Veranlagungszeiträumen, ist möglich. Selbst wenn nach dem Studium keine nichtselbstständige, d. h. eine gewerbliche oder freiberufliche Tätigkeit ausgeübt wird, können die Studienkosten abgesetzt werden; in diesem Fall kann es sich um vorweggenommene Betriebsausgaben handeln.

Zu den Kosten für ein Studium gehören alle Aufwendungen, die im Zusammenhang mit dem Studium entstehen (Heinen / Horndasch 2007, 199 ff.):

- Aufwendungen für Einschreibe- und Studiengebühren (vgl. Abschnitt III 1.2);
- Verpflegungsmehraufwand, abgerechnet nach den Reisekostengrundsätzen (allerdings erst bei mehr als acht Stunden Abwesenheit von der Wohnung);
- Kosten für doppelte Haushaltsführung anlässlich eines Studiums, d. h. es können sogar die Mietkosten für eine hochschulnahe Wohnung abgezogen werden, sofern die Voraussetzungen einer doppelten Haushaltsführung vorliegen;
- Aufwendungen für ein Arbeitszimmer bis maximal 1.250 €, sofern kein anderer Arbeitsplatz zur Verfügung steht;
- Aufwendungen für Fachbücher und Fachzeitschriften;
- Aufwendungen für Büro- und Schreibmaterial;
- Aufwendungen für Fotokopien und Leihverkehrsgebühren;
- Aufwendungen für Telefon, Telefax, Internetzugang und Portokosten;

- Anschaffung und Nutzung eines Computers, so z. B. PC oder Laptop, Bildschirm, Drucker, Textverarbeitungsprogramme, Literaturverwaltungssoftware, Toner, Papier und Speichermedien zur Datensicherung sowie Wartungskosten;
- Fahrtkosten in tatsächlicher Höhe (bei Verwendung eines Autos 0,30 € pro gefahrenem Kilometer; Bahn- und Flugkosten; Taxikosten vor Ort), z. B. zur Hochschule, bei Archiv- oder Bibliotheksbesuchen, bei Arbeits- oder Lerngruppen, Besprechungen mit dem Betreuer;
- Übernachtungskosten in angefallener Höhe;
- fachspezifische Übersetzungskosten.

Bei den Studienkosten müssen alle Ausgaben dokumentiert werden, d. h. es müssen Nachweise in Form von Belegen, Zahlungsquittungen und Kontoauszügen über das Jahr – idealerweise strukturiert – gesammelt werden.

Weiterhin können Stipendien (vgl. Abschnitt III 2.3), die Sie im Zusammenhang mit Ihrem Studium erhalten, grundsätzlich steuerbar sein. Sie sind dann zu versteuern, wenn die Vorteile unter eine der sieben Einkunftsarten des Einkommensteuergesetzes fallen. Das ist grundsätzlich der Fall, wenn die Studienkosten als beruflich veranlasst angesehen werden können. Die Stipendienvorteile dürften dann ebenfalls beruflich veranlasst sein und unter die gleiche Einkunftsart wie die Studienkosten fallen. In einem solchen Fall ist unbedingt das Saldierungsverbot zu beachten: In der Steuererklärung sind Kosten und Stipendienvorteile in voller Höhe anzugeben, eine Verrechnung (Saldierung) ist nicht gestattet. Stipendien der klassischen Stipendienorganisationen sind jedoch oft im Rahmen des Ausnahmetatbestandes des § 3 Nr. 44 EStG steuerbefreit. Nach dieser Vorschrift sind diejenigen Stipendien steuerfrei, „… die unmittelbar aus öffentlichen Mitteln oder von zwischenstaatlichen oder überstaatlichen Einrichtungen, denen Deutschland als Mitglied angehört, zur Förderung der Forschung oder zur Förderung der wissenschaftlichen ... Ausbildung oder Fortbildung gewährt werden. Das Gleiche gilt für Stipendien, die zu den gerade genannten Zwecken von einer Einrichtung, die von einer Körperschaft des öffentlichen Rechts errichtet ist oder verwaltet wird, oder von einer [gemeinnützigen] Körperschaft, Personenvereinigung oder Vermögensmasse gegeben werden." Voraussetzung für die Steuerfreiheit ist, dass die Stipendien einen für die Erfüllung der Forschungsaufgabe oder für die Bestreitung des Lebensunterhalts und die Deckung des Ausbildungsbedarfs erforderlichen Betrag nicht übersteigen und nach den vom Stipendiengeber erlassenen Richtlinien bewilligt werden. Ferner ist erforderlich, dass der Empfänger im Zusammenhang mit dem Stipendium nicht zu einer bestimmten wissenschaftlichen oder künstlerischen Gegenleistung oder zu einer Arbeitnehmertätigkeit verpflichtet ist. Darüber hinaus darf bei Stipendien zur Förderung der wissenschaftlichen Fortbildung zum Zeitpunkt der erstmaligen Gewährung eines solchen Stipendiums der Abschluss der Berufsausbildung des Empfängers nicht länger als zehn Jahre zurückliegen.

In ÖSTERREICH sind „… Ausbildungskosten … in all jenen Fällen als Betriebsausgaben oder Werbungskosten absetzbar, in denen sie mit einem bereits ausgeübten oder einem damit artverwandten Beruf im Zusammenhang stehen ..." (VfGH 2004). Nach der Erkenntnis des Verfassungsgerichtshofs (VfGH) vom 15. Juni 2004 gilt dies nun auch für ein ordentliches Studium.

Die Problematik hierbei ist, dass die Formulierung „... Aufwendungen für Aus- und Fortbildungsmaßnahmen im Zusammenhang mit der vom Steuerpflichtigen ausgeübten oder einer damit verwandten beruflichen Tätigkeit ..." (§ 16 Abs. 1 Nr. 10 EStG) engere und weitere Auslegungen erlaubt. In Verbindung mit der Tatsache, dass die Steuererklärung (Arbeitnehmerveranlagung) in Österreich grundsätzlich ohne Belege eingereicht wird, kann dies dazu führen, dass erst im Falle einer evtl. Steuerprüfung festgestellt wird, dass das betreffende Studium im individuellen Fall doch nicht als absatzfähig anerkannt wird – dann drohen zu einem viel späteren Zeitpunkt evtl. hohe Nachforderungen.

Nachforderungen von Sozialversicherungsleistungen und ggf. Steuern können auch entstehen, wenn mehrere berufliche Tätigkeiten, insbesondere in unterschiedlichen Beschäftigungsverhältnissen (Anstellung, freier Dienstvertrag, Werkvertrag, geringfügige Beschäftigung) parallel oder im selben Kalenderjahr in ungünstiger Form miteinander kombiniert wurden. In diesen Fällen ist dringend angeraten, vorab einen auf diesem Gebiet erfahrenen Steuerberater aufzusuchen. Die Kosten dafür sind steuerlich absetzbar.

Vorsicht ist auch geboten, wenn Leistungen des Arbeitsmarktservice bezogen werden und erst dann ein Studium aufgenommen wird. Dies führt nicht nur regelmäßig zur Einstellung des Arbeitslosengeldes, sondern kann grundsätzlich zum Verlust von Ansprüchen führen. Ein Ausweg besteht in Einzelfällen darin, sich vor der Aufnahme des Studiums wenigstens einen Tag arbeitslos zu melden und dann wieder abzumelden. Eine umfassende Beratung durch das Arbeitsmarktservice und die Arbeiterkammer ist daher im Vorfeld unbedingt anzuraten.

In der SCHWEIZ ist jährlich eine Steuererklärung abzugeben, auf deren Basis die kantonale Steuerbehörde eine Veranlagung vornimmt und eine Steuerrechnung ausstellt. Als Einkommen sind dabei alle Einkünfte aus unselbstständiger sowie selbstständiger Erwerbstätigkeit anzugeben. Stipendien mit unterstützendem Charakter und finanzielle Unterstützung durch die Eltern, die den durchschnittlichen Lebensunterhalt nicht übersteigen, müssen nicht versteuert werden. Zudem gibt es je nach Wohnkanton ein unterschiedliches steuerfreies Mindesteinkommen (z. B. Zürich: 6.200 CHF, Basel-Stadt: 10.900 CHF). Für die direkte Bundessteuer beträgt das steuerfreie Minimum einheitlich 13.600 CHF. Grundsätzlich sind Ausbildungskosten nicht absetzbar. In einigen Kantonen gibt es jedoch einen pauschalen Ausbildungsabzug für Studierende. Als Berufsauslagen können die Fahrtkosten und Mehrkosten für auswärtige Verpflegung abgezogen werden. Diese können auch für einen Nebenerwerb bis zu einem bestimmten Maximalbetrag geltend gemacht werden. Auch können vom Studierenden selbst bezahlte Krankenkassenprämien abgezogen werden (vgl. Abschnitt III 1.5). Eltern von Studierenden, die hauptsächlich für deren Unterhalt aufkommen, können in ihrer Steuererklärung den Kinderabzug geltend machen. Da es bei der Beurteilung von Einkommen und möglichen Abzügen zwischen den Kantonen erhebliche Unterschiede gibt, lohnt es sich, sich über die konkreten Regelungen im Steuerkanton zu informieren und den Kontakt zum Steueramt zu suchen. Ausländische Studierende mit einer Jahresbewilligung (B), die in der Schweiz neben dem Studium arbeiten, unterliegen ab einem minimalen steuerfreien Jahreseinkommen der Quellensteuerpflicht, d. h. die Steuer wird direkt durch den Arbeitgeber vom

Bruttogehalt abgezogen und der Steuerverwaltung abgeliefert. In Bezug auf die Abzüge sind alle Lohnsteuerzahler im Großen und Ganzen gleichgestellt. Weitere Informationen für die Schweiz finden sich bei der Eidgenössischen Steuerverwaltung (www.estv.admin.ch) sowie beim Kantonalen Steueramt Zürich (www.steueramt.zh.ch) und der Steuerverwaltung Basel-Stadt (www.steuer.bs.ch).

> Diese Ausführungen stellen keine abschließende Erörterung aller denkbaren steuerlichen Aspekte im Rahmen eines Studiums dar und können nicht den individuellen Lebenslagen aller Studierenden gerecht werden. Zudem sollten diese keinesfalls als Checkliste verstanden werden. Darum ist im Einzelfall eine sorgfältige Prüfung zu empfehlen, ob die entsprechenden Voraussetzungen zur steuerlichen Berücksichtigung der Studienkosten vorliegen. Im Zweifel sollten Sie unbedingt einen Steuerberater konsultieren.

### *Tipps zum Weiterlesen (für Abschnitt III 1.6)*

Für DEUTSCHLAND: Prinz 2005.

## 1.7    Literaturkosten

Literatur ist teuer. Das merkt jeder Studierende spätestens beim Anlegen der notwendigen Grundausstattung: Fachbücher kosten zwischen 20 und 200 €. Nicht alle Bücher, die in Form langer Literaturlisten von den Dozenten vorgeschlagen werden, müssen auch im Privatbesitz vorhanden sein. Lehrbücher stehen jedoch auf der Anschaffungsliste ganz oben. Monografien über spezielle Themen lassen sich für den Studienbedarf in Bibliotheken ausleihen bzw. einsehen. Lexika, Formelsammlungen, Wörterbücher und Grundlagenliteratur gehören allerdings zum Studium dazu und sind meist unverzichtbar. Es gibt jedoch Möglichkeiten, die Kosten gering zu halten.

Bibliotheken gibt es an jeder Hochschule und dort findet sich auch die spezielle Fachliteratur. Das Problem besteht aber darin, dass es sich dabei oft entweder um Präsenzbestände handelt und daher nur in der Bibliothek damit gearbeitet werden darf, oder die Ausleihexemplare in zu geringer Anzahl vorhanden sind. Daher lohnt es sich, auch in öffentlichen Bibliotheken zu recherchieren (vgl. Abschnitt II 7.5).

Weiterhin lassen sich die Kosten durch Rückgriff auf gebrauchte Bücher über Tauschbörsen, Anzeigen, Buchmärkte, Schwarze Bretter, Internetauktionen, auf Flohmärkten oder in dafür spezialisierten Buchläden reduzieren. Mängelexemplare kosten meistens die Hälfte des Ladenpreises. Bei guter Pflege lassen sich die Bücher dann auch wieder an andere Studierende verkaufen. Buchanschaffungen zählen zu den beruflichen Aufwendungen und können in der Steuererklärung geltend gemacht werden (vgl. Abschnitt III 1.6).

Eine weitere Möglichkeit, an die gewünschte Literatur zu gelangen, besteht darin, die Bücher zum Eigengebrauch zu kopieren oder nach Online-Exemplaren (E-Books) zu suchen, die sich immer größerer Beliebtheit erfreuen.

Finanzielle Unterstützung in Form von Literaturstipendien gibt es von Seiten der Begabtenförderungswerke, Stiftungen oder auch über öffentliche und private Träger für die einzelnen Fächer (vgl. Abschnitt III 2.3).

## 1.8    Finanzplanung

Zur Selbstorganisation im Studium gehört, dass Sie lernen, mit dem monatlichen Budget auszukommen und die Ausgaben zu kalkulieren. Zunächst und vor allem bevor es an die Wohnungssuche geht, empfiehlt es sich, eine Auflistung der voraussichtlichen Ausgaben (Kosten) und der zur Verfügung stehenden finanziellen Mittel (Finanzierungsquellen) zu machen. Die Erfahrung bei Fehlkalkulationen ist meist bitter und mit finanziellen Problemen im Hinterkopf lässt es sich schlecht studieren. Daher lohnt es sich, im Vorfeld eine wohlüberlegte, möglichst genaue Finanzplanung aufzustellen und dabei ein paar Tipps zu beachten. Studieren ist nicht billig, im Durchschnitt kostet ein sechsjähriges Studium in DEUTSCHLAND ca. 50.000 € (bildungsklick.de/a/33912/wieviel-kostet-das-studieren). Es ist also sinnvoll, sich vor Studienbeginn einen Überblick über die Lebenshaltungskosten (vgl. Abschnitt III 1.1; für DEUTSCHLAND www.destatis.de, für die SCHWEIZ www.erz.be.ch/site/m029_de_studienkosten.pdf), den Mietspiegel des favorisierten Studienorts und die Gebührenmodelle der potenziellen Hochschule zu verschaffen (vgl. Abschnitt III 1.2).

Deutlicher als Höhe und Voraussetzungen der Gebühren differieren die Lebenshaltungskosten am Hochschulstandort (v. a. Mieten), die Arbeitsmarktsituation, die Erwerbschancen des jeweiligen Faches oder die Reputation der Hochschule. Erst eine Gesamtrechnung unter Einbeziehung von Nebenerwerbsmöglichkeiten, zu erwartender Studiendauer und der späteren Ausgangsposition für den Arbeitsmarkteintritt kann eine realistische, jedoch auch sehr individuelle Rechengröße ergeben. Letztendlich spielen auch persönliche Präferenzen unabhängig von der Gebührensituation eine wichtige Rolle bei der Entscheidungsfindung.

Die Finanzplanung muss sich erst einpendeln, da die Ausgaben nicht jeden Monat exakt dieselben sind und die einzelnen Posten erst in der Praxis überschaubar werden. Vielfach fallen Ausgaben auch nur einmal im Semester (z. B. Semesterbeiträge) oder gar jährlich (z. B. Versicherungen) an. Sollte der Finanzplan nicht ausgeglichen sein, haben Studierende zwei Ansatzpunkte, das Gleichgewicht zwischen Ausgaben und Einnahmen herzustellen: Sie können sich fragen, wie die Einnahmen erhöht werden können, bspw. durch Zuschüsse oder durch Einkünfte aus Nebentätigkeiten (vgl. Abschnitt III 2.4.2). Zum anderen gilt es, die Ausgaben bspw. durch Nutzung öffentlicher Verkehrsmittel oder des Fahrrads zu verringern. Auch bei den Heimfahrten kann unter Umständen gespart werden, z. B. durch Fahrgemeinschaften oder Angebote für Bahntickets. Das Wohnen in einer Wohngemeinschaft oder im Wohnheim (vgl. Abschnitt II 7.2) und auch gemeinsames Kochen sind günstiger als die individuelle Variante. Außerdem gibt es einige Vergünstigungen für Studierende (vgl. Abschnitt III 1.3). Es lohnt sich also nachzufragen oder sich im Vorfeld zu informieren. Dabei hilft auch der Erfahrungsaustausch mit Kommilitonen.

Zum Ende des Studiums kommen erneut Kosten auf Sie zu, weshalb es sinnvoll ist, vor Anmeldung zur Abschlussarbeit eine kurze Überschlagsrechnung anzustellen und rechtzeitig Rücklagen zu bilden. Denn in stressigen Prüfungs- bzw. Examensphasen bleibt oftmals kaum noch Spielraum für eine Nebentätigkeit. Darüber hinaus steigen in dieser Zeit die Kosten für Arbeitsmittel (z. B. Kopien, Forschungsreisen). Auch das Drucken und Binden der Abschlussarbeit verursacht zusätzlich Kosten. Viele Hochschulen bieten für diese Fälle Sonderdarlehen für Studierende im Examen an. Die jeweiligen Studierendenwerke der Hochschule, aber auch das Prüfungsamt bzw. Dekanat geben Auskunft darüber.

### *Tipps zum Weiterlesen (für Abschnitt III 1.8)*

O. V. 2005a.

## 2    Finanzierungsquellen

Nachfolgend werden Ihnen verschiedene Quellen der Finanzierung vorgestellt, mit denen Sie je nach persönlicher Situation die Kosten Ihres Studiums decken können.

### 2.1    Ausbildungsunterhalt durch Eltern

Eine der wichtigsten Finanzierungsquellen für das Studium ist der Unterhalt durch die Eltern.

In DEUTSCHLAND steht jedem Auszubildenden gem. § 1601 ff. BGB ein Unterhalt durch die Eltern zu. Der Staat springt als Geldgeber erst ein, wenn dieser durch die Eltern nicht gewährleistet werden kann. In Einzelfällen erweist sich die Praxis jedoch als sehr viel komplizierter. Gerade für Studierende, die knapp über der Berechnungsgrenze des BAföG (vgl. Abschnitt III 2.2) liegen, ist der Unterhalt durch die Eltern entscheidend für die Deckung der eigenen Lebenshaltungskosten, sofern kein zusätzliches Einkommen durch eine Nebentätigkeit oder eine Ausbildungsvergütung vorhanden ist. Die Höhe des Unterhalts berechnet sich dabei vor allem nach der wirtschaftlichen Leistungsfähigkeit der Eltern, denen ein angemessenes Existenzminimum nach Zahlung des Unterhalts bleiben muss. Sowohl das BAföG als auch viele Stipendien werden nach dem Einkommen der Eltern berechnet.

Eine Altersgrenze des Kindes für die Unterhaltpflicht der Eltern gibt es nicht. In der Regel sind die Eltern verpflichtet, die erste abgeschlossene Ausbildung des Kindes zu finanzieren, bei dreimaligem Abbruch der Ausbildung erlischt die Unterhaltpflicht jedoch.

In Fällen der Unterhaltsverweigerung der Eltern muss der rechtlich zustehende Unterhalt eingeklagt werden. Dabei kann das Studierendenwerk beratend und finanziell unterstützend zur Seite stehen.

Die rechtliche Grundlage für den Anspruch auf Unterhalt in ÖSTERREICH beruht auf § 140 ABGB. Danach können sowohl Eltern als auch Großeltern unterhaltspflichtig sein. Volljährige Kinder erwerben den Anspruch auf Unterhalt für die Zeit ihres Studiums durch die Hochschulreife (Matura). Als Grundlage für die Anspruchsdauer wird die durchschnittliche Studiendauer (nicht die Mindeststudienzeit) einer Studienrichtung herangezogen. Studienwechsel, die nach mehr als einem Jahr erfolgen, werden bei der Berechnung der Dauer des Unterhalts abgezogen. Die Unterhaltspflicht endet erst mit dem Beginn der Selbsterhaltungsfähigkeit (in der Regel nach Ende des Studiums). Solange Sie also das Studium ernsthaft und zielstrebig betreiben, können Sie unabhängig von Ihrem Alter bis zum Abschluss Unterhalt bekommen. Wenn Sie während des Studiums ein Kind bekommen, bleibt der Unterhaltsanspruch bestehen.

Die Höhe des Unterhalts errechnet sich aus dem durchschnittlichen monatlichen Nettoeinkommen des Unterhaltspflichtigen. Dafür sind feste Prozentsätze festgelegt, sie verringern sich entsprechend bei mehreren Unterhaltsberechtigten (www.help.gv.at/Content.Node/53/Seite.530000.html).

In der SCHWEIZ sind Eltern nach Art. 276 f. ZGB verpflichtet, für den Unterhalt ihrer Kinder aufzukommen. Die Eltern sind jedoch so weit von der Unterhaltspflicht befreit, wie es den Kindern zugemutet werden kann, aus Arbeitserwerb oder anderen Mitteln ihren Unterhalt selbstständig zu bestreiten. Im Grundsatz gilt auch hier, dass die Eltern die erste berufsqualifizierende Ausbildung bis zum Abschluss finanzieren. Da die Erlangung der Hochschulreife (Matura) nicht als Erstausbildung gilt, sind Eltern von Kindern mit Matura bis zum Ende ihres Studiums zum Unterhalt verpflichtet. Die Höhe des Unterhalts ist nicht fest geregelt. Die Rektorenkonferenz der Schweizer Universitäten rechnet jedoch je nach Studienort und persönlichen Ansprüchen mit 18.000 bis 28.000 CHF Lebenshaltungskosten pro Jahr (www.crus.ch/information-programme/studieren-in-der-schweiz.html).

## 2.2   Staatliche Förderung, Kredite und Sozialleistungen

In diesem Abschnitt werden weitere Finanzierungsmodelle für Deutschland, Österreich und die Schweiz vorgestellt.

In DEUTSCHLAND sollten Sie die Möglichkeiten nicht unterschätzen, Ihr Studium durch staatliche Förderung oder über Kreditinstitute (teilweise) zu finanzieren.

Vor allem die staatlichen Angebote bieten günstige Konditionen und Nachlässe bei der Rückzahlung. Allerdings sind diese Förderungsangebote an besondere Bedingungen geknüpft. Darlehen von Kreditinstituten können dagegen besonders hilfreich sein, wenn kurzfristig in der Prüfungszeit Geld für den Lebensunterhalt benötigt wird. Wenn dadurch die Abschlussnote verbessert oder der Abschluss schneller erreicht wird, haben sich diese Finanzierungsmöglichkeiten rentiert.

*BAföG* (www.bafoeg.bmbf.de) ist die bekannteste Form der Studienfinanzierung in DEUTSCHLAND. Grundlage ist das Bundesausbildungsförderungsgesetz (BAföG), allerdings wird umgangssprachlich die Leistung selbst als BAföG bezeichnet. Ziel ist es, jungen Menschen unabhängig von ihrer finanziellen oder sozialen Situation eine Ausbildung nach ihren Wünschen zu ermöglichen. Dazu

zählen Ausbildungen an allgemeinbildenden Schulen, Berufsfachschulen, Abend-
schulen, Fachoberschulen, Hochschulen, höheren Fachschulen und Akademien
(BAföG für Schüler). Die Leistung wird außerdem an förderberechtigte deutsche
Studierende aller Fachrichtungen gezahlt, die an einer deutschen Hochschule
ordnungsgemäß immatrikuliert sind. Dies gilt ebenso für ein Vollzeitstudium an
einer Fernuniversität. Für ausländische Studierende gelten gesonderte gesetzliche
Regelungen. Die Förderung richtet sich an Studierende in erster Ausbildung,
wobei ein konsekutiver Master-Studiengang ebenfalls gefördert wird. Förderungs-
berechtigt ist jeder, der zu Beginn der Ausbildung das 30. Lebensjahr noch nicht
vollendet hat. Ausnahmeregelungen gibt es bspw. für Absolventen des Zweiten
Bildungsweges. Grundlage für die Höhe der Ausbildungsförderung ist die finanzielle Situation des Antragstellers und ggf. die der Eltern oder die des Ehepartners.
Der Förderungshöchstsatz liegt bei ca. 640 €. Unter bestimmten Voraussetzungen
wird Ihnen die Förderung auch während eines Auslandssemesters gezahlt. Eine
Hälfte des BAföG wird als direkter Zuschuss gezahlt, während die andere Hälfte
ein zinsloses Darlehen darstellt. Zurückgezahlt wird das Darlehen an das Bundes-
verwaltungsamt mit einer Karenzzeit von fünf Jahren nach dem Studium. Dabei
müssen höchstens 10.000 € der Darlehenssumme zurückgezahlt werden. Nachlässe auf die Rückzahlsumme gibt es für einen schnellen Studienabschluss oder
wenn Sie zu den 30 % der bundesweit besten Absolventen Ihrer Fachrichtung
eines Jahres gehören. Generell richten sich die Rückzahlungsraten nach dem späteren Einkommen.

*Begabtenförderung* ist ein Stipendienprogramm, das vom Bundesministerium
für Bildung und Forschung (BMBF) unterstützt wird. Die Angebote der elf Begabtenförderungswerke (www.stipendiumplus.de) richten sich an Studierende mit besonderer Befähigung, deren Persönlichkeit und Begabung außergewöhnliche Leistungen im Studium und Beruf erwarten lassen. Neben überdurchschnittlichen
Studienleistungen ist auch gesellschaftliches Engagement ausschlaggebend. Die
Förderdauer und -höhe ist an das BAföG angeglichen. Das Stipendium muss nicht
zurückgezahlt werden (vgl. Abschnitt III 2.3).

*Studienbeitragsdarlehen* werden von der KfW-Förderbank (Kreditanstalt für
Wiederaufbau – Förderbank, www.kfw-foerderbank.de) Studierenden der Bundesländer Bayern, Hamburg, Niedersachsen und Saarland unabhängig von der Fachrichtung als gesondertes Darlehen angeboten. Die Länder Baden-Württemberg,
Nordrhein-Westfalen und Hessen bieten durch landeseigene Banken Kredite an.
Diese dienen der zinsgünstigen Finanzierung der Studiengebühren und werden direkt an die Hochschule gezahlt. Die Rückzahlung erfolgt ebenfalls einkommens-
abhängig. Besonders interessant ist dieses Angebot für BAföG-Empfänger. Die
meisten Bundesländer haben eine Obergrenze für Schulden aus BAföG und Stu-
diengebührdarlehen eingeführt. Liegt der tatsächliche Leistungsbezug darüber, erfolgt die Rückzahlung dennoch nur bis zur Schuldenobergrenze. In diesem Fall
lohnt es sich also, beide Angebote wahrzunehmen.

*Studienkredite* werden sowohl von der KfW-Förderbank als auch von anderen
Geldinstituten angeboten. Abgesehen von einer positiven Schufa-Auskunft ver-
langen die Kreditinstitute keinerlei Sicherheiten. Für einen Studienkredit sollten
Sie genau Ihren Bedarf durchrechnen und nur für dieses Volumen einen Kredit

aufnehmen. Die Auszahlungsraten von bis zu 800 € eignen sich besonders für die Prüfungszeit, wenn kein Studierendenjob ausgeübt werden kann. Für die Finanzierung des kompletten Studiums ist der Kredit ungeeignet. Bedenken Sie auch, dass es hier keine Schuldenobergrenze gibt. Die Dauer der Auszahlung richtet sich nach der Studiendauer. Unterschiede gibt es in den von den Instituten erhobenen Zinsen, weshalb sich ein Vergleich der aktuellen Zinssätze lohnt. Die Rückzahlung der Kreditsumme erfolgt meist nach einer Karenzzeit von bis zu 24 Monaten. Die meisten Kreditanbieter gewähren auch Sondertilgungsmöglichkeiten. Das Centrum für Hochschulentwicklung (CHE) veröffentlicht jährlich eine Studie über Anbieter von Studienkrediten (www.che-studienkredit-test.de).

*Bildungsfonds* werden Studierenden aller Fachrichtungen von Unternehmen wie Career Concept (www.bildungsfonds.de) und der Deutschen Kreditbank (www.dkb-studenten-bildungsfonds.de) angeboten. Sie können eine monatliche Auszahlung bis zu 1.000 € zum Bestreiten des Lebensunterhaltes erhalten. Die Dauer der Auszahlung richtet sich nach der Regelstudienzeit und kann auf Antrag verlängert werden. Die Rückzahlung ist fest an das Einkommen gekoppelt und beginnt mit der ersten Gehaltszahlung. Bei dieser verdienstabhängigen Rückzahlung besteht kein finanzielles Risiko für die Studierenden. Bei lang anhaltender Arbeitslosigkeit erfolgt keine Tilgung. Daher sind die Bewerberzahlen hoch.

*Sozialleistungen* können bedürftige Studierende, die keinen Anspruch auf BAföG haben, beim Staat gelten machen. Mit dem Wohngeld bietet der Staat Bedürftigen einen Zuschuss für die Kosten der Wohnung. Studierende können nur Wohngeld beziehen, wenn sie keinen Anspruch auf BAföG haben, da die Miete im BAföG bereits berücksichtigt wird. Die Dauer der Bewilligung ist auf zwölf Monate begrenzt, danach muss ein neuer Antrag gestellt werden. Die Höhe des Wohngeldes ist abhängig vom monatlichen Einkommen und der Mietbelastung. Aufpassen müssen Bewohner einer Wohngemeinschaft. Hier muss nachgewiesen werden, dass es sich nicht um eine Wirtschaftsgemeinschaft handelt. Neben dem Wohngeld gibt es für Studierende mit Kindern die Möglichkeit, einen Antrag auf Sozialgeld bei der Familienkasse der zuständigen Agentur für Arbeit zu stellen. Sie können für den Unterhalt Ihrer minderjährigen Kinder einen Kinderzuschlag in Höhe von ca. 140 € beantragen.

Studierende haben keinen Anspruch auf das Arbeitslosengeld II (Hartz IV), da sie dem Arbeitsmarkt nicht im vollen Umfang zur Verfügung stehen.

In ÖSTERREICH werden Studierende durch das *Studienförderungsgesetz* (StudFG, www.stipendium.at) unterstützt. Dieses soll den sozial schwächeren auch die Möglichkeit bieten, ein Studium zu absolvieren. Die Höhe der Studienbeihilfe richtet sich nach dem Einkommen der Eltern und dem eigenen Einkommen, wobei eine Höchstbeihilfe von ca. 680 € pro Monat möglich ist. Der Studierende muss hierfür auch noch ein erfolgreiches und zügiges Studium nachweisen.

In der SCHWEIZ werden Förderungen in Form von Darlehen und von Stipendien (vgl. Abschnitt III 2.3) vergeben, wobei die Stipendien im Unterschied zu den Darlehen nicht zurückgezahlt werden müssen.

Zurzeit wird an einer Vereinheitlichung des Schweizer Stipendiensystems gearbeitet, da die staatliche Förderung der Studierenden in jedem Kanton einzeln geregelt ist (www.ausbildungsbeitraege.ch/dyn/10739.php). Ein Anrecht auf Darle-

hen bzw. Stipendien haben Schweizer Bürger, ausländische Bürger mit Aufent-
haltsberechtigung, anerkannte Flüchtlinge oder Staatenlose, EU-Bürger sowie
Bürger aus EFTA-Staaten. Darlehen oder Stipendien können Studierende aus kan-
tonal oder staatlich anerkannten Ausbildungsgängen erhalten. Wird die Ausbildung aus wichtigen Gründen gewechselt, so wird das Darlehen bzw. Stipendium
weiterhin bezahlt.

Von Geldinstituten zu speziellen Konditionen vergebene Studienkredite sind in
der Schweiz im Unterschied zu Deutschland nicht geläufig. Privatkredite stellen
aufgrund der ungünstigen Konditionen keine Alternative dar.

## 2.3 Stipendien

Derzeit werden ca. zwei Prozent der Studierenden in DEUTSCHLAND durch ein
Stipendium gefördert. Hierbei handelt es sich um eine finanzielle Unterstützung
für Schüler, Studierende und junge Wissenschaftler, die nicht zurückgezahlt werden muss. Die Höhe der Zahlung wird an die finanziellen Möglichkeiten des Stipendiaten angepasst und orientiert sich am BAföG-Satz (vgl. Abschnitt III 2.2).
Dieser beträgt derzeit ca. 640 €, hinzu kommen noch bis zu 80 € Büchergeld. Neben der finanziellen Förderung erhalten die Stipendiaten bei den meisten Stiftungen auch eine ideelle Förderung durch Seminare oder Workshops. Stipendien sind
sehr begehrt, die Anforderungen an Stipendiaten und solche, die es werden wollen, jedoch keineswegs gering. In den meisten Fällen werden außergewöhnlich gute Leistungen mit einem Stipendium honoriert. Darüber hinaus zählt für etliche
Stiftungen auch politisches, soziales und gesellschaftliches Engagement. Sie sollten bei Ihren Überlegungen zur Finanzierung eines Studiums diese Option trotz
hoher Anforderungen nicht von vornherein außer Acht lassen. Zumindest in der
Theorie hat jeder Studierende eine Chance auf eine Förderung durch eine der gegenwärtig über 5.000 Stiftungen und Begabtenförderungswerke
(www.stiftungen.org). Hierzu gehören neben Staat, Kommunen und Wirtschaft
auch kirchliche, partei- und gewerkschaftsnahe Begabtenförderungswerke sowie
private Stipendiengeber. Obwohl es sich um eine Vielzahl von Institutionen handelt, ist die Zahl der letztlich in Frage kommenden Stipendiengeber aufgrund der
jeweils spezifischen Auswahlkriterien mit Sicherheit sehr klein, denn jede dieser
Einrichtungen richtet sich an eine klar definierte Zielgruppe. Um die Erfolgschan-
cen einer Bewerbung zu erhöhen, sollten Sie daher als Bewerber Ihr Augenmerk
am besten darauf richten, mit welchem Anforderungsprofil Ihre Qualitäten und
Qualifikationen am besten übereinstimmen. Es ist also durchaus lohnend, ein wenig Zeit in die Suche nach dem passenden Stipendium zu investieren, z. B. über
die Stipendiendatenbank (www.e-fellows.net). Eine Übersicht über die wichtigsten Stipendiengeber vermittelt Tabelle 18.

**Tabelle 18.** Stipendiengeber in DEUTSCHLAND

| *Stiftung* | *Internetadresse* |
|---|---|
| Cusanuswerk (Katholische Kirche) | www.stiftung.cusanuswerk.de |
| Evangelisches Studienwerk e. V. Villigst (Evangelische Kirche) | www.evstudienwerk.de |
| Friedrich-Ebert-Stiftung e. V. (SPD) | www.fes.de |
| Friedrich-Naumann-Stiftung (FDP) | www.fnst-freiheit.org |
| Hanns-Seidel-Stiftung e. V. (CSU) | www.hss.de |
| Hans-Böckler-Stiftung (DGB) | www.boeckler.de |
| Heinrich-Böll-Stiftung e. V. (Bündnis 90 / Die Grünen) | www.boell.de |
| Konrad-Adenauer-Stiftung e. V. (CDU) | www.kas.de |
| Rosa-Luxemburg-Stiftung e. V. (PDS) | www.rosalux.de |
| Studienstiftung des Deutschen Volkes (Kommunen) | www.studienstiftung.de |

Die partei- und gewerkschaftsnahen Stiftungen, die beiden kirchlichen Stiftungen sowie die von den Kommunen getragene Studienstiftung des Deutschen Volkes erwarten neben hervorragenden akademischen Leistungen auch die Profilierung durch gesellschaftspolitisches oder soziales Engagement sowie wenigstens ein Empfehlungsschreiben von einem Dozenten, der den Bewerber gut genug kennt, um eine verlässliche Aussage über ihn treffen zu können. Ist eine Vorentscheidung gefallen, erfolgt mindestens ein Auswahlgespräch mit einem Vertrauensdozenten der Stiftung, auf dessen Basis dann ein Gutachten erstellt wird. Zu beachten ist jedoch, dass eine Selbstbewerbung nicht bei allen Stiftungen möglich ist. In diesem Fall müssen Sie von einer dritten Person, z. B. von einem Dozenten, vorgeschlagen werden.

In ÖSTERREICH tritt besonders der Staat als Stipendiengeber auf. Neben der Studienbeihilfe in Höhe von ca. 700 € pro Monat inkl. der Rückerstattung des Studienbeitrages werden noch spezielle Stipendien wie das Studienabschluss-Stipendium und das Selbsterhalter-Stipendium angeboten (www.stipendium.at). Auch die jeweiligen Länder und einige Gemeinden vergeben Stipendien. Um dazu Informationen zu erhalten, müssen Sie sich jedoch an die jeweilige Behörde wenden, eine zentrale Anlaufstelle existiert nicht.

In der SCHWEIZ werden Stipendien durch die Kantone und durch Stiftungen vergeben. Die Vergabe der Stipendien ist an viele Kriterien gebunden, in erster Linie an Ihr eigenes Einkommen bzw. Vermögen sowie an das Einkommen bzw. Vermögen Ihrer Eltern. Da jeder Kanton eigene Verfahren und Antragsformulare hat, informieren Sie sich in dem Kanton, in dem Sie den stipendienrechtlichen Wohnsitz haben – oft ist dies der Wohnkanton. Die staatlichen Studiendarlehen können Sie üblicherweise an denselben Stellen beantragen. Die Stipendienstellen (Kanton und Universitäten) verfügen über aktuelle Verzeichnisse mit privaten Stiftungen, die Stipendien oder Darlehen vergeben. Für ausländische Studierende gelten gesonderte Regelungen.

In vielen Fällen vergeben auch Universitäten Stipendien. Dafür müssen Sie oftmals bereits fünf Semester in einem Bachelor-Studiengang eingeschrieben sein oder ein Master-Studium aufgenommen haben. An vielen Universitäten müssen Sie bei der Stipendienanmeldung belegen können, dass Sie bereits ein kantonales

Stipendium beantragt haben oder dass dieses abgelehnt wurde. Einige Universitäten erwarten Bürgschaften von in der Schweiz wohnhaften Personen. Im Eidgenössischen Stiftungsverzeichnis (www.edi.admin.ch/esv/00475/00698) kann nach Stiftungen gesucht werden, die Studierende in der Schweiz unterstützen.

In DEUTSCHLAND, ÖSTERREICH und der SCHWEIZ ist es ratsam, vor jeder Bewerbung alle Fragebögen und sonstigen Unterlagen genau zu lesen, um sicherzustellen, dass alle Hinweise und formalen Vorgaben strikt befolgt werden. Auf diese Weise lässt sich eine Ablehnung aus formalen Gründen vermeiden. Falls Ihnen Internetseiten und Bewerbungsformulare nicht alle Fragen beantworten können, dann zögern Sie nicht, den persönlichen Kontakt zu dem Vertrauensdozenten der Stiftung an Ihrer Hochschule oder dem administrativen Personal, das mit den Bewerbungsverfahren befasst ist, zu suchen. Ein ausführliches Beratungsgespräch schärft Ihren Blick für das eigene Profil und kann so Ihre Chancen verbessern. Den zuständigen Ansprechpartner können Sie dem jeweiligen Vorlesungsverzeichnis oder der entsprechenden Internetseite entnehmen. Sollte eine der von Ihnen ausgewählten Stiftungen ein Persönlichkeitsgutachten verlangen, gibt es wiederum einiges zu beachten. Sinn eines solchen Gutachtens ist es, eine Einschätzung Ihres Charakters durch eine dritte Person zu bekommen. Häufig müssen diese Einschätzungen von Dozenten oder Lehrern stammen, die hier Aussagen über Ihre Persönlichkeit und vor allem Ihre Leistungsfähigkeit treffen sollen. Spielen Sie jetzt mit dem Gedanken, einen renommierten Gutachter hinzuzuziehen, sollten Sie sich fragen, ob seine Einschätzung die nötige Tiefe haben kann oder nur an der Oberfläche kratzen wird. Es ist sinnvoller, sich an jemanden zu wenden, der Sie gut kennt und von dem Sie eine gute Beurteilung erwarten dürfen.

Haben Sie die ersten Hürden erfolgreich gemeistert, werden Sie im Folgenden zu einem Einzelgespräch eingeladen. Die Vorbereitung auf ein solches Gespräch gestaltet sich schwierig, da die Wahl der Themen allein beim jeweiligen Gutachter liegt. Aber auch hier müssen Sie nicht alles dem Zufall überlassen. Informieren Sie sich z. B. bei parteinahen Stiftungen über die Geschichte der Partei und deren herausragende Persönlichkeiten. Lesen Sie in der Zeit vor dem Auswahlgespräch regelmäßig Zeitung und bilden Sie sich zu den wichtigsten aktuellen Themen eine Meinung. Diese muss nicht zwingend mit der vermuteten Haltung der Stiftung übereinstimmen. Wichtig ist vielmehr, dass Sie durch Kenntnisse der aktuellen Debatte politisches Bewusstsein zum Ausdruck bringen und durch eine schlüssig vorgetragene eigene Meinung, die auf sachlichen Argumenten beruht, Urteilskraft und professionelle Objektivität beweisen können. Machen Sie sich gleichwohl mit den grundlegenden Zielen des Begabtenförderungswerkes durch einen Blick auf das Seminarangebot vertraut, da dies in der Schwerpunktsetzung üblicherweise die ideelle Linie und das Selbstverständnis des Stipendiengebers erkennen lässt. Auf diese Weise können Sie im Vorfeld Ihre eigene Argumentation ausgestalten. Bereiten Sie sich auch auf die Frage vor, warum Sie denken, dass ausgerechnet Sie für eine entsprechende Förderung in Frage kommen. Setzen Sie Akzente im Hinblick auf partikulare Interessen und spezielle Fähigkeiten und machen Sie die inhaltliche Planung Ihres Studiums sowie Ihre späteren beruflichen Ziele deutlich. Zur Vorbereitung kann es sinnvoll sein, sich einmal gedanklich in den Vertreter einer Stiftung hineinzuversetzen. Stellen Sie sich die Frage, ob Sie zu Ihrer Entscheidung stehen können und ob Sie als Bewerber in der Lage sein werden, einen Beitrag zu leisten, um die spezifischen Stiftungsziele zu erreichen. Suchen Sie den Kontakt zu Kommilitonen, die bereits gefördert werden, und fragen Sie diese nach ihren Erfahrungen.

Eine neue Art, finanzielle Unterstützung des Studiums durch Dritte zu erhalten, stellt die Beteiligung von Unternehmen z. B. an den Studiengebühren dar, die in den letzten Jahren überwiegend im berufsbegleitenden oder weiterbildenden Hochschulbereich Einzug hält. So übernehmen Unternehmen bzw. Institutionen, bei denen der Studierende tätig ist, einen Teil oder die Gesamtsumme der Studiengebühren bzw. -entgelte (vgl. Abschnitt III 1.2), die gerade bei weiterbildenden Studiengängen (vgl. Abschnitte IX 2 und IX 3) erheblich sein können. Da es sich hierbei um Studienbeihilfen handelt, die individuell ausgehandelt und ggf. an spezifische Bedingungen des Geldgebers, wie z. B. ein mehrjähriger Verbleib im Unternehmen nach dem Studium, gebunden sind, ist es ratsam, sich im Vorfeld über die Bedingungen des Arbeitgebers gründlich zu informieren.

Nicht nur aufgrund der insgesamt eher geringen Chancen, sondern auch aufgrund der spezifischen Profile, die die Stipendiengeber suchen, werden leider immer wieder auch „gute Leute" abgelehnt. Lassen Sie sich nicht entmutigen, versuchen Sie es dennoch – ggf. bei mehreren Institutionen. Nehmen Sie aber eine Ablehnung nicht persönlich. Nicht zuletzt gibt es andere hochinteressante Möglichkeiten, im Studium überregionale Netzwerke zu bilden oder sich z. B. finanzielle Unterstützung zu erarbeiten und dabei nebenher Kontakte für das Berufsleben zu finden. Ein Stipendium ist eine Chance unter vielen!

## 2.4    Bezahlte Tätigkeiten

Viele Studierende gehen bezahlten Tätigkeiten nach, um ihre Kosten ganz oder teilweise zu decken. Andere studieren zusätzlich zum (Vollzeit-)Beruf. Nachfolgend erhalten Sie Informationen zum Studium neben einer hauptberuflichen Beschäftigung wie auch zu Nebentätigkeiten während des Studiums.

### 2.4.1    Hauptberufliche Beschäftigung

Von der Schulbank in den Hörsaal und dann ins Erwerbsleben; das ist der Normalfall, allerdings keineswegs die einzige Variante zu studieren. Schließlich sind Lebensläufe verschieden und so kann das Studium ebenso gut neben einer Ausbildung oder dem Beruf aufgenommen und abgeschlossen werden. Dabei steht vor allem die Möglichkeit einer zusätzlichen Qualifikation bei gleichzeitiger finanzieller Absicherung im Vordergrund, wenngleich das allerdings auch einen hohen Zeit- und Arbeitsaufwand durch die Doppelbelastung bedeutet. Besonders für Menschen mit langjähriger Arbeitserfahrung oder festem Job bietet sich ein Teilzeitstudium neben dem Beruf an.

Das Studium neben dem Beruf bietet vor allem den Vorteil der gleichzeitigen praktischen Erfahrung und der finanziellen Absicherung des Studiums. Außerdem bietet eine abgeschlossene Ausbildung oder ein fester Job einen gewissen Rückhalt für den Fall, dass es mit dem Abschluss nicht klappt oder das Studium einfach nicht „das Richtige" ist.

Die Nachteile liegen in der längeren Studienzeit, da in der Regel nur am Wochenende oder während des Urlaubs Lehrveranstaltungen besucht werden können bzw. Teilzeitstudierende aufgrund ihrer beruflichen Verpflichtung nur an wenigen Lehrveranstaltungen pro Woche teilnehmen können.

Außerdem müssen Studierende mit hauptberuflicher Tätigkeit ihr Leben gut organisieren, um der Mehrfachbelastung Beruf, Studium und evtl. Familie standhalten zu können.

Einige Unternehmen fördern ihre Mitarbeiter im Studienvorhaben und bieten Arbeitszeitmodelle oder Zuschüsse zu den Studiengebühren (vgl. Abschnitt III 1.2) an. Es lohnt sich also nachzufragen. Schließlich haben die Unternehmen selbst auch ein großes Interesse an der Weiterbildung ihrer Mitarbeiter.

Ein solches Modell ist bspw. in DEUTSCHLAND das Studium an einer Berufsakademie (vgl. Abschnitt I 3.1). Auch die Polizei, die Bundeswehr und staatliche Behörden bieten duale und damit bezahlte Studiengänge an Fachhochschulen bzw. Universitäten an.

### 2.4.2 Nebentätigkeit

Studieren und Arbeiten, das ist für mehr als zwei Drittel der Studierenden in DEUTSCHLAND Realität (BMBF 2007, 25). Nur jeder zweite Studierende kann seinen Lebensunterhalt ohne zusätzliche Arbeitseinkünfte decken. Auch wenn das Geldverdienen im Vordergrund steht, ist eine Nebentätigkeit nicht bloß eine lästige Angelegenheit. Arbeiten bietet die Möglichkeit, praktische Erfahrungen und zusätzliche Qualifikationen zu sammeln, und kann als Gegengewicht zum theorieorientierten Studium dienen. Es empfiehlt sich, eine Nebentätigkeit entsprechend dem angestrebten Berufsfeld zu suchen oder auch direkt an der Hochschule zu arbeiten.

Jobs neben dem Studium sind entweder zeitlich mit diesem gut vereinbar oder sie liegen fachlich dicht am Studienthema. **Nebentätigkeiten an der Hochschule** können beides vereinen. Studentische Hilfskräfte sind aus deutschen Hochschulen nicht mehr wegzudenken. Ihre Aufgaben reichen von der Zuarbeit für Hochschullehrer über Recherchetätigkeiten und sonstige Serviceleistungen bis hin zur Mitarbeit an Forschungsprojekten. Übernehmen studentische Hilfskräfte Lehraufgaben, werden sie Tutoren genannt. Sie werden hauptsächlich für Tutorien (vgl. Abschnitt II 6.3) eingesetzt. Hier sind besonders fachliche und didaktische Fähigkeiten gefragt. Die Vorteile einer Beschäftigung an der Hochschule liegen auf der Hand: Zum einen sparen Sie sich im Idealfall zusätzliche Fahrtwege, zum anderen liegen die Arbeitszeiten meist nicht in den Nachtstunden oder am Wochenende. Überdies gehört es zu den angenehmen Nebeneffekten einer Tätigkeit an der eigenen Hochschule, dass sich auf diese Weise auch leicht Netzwerke zu Studierenden in anderen Semestern und Dozenten bilden lassen. Studentische Nebentätigkeiten an der Hochschule sind sehr begehrt. Circa ein Viertel aller Studierenden geht einer solchen Tätigkeit nach (BMBF 2007, 26). Informieren Sie sich bei den Studierenden, die bereits als studentische Hilfskraft arbeiten, über die Arbeitsaufgaben und freie Stellen. Darüber hinaus ist es ratsam, wenn Sie auf der Internetseite der Hochschule, der Fakultät oder der Lehrstühle Ausschau nach Ausschreibungen halten. Doch Nebentätigkeiten an der Hochschule haben auch ihre Schattenseiten. Zumeist unterliegen sie ungesicherten Rahmenbedingungen und Studierende erhalten lediglich kurze Verträge, deren Verlängerung ungewiss ist (GEW 2005, 13 f.). Der Umfang der Arbeitszeit beträgt 10 bis 80 Stunden im Monat. Die Bezahlung der studentischen Hilfskräfte ist sehr unterschiedlich. Durchschnittlich verdienen sie 7 bis 9 €, allerdings mit einer erheblichen Spannweite (BMBF 2007, 345). Die Arbeitsbedingungen der Studierenden sind meist nicht mit denen der festangestellten Kollegen vergleichbar. Lediglich das Land Berlin hat bereits 1979 nach einem Tutorenstreik einen gesonderten Tarifvertrag für studentische Beschäftigte eingeführt. Darin sind Urlaubs- und Lohnansprüche festgelegt genauso wie die soziale Absicherung im Krankheitsfall (Tarifini o. J., 5).

Sofern Sie eine **Nebentätigkeit außerhalb der Hochschule** anstreben, beträgt der durchschnittliche Nettostundenlohn eines Studierenden zwischen 6 und 12 €. Diese Spannweite ergibt sich aus der Qualifikation und der ausgeübten Tätigkeit (BMBF 2007, 26).

Unabhängig davon, wo Sie Ihre Nebentätigkeit durchführen, werden vom Bruttoverdienst Lohnsteuer und Sozialversicherungsbeiträge abgezogen. Ein Verdienst über diese Existenzminimumsgrenze hinaus kann (negative) Auswirkungen auf den Kinderfreibetrag der Eltern und den Bezug von Kindergeld haben. Wer in DEUTSCHLAND BAföG erhält (vgl. Abschnitt III 2.2), darf maximal 350 € brutto im Monat hinzu verdienen; übersteigt das Monatsgehalt diese Grenze, wird die Ausbildungsförderung gekürzt. Bei Stipendien gelten ähnliche Anrechnungen, erfragen Sie diese beim jeweiligen Stipendiengeber (vgl. Abschnitt III 2.3).

Es können drei Arten von Nebenbeschäftigungen in steuerlicher Hinsicht unterschieden werden. Zunächst gibt es die *geringfügig entlohnte Beschäftigung,* die ohne Lohnsteuerkarte ausgeübt werden kann. Hierbei darf das regelmäßige monatliche Einkommen 400 € nicht übersteigen. Dann zahlen Sie auf Ihr Einkommen keine Lohnsteuer und keine Sozialabgaben, da dies Ihr Arbeitgeber pauschal übernimmt (vgl. Abschnitt III 1.5). Eine *Niedriglohntätigkeit* liegt vor, wenn der Verdienst von durchschnittlich 400 € im Monat überschritten wird, hier liegt die Obergrenze bei 800 € monatlich. Sofern Sie zusätzlich eine Wochenarbeitszeit von 20 Stunden nicht überschreiten, sind Sie von einer lohnabhängigen Zahlung der Sozialversicherung befreit. Bei einer *kurzfristigen Beschäftigung* muss von vornherein die Tätigkeit auf zwei Monate oder 50 Arbeitstage im Kalenderjahr begrenzt sein. Dies trifft in der Regel auf eine Nebentätigkeit in der vorlesungsfreien Zeit zu. Sie sollten nicht vergessen, dass auch Nebentätigkeiten bestimmten gesetzlichen Richtlinien unterliegen! Wird z. B. ein befristeter Aushilfsvertrag über einen bestimmten Zeitraum hinweg verlängert, regelt dies das Teilzeit- und Befristungsgesetz (TzBfG).

### Tipps zum Weiterlesen (für Abschnitt III 2.4)

BMBF 2007; Gerth 2007, 84 f.; Herrmann / Verse-Herrmann 2006, 173 ff.; Verbraucherzentrale Nordrhein-Westfalen 2007.

# IV    Planung und Organisation

Sie können Ihr Studium, aber auch wichtige Bestandteile wie Seminar- und Abschlussarbeiten als ein *Projekt* ansehen. In diesem Kapitel finden Sie wichtige Informationen zu Projektmanagement, Arbeitsplatzorganisation und Zeitmanagement. Mithilfe vieler praktischer Hinweise können Sie Ihre Planungen und Ihre Selbstorganisation verbessern und auf diese Weise maßgeblich zum erfolgreichen Verlauf Ihres Studiums beitragen.

## 1    Projektmanagement

Während eines Studiums kommen viele große und kleine Projekte auf Sie zu, sei es in Form einer Seminararbeit, eines Referats, einer großen Prüfung oder der Masterarbeit. Aber auch das Studium selbst kann als eigenes Projekt aufgefasst werden, wenngleich es sicherlich kein Projekt wie jedes andere ist.

Unter einem Projekt wird ein „... Vorhaben [verstanden], das im wesentlichen durch Einmaligkeit der Bedingungen in ihrer Gesamtheit gekennzeichnet ist, wie z. B.

- Zielvorgabe,
- zeitliche, finanzielle, personelle oder andere Begrenzungen,
- Abgrenzung gegenüber anderen Vorhaben,
- projektspezifische Organisation ..." (DIN 1987, 1).

Umgangssprachlich ist ein Projekt also ein besonderes Vorhaben mit Entwurfscharakter. Damit wird deutlich, dass ein Studium bzw. damit verbundene Vorhaben als Projekte aufgefasst werden können, auch wenn es keine projektspezifische Organisationsform gibt.

Projektmanagement kann auch bei Studienprojekten helfen, dass ein Vorhaben im Rahmen der geplanten Zielvorgaben wie Aufwand, Dauer und Qualität erfolgreich abgeschlossen wird: Ein Ziel wie z. B. der Studienabschluss soll innerhalb eines endlichen Zeitraums, z. B. innerhalb von drei Jahren, mit einer bestimmten Qualität, mindestens mit der Note „gut", erreicht werden. Die gegenseitige Abhängigkeit dieser drei Ziele zeigt das sog. „magische Dreieck" (vgl. Abb. 19).

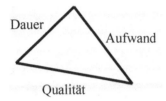

**Abb. 19.** Magisches Dreieck

Es ist daher notwendig, sich zu Beginn eines Projektes Gedanken darüber zu machen, welche beiden der drei Parameter (Aufwand, Dauer und Qualität) frei gewählt werden können und welcher Parameter sich daraus ergibt. So ist die Dauer bspw. einer Seminararbeit festgelegt und gleichzeitig streben Sie eine bestimmte Note der Arbeit an. Der notwendige Aufwand ergibt sich dann automatisch. Wenn der sich nun ergebende Aufwand nicht zu leisten ist, müssen Sie entweder Ihre Erwartungen an die Qualität reduzieren oder den Abgabetermin verschieben, was nicht immer möglich ist.

Zunächst zum *Aufwand.* Ein abgeschlossenes Studium ist in der Regel kein Selbstzweck, sondern soll in erster Linie der Berufsvorbereitung dienen. Unabhängig davon, welche Motive im Einzelnen zugrunde liegen, sollte der damit verbundene Aufwand auch unter Kosten-Nutzen-Aspekten betrachtet werden. Denn letztendlich zieht sich ein Studium über viele Jahre hin und ist nicht immer ein „Zuckerschlecken". Der zu erwartende Nutzen sollte also einen gewissen (messbaren) Mehrwert bieten. Darüber hinaus sind der Aufwand und die mit dem Studium verbundenen Kosten wie z. B. Lebensunterhalt, Studiengebühren, Literatur- und Materialbeschaffungen nicht zu unterschätzen. In der Regel zahlt sich ein Studium höchstens längerfristig gegenüber einer beruflichen Ausbildung aus.

Die *Dauer* des Studiums ist in der Regel nur indirekt über die Regelstudienzeit bzw. in einigen Studiengängen über verbindliche Semesterstundenpläne (z. B. an Fachhochschulen oder Berufsakademien) festgelegt. Demgegenüber haben Studienarbeiten zumeist enge zeitliche Vorgaben. Bei allen größeren und kleineren Projekten – unabhängig davon, ob die Dauer eng vorgegeben ist oder nicht, ist es jedoch unabdingbar, das Ziel immer vor Augen zu haben. Sonst besteht die Gefahr, sich zu verzetteln oder das Vorhaben ganz abzubrechen.

Die *Qualität* einer Arbeit, d. h. die Sorgfalt und Gründlichkeit, mit der Sie ein Thema bearbeiten, sollte zumindest dem Qualitätsanspruch der Gutachter genügen. Nach oben sind dabei Ihrem persönlichen Qualitätsanspruch keine Grenzen gesetzt, was aber auch eine Gefahr in sich birgt: Ein möglicherweise übertriebener Perfektionismus wäre kontraproduktiv und kann bspw. zu Schreibblockaden führen.

Damit Sie die zuvor bestimmten Zielvorgaben erreichen, sollten Sie auf die bewährten Vorgehensweisen und Instrumente des Projektmanagements zurückgreifen. Ein Studienprojekt lässt sich in Anlehnung an die vier grundsätzlichen Projektphasen idealtypisch wie folgt unterteilen (Lennertz 2002, 311; Litke / Kunow 2006, 17):

1. Definitionsphase,
2. Planungsphase,
3. Durchführungsphase,
4. Kontrollphase.

Auch ohne eine *Definitionsphase* steht das Ziel Ihres längerfristigen Studienprojekts bereits am Anfang fest: der Bachelor oder der Master – mit anderen Worten: der akademische Abschluss. Bei vielen Einzelprojekten des Studiums sieht das jedoch anders aus. Hier müssen bspw. geeignete Themen oder Betreuer gefunden werden. Selbst wenn beides bereits vorgegeben ist, bedarf es in dieser Phase meist einer Konkretisierung des Vorhabens, z. B. in Form einer ersten Gliederung.

Bereits in dieser frühen Phase sollten Sie sich erste Gedanken über die Parameter Aufwand, Dauer und Qualität machen und die beiden frei wählbaren festlegen. Hinsichtlich des Aufwandes sollten Sie bei der Studienberatung oder der Fachschaft nach deren Einschätzung fragen. Bei der Bestimmung der Dauer sind gerade im Studium häufig die Zeiträume vorgegeben. Zur Anfertigung einer Masterarbeit stehen z. B. drei Monate zur Verfügung.

Ohne eine sorgfältige *Projektplanungsphase* vor Beginn der Durchführungsphase ist der Projekterfolg nicht sicherzustellen (Lennertz 2002, 329). Die Planungsphase ist deshalb der Schlüssel zum Abschluss eines Projektes. Der Zeitaufwand für die Planung eines Studienprojektes sollte natürlich im angemessenen Verhältnis zur zuvor kalkulierten Gesamtprojektdauer stehen. Eine 60-seitige Masterarbeit bedarf eines anderen Planungsaufwandes als eine zehnseitige Seminararbeit oder ein Referat. Bei der Planung eines Projektes ist es insbesondere bedeutsam, die Machbarkeit und Angemessenheit realistisch zu bewerten. Mit der Zeit gewinnen Sie immer mehr Erfahrung darin, wie lange Sie für bestimmte Arbeitsschritte benötigen, etwa für die Literatursichtung oder das Anfertigen einer Präsentation.

> Für häufig wiederkehrende Studienprojekte wie Hausarbeiten bietet es sich an, ein kleines Merkheft oder eine Tabelle anzulegen. Hier werden alle wesentlichen und grundsätzlichen Schritte eines Projektes und die eigenen Erfahrungen mit der jeweiligen Zeitintensität festgehalten. Auch Tipps zu den einzelnen Arbeitsschritten können hier dauerhaft hinterlegt werden, so dass Sie nicht jedes Mal eine Projektplanung von Neuem beginnen müssen.

Grundlage aller Planungsbemühungen sind zeitliche Angaben, in der Regel in Wochen oder Monaten. Idealerweise sollten Sie zunächst größere Arbeitsabschnitte planen und diese dann untergliedern. Am Ende eines jeden Abschnitts steht ein Meilenstein, bei dessen Erreichen inhaltlich und zeitlich überprüft wird, ob die Ziele erreicht worden sind und mit den nächsten Arbeiten begonnen werden kann oder ob ggf. noch Nacharbeiten notwendig sind (Kraus / Westermann 2006, 54).

Die größeren Arbeitsabschnitte sollten Sie weiterhin in Tätigkeiten unterteilen, die Sie innerhalb von höchstens zwei bis vier Wochen erledigen können. Nach Ende jeder Tätigkeit sollten Sie überprüfen, ob das zuvor anvisierte Ergebnis der Tätigkeit auch erreicht wurde.

Sie sollten sich genügend Zeit zur Planung eines Projektvorhabens nehmen. Jedoch sollte diese nicht zu detailliert sein, da insbesondere im Laufe eines größeren Projektes erfahrungsgemäß einige unvorhersehbare Probleme auftreten können. Weiterhin sollte die Planung ausreichend flexibel für mögliche Änderungen sein. Ausführliche Hinweise zur Zeitplanung finden Sie in Abschnitt IV 2.

> Die Planung eines größeren Projektes wie Seminararbeit, Abschlussarbeit, aber auch eine grobe Planung des Studiums sind unbedingt notwendig, um Ihr großes Ziel, den Studienabschluss, zu erreichen. Somit ist die Planung ein fortlaufender Prozess (siehe Kontrolle).

Zur Visualisierung Ihrer Planungen bietet sich ein Balkendiagramm an. Die einzelnen Tätigkeiten eines Projektes sind dabei in einem horizontalen Balkendiagramm angeordnet. In der horizontalen Ansicht wird eine Terminleiste auf Tages- oder Wochenbasis dargestellt. Alle zu absolvierenden Tätigkeiten befinden sich in vertikaler Ausrichtung links daneben. In horizontaler Ausrichtung können nun parallel zur Terminleiste einzelne Balken dargestellt werden. So sind auf einen Blick die geplante Länge der jeweiligen Tätigkeiten sowie deren Beginn und Ende zu erkennen (vgl. Abb. 20).

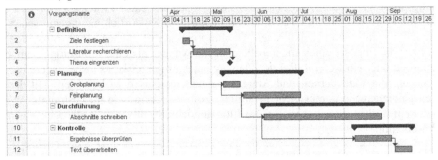

**Abb. 20.** Beispiel für ein Balkendiagramm eines Projektes Masterarbeit

Bei der *Durchführungsphase* eines jeden Projektes kann es Krisen und Konflikte geben (vgl. Kapitel VII sowie Litke / Kunow 2006, 41), auch in Studienprojekten. Möglicherweise kann das Verhältnis zum Betreuer der Abschlussarbeit oder zu einem Dozenten im Studium durch Auseinandersetzungen gekennzeichnet sein oder private bzw. persönliche Krisen die Umsetzung eines Projektes erschweren.

Die Durchführung eines großen Studienprojektes erfordert neben Fleiß und Disziplin auch Ehrgeiz und Biss. „Während in der Definitionsphase und in der Planungsphase vor allem Kreativität und Effektivität (‚die richtigen Dinge tun‘) gefordert sind, stehen in der Durchführungsphase bei der Umsetzung der Pläne insbesondere Effizienz (‚die Dinge richtig tun‘) und Entschlossenheit im Vordergrund ...“ (Lennertz 2002, 337). Sie sollten stets versuchen, Ruhe zu bewahren. Denn mangelnde Gelassenheit in schwierigen Zeiten kann auch zum Scheitern eines Studienprojektes führen.

Die *Kontrollphase* stellt die letzte und entscheidende Phase dar, doch sie darf nicht als einfache Schlussphase missverstanden werden. Vielmehr sollte die Kontrolle auch während der gesamten Durchführung eines längerfristigen Studienprojektes begleitend erfolgen. So ist es bspw. sinnvoll, am Ende jedes Semesters ein Resümee zu ziehen: Welche Schritte zum Abschluss wurden geschafft, welche stehen noch aus? Ist der Zeitplan noch aktuell oder muss er angepasst werden? Aber auch kleinere Studienprojekte bedürfen zwischendurch der Überprüfung. Wenn Sie für eine Klausur lernen und merken, dass Ihr Zeitplan nicht mehr einzuhalten ist, müssen Sie erneut in die Planung einsteigen und die Schwerpunkte des Lernstoffes neu definieren.

Ohne regelmäßige Kontrollen und, wenn nötig, entsprechende Korrekturen wird die beste Planung und ambitionierteste Durchführung schnell zum Selbstbetrug. Denn erst die Bereitschaft, sich mit einem ernsthaften Soll-Ist-Vergleich auseinanderzusetzen, ermöglicht es, Änderungen durchzuführen und damit signifikante Fortschritte zu erreichen.

Versuchen Sie, größere Studienprojekte ernsthaft und systematisch anzugehen. Die Strukturen und Werkzeuge des Projektmanagements können und sollen dabei jedoch nur als Anregungen dienen. Denn letztendlich ist Ihr jeweiliges Studienvorhaben einmalig und individuell. Und feiern Sie das Ende besonderer Studienprojekte, damit Sie einen würdigen Abschluss finden (Litke / Kunow 2006, 124).

***Tipps zum Weiterlesen (für Abschnitt IV 1)***

Litke / Kunow 2006, 16 ff.

# 2    Arbeitsplatzorganisation

Arbeitsplatzorganisation bedeutet mehr, als nur seinen Schreibtisch aufzuräumen! Zum einen werden Sie durch eine gute Strukturierung Ihres Arbeitsplatzes viel Zeit einsparen. Zum anderen werden ein gut durchdachter Arbeitsplatz und geeignete Aufbewahrungssysteme Sie viel besser zur geistigen Arbeit motivieren.

Als Studierender benötigen Sie einen festen Arbeitsplatz, Ihr *Büro*. Dieser Arbeitsplatz kann sich zu Hause oder in der Bibliothek befinden. Der optimale Arbeitsplatz ist abhängig von Ihrem Arbeitstyp, persönlichen Vorlieben und den jeweils vorherrschenden Arbeitsbedingungen wie bspw. den Öffnungzeiten der Bibliothek und möglichen Störungen. Immer an einem festen Platz zu arbeiten, hilft Ihnen, sich darauf zu konzentrieren, dass Sie sich in einer Arbeitsphase befinden, die sich damit auch räumlich von der Freizeit unterscheidet.

Die *Wohnung als Arbeitsplatz* mit idealerweise einem eigenen Raum für Ihr Studium bietet Ihnen viele Vorteile. Hier finden Sie ein harmonisches und ruhiges Arbeitsklima vor. Dies gilt nur mit Einschränkungen, wenn Sie in einer Wohngemeinschaft leben oder Kinder haben. Außerdem haben Sie die Möglichkeit, den Arbeitsplatz ergonomisch und auf Ihre persönlichen Bedürfnisse abgestimmt einzurichten. Ein Nachteil des häuslichen Arbeitsplatzes ist sicherlich die leichte Ablenkbarkeit. Wenn Sie zu Hause arbeiten, sollten Sie in Zeiten intensiven Lernens das Telefon und das Handy ausschalten, nicht im Internet surfen oder sich durch den Fernseher ablenken lassen.

Die *Bibliothek* hat demgegenüber den Vorteil, dass bereits eine gewisse Infrastruktur vorhanden ist, wie z. B. Computerarbeitsplätze mit Internetzugang, umfangreiche Lesematerialien, Kopierer und Schreibtische. Andererseits haben Sie in einer Bibliothek selten die gleiche Ruhe wie in den eigenen vier Wänden, sind den Zeit- und Ordnungsregeln der Bibliothek unterworfen und laufen Gefahr, viel Zeit durch Gespräche mit anderen Studierenden zu verlieren. Bedenken Sie auch, dass die Bibliotheken am Wochenende und in den vorlesungsfreien Zeiten oft kürzer oder gar nicht geöffnet haben.

Wenn Sie zu Hause arbeiten, sollten Sie sich eine geeignete *Arbeitsatmosphäre* schaffen. Dies beginnt mit einem aufgeräumten und sauberen Zimmer als positivem Umfeld mit motivierendem Charakter. Speisen gehören nicht auf den Schreibtisch. Bei Getränken sollten Sie vorsichtig sein, da ein verschüttetes Getränk erheblichen Schaden an Büchern oder technischen Geräten anrichten kann. Alles, was Sie nicht zum täglichen Arbeiten benötigen, lenkt nur ab und hat damit auf dem Schreibtisch nichts zu suchen.

Des Weiteren können Sie die Arbeitsatmosphäre durch Aromen von Duftöl, entspannende Musik und regelmäßiges Durchlüften bzw. ständige Frischluftzufuhr fördern. Stellen Sie Ihren Schreibtisch am besten vor das Fenster. So können Sie im Tageslicht arbeiten. Ab der Dämmerung benötigen Sie eine verstellbare und starke Beleuchtungsquelle. Am Arbeitsplatz wird eine Lichtstärke von ca. 500 Lux empfohlen. Wählen Sie zwischen Neutralweiß und Warmweiß als Lichtfarbe.

Es hat sich bewährt, Materialien danach zu sortieren, wie oft sie gebraucht werden. Auf dem Schreibtisch, also in direkter Griffnähe, befinden sich nur Arbeitsmaterialien und Unterlagen, die Sie täglich benötigen bzw. an diesem Tag bearbeiten wollen. In diesem Bereich sollte sich auch ein Übersichtssystem befinden, welches Sie über den aktuellen Stand Ihres Fortkommens informiert. Zusätzlich sollte dieses die Möglichkeit bieten, Gedanken und Strukturen, die Ihnen plötzlich in den Kopf kommen, jederzeit festzuhalten. Hierfür eignen sich Klebezettel, eine Pinnwand, eine Wandtafel oder auch eine große Papierunterlage für kurze Notizen. Tauschen Sie diese Übersicht in Phasen intensiver häuslicher Arbeit einmal pro Woche aus. In der Nähe des Schreibtischs sollten Sie Unterlagen unterbringen, auf die Sie häufig zurückgreifen. Hier sollten Sie Ordner mit Mitschriften und Kopien, Fachbücher und Nachschlagewerke, aktuelle Zeitschriften etc. aufbewahren. Für alle Unterlagen, die Sie selten benötigen, reicht ein weniger leicht zugänglicher Platz vollkommen aus.

Zum Arbeitsplatz gehört ein gepolsterter Schreibtischstuhl mit einem Fünfsternfuß, der mehrfach einstellbar und somit Ihren Maßen anzupassen ist. Ihr Schreibtisch sollte groß, höhenverstellbar und so eingerichtet sein, dass Sie alle Arbeitsgeräte gut erreichen. Ergonomen empfehlen eine Schreibtischgröße von 160 x 80 cm. Achten Sie auf eine glatte, pflegeleichte Oberfläche, die nicht spiegelt. Für Arbeitsmaterialien wie Locher, Tesafilm, Umschläge etc. bietet sich ein Schubladenelement unter dem Schreibtisch an. Ihr TFT-Bildschirm sollte so stehen, dass einfallendes Licht nicht auf den Bildschirm trifft. Stellen Sie den Bildschirm nicht so weit weg, dass Sie Probleme haben, die Darstellung zu erkennen.

Die Tastatur sollte sich so vor Ihnen befinden, dass Sie sich beim Tippen nicht den Rücken verdrehen müssen. Eine Entlastung für die Arme und den Rücken bietet eine Tastaturpolsterung. Zur Entspannung der Hand empfiehlt sich eine ergonomisch geformte Maus bzw. ein Mauspad mit integriertem Stützkissen (vgl. Abschnitt VII 5).

An *Arbeitsmaterialien* benötigen Sie neben den fachspezifischen Materialien auf jeden Fall das gängige Büromaterial. Spezialgeräte wie z. B. eine Bindemaschine brauchen Sie nicht selbst zu besitzen; hier hilft der Kopierladen weiter. Halten Sie Ihre Arbeitsmaterialien in Ordnung und kaufen Sie Verbrauchsmaterialien wie Papier und Druckerpatronen rechtzeitig nach. Wer Reserven hat, kommt nie in die Verlegenheit, im entscheidenden Moment auf etwas verzichten zu müssen oder in zeitliche Bedrängnis zu kommen, wenn die Druckerpatrone zur Neige geht.

Im Laufe Ihres Studiums werden Sie mit Materialien wie Büchern, Kopien, Skripten und Mitschriften umzugehen haben. Damit Sie diese im Zuge der Prüfungsvorbereitungen ohne langes Suchen zur Hand haben, sollten Sie über ein übersichtliches und einfaches *Ablagesystem* verfügen. Es bieten sich ganz unterschiedliche Ablagesysteme an (Roth 2007, 75 ff.). Damit Sie nicht jeden Tag Ordner oder Mappen zur Hand nehmen müssen, um Unterlagen dauerhaft einzusortieren, bietet sich als erster Sortierschritt die Anschaffung von Ablagekörben an. Ablagekörbe können Sie nach verschiedenen Kategorien beschriften, z. B. nach den einzelnen Lehrveranstaltungen oder nach Kategorien wie „dringend zu erledigen" oder „wichtig". Die Ablagekörbe haben den Vorteil, dass Sie Material schnell abgelegt haben, dieses jederzeit im thematisch passenden Korb wiederfinden und Sie sich Korb für Korb vornehmen können, um das Material neu zu ordnen oder dauerhaft zu archivieren. Für das dauerhafte Archivieren bieten sich Ordner und Hängemappen an. Ordner sind preisgünstig, fassen viele Blätter (ca. 500 Stück bei normaler Füllung) in einer vom Benutzer zu bestimmenden Reihenfolge, können durch Register oder Trennblätter in verschiedene Segmente unterteilt werden und lassen sich gut in Regalen oder Schränken aufbewahren. Mit einer übersichtlichen Beschriftung der Ordnerrücken und einer sinnvollen Binnenunterteilung können Sie Ihr Material hier problemlos wiederfinden. Ordner haben aber auch Nachteile: Sie sind schwer und sperrig. Um etwas aus einem Ordner herauszunehmen, brauchen Sie den Tischplatz für einen aufgeklappten Ordner. Ein nützliches Zwischensystem ist sicherlich der Schnellhefter. Am Semesterende oder nach einer Leistungsüberprüfung können Sie Unterlagen von Schnellheftern in Ordner umheften, in denen sie dann archiviert werden. Wer Platz sparen und auf das für Ordner anfallende Lochen verzichten möchte sowie kleinere Einheiten als den Ordner bevorzugt, ist mit Hängeregistraturen besser bedient. Ein weiteres Ablagesystem sind Stehsammler. Diese sind vor allem für Prospekte, Kataloge, Telefonbücher etc. geeignet, jedoch weniger für Einzelblätter, die dort umfallen und verknicken können. Egal für welche Kombinationen von Ablage- und Archivierungssystemen Sie sich entscheiden, denken Sie an eine sorgfältige Beschriftung aller Systeme. Ordnen Sie darüber hinaus Ihren Ablagebereichen Farben zu! Wenn Sie zwei oder mehr Fächer studieren, bietet es sich an, jedem Fach eine Farbe zuzuweisen.

Neben der Archivierung von (Papier-)Unterlagen und der äußeren Ordnung sollte auch Ihr *Computer* nicht zu kurz kommen. Es beginnt schon damit, dass Sie einen Computer benötigen, der mit den nötigen Programmen ausgestattet ist. Welche Programme Sie brauchen, hängt von Ihrem Studienfach ab. Ein gängiges Textverarbeitungsprogramm, ein Tabellenkalkulationsprogramm und ein Programm zum Verarbeiten von Bildmaterialien sollten unabhängig von Ihrer fachlichen Ausrichtung Standard sein. Versuchen Sie, sich Handbücher über die Programme zu beschaffen oder einen entsprechenden Kurs zu belegen.

Innerhalb Ihres Ordners „Eigene Dateien" oder einer eigenen Partition auf der Festplatte für Ihre Daten gehört ein Ordner „Studium" zur Selbstverständlichkeit. Es bietet sich an, innerhalb dieses Ordners die gleiche Einteilung in Unterordner vorzunehmen, die Sie auch in Ihrer Papierablage vorgenommen haben. Das erleichtert die spätere Auffindbarkeit erheblich. Gehen Sie dabei mit System vor: Innerhalb des Ordners „Studium" legen Sie am besten je einen Ordner für die einzelnen Fachgebiete an. Für die einzelnen Veranstaltungen oder Hausarbeiten erstellen Sie jeweils Unterordner. Des Weiteren sollten Sie für allgemeine, meist wichtige Studienunterlagen einen eigenen Ordner anlegen.

Denken Sie auch an das Risiko von Datenverlusten. Ein Absturz kommt immer zur Unzeit! Mindestens wöchentlich sollten Sie Ihre Daten auf externen Speichermedien sichern. Ein großes Risiko sind auch Viren und andere Schadprogramme. Schützen Sie sich aktiv durch Schutzsoftware wie eine Firewall, Antivirussysteme und Anti-Spyware, aber auch dadurch, dass Sie unbekannte und evtl. unsaubere Dateien nicht auf Ihrem Studienrechner speichern.

***Tipps zum Weiterlesen (für Abschnitt IV 2)***

Roth 2007.

# 3    Zeitmanagement

Zeit ist eine kostbare Ressource – auch während des Studiums. Die in einer festgesetzten Studienzeit zu erwerbenden Kreditpunkte sowie die vielerorts erhobenen Studiengebühren erfordern einen durchdachten Umgang mit der limitierten Ressource Zeit. „Zeitmanagement bedeutet, die eigene Zeit und Arbeit zu beherrschen, statt sich von ihnen beherrschen zu lassen" (Seiwert 2002, 6). Nicht selten werden die eigenen Zeit- und Energieressourcen überschätzt, und auf der Aufgabenliste steht mehr, als tatsächlich geschafft werden kann. Durch einen systematischen und disziplinierten Umgang mit der knappen und daher kostbaren Ressource Zeit können Sie täglich erstaunlich viel Zeit gewinnen. Dementsprechend erhalten Sie in diesem Abschnitt Empfehlungen für den alltäglichen Zeitumgang und können an Beispielen sehen, wie sich diese in die Praxis umsetzen lassen.

*Wer Ordnung hält, ist nur zu faul zum Suchen.* Wer kennt es nicht, dieses häufig zitierte Sprichwort? Für ein versiertes Zeitmanagement ist Ordnung aber eine wichtige Voraussetzung. Meterhohe Zettelstapel in den Regalen oder ein voller

Schreibtisch, auf dem sich Bücherberge türmen, verursachen nicht nur einen erhöhten Such- und damit Zeitaufwand, sondern bremsen auch das Fortkommen. Ein völlig überfrachteter Schreibtisch, auf dem nur mit Mühe einige Quadratzentimeter für die Arbeit des Tages freigeschaufelt werden können, lenkt eher von der Arbeit ab, als dass er dazu einlädt. Auf Ihrem Schreibtisch sollte daher nur jeweils das liegen, was auch am selben Tag benötigt wird. Für die noch zu erledigenden Dinge empfiehlt sich ein wohlüberlegtes Ordnungssystem. Dazu bieten sich je nach Vorliebe und Geldbeutel Aktenordner, Ablagekörbe oder Hängeregistraturen an (vgl. Abschnitt IV 2). Und nicht zu vergessen: Für manche Dinge ist die sog. „Rundablage", der Papierkorb, der am besten geeignete Ort.

Wenn Sie sich einen Überblick darüber verschaffen möchten, wozu Sie die Ihnen täglich zur Verfügung stehenden 1.440 Minuten verwenden, bietet sich das Führen eines *Zeitprotokolls* an. Unter der Voraussetzung, dass Sie diese Zeitverwendungsanalyse ehrlich durchführen und sowohl bewusste Pausen als auch ungewollte Unterbrechungen und Störungen protokollieren, erhalten Sie einen fundierten Einblick in Organisation und Effizienz Ihrer Arbeitsweise sowie Hinweise, an welchen Stellen Verbesserungsbedarf besteht. Es ist überaus aufschlussreich zu erkennen, wie viel Zeit nach Abzug von Pausen und Störungen wirklich für effektives Studieren übrig bleibt.

Ein solches Zeitprotokoll (☝) können Sie auf zwei Arten führen: Entweder protokollieren Sie stündlich Ihre Aktivitäten über einen Zeitraum von einer Woche, oder Sie führen an ein oder zwei typischen Studientagen ein Zeitprotokoll. In diesem Fall sollten Sie Ihre Tätigkeiten allerdings kleinschrittiger, nämlich in 15-Minuten-Schritten, dokumentieren. Alternativ zu dieser papierbasierten Methode haben Sie, sofern Sie überwiegend am Computer arbeiten, die Möglichkeit der elektronischen Zeiterfassung. Einige Programme können Sie als Freeware beziehen (z. B. www.mdprojecttimer.de).

Nach der Erstellung Ihres Zeitprotokolls sollten Sie dieses analysieren und insbesondere die Gründe für die Unterbrechungen sowie die sog. Zeitfresser unter die Lupe nehmen (vgl. Tabelle 19). Zeitfresser sind Tätigkeiten, die von den eigentlichen Aufgaben ablenken. Dazu zählen z. B. Tagträume, Surfen im Internet, Abrufen von E-Mails, Computerspiele, Fernsehen, private Telefonate, häufige Kaffee- oder Zigarettenpausen.

Aus Ihrem Zeitprotokoll sollten Sie Konsequenzen ziehen: An welchen Stellen verschwenden Sie unnötig Zeit? Zeitverschwendung ist durchaus subjektiv und kann auch als Erholung dienen. Bei der Zeitfresseranalyse sollten Sie sich daher die folgenden beiden Fragen stellen: Welche Zeitfresser stören mich wirklich? Mit welchen Zeitfressern kann und will ich hingegen leben? Daraus ergibt sich, ob bestimmte Zeitfallen beseitigt, zeitlich zumindest begrenzt werden sollten oder bewusst Bestandteile des Tagesablaufs bleiben dürfen. Pausen sollten Sie auf keinen Fall komplett aus Ihrem Plan streichen, schließlich erfordert Ihr Studium Regenerationszeiten.

Mithilfe der nachfolgenden Checkliste zur Zeitfresseranalyse (vgl. Tabelle 19) können Sie sich der Ermittlung möglicher Zeitfallen widmen.

**Tabelle 19.** Zeitfresseranalyse ☝

| Zeitfresser | zutref- fend | kann beseitigt werden | kann begrenzt werden | kann bleiben |
|---|---|---|---|---|
| **selbst verursachte Zeitfresser: unzureichendes Selbst- und Zeitmanagement** | | | | |
| unklare Zielsetzung | ❑ | ❑ | ❑ | ❑ |
| keine Prioritäten | ❑ | ❑ | ❑ | ❑ |
| schlechte Tagesplanung | ❑ | ❑ | ❑ | ❑ |
| Versuch, zu viel auf einmal zu tun | ❑ | ❑ | ❑ | ❑ |
| persönliche Desorganisation | ❑ | ❑ | ❑ | ❑ |
| mangelnde Motivation | ❑ | ❑ | ❑ | ❑ |
| Fernsehen | ❑ | ❑ | ❑ | ❑ |
| Lesen und Schreiben privater E-Mails | ❑ | ❑ | ❑ | ❑ |
| Surfen im Internet | ❑ | ❑ | ❑ | ❑ |
| Unfähigkeit, nein zu sagen | ❑ | ❑ | ❑ | ❑ |
| fehlende Selbstdisziplin | ❑ | ❑ | ❑ | ❑ |
| Kaffee- bzw. Teepausen / Zigarettenpausen | ❑ | ❑ | ❑ | ❑ |
| „Aufschieberitis" (Prokrastination) | ❑ | ❑ | ❑ | ❑ |
| alle Fakten wissen wollen / Perfektionismus | ❑ | ❑ | ❑ | ❑ |
| Hast, Ungeduld | ❑ | ❑ | ❑ | ❑ |
| **selbst verursachte Zeitfresser: unzureichende Arbeits(platz)organisation** | | | | |
| überhäufter Schreibtisch | ❑ | ❑ | ❑ | ❑ |
| zu viel Papierkram / zu viele Aktennotizen | ❑ | ❑ | ❑ | ❑ |
| schlechtes Ablage- und Ordnungssystem | ❑ | ❑ | ❑ | ❑ |
| zeitraubende Suche nach Notizen, Adressen und Telefonnummern | ❑ | ❑ | ❑ | ❑ |
| Trial-and-Error-Methode | ❑ | ❑ | ❑ | ❑ |
| Aufgaben nicht zu Ende führen | ❑ | ❑ | ❑ | ❑ |
| mangelnde Vorbereitung auf Gespräche | ❑ | ❑ | ❑ | ❑ |
| fehlende Übersicht über bevorstehende Aufgaben und Aktivitäten | ❑ | ❑ | ❑ | ❑ |
| **fremd verursachte Zeitfresser** | | | | |
| unangekündigte Telefonanrufe | ❑ | ❑ | ❑ | ❑ |
| unangemeldete Besucher | ❑ | ❑ | ❑ | ❑ |
| zu viele Anfragen (E-Mail, Telefon) | ❑ | ❑ | ❑ | ❑ |
| Ablenkung bzw. Lärm | ❑ | ❑ | ❑ | ❑ |
| unvollständige, verspätete Information | ❑ | ❑ | ❑ | ❑ |
| Wartezeiten (z. B. bei Terminen) | ❑ | ❑ | ❑ | ❑ |
| **selbst und fremd verursachte Zeitfresser (Schnittstellenproblematik)** | | | | |
| private Gespräche | ❑ | ❑ | ❑ | ❑ |
| mangelnde Koordination mit anderen | ❑ | ❑ | ❑ | ❑ |
| langwierige und unergiebige Besprechungen | ❑ | ❑ | ❑ | ❑ |
| unpräzise oder fehlende Kommunikation | ❑ | ❑ | ❑ | ❑ |

Wenn Sie mit befreundeten Kommilitonen beschließen, ein Zeitprotokoll zu führen, können Sie sich anschließend über Ihre individuell durchgeführten Zeitverwendungsanalysen austauschen. Das kann erhellend und ermutigend zugleich sein, denn Sie werden erkennen, dass es Ihren Mitstudierenden aller Voraussicht nach ähnlich geht wie Ihnen, und Sie können gemeinsam Lösungsansätze entwickeln.

Die Analyse der eigenen Zeitver(sch)wendung ist der Ausgangspunkt für die nun folgende *Zeitplanung*. Planung lebt davon, dass sie nicht nur schriftlich erfolgt, sondern auch realistisch ist. Es nützt nichts, wenn Sie Zeit dadurch sparen wollen, indem Sie den Zeitbedarf für bestimmte Aufgaben unrealistisch knapp kalkulieren. Zeitmanagement-Ratgeber bieten für die realistische Einschätzung der Bearbeitungsdauer einer Aufgabe eine griffige Faustregel: Addieren Sie die optimistische Bearbeitungsdauer mit der pessimistischen Bearbeitungsdauer und teilen Sie das Ergebnis durch zwei.

Generell sollte jegliche Form der Zeitplanung – also kurz-, mittel- oder langfristige Planung – immer schriftlich erfolgen. Die Vorteile einer schriftlichen Planung liegen auf der Hand:

- Sie entlasten Ihr Gedächtnis und vergessen nichts.
- Sie können die erreichten Schritte abhaken, wodurch gerade bei längerfristigen Projekten wie bspw. der Anfertigung einer Seminararbeit – und erst recht der Abschlussarbeit – auch die Zwischenergebnisse und Erfolge sichtbar werden.
- Sie wahren den Überblick und haben die ständige Kontrolle über die Tages-, Wochen- und Monatsergebnisse.
- Sie werden durch die Pläne immer wieder daran erinnert, was Sie bis wann erledigt haben wollen (oder müssen). Auf diese Weise erhöht schriftliche Planung die Verbindlichkeit; im Idealfall schließen Sie „Verträge" mit sich selbst ab.

Vertrauen Sie darauf, dass Sie die Zeit, die Sie in Ihre Planung investieren, durch das zielgerichtete Arbeiten um ein Vielfaches wieder einsparen. Somit gewinnen Sie auch Zeit für private Dinge, die ebenfalls in die Tages- und Wochenpläne Eingang finden sollten. Sie sind schließlich keine Maschine!

Die Planung sollte sich nach den anvisierten Zielen richten und ganz konkret auf das Erreichen dieser Ziele ausgerichtet sein (vgl. Abschnitt IV 1). Sie findet innerhalb verschiedener Zeithorizonte statt:

- Kurzfristige Planung: Wo will ich gegen Ende dieser Woche stehen? Welche Aufgaben müssen bis dahin erledigt sein?
- Mittelfristige Planung: Wo will ich gegen Ende des laufenden Semesters stehen? An welchem Punkt meines Studiums möchte ich dann angelangt sein?
- Langfristige Planung: Wo will ich gegen Ende oder kurz nach Beendigung meines Studiums stehen? Wie sieht mein Wunschbild – beruflich und privat – für diese Zeit aus?

Für die kurz-, mittel- und langfristige Planung müssen Sie nicht nur konkrete und realistische Ziele formulieren, sondern sich zugleich Maßnahmen überlegen, wie Sie diese Ziele erreichen können: Wer erfolgreich studieren will, sollte dafür Maßnahmen ergreifen wie bspw. die Gründung einer Lerngruppe, regelmäßige Gänge in die Bibliothek sowie die Kontaktaufnahme mit den Dozenten.

Für die verschiedenen zeitlichen Ebenen der Planung,  d. h. Tages-, Wochen- und Jahrespläne, gibt es unterschiedliche Vorlagen (z. B. Seiwert 2002, 24 ff. und 38 f. sowie Seiwert 2006a, 88 und 101). Alternativ zu fotokopierten Zeitplänen oder Zeitplanbüchern können Sie mit einer Software arbeiten. Eine Gegenüberstellung verschiedener Softwaresysteme finden Sie bei Seiwert 2002, 66 ff. Sie können auch Ihre eigenen Pläne am Computer erstellen. Probieren Sie aus, welches Medium und welche Pläne bzw. Checklisten Ihnen am besten liegen.

Für eine Tagesplanung sollten Sie am besten fünf bis zehn Minuten einplanen. Zweckmäßig ist es, einen Tag jeweils am Vorabend zu planen und diesen Tagesplan für den nächsten Morgen auf den *aufgeräumten* Schreibtisch zu legen. So beugen Sie Startschwierigkeiten am Morgen vor, da Sie bereits festgelegt haben, was in den ersten Arbeitsstunden und im Laufe des Tages zu erledigen ist.

*Nehmen Sie sich nicht zu viel vor!* Weit verbreitet ist die Neigung, zu viele Aufgaben in einen einzigen Tag hineinpacken zu wollen. Beherzigen Sie daher die sog. 60-40-Regel, nach der lediglich 60 % der Zeit eines Tages verplant werden sollten und 40 % der Arbeitszeit unverplant bleiben. Auf diese Weise bleiben Sie für kurzfristige, dringende und unvorhergesehene Aufgaben flexibel. Pufferzeiten vorausgesetzt, können diese Aufgaben problemlos in den Tagesplan integriert werden. So rennen Sie nicht mehr der Erledigung Ihrer langen Aufgabenliste hinterher, denn Sie verfügen über die nötige Reservezeit, falls Aufgaben doch einmal länger dauern sollten als geplant.

Beherzigen Sie außerdem die folgenden Tipps für das Erstellen eines Zeitplans:
- Benennen Sie Aufgaben konkret und schreiben Sie stets den realistisch eingeschätzten Zeitbedarf sowie ihre jeweilige Deadline dazu (s. oben),
- strukturieren Sie Aufgaben nach Wichtigkeit und Dringlichkeit (s. unten), und
- übernehmen Sie Aufgaben, die unerledigt geblieben sind, in den Plan des nächsten Tages. Das sollte allerdings nicht allzu oft passieren.

Wenn Sie am Ende eines anstrengenden Tages oder einer Woche erfolgreich abgelegter Prüfungen feststellen, dass Sie Ihren Zeitplan eingehalten haben, sollten Sie sich dafür entsprechend belohnen. Es motiviert sehr, das vorgenommene Arbeitspensum tatsächlich in der veranschlagten Zeit erledigt zu haben! Nun hängt es von Ihren Zielen und von Ihrem Typ ab, ob Sie sich nach einzelnen Leistungen kleine Belohnungen gönnen oder ob Sie sich nach Etappenzielen, etwa gegen Ende einer harten Prüfungswoche, belohnen. Belohnungen sollten je nach Art der Aufgabe unterschiedlich groß sein und können von einer Kaffeepause über einen Restaurant- oder Kinobesuch bis hin zu einem Kurzurlaub reichen. Im Idealfall integrieren Sie auch diesen Lohn Ihres Fleißes in Ihre Ziel- und Zeitplanung.

Nachdem Sie – schriftlich – festgehalten haben, was Sie am kommenden Tag oder in der laufenden Woche erledigen wollen, weisen Sie den einzelnen Aufgaben Prioritäten zu. Hierfür bietet sich die Methode der sog. *ABC-Regel* an, nach der Aufgaben nach Wichtigkeit und Dringlichkeit unterschieden werden:
- *A-Aufgaben*: Wichtige und zugleich dringende Aufgaben, die keinen Aufschub dulden und so schnell wie möglich erledigt werden müssen. A-Aufgaben machen ca. 15 % der gesamten zu erledigenden Aufgaben aus, erfüllen aber ca. 65 % der Zielsetzungen.

- *B-Aufgaben*: Wichtige, jedoch nicht dringende Aufgaben, die auch noch zu einem (etwas) späteren Zeitpunkt erledigt werden können. B-Aufgaben machen ca. 20 % der gesamten zu erledigenden Aufgaben aus und erfüllen ca. 20 % der Zielsetzungen.
- *C-Aufgaben*: Aufgaben, die weniger wichtig und auch nicht dringend sind. C-Aufgaben machen ca. 65 % der gesamten zu erledigenden Aufgaben aus, sind aber nur zu 15 % zielführend.

Haben Sie die Aufgaben nach Ihren Prioritäten klassifiziert, sollten Sie versuchen, zunächst die A-Aufgaben in Angriff zu nehmen. Ein Tipp: Morgenmuffel sollten diese Aufgaben erst angehen, wenn sie ihr Tagesleistungshoch erreicht haben.

Wichtige und zugleich dringende Aufgaben können z. B. die Fertigstellung einer Seminararbeit oder die Anmeldung zu einer Prüfung sein. Wichtig, jedoch (noch) nicht dringend ist z. B. im ersten Semester das Zusammentragen von Informationen für ein geplantes Auslandssemester. Gleichwohl sollten Sie diese Aufgabe in Angriff nehmen, bevor ein Auslandssemester aus zeitlichen Gründen nicht mehr in Frage kommt. Eine dringende Aufgabe, die Sie in Zeiten erhöhter Lernintensität möglicherweise als nicht allzu wichtig einstufen, ist z. B. das Schreiben einer Karte für eine Bekannte, die am nächsten Tag Geburtstag hat; zur Not reicht auch ein Telefonanruf. Weder dringend noch wichtig sind in der Regel Routineaufgaben wie das Reorganisieren von Vorlesungsmitschriften vergangener Semester. Dies ist insbesondere dann weder dringend noch wichtig, wenn Sie es sich immer wieder vornehmen, um sich vor den wichtigen Aufgaben zu drücken.

> Generell zeichnet sich souveränes Zeitmanagement dadurch aus, dass Sie versuchen, durch vorausschauende Planung und Handlung Ihre zu erledigenden Aufgaben nicht in den Sektor „wichtig und zugleich dringend" geraten zu lassen, denn genau das verursacht Stress!

Sie dürften bereits aus Ihrer Schulzeit wissen, ob Sie Lerche (Frühaufsteher) oder Eule (Nachtmensch) sind und zu welchen Zeiten Sie am produktivsten arbeiten können. Vielleicht können Sie sich auch glücklich schätzen und Sie haben zwei Tageszeiten höchster Produktivität, z. B. am Morgen und am späten Nachmittag.

> In welchen Zeiträumen arbeiten Sie am besten?
>
> Von ............ bis ............ Uhr und von ............ bis ............ Uhr.

Diese Zeiträume stellen Ihre produktivsten Tageszeiten dar. In diesen Stunden sollten Sie daher auch die Aufgaben in Angriff nehmen, die die höchste Konzentration und Präzision erfordern. Oft sind das die o. g. A-Aufgaben. Routinetätigkeiten wie etwa Kopieren, die weder ein hohes Maß an Konzentration noch an Präzision erfordern, sollten Sie in Ihre leistungsschwächeren Tageszeiten legen.

Auch wenn Sie während Ihres Studiums im Regelfall noch nicht über hilfreiche Geister wie Assistenten verfügen, sollten Sie darüber nachdenken, ob Sie sich mit Kommilitonen zusammentun können, um bestimmte Aufgaben zeiteffizienter erledigen zu können. Vielleicht bieten sich Bibliotheks- oder Kopieraufgaben an, die von den Mitgliedern einer Lerngruppe abwechselnd erledigt werden können? Ein bereits vorgemerktes Buch lässt sich mit Ihrem Bibliotheksausweis auch von einem vertrauenswürdigen Kommilitonen abholen, der ebenfalls zur Bibliothek muss – und Sie sparen sich diesen Weg und die damit verbundene Zeit. Beim Delegieren von Aufgaben sollten Sie klare Terminabsprachen treffen, bis wann die Aufgabe erledigt werden soll. Das erhöht die Verbindlichkeit.

*Verschiebe nicht auf morgen, was du bereits von gestern auf heute verschoben hast!* Dieses Szenario dürfte Ihnen bekannt sein: Unangenehme Aufgaben werden immer wieder aufgeschoben. Dieses weit verbreitete Aufschieben unangenehmer Aufgaben („Aufschieberitis" oder Prokrastination) belastet auf Dauer Ihr Gewissen. Im ungünstigsten Fall werden Sie durch die Fülle noch zu erledigender Aufgaben für die wirklich wichtigen Aufgaben so blockiert, dass Sie überhaupt nicht mehr vorankommen und sich in Ausweichhandlungen flüchten. Jedoch lässt sich der überwiegende Teil der Routineaufgaben in vergleichsweise kurzer Zeit erledigen. Daher sollten Sie sich bemühen, es gar nicht erst zu einer Anhäufung vieler kleiner unerledigter Aufgaben kommen zu lassen, sondern diese möglichst umgehend anpacken. Bei manchen Aufgaben sollten Sie sich allerdings fragen, ob sie wirklich notwendig sind, und sie ggf. von Ihrer Liste streichen.

Sie werden laufend mit Wünschen, Anfragen oder Erwartungen Ihrer Mitmenschen konfrontiert. Möglicherweise fällt es Ihnen schwer, „nein" zu sagen. Beispielsweise bittet ein Mitglied Ihrer Lerngruppe Sie seit zwei Jahren im Semesterrhythmus, seine jeweilige Seminararbeit Korrektur zu lesen. Zur Abwechslung könnte aber auch ein anderes Mitglied der Lerngruppe diese Korrekturaufgabe übernehmen. Das beherzte „Nein" kommt Ihnen aus verschiedenen Gründen schwer über die Lippen. Sie möchten niemanden verletzen oder vor den Kopf stoßen und freuen sich, wenn Sie unentbehrlich sind (Knill 2002). Sicherlich ist es nicht immer möglich, „nein" zu sagen. Als Faustregel gilt: Sie können es nicht allen recht machen und sollten diesen Anspruch auch nicht haben. Wer „nein" sagt, sagt „ja" zu sich selbst. Es geht beim Nein-Sagen um das richtige Maß.

Reservieren Sie sich jeden Tag wenigstens eine *stille Stunde* (Sperrstunde) für intensives und ungestörtes Lernen. Diese stille Stunde sollten Sie möglichst in Ihre produktivste Tageszeit legen. Sofern Sie bevorzugt in der Bibliothek arbeiten, dürften Sie dort ohnehin vergleichsweise ungestört sein. Falls Sie lieber am heimischen Schreibtisch arbeiten, sorgen Sie dafür, dass Sie während dieser Zeit weder durch Anrufe oder eingehende E-Mails noch durch spontane Gespräche oder Fernsehsendungen vom Fortgang Ihrer Arbeit abgehalten werden.

Ihre Arbeits- und Freizeit detailliert zu planen, mag Ihnen befremdlich vorkommen. Versuchen Sie es einfach mal. Sehen Sie Zeitmanagement nicht als Einschränkung an, sondern als Freiraum. Zeitmanagement macht Erfolge sichtbar. Wenn Sie wenigstens einige der in diesem Abschnitt beschriebenen Hinweise befolgen, werden Sie nicht nur zügig studieren, sondern die Studienzeit durch die vielen kleinen Erfolgserlebnisse auch als erfüllend erleben.

### Tipps zum Weiterlesen (für Abschnitt IV 3)

Hatzelmann / Held 2005; Schlote 2002; Seiwert 2006a; Seiwert 2006b.

# V    Studienarbeiten, Referate, Prüfungen

Im Folgenden erfahren Sie, was das Lesen im Studium von anderer Lektüre unterscheidet, welche Leistungsnachweise in Hochschulen über die Ihnen bereits bekannten Formen der Klausuren, Referate und mündlichen Prüfungen hinaus üblich sind und was Sie bei der Erstellung von wissenschaftlichen Arbeiten beachten sollten. Abschließend erfahren Sie, welche technischen Hilfsmittel Sie insbesondere für die Vorbereitung von Referaten und Studienarbeiten heranziehen können. Die Ausführungen stellen eine knapp gehaltene Zusammenfassung des Ratgebers „Erfolg bei Studienarbeiten, Referaten und Prüfungen. Alles, was Studierende wissen sollten", herausgegeben von Steffen Stock, Patricia Schneider, Elisabeth Peper und Eva Molitor (2009; siehe S. VIII) dar. Für weitere Details empfiehlt sich die Lektüre des genannten Ratgebers.

## 1    Lesen im Studium

Lesen ist ein wichtiger Bestandteil wissenschaftlichen Arbeitens, ohne den Sie Ihr Studium schwerlich zu einem erfolgreichen Ende bringen werden. Während das Lesen eines Romans Vergnügen bereitet und der Entspannung dient, verlangt das Lesen von wissenschaftlichen Texten bzw. Lehrbüchern Ihre ganze Aufmerksamkeit und den gezielten Einsatz von Lesetechniken. Je nach verfolgter Leseabsicht bieten sich verschiedene Lesetechniken an. Konsultieren Sie Bücher und Aufsätze im Hinblick auf die Erstellung einer Seminar- oder Abschlussarbeit, werden Sie anders lesen, als wenn Sie sich die Inhalte eines Lehrbuchs für eine Klausur aneignen wollen. Wenn Sie für die Erstellung einer wissenschaftlichen Arbeit größere Mengen an Literatur mit dem Ziel durcharbeiten, Antworten auf eine bestimmte Fragestellung zu erhalten, kommen für Sie das Querlesen oder andere Schnelllesetechniken in Frage. Der Einsatz dieser Techniken spart in Anbetracht der zu bewältigenden Textmenge nicht nur Zeit, sondern diszipliniert Sie auch, zielgerichtet zu lesen und sich nicht in unwichtigen Details zu verlieren.

Aus Ihrer Schulzeit sind Sie sicherlich noch mit der klassischen Methode vertraut, Texte zu lesen und das Wichtigste beim Lesen zu markieren, um es anschließend in eigenen Worten herauszuschreiben. Diese bewährte Lesemethode können Sie im Studium fortführen und perfektionieren, indem Sie sich für eine effiziente Informationsentnahme z. B. der Sechs-Schritt-Methode PQ4R (Preview, Questions, Read, Reflect, Recite und Review) bedienen.

Sofern Sie ein Buch besitzen bzw. über Kopien verfügen, sollten Sie mit Markierungen arbeiten. Markierungen in Texten helfen, Wichtiges von Unwichtigem zu unterscheiden. Dies setzt jedoch voraus, dass Sie nicht zu viel anstreichen. Ggf. lesen Sie einen Text zwei Mal und markieren ihn erst beim zweiten Lesen, sobald Sie einschätzen können, was für Ihre Belange wichtig ist. Zusätzlich zu Markierungen im Text können Sie mit Randbemerkungen und Symbolen arbeiten, die Ihnen bei späterem Zugriff auf die bearbeiteten Texte eine schnelle Orientierung im Text und eine gezielte Informationsentnahme ermöglichen. Diese Vorarbeiten sind auch Grundlage eines Exzerpts, in dem wesentliche Aussagen eines Textes in eigenen Worten oder in Form von Zitaten zusammengefasst werden. Der Einsatz von Exzerpten lohnt sich insbesondere dann, wenn Ihnen ein Buch nicht gehört.

## 2  Leistungsnachweise

Viele Lehrveranstaltungen oder Module werden mit einer Klausur abgeschlossen. Diese werden in der Regel handschriftlich und unter Aufsicht bearbeitet und als Aufgaben-, Fragen-, Themen- oder Multiple-Choice-Klausur gestellt. Anmeldeformalitäten sowie Zulassungsvoraussetzungen sollten Sie frühzeitig in Erfahrung bringen.

Referate sind meist Bestandteil von Seminaren. In den meisten Studiengängen werden Sie um diese Form des Leistungsnachweises nicht herumkommen. Sie lernen dabei aber nicht nur fachlich, sondern auch methodisch und rhetorisch dazu, was Ihnen auch in Ihrem Berufsleben nützen wird. Meistens wird Ihnen ein Thema vorgegeben, mitunter erhalten Sie vom Dozenten ebenfalls die zu referierenden Texte bzw. einen Basistext. Die Herausforderung besteht darin, einen kurzweiligen, informativen und verständlichen Vortrag zu halten, der zudem Diskussionsanreize bietet. Zur Visualisierung Ihres Vortrags dienen üblicherweise Overheadprojektor und Beamer. Für die Erstellung von Folien sind einige Regeln zu beachten. Teil der Prüfungsleistung ist darüber hinaus die Erstellung eines Handout oder Thesenpapiers. Beide sollen helfen, Ihrem Vortrag zu folgen und in die Diskussion einzusteigen. Dazu werden Ergebnisse stichwortartig zusammengefasst, zugespitzt und ein Schwerpunkt auf umstrittene und damit diskussionsbedürftige Aspekte gelegt.

Bei mündlichen Prüfungen sind die Inhalte entweder vorgegeben oder Sie können die Themen selbst einschränken oder sogar frei auswählen. Hier gilt: Je besser Sie vorbereitet sind, desto selbstbewusster können Sie in die Prüfung gehen und den Verlauf zumindest in Teilen selbst bestimmen. Etwas Lampenfieber gehört einfach dazu und wirkt sogar förderlich!

Eine weitere mögliche Form des Leistungsnachweises ist das Erstellen eines Sitzungsprotokolls, Versuchsprotokolls oder Exkursionsberichts. Bei den Protokollen müssen Sie im Vorfeld klären, ob von Ihnen ein Verlaufsprotokoll oder ein Ergebnisprotokoll erwartet wird, denn beide Formen folgen unterschiedlichen Konventionen. Falls das Protokoll oder der Bericht als Gruppenarbeit verfasst werden soll, stehen Sie vor weiteren Herausforderungen. Eine gut funktionierende

Gruppenarbeit kann Ihnen Zeit und Energie ersparen, allerdings kann eine sehr heterogene Gruppe Sie viel Zeit und Nerven kosten und am Ende ein schlechteres Resultat hervorbringen als eine solide Einzelarbeit.

Bei der Erstellung von Seminar- bzw. Hausarbeiten werden die Techniken des wissenschaftlichen Arbeitens trainiert. Sie sollen nachweisen, dass Sie sich in eine wissenschaftliche Fragestellung einarbeiten, Literatur finden und auswerten, die wesentlichen Punkte zusammenhängend darstellen, unterschiedliche Forschungsmeinungen argumentativ gegeneinander abwägen und ausgehend von einer zuvor formulierten Hypothese diskutieren können. Der Umfang liegt meist bei 15 bis 25 Seiten. Betrachten Sie diese Studienarbeiten nicht als lästiges Übel, sondern als Möglichkeit, sich fachlich intensiv mit einem bestimmten Thema auseinandersetzen zu können. Darüber hinaus ist jede Seminararbeit eine wichtige Vorübung für die Erstellung Ihrer Abschlussarbeit. Mit jeder Hausarbeit gewinnen Sie mehr Routine, was Ihnen bei Ihrer ersten umfangreichen Studienarbeit von großem Nutzen sein wird.

# 3 Schreiben im Studium: Von der Seminararbeit zur Abschlussarbeit

Das Schreiben von wissenschaftlichen Arbeiten ist vielfach mit großen Ängsten und Hemmungen verbunden. Insbesondere die erste wissenschaftliche Arbeit an der Hochschule wird Sie möglicherweise vor viele Fragen stellen. Werde ich in der Lage sein, die vorgegebene oder selbst formulierte Aufgabenstellung zu bewältigen? Wird meine Seminararbeit den Anforderungen des Dozenten genügen? Wird es mir überhaupt gelingen, in der vorgegebenen Zeit 15 Seiten zu füllen?

Lassen Sie sich durch all diese Bedenken nicht davon abhalten, Ihre erste Arbeit in Angriff zu nehmen! Es geht bei wissenschaftlichen Arbeiten im Studium nicht darum, noch nie gesehene Informationen und geniale eigene Ideen in einem selbst verfassten Text zusammenzustellen, sondern vielmehr eigene, klar vom Leser nachvollziehbare Argumentationsschritte und Ideen mit Informationen zu verbinden, die Sie den von Ihnen herangezogenen Büchern und Aufsätzen entnommen haben. In der Regel stellt also nicht das fachliche Wissen, das Sie sich ja speziell für Ihr Thema durch die Lektüre von Fachtexten aneignen können und werden, sondern eher die äußere Form wissenschaftlicher Arbeiten die größte Hürde dar. In diesem Punkt brauchen Sie sich keine unnötigen Sorgen zu machen: Wissenschaftliches Arbeiten bedeutet die Anwendung vieler Techniken wie der zentralen Technik des korrekten Zitierens anderer Texte. Die Techniken des wissenschaftlichen Arbeitens sind erlernbar. Dies setzt aber voraus, dass Sie für Ihre erste Seminararbeit genügend Zeit haben, diese zu erlernen. Unterschätzen Sie nicht die Form der Arbeit bei der Beurteilung. Mit einer Seminararbeit sollen Sie unter Beweis stellen, dass Sie wissenschaftlich arbeiten können. Dazu gehört neben guten eigenen Ideen vor allem das „Handwerkszeug" wie das Erstellen eines Titelblatts, einer Gliederung, das korrekte Zitieren und Arbeiten mit Fußnoten sowie die Zusammenstellung der verwendeten Literatur in einem entsprechenden

Verzeichnis. Hinzu kommt, dass die sprachliche Gestaltung ein der Wissenschaft angemessenes Niveau haben sollte und Ihr Text selbstverständlich frei von Tipp-, Rechtschreibungs- und Grammatikfehlern sein sollte. Dies wird an der Hochschule von Ihnen erwartet. Vernachlässigen Sie also nicht die äußere Form der Arbeit durch eine reine Konzentration auf die Inhalte!

Bevor Sie sich ans (eigentliche) Werk machen und eine Studienarbeit verfassen, sind verschiedene Vorarbeiten nötig:

- Formulieren einer Fragestellung für die wissenschaftliche Arbeit (Thema),
- Literaturrecherche und -beschaffung,
- Sichten der Literatur im Hinblick auf die Fragestellung,
- Anfertigen von Exzerpten.

Erst nach diesen Arbeitsschritten beginnen Sie, den Text Ihrer Studienarbeit zu konzipieren. Ihre zu diesem Zeitpunkt abgeschlossenen Vorarbeiten werden Ihnen Sicherheit geben: Sie wissen nach diesen Arbeitsschritten bereits einiges über Ihr Thema. Bevor Sie nun mit dem Schreiben beginnen, sollten Sie Ihre Fragestellung sinnvoll untergliedern. Der Knackpunkt bei der klassischen Einteilung in Einleitung, Hauptteil und Schluss, der auch wissenschaftliche Arbeiten folgen, ist der Hauptteil. In welche Themen bzw. Unterfragen zerlegen Sie Ihr Thema? Dies kann von den Hypothesen, also Ihren Grundannahmen, abhängen, aber auch von Ihrer Vorgehensweise. Verfassen Sie eine theoretische, rein textbasierte Arbeit oder soll Ihre Arbeit einen praktischen, empirisch-experimentellen Teil enthalten? Je nach Disziplin und Vorgehensweise wird Ihre Gliederung anders aussehen. Die erste Gliederung sollten Sie mit Ihrem Betreuer absprechen. Anhand einer ersten und in der Regel vorläufigen Gliederung wird Ihr Betreuer ziemlich schnell erkennen können, ob Sie auf dem richtigen Weg sind, Ihr Thema zielgerichtet zu bearbeiten, oder ob die Gefahr droht, dass Sie sich zu weit von der eigentlichen Fragestellung entfernen.

Bei aller Wissenschaftlichkeit und möglichen Theorielastigkeit sollten Sie den Faktor Kreativität keineswegs vernachlässigen. Kreativität hilft Ihnen, Probleme zu lösen, sei es bei der Themenfindung, der Aufteilung Ihrer Fragestellung in annähernd gleich große Kapitel, der Zusammenstellung Ihrer Arbeitsergebnisse etc. Wenn Sie sich bereits viel zu Ihrem Thema angelesen haben, aber nicht weiter wissen, wie Sie diese Informationen ordnen und zu einem sinnvollen Text verbinden können, versuchen Sie es doch mal mit kreativen Schreibtechniken. Für die Gliederung eines Themas bietet sich die Mindmap an. Vereinen Sie Ihr gesamtes Vorwissen zu Ihrer Fragestellung in einer Mindmap, einer gedanklichen Landkarte Ihres Themas. Sie können diese auf ein Blatt Papier bringen oder dafür ein entsprechendes Computerprogramm verwenden. Wichtig ist das Resultat: Ihre ganz persönliche Aufteilung des Themas in verschiedene Schwerpunkte. Diese Arbeit kann und wird Ihnen niemand abnehmen! Sie ist ein wichtiger Teil dessen, was am Ende bewertet wird. Ihr Betreuer wird an Ihrer Gliederung und den eingangs formulierten Hypothesen sehen können, wie es Ihnen gelungen ist, Ihr Thema in bearbeitbare Einzelschritte aufzuteilen, konkrete Fragestellungen zu formulieren und welche Ergebnisse Sie daraus am Ende abgeleitet bzw. gewonnen haben.

Sie haben schon eine grobe Gliederung Ihres Themas erstellt und wissen bereits viel über Ihre Fragestellung? Dennoch gelingt es Ihnen nicht, Ihre Gedanken zu Papier zu bringen? Dann schreiben Sie doch einfach einen (fiktiven) Brief an Ihre Eltern, in dem Sie Ihr Thema in allgemeinverständlicher Sprache darstellen. Diese einfache Technik, bei der es überhaupt nicht auf die formale Gestaltung oder bestimmte Formulierungen ankommt, kann Ihnen helfen, einen Anfang zu finden. Sie wirkt der allseits gefürchteten „Angst vor dem leeren Blatt" entgegen.

Möglicherweise hilft Ihnen auch der Gedanke, dass das wissenschaftliche Schreiben als ein Prozess anzusehen ist. Sie brauchen nicht gleich „druckreif" zu formulieren, sondern Sie können Ihre Gedanken auch erst einmal in Stichworten oder in der Alltagssprache formulieren. Zitate können Sie in späteren Arbeitsdurchgängen gezielt einbauen, um Ihre Argumentation damit zu untermauern. Auf die korrekte Grammatik, Rechtschreibung und Interpunktion können Sie auch erst beim Korrekturlesen achten und dies in einer späteren Version verbessern. Wichtig ist zunächst, dass Ihr „Gerüst" steht. Aus einer ersten Rohfassung ergibt sich durch ständiges Überarbeiten der Formulierungen, Verfeinerung und Ausarbeitung der Argumentation, Einbindung von direkten und indirekten Zitaten und Fußnoten sowie der Überarbeitung der formalen Gestaltung schließlich das abgabefertige Produkt. Dies setzt selbstverständlich voraus, dass Sie genügend Zeit für die Erstellung Ihrer Arbeit haben. Fangen Sie also rechtzeitig an und entwerfen Sie einen Projekt- bzw. Zeitplan, wie die Erstellung Ihrer wissenschaftlichen Arbeit im Einzelnen verlaufen soll (vgl. Abschnitte IV 1 und IV 3).

Zentral in wissenschaftlichen Arbeiten ist die Technik des Zitierens. Dies ist nötig, damit zum einen der Urheber einer Idee klar erkennbar ist. Der Leser kann durch die Zitate und die dazugehörigen Quellen nachvollziehen, woher Gedanken stammen. Ihre Argumentation wird so nachprüfbar und gewinnt an Objektivität. Zum anderen zeigen Sie durch das Zitieren anderer Literatur, dass Sie sich zu Ihrem Thema informiert haben und sich in der Literatur auskennen. Sie sind in der Lage, andere Meinungen und Positionen für Ihre Argumentation zu nutzen. Machen Sie nicht den Versuch, das Rad neu zu erfinden! Wissenschaftlichkeit bedeutet vor allem, auf den Arbeiten anderer aufzubauen und deren Ergebnisse für eigene Forschungen zu nutzen; nur so ist wissenschaftlicher Fortschritt möglich.

Bei aller Mühe, die die Erstellung einer wissenschaftlichen Arbeit mit sich bringt, sollten Sie sich auf keinen Fall der Versuchung hingeben, einfach Texte aus dem Internet zu kopieren und als Ihr Produkt auszugeben. Fakt ist, dass nicht alles stimmt, was im Internet veröffentlicht wird. Viel gravierender ist jedoch in diesem Fall, dass eine Kopie von Texten, werden diese nicht explizit als Zitat ausgewiesen und mit der Quelle zitiert, ein Plagiat darstellt. Wird dieses Plagiat, also der Diebstahl geistigen Eigentums, von Ihrem Betreuer entdeckt, droht Ihnen neben der als nicht bestanden gewerteten wissenschaftlichen Arbeit möglicherweise sogar die Exmatrikulation.

# 4    Schreiben im Studium: Die technische Seite

Längst sind die Zeiten vorbei, in denen Studienarbeiten auf der Schreibmaschine erstellt wurden. Heute können Sie sich modernster Technik bedienen, die bei aller Arbeitserleichterung allerdings auch ihre Tücken haben kann. Werden Ihnen in der Bibliothek z. B. (fachbezogene) Einführungsveranstaltungen zur Literaturrecherche angeboten, sollten Sie diese unbedingt nutzen. Ohne geeignete Literatur werden Sie keine Studienarbeit schreiben können. Ist die Literatur gefunden, müssen Sie diese verarbeiten und die Fundstellen verwalten. Gerade bei einer umfangreichen Studienarbeit, die auf viele Quellen zurückgreift, bietet sich die Verwendung einer Literaturverwaltungssoftware an. So behalten Sie den Überblick!

Zur Textverarbeitung bieten sich entweder Standard-Textverarbeitungsprogramme (z. B. Microsoft Office Word, Openoffice.org Writer, iPages) oder Textsatzprogramme (z. B. LaTeX) an. Standard-Textverarbeitungsprogramme nutzen im Unterschied zu Textsatzprogrammen das What-You-See-Is-What-You-Get-Prinzip (WYSIWYG), d. h. der Text hat während der Eingabe bereits das endgültige Layout. Bei Standard-Textverarbeitungsprogrammen kann ein Erlernen durch Ausprobieren erfolgen, während Textsatzprogramme eine Einarbeitung erfordern.

Natürlich ist der Inhalt in der Studienarbeit das Wichtigste. Sie sollten aber nicht unterschätzen, wie viel Gewicht auch der äußeren Gestaltung zukommt. Layout und Seitengestaltung dienen dazu, den wissenschaftlichen Text gut lesbar zu machen und dem Leser einen schnellen Überblick zu ermöglichen. Zwar haben Sie diesbezüglich gewisse Freiheiten, andererseits gilt es für wissenschaftliche Arbeiten aber auch, bestimmte Vorgaben wie z. B. zur Einrichtung der Seiten, zur Schriftgröße, zum Zeilenabstand und zur Fußnotenformatierung zu beachten.

Der Datensicherung sollten Sie in der Schlussphase Ihrer Studienarbeiten erhöhte Aufmerksamkeit widmen. Denn insbesondere in dieser Phase ist ein Datenverlust eine Katastrophe, die Sie unter Umständen so viel Zeit kosten kann, dass damit die rechtzeitige Abgabe der Arbeit gefährdet ist, oder Sie laufen Gefahr, dass Sie die Arbeit in einer früheren Fassung abgeben müssen, und Sie riskieren auf diese Weise eine schlechte Note.

Es existiert eine Vielzahl an Anbietern von Dienstleistungen. Diese reichen von Nachhilfe, Unterstützung bei der Textverarbeitung über klassische Lektoratsdienste bis hin zu Repetitorien. Die Inanspruchnahme von Dienstleistungen kann eine erhebliche Arbeitserleichterung darstellen. Allerdings stellt sich neben den Kosten vor allem die Frage, ob und in welchem Umfang Sie überhaupt Dienste anderer einbeziehen dürfen, ohne dass Sie in den Verdacht der Inanspruchnahme unzulässiger Hilfe geraten. Hier sollten Sie sich im Vorfeld absichern, damit Ihnen keine Leistungen von der Hochschule aberkannt werden.

### *Tipps zum Weiterlesen (für Kapitel V)*

Stock / Schneider / Peper / Molitor 2009a.

# VI    Zusatzqualifikationen

Im Laufe Ihres Studiums erwerben Sie zwar viel Fachwissen, sammeln Erfahrungen und eignen sich „Handwerkszeug" an. Darüber hinaus sollten Sie aber verschiedene Möglichkeiten nutzen, Ihre Qualifikationen gezielt zu vertiefen und zu erweitern.

## 1    Studium Generale

Der Begriff Studium Generale stammt aus dem späten Mittelalter und wurde – ohne durchgehende Tradition – seitdem als Schlagwort für Vieles benutzt (Hildebrandt 2007, 1471 f.). Damals bezeichnete es die überregionalen Schulen, an denen die Studierenden ihre damals noch alle Fachdisziplinen umfassende akademische Ausbildung absolvieren konnten (Papenkort 1993, 23 ff.). Heute begegnet Ihnen das Studium Generale vor allem auf den Internetseiten Ihrer Hochschule oder als eigenes Kapitel im Vorlesungsverzeichnis. Es fasst die öffentlichen Lehrveranstaltungen der Hochschule zusammen, die nicht im Zusammenhang mit einer Fachdisziplin oder einem Fachstudium stehen und die zusätzlich zum regulären Lehrbetrieb angeboten werden, auch um einem „Fachidiotentum" der heutigen Einzeldisziplinen entgegenzuwirken.

Das Studium Generale bietet Ihnen Gelegenheit, sich auf meist freiwilliger Basis weiterzubilden, sei es fachnah, weil Sie sich z. B. als angehender Ingenieur über Naturwissenschaften informieren wollen, oder sei es fachfern, weil Sie z. B. das Thema Islam einfach interessiert. Im Unterschied zu den artverwandten Veranstaltungen „für Hörer aller Fakultäten" können am Studium Generale auch Externe teilnehmen, z. B. Interessierte aus der Praxis. Außerdem betont das Studium Generale, das tendenziell eher breit angelegt ist, mehr die Wissenskomponente denn das Können (Papenkort 1994, 55).

Im Studium Generale werden Veranstaltungen wie Vortragsreihen, Ringvorlesungen, Seminare, Diskussionsrunden und Workshops angeboten, z. T. auch unter den Begriffen *Studium Fundamentale*, *Studium Integrale* oder *Studium Universale* (Papenkort 1994, 49 ff.). Wissenschaftler aus unterschiedlichen Fakultäten beleuchten dabei ein vorgegebenes Rahmenthema aus der Sicht ihrer Disziplin. Mitunter werden auch Veranstaltungen zu Schlüsselqualifikationen angeboten, wie etwa Präsentationstechniken oder der Umgang mit einer bestimmten Computersoftware. Ein Studium Generale kann heutzutage auch durch Nutzung von Online-Vorlesungen ergänzt oder ersetzt werden (vgl. Abschnitt IX 3).

Das Studium Generale richtet sich an diejenigen, die sich für die angebotenen Inhalte interessieren. Nur an wenigen Hochschulen sind Teilnahmenachweise aus dem Studium Generale Voraussetzung zu einer Prüfungszulassung.

Nun mögen Sie sich fragen, was Ihnen Veranstaltungen bringen, die offenbar nichts mit Ihrem Fachstudium zu tun haben und in denen Sie keine Kreditpunkte sammeln können. Die Gegenfrage klingt altklug, aber: Erwarten Sie nicht auch von einem typischen Akademiker eine umfassende Bildung, die er fundiert und kompetent einzusetzen weiß? Im Studium Generale haben Sie die Gelegenheit, über den Tellerrand Ihres Studienfaches hinauszuschauen und sich mit Wissenschaftlern und Kommilitonen anderer Fachrichtungen auszutauschen. Außerdem gewinnt eine breit gefächerte Allgemeinbildung als Kriterium bei Einstellungstests immer mehr an Bedeutung. Das Gleiche gilt insbesondere für die eben beschriebenen Schlüsselqualifikationen.

Ansonsten gönnen Sie es sich doch einfach, Ihre privaten Interessengebiete zu vertiefen. Wenn Sie sich durch Berge von Pflichtfachstoff quälen, werden Sie sich oft fragen, wieso Sie denn dies oder jenes unbedingt im Rahmen Ihres Fachstudiums lernen müssen, ohne eigene Interessenschwerpunkte setzen zu können. Wenn Sie sich, um das obige Beispiel aufzugreifen, für den Islam interessieren, ist doch vielleicht ein Vortrag zur Geschichte der Sunniten interessant für Sie. Natürlich mag das alles für ein erfolgreiches Fachstudium, rational gesehen, nicht entscheidend sein. Aber ein erweiterter Blick, eine bessere Chance auf dem Arbeitsmarkt und die Motivation zum geistigen Austausch gerade auch einmal mit Praktikern oder aus der Sicht anderer Disziplinen sind wichtige Aspekte jedes Studiums, auch wenn sie sich nicht direkt mit Kreditpunkten belegen lassen. Dies gilt umso mehr in Zeiten der fortschreitenden sog. Bolognarisierung, mit der oft eine ökonomische Reduzierung Ihres Studiums auf Modulprüfungen oder die Ansammlung von Wissensinseln einhergeht. Lassen Sie sich nicht schon jetzt „reduzieren", sondern nutzen Sie die angebotenen Möglichkeiten!

# 2    Fremdsprachen

Bonjour, ça va? ¿Buenas días, como está usted? Buongiorno, come stai? Sto bene! Dieses Vokabular dürfte reichen, um im Urlaub in Frankreich, Spanien oder Italien ein freundliches Lächeln der Einheimischen zu bekommen. Für die Einschätzung „Französisch – fließend in Wort und Schrift" in Ihrem Lebenslauf müssen Sie jedoch mehr vorweisen können.

Welche Fremdsprachen Sie für Ihr Studium erlernen möchten, hängt von Ihren persönlichen Interessen ab. Nutzen Sie aber auf jeden Fall die Möglichkeiten, die Ihnen Ihre Hochschule bietet! Denn die Fähigkeit, *verhandlungssicher* in einer fremden Sprache kommunizieren zu können, gewinnt immer mehr an Bedeutung. So stellt die Beherrschung von Fremdsprachen neben der Fähigkeit zur Projekt- und Teamarbeit und dem Umgang mit Kommunikations- und Informationstechniken die wichtigste Zusatzqualifikation von Akademikern dar (BIBB 2000). Darüber hinaus hat das Erlernen einer Sprache auch eine besondere Bedeutung für die ganzheitliche Bildung eines Menschen: Erst die Befähigung zur Kommunikation in einer anderen Sprache ermöglicht es Ihnen, über den eigenen Kulturraum hinaus zu Wissen und Erkenntnissen zu gelangen und fremde Denksysteme zu verstehen.

Erste Anlaufstelle für Sprachkurse ist in der Regel das Fremdsprachenzentrum Ihrer Hochschule. Die Beherrschung der englischen Sprache gilt als Grundvoraussetzung für viele Studiengänge. In Studiengängen hingegen, die einen geografischen, kulturwissenschaftlichen oder sprachhistorischen Fokus haben, sind entsprechende Sprachkenntnisse fester Bestandteil des Lehrplans, so z. B. Arabisch für Islamwissenschaften oder Amharisch für Afrikanisten. Während Sprachen wie Englisch, Französisch und Spanisch zum Basisrepertoire der meisten universitären Sprachzentren zählen, werden Ihnen Kurse in weniger nachgefragten Sprachen wie Chinesisch, Arabisch, Persisch meist von den jeweiligen Fachinstituten angeboten. Dabei sollten Sie sich darauf einstellen, dass das Erlernen einer Fremdsprache zumeist viel Zeit und Energie erfordert. Gehen Sie mit Ihren Ressourcen effizient um und wägen Sie ab, ob die Sprache, die Sie erlernen möchten, für Ihren späteren Beruf und das Vorankommen förderlich ist. Ratsam ist auch, dass Sie sich, abhängig von Ihrem Talent und Lerneifer, lediglich auf ein oder zwei Sprachen konzentrieren. Beherrschen Sie diese auf gutem Niveau, profitieren Sie davon in stärkerem Maße, als wenn Sie in mehreren Sprachen nur über Grundkenntnisse verfügen.

Bei Sprachkursen außerhalb der Hochschule (z. B. an Volkshochschulen, privaten Sprachschulen oder ausländischen Kulturinstituten) sollten Sie zunächst beachten, dass dort meist höhere Kosten als an Hochschulen entstehen. Wer gerne innerhalb kurzer Zeit einen großen Lernfortschritt erzielen will, für den bieten sich Sprachkurse im Ausland an. So können Sie sich z. B. im Rahmen einer Sprachreise in der hier anzutreffenden Kombination aus Intensivkurs und Freizeitgestaltung fundierte Grundlagenkenntnisse erwerben und diese gleichzeitig im Gespräch mit Muttersprachlern praktisch anwenden. Legen Sie bei Ihrer Kurswahl Wert darauf, eine anerkannte Zertifizierung zu erhalten, die eine im Idealfall europaweite Vergleichbarkeit ermöglicht. Neben regulären Sprachtests (vgl. Abschnitt IX 10) besteht auch die Möglichkeit, Sprachkompetenzen anhand sog. Bildungspässe wie z. B. dem Europäischen Sprachenportfolio zu erfassen (web.fu-berlin.de/elc/portfolio/de.html sowie Schneider 2001). Hier werden nicht nur schulisch erbrachte Leistungen gemessen, sondern Sie haben auch die Chance, fremdsprachliche Erfahrungen einzubringen, die Sie etwa im Zusammenhang mit einer privaten Reise gesammelt haben.

Neben diesen Unterrichtsformen können Sie Fremdsprachen auch autodidaktisch erlernen. Dazu gibt es eine Reihe entsprechender Selbstlernmaterialien wie Bücher, PC-Programme und Audiomedien. Zur Vertiefung besonders geeignet sind „Sprach-Tandems". Dabei unterstützen sich zwei Personen unterschiedlicher Muttersprachen beim Erlernen der jeweils anderen Sprache. An den meisten Hochschulen gibt es Schwarze Bretter oder spezielle Internetbörsen, über die Tandempartner gesucht werden können. Sie haben aber auch die Möglichkeit, auf Austauschstudierende Ihrer Hochschule zuzugehen. Obwohl die intensivste Form des Fremdsprachenlernens natürlich der Aufenthalt im Ausland ist (vgl. Abschnitt

VI 7), werden Sie schnell merken, dass Sie auch zu Hause viele Möglichkeiten haben, spielerisch und in angenehmer, privater Atmosphäre nicht nur Vokabeln, sondern auch die Kultur Ihres Gegenübers kennen- und verstehen zu lernen. Damit bereichern Sie nicht nur Ihren Lebenslauf, sondern auch Ihren persönlichen Erfahrungsschatz. Verlieren Sie dieses Ziel nie aus den Augen!

# 3 Computerkurse

Grundlegende Computerkenntnisse sind heutzutage nicht nur in der Arbeitswelt, sondern auch bereits für Studierende Standard. Zu den Basiskenntnissen gehört allen voran Microsoft Office oder ein vergleichbares Paket, welches Textverarbeitung, Tabellenkalkulation, Kalender und E-Mail-Programm sowie ein Präsentationsprogramm umfasst. Auch um die effiziente Benutzung des Internet kommen Studierende heutzutage nicht mehr herum. In naturwissenschaftlich-technischen Studiengängen werden zudem häufig Programmier- oder Datenbankkenntnisse vorausgesetzt. Wenn Sie vorhaben, Ihre schriftlichen Arbeiten mit LaTex zu erstellen, sollten Sie einen entsprechenden Kurs belegen.

Wenn Sie Wissenslücken in für Sie relevanten Bereichen bei sich entdecken, sollten Sie dafür sorgen, diese so bald wie möglich zu schließen. Für Computerkurse gibt es viele verschiedene Anbieter. Allerdings variieren die Kurs- wie auch die Prüfungsgebühren in erheblichem Maße. Erkundigen Sie sich zunächst direkt an Ihrer Hochschule. Computerkurse werden dort an den Rechenzentren in der Regel gebührenfrei angeboten. Zur Auswahl stehen hier typischerweise Standard-Anwendungsprogramme wie Word, Excel, PowerPoint und Photoshop. Zusätzlich werden häufig speziellere Kurse wie bspw. die Systemverwaltung unter Unix, Internetseitengestaltung oder SPSS (Statistical Package for the Social Sciences) für Windows, ein Programmpaket zur statistischen Datenanalyse, angeboten. Relativ günstig sind auch Angebote der Volkshochschulen (www.vhs.de, www.vhs.or.at, up-vhs.sichtfeld.ch). Darüber hinaus gibt es zahlreiche private Anbieter von Computerlehrgängen. Nutzen Sie am besten das Internet oder das Branchenbuch für die Suche nach entsprechenden Schulungsanbietern oder hören Sie sich in Ihrem Bekanntenkreis um.

Wenn Sie sich auf Linux spezialisieren möchten oder später sogar in diesem Bereich arbeiten wollen, sollten Sie sich beim Linux Professional Institute (LPI, www.lpi-german.de), erkundigen. Dort werden europaweit Kurse im Rahmen des LPIC-Programms (Linux Professional Institute Certification) angeboten. Das ist ein standardisiertes und hoch entwickeltes Programm zur Zertifizierung von Linux-Fachleuten. Generell ist die Nützlichkeit eines entsprechenden Zeugnisses als Zusatz zu einer späteren Bewerbung hervorzuheben. Alternativ können Sie auf Veranstaltungen wie dem Linux-Tag eine LPI-Prüfung (Linux) gegen eine geringe Gebühr von ca. 30 € absolvieren. Ein Wochenendkurs mit abschließender LPI-Prüfung kostet dagegen ca. 1.000 €.

Am oberen Ende der Preisskala finden Sie bspw. dreitägige Kurse zum Master of Network Science (MNS) mit einer Gebühr von 10.000 € aufwärts. Nutzen Sie in diesem Falle unbedingt den Vorteil, diese als Werbungskosten wegen einer berufsbezogenen Fortbildung von der Steuer abzusetzen (vgl. Abschnitt III 1.6).

Abschließend sei noch auf die Möglichkeit hingewiesen, sich Computerkenntnisse im Selbststudium anzueignen, etwa in Form von Lernprogrammen, mit Büchern oder mithilfe des Internet, aus dem Sie Lernunterlagen herunterladen können.

# 4 Rhetorikkurse

Als Schlüsselqualifikationen, auch Soft Skills genannt, werden grundlegende Fähigkeiten bezeichnet, die für alle Fachgebiete bedeutsam sind und zugleich helfen, andere, spezifische Qualifikationen zu erschließen. Das souveräne Reden ist eine solche Schlüsselqualifikation, denn die rhetorischen Einsichten und Fertigkeiten können Sie bei jedem neuen Thema anwenden (Pabst-Weinschenk 2004, 7). Rhetorische Kompetenzen gehören zu den Fähigkeiten, die sowohl studien- und arbeitsmarktrelevant sind als auch zur Entwicklung einer selbstbewussten Persönlichkeit beitragen: Sind sie vorhanden, werden psychologische Barrieren wie Auftritts- oder Redeängste erst gar nicht entstehen.

Die Kernkompetenzen eines guten Redners setzen sich aus Sachkenntnis, Urteilsfähigkeit, Zielorientierung, persönlicher Präsenz, sprachlichen Fähigkeiten und Kontaktfreudigkeit zusammen. Wenn Sie einen Vortrag halten wollen, sollten Sie sich zunächst die Frage stellen: „Welches Ziel möchte ich erreichen?", bevor Inhalt, methodisches Vorgehen und Zielgruppe in den Blick genommen werden. Unerlässlich für eine erfolgreiche Rede ist auch die Fähigkeit, Zuhörende in ihren thematischen Interessen und Motivationen anzusprechen. Dass erst die Übung den (rhetorischen) Meister macht, haben schon antike Rhetoriktheoretiker erkannt – entscheidend sind also neben der persönlichen Begabung die Praxis sowie die Rückmeldungen Dritter, die zu einer kontinuierlichen Verbesserung beitragen (www.rhetorik-homepage.de und Burton o. J.).

Rhetorikkurse sind deswegen empfehlenswert, weil sie Ihnen die Möglichkeit bieten, sich ganz auf die Form und nicht auf den Inhalt Ihres Vortrages zu konzentrieren. Bei der Auswahl aus dem vielfältigen Kursangebot sollten Sie berücksichtigen, welche fachlichen und didaktischen Kompetenzen, Erfahrungen und Referenzen der Dozent vorzuweisen hat und wie das Training unter diesen Gesichtspunkten gestaltet ist. Rhetorikkurse werden oft fakultätsintern an der Hochschule angeboten. Darüber hinaus können Sie in DEUTSCHLAND das zentrale Programm der Career Service in Anspruch nehmen sowie auf Angebote externer, erwachsenenpädagogischer (Volkshochschulen, Kulturinstitute, Familienbildungsstätten etc.) oder gewerblicher Bildungsträger zurückgreifen. Zertifizierte oder mit besonderen Referenzen unterlegte Kurse formal qualifizierter Trainer sind in der Regel teuer. Erkundigen Sie sich aber auch nach speziellen Studierendentarifen. Vergessen Sie nicht, sich Ihre Teilnahme für den weiteren Lebensweg bestätigen zu lassen. Nicht zuletzt fördern Stipendienprogramme die persönliche Entwicklung ihrer Stipendiaten durch ein vielfältiges Kursprogramm, zu dem oft auch Rheto-

riktrainings gehören (vgl. Abschnitt III 2.3). Die Möglichkeit, Ihre rhetorischen
Fähigkeiten aktiv und nachhaltig zu verfeinern, eröffnet sich für Sie als Mitglied
eines universitären Debattierclubs (www.vdch.de).

### Tipps zum Weiterlesen (für Abschnitt VI 4)

Bartsch et al. 2005; Karbach 2005; Winkler / Commichau 2005.

## 5  Praktika

Die Vorteile, ein Praktikum zu absolvieren, liegen auf der Hand: Sie haben die
Möglichkeit, das im Studium Erlernte anzuwenden und sich auf der Basis der neu-
en Erkenntnisse in Ihrem weiteren Studienverlauf zu orientieren. Viele Studierende wissen erst nach einem Fachpraktikum, welchen Studienschwerpunkt sie wählen möchten. Darüber hinaus erfahren Sie mehr über Ihre Stärken und Schwächen
sowie über Ihre beruflichen Wünsche. Auch die Gelegenheit, wertvolle Kontakte
für Ihre berufliche Zukunft zu knüpfen, wird Ihnen durch ein Praktikum eröffnet.
Etwa ein Drittel der Absolventen findet ihren ersten beruflichen Einstieg über diesen Weg (www.s-a.uni-muenchen.de/studierende/praktikum).
  Unterscheiden müssen Sie zwischen verpflichtenden und freiwilligen Praktika.
Anzahl und Dauer der Pflichtpraktika variieren je nach Praktikumsordnung. Ein
Praktikum können Sie i. Allg. dabei in mehrere Teilpraktika aufteilen. Innerhalb
von zwei Monaten wird Ihnen ein erster Einblick vermittelt, und nach drei Monaten können Sie in der Regel einige Teilaufgaben selbstständig übernehmen. Während eines sechsmonatigen Praktikums haben Sie unter Umständen sogar die Möglichkeit, eigenständige Projekte durchzuführen. Um Pflichtpraktika zeitlich
effizient in den Studienverlauf einzubauen, empfiehlt es sich, frühzeitig die Praktikumsordnung des Studienganges zu studieren und eine entsprechende langfristige Zeitplanung vorzunehmen (vgl. Abschnitt IV 3). Sollten in Ihrem Studium keine Pflichtpraktika vorgeschrieben sein, ist es dennoch ratsam, zwei bis drei Praktika auf freiwilliger Basis zu absolvieren. Dies empfiehlt sich insbesondere für
Studierende der Fächer, für die es in der freien Wirtschaft keine einschlägigen Berufsbilder gibt. Absolvieren Sie Ihr Praktikum am Studienort, können Sie auch
versuchen, ein studienbegleitendes Praktikum (etwa ein bis zwei Tage pro Woche)
auszuhandeln.
  Weiterhin ist die Qualität der Praktika zu beachten. Merkmale qualifizierter
Praktika sind z. B. ein hoher Fachbezug und die Möglichkeit, in Projekten mitzu-
arbeiten oder gar ein kleines (Teil-)Projekt selbstständig durchzuführen. Insgesamt
betrachtet sollte Ihnen eine hohe Tätigkeitsbreite angeboten werden. Wenn Sie
Zusatzqualifikationen wie Fremdsprachen-, EDV- oder BWL-Kenntnisse vorweisen können, haben Sie eine höhere Chance, ein qualifiziertes Praktikum zu durchlaufen. Der Erfolg Ihres Praktikums hängt zum einen von der Praktikumsstelle
selbst ab; zum anderen haben Sie durch Eigeninitiative die Chance, den Verlauf
des Praktikums selbst mitzubestimmen. Erwarten Sie als Praktikant aber nicht,

dass andere für jede Tätigkeit auf Sie zukommen! Wenn Sie nicht genügend Arbeit haben oder größtenteils mit Aufgaben unter Ihrer Qualifikation betraut werden, fragen Sie nach weiteren Einsatzmöglichkeiten. Falls Sie eigene Ideen für Projekte haben, initiieren Sie deren Umsetzung. Sie werden mit hoher Sicherheit eine positive Rückmeldung bekommen. Versuchen Sie, während oder besser noch vor Aufnahme des Praktikums einen persönlichen Praktikumsbetreuer zu bekommen. Regelmäßig stattfindende Rückmeldungsgespräche dienen dazu, Erfahrungen zu reflektieren, Erwartungen und Ziele auf beiden Seiten zu überprüfen, auftauchende Probleme und Konflikte zu klären und die weitere Planung zu besprechen.

Erste Anlaufstelle für die Suche nach inländischen Praktika sind fächerübergreifende Einrichtungen der Hochschule, wie z. B. in DEUTSCHLAND der Career Service, www.generationpraktikum.de, www.karriere.de, www2.dgb-jugend.de/studium/praktika/firmenuebersicht. Ferner können Sie sich bei entsprechenden Einrichtungen der einzelnen Fakultäten, Service- oder Praktikumsbüros Informationen sowie persönliche Beratung holen. Praktikumsstellen werden hier häufig in Kombination mit einem gesamten Qualifikationspaket vermittelt (Kurse in BWL, EDV und Vertiefungsgebieten wie z. B. Personalwesen). Fündig werden Sie auch über die Agentur für Arbeit, das Arbeitsmarktservice oder die Regionalen Arbeitsvermittlungszentren. Schließlich können Sie sich gezielt auf den Internetseiten Ihrer Wunschfirmen oder -institutionen nach für Sie interessanten Praktikumsstellen umsehen oder einfach direkt nachfragen. Für ÖSTERREICH bietet sich eine Recherche unter www.karriere.at, www.monster.at und für die SCHWEIZ unter www.students.ch/jobs, etudiants.ch/etudiant.pr.forum_emploi.home.surf.View und www.studex.ch an.

Berufliche Perspektiven durch den Erwerb von Schlüsselqualifikationen wie Fremdsprachenkenntnisse, interkulturelle Kompetenzen, Kontaktfähigkeit etc. eröffnen sich Ihnen durch Auslandspraktika. Ein Auslandspraktikum wertet den Lebenslauf auf, denn das freiwillige Absolvieren signalisiert besondere Leistungsfähigkeit und Mobilität. Finanzielle Unterstützung für Ihre Auslandspraktika können Sie in DEUTSCHLAND durch den DAAD im Rahmen der beiden Programme Leonardo da Vinci (für Auslandspraktika) und das Carlo-Schmid-Programm (für Praktika in internationalen Organisationen) erhalten (www.daad.de). Zudem bietet sich eine Finanzierung über das Auslands-BAföG (www.auslandsbafoeg.de) an. Die Plätze für Auslandspraktika werden durch das Akademische Auslandsamt Ihrer Hochschule, durch den DAAD oder durch deutsche bzw. international tätige Firmen vermittelt. Entsprechende Informationen für ÖSTERREICH erhalten Sie beim Österreichischen Austauschdienst (ÖAD, www.oead.at) und für die SCHWEIZ beim Schweizerischen Nationalfonds (SNF, www.snf.ch/d/international/foerderung).

## *Tipps zum Weiterlesen (für Abschnitt VI 5)*

Leger 1998; Zacharias 1998.

# 6    Sommeruniversität

Obwohl in DEUTSCHLAND, ÖSTERREICH und der SCHWEIZ noch eher unbekannte Einrichtungen, sind Sommeruniversitäten und Sommerakademien inzwischen selbstverständlicher Bestandteil des Angebots vieler Hochschulen, aber auch von Verbänden und anderen zivilgesellschaftlichen Organisationen. Da es bisher keine zentrale Internetseite für Sommeruniversitäten gibt, ist die Internetsuche auf eigene Faust momentan die einzige Möglichkeit zur Recherche von deutschsprachigen und ausländischen Programmen (z. B. www.daad.de, www.oead.ac.at, www.summer-schools.info; allerdings sind die dort angegeben Informationen teilweise nicht erschöpfend).

Die Angebote einer Sommeruniversität sind sehr unterschiedlich. In der Regel ist eine Sommeruniversität ein kompaktes Angebot von Seminarveranstaltungen, die während der vorlesungsfreien Zeit angeboten werden. Interessant sind diese für Studierende vor allem aus drei Gründen: Erstens sind die meisten dieser Angebote international ausgerichtet und Sie erhalten so die Möglichkeit, in einer kurzen, aber intensiven Zeit in einer internationalen Gruppe zu lernen und Kontakte zu knüpfen. Zweitens bieten Sommeruniversitäten durch den Charakter eines Blockseminars die Möglichkeit, sich in kurzer Zeit sehr intensiv mit einem Thema auseinanderzusetzen. Drittens ist es von Vorteil, dass oft didaktisch ausgefallenere Wege gegangen werden als im Hochschulalltag.

Dabei nutzen immer mehr Veranstalter von Sommeruniversitäten die Möglichkeiten des ECTS-Systems, so dass es möglich ist, Kurse aus Sommeruniversitäten für das eigene Studium anerkennen zu lassen. Insofern bietet sich eine Sommeruniversität grundsätzlich für alle diejenigen Studierenden an, die in der vorlesungsfreien Zeit dafür Zeit und Geld aufbringen können und den Aufenthalt in einer anderen Stadt oder einem anderen Land mit der eigenen Weiterbildung verbinden wollen.

Aufgrund der sehr unterschiedlichen Angebote sollte vorab geklärt werden, welches inhaltlich mit den eigenen Interessengebieten zusammenfällt und für die eigene Studienphase adäquat ist. Besonders im naturwissenschaftlichen Bereich werden inzwischen viele Sommeruniversitäten angeboten. Eine Besonderheit bilden hier Angebote, die sich speziell an Frauen richten und Frauen in den Naturwissenschaften und im Ingenieursbereich fördern sollen. Für Studierende der Geistes- und Sozialwissenschaften bieten sich neben den Angeboten der Hochschulen auch Sommerakademien von anderen Trägern wie Gewerkschaften, Kulturvereinen, Stiftungen oder anderen Nichtregierungsorganisationen an. Die meisten Sommeruniversitäten an Hochschulen sind für die Dauer von einer Woche bis zu einem Monat ausgelegt. Daher ist es wichtig, frühzeitig zu prüfen, ob zu dem betreffenden Zeitpunkt tatsächlich ausreichend freie Zeit zur Verfügung steht.

Bei der Planung sollten auch die anfallenden Kosten einkalkuliert werden: Bei Sommeruniversitäten handelt es sich zumeist um Komplettangebote, die die Teilnahme an den Lehrveranstaltungen, die Unterbringung und oft auch Ausflüge oder

Kulturveranstaltungen enthalten. Je nach Anbieter und Dauer können dabei Summen zwischen hundert und mehreren tausend Euro anfallen. Dabei unterscheiden sich die Sommeruniversitäten, die sich an Studierende in unteren Semestern richten, von denen, die sich an Promovierende und ältere Graduierte wenden. Hinzu kommen die Kosten für An- und Abreise. Oftmals gibt es die Möglichkeit, sich für eine Sommeruniversität im Ausland um finanzielle Unterstützung zu bewerben. Informationen bietet das Akademische Auslandsamt Ihrer Hochschule, der Deutsche Akademische Austauschdienst (DAAD, www.daad.de), der Österreichische Austauschdienst (ÖAD, www.oead.at), das Internationale Büro, der Schweizerischer Nationalfonds (www.snf.ch/d/international/foerderung) oder die Mobilitätsstelle. Bei nachweisbaren finanziellen Schwierigkeiten kann zuweilen auch direkt bei den Veranstaltern ein (teilweiser) Erlass der Kosten erreicht werden.

# 7    Auslandssemester

Und wo im Ausland möchten Sie studieren? Die Tendenz, das Studium an der Heimathochschule um einen Studienaufenthalt im Ausland zu ergänzen, steigt stetig an. Allein im Jahr 2005 studierten 75.800 deutsche Studierende an ausländischen Hochschulen. Damit waren 4,4 % der Studierenden deutscher Hochschulen im Ausland eingeschrieben – Tendenz steigend (Statistisches Bundesamt 2007). Folgende Gründe sprechen für einen Auslandsaufenthalt während des Studiums:
- persönliche und fachliche Bereicherung,
- Verbesserung der Karriereaussichten,
- Verwirklichung eines Traumes,
- Erfahrung des eigenen Studienfaches aus ausländischer Perspektive,
- Vertiefung bereits vorhandener Sprachkenntnisse,
- Kennenlernen anderer Kulturen und Lebensweisen.

Neben den genannten Gründen kann ein Auslandssemester auch obligatorisch zum Studium gehören: Viele Hochschulen bieten internationale Studiengänge an, in die ein Studienabschnitt oder gar ein Studienabschluss an einer ausländischen Partnerhochschule integriert ist (vgl. Abschnitt IX 10).

Die *Planungs- und Vorbereitungsphase* sollte zwei bis drei Semester vor dem Auslandsaufenthalt beginnen. Zunächst sollten Sie sich mit der Frage nach Ihrem Wunschland auseinandersetzen, damit Sie sich anschließend gezielt um die Informationsbeschaffung kümmern können. Daran schließen sich alle weiteren Fragen der Vorbereitung an:
- An welcher ausländischen Hochschule möchte ich studieren und welche Ziele verfolge ich damit?
- Wann ist ein günstiger Zeitpunkt und wie lange möchte ich ins Ausland gehen?
- Bin ich bereit, ggf. eine Studienzeitverlängerung hinzunehmen?
- Wie finanziere ich den Aufenthalt? Habe ich finanzielle Reserven?
- Kann ich mir im Ausland erbrachte Studienleistungen anrechnen lassen? Falls ja, welche und zu welchen Bedingungen?

Um zunächst einen Überblick über die konkreten Möglichkeiten zu bekommen, empfiehlt es sich, die Beratungs- und Informationsangebote Ihrer Hochschule zu nutzen. Dort können Sie erfahren, welche Programme existieren und mit welchen Partnerhochschulen Austauschvereinbarungen getroffen wurden. Jede Hochschule hat eigene Bewerbungstermine und -verfahren. Für Austauschprogramme in Europa ist in der Regel in jeder Fakultät ein Programmbeauftragter verantwortlich. Vorstrukturierte Austauschprogramme der Heimathochschule haben den großen Vorteil, dass ein Teil der bürokratischen Hürden reduziert, oft ein studiengebührenfreies Studium an der Gastuniversität ermöglicht und häufig eine Mobilitätsbeihilfe oder gar ein Stipendium gewährt werden. Aufgrund bilateraler Vereinbarungen stellen sich die Partnerhochschulen gegenseitig eine bestimmte Anzahl von Studienplätzen pro Semester zur Verfügung. Im Rahmen multilateraler Programme werden Studierende wechselseitig zwischen verschiedenen Hochschulen vermittelt. Für Austauschprogramme gilt in der Regel, dass Sie sich bis zu einem bestimmten Stichtag mit einem aussagekräftigen Motivationsschreiben und ggf. mit Referenzschreiben von Professoren bewerben müssen. Die Verantwortlichen wählen aus allen Bewerbungen diejenigen Studierenden aus, die den Auswahlkriterien am besten entsprechen. Da es häufig mehr Bewerber als Plätze gibt, sollten Sie auch ein weniger gefragtes Land auf Ihre Wunschliste setzen.

Welches Land letztendlich in die engere Wahl kommt, hängt entscheidend von Ihren Sprachkenntnissen ab. Ziehen Sie bei Ihrer Wahl auch in Betracht, dass eine Reihe von Hochschulen speziell für internationale Interessenten Programme anbietet, deren Unterrichtssprache nicht die Landessprache ist. Das Niveau Ihrer Sprachkenntnisse mindestens in der Unterrichtssprache ist ausschlaggebend für Ihren Studienerfolg im Ausland (vgl. Abschnitt IX 10). Ein Sprachkurs im Ausland, der auf bereits vorhandenen Basiskenntnissen aufbaut und dem Studienbeginn vorgeschaltet ist bzw. in der vorlesungsfreien Zeit absolviert werden kann, ist unbedingt empfehlenswert (vgl. Abschnitt VI 2).

Falls Sie Ihr Vorhaben nicht über die Austauschprogramme Ihrer Hochschule verwirklichen können, besteht die Möglichkeit, das Auslandsstudium als *Free Mover* zu organisieren. Dabei müssen Sie sich selbstständig an der Wunschhochschule bewerben und Ihre Kurse aus dem Vorlesungsverzeichnis zusammenstellen. In diesem Fall ist mit deutlich mehr Vorlaufzeit und organisatorischem Aufwand zu rechnen. Einen Überblick zum Auslandssemester finden Sie unter www.daad.de, www.oead.ac.at, www.crus.ch/information-programme/erasmus/mobilitaetsstellen, www.freemover.info.

In welcher *Phase des Studiums* ein Auslandsaufenthalt am günstigsten ist, ist vom Studiengang abhängig und kann sich individuell erheblich unterscheiden. Ein Gespräch mit einem Fachberater Ihrer Fakultät wird in dieser Frage sehr hilfreich sein. Als Anhaltspunkt kann für Diplom- oder Magister-Studiengänge die Zeit nach dem Vordiplom bzw. der Zwischenprüfung angesehen werden. Bachelor-Studierende sollten sich eine ausländische Hochschule mit einem Bachelorangebot suchen, das im Idealfall für ganze Module der zweiten Studienhälfte an der Heimathochschule angerechnet werden kann. Für Master-Studierende ist es aufgrund der kurzen Studiendauer ausgesprochen schwierig, ein selbst organisiertes Auslandssemester einzuschieben. Doch auch auf Masterniveau bieten eine ganze Reihe von Hochschulen in Zusammenarbeit mit ihren Partnerhochschulen internationale Programme, Doppelmaster sowie Joint Degrees im Rahmen von ERASMUS MUNDUS an. Sollten Sie dennoch ein Masterstudium als Free Mover anstreben, vergewissern Sie sich unbedingt, dass Ihr Bachelor-Abschluss als Zulassungsberechtigung anerkannt wird: In den USA ist z. B. die Einzelfallprüfung bei der graduate admission übliche Praxis (vgl. Abschnitt IX 10 sowie www.enic-naric.net).

Die *Dauer des Aufenthaltes* beträgt bei den meisten Studierenden ein bis zwei Semester. Dabei sollten Sie beachten, dass die Semesteranfangs- und -endzeiten im Gastland selten mit denen Ihrer Heimathochschule übereinstimmen. Problematisch kann es werden, wenn Sie die spezifischen Lehrveranstaltungen, die Sie brauchen, gar nicht besuchen dürfen, etwa weil fortgeschrittene Seminare in Kleingruppen stattfinden, zu denen „visiting students" prinzipiell nicht zugelassen werden. Die Absprachen im Vorfeld sollten daher nicht nur mit dem Internationalen Büro der Austauschhochschule, sondern auch mit der Fakultät geführt werden.

Die *Anerkennung der einzelnen im Ausland erbrachten Studienleistungen* wird an jeder Fakultät anders gehandhabt. Ein Austauschplan oder Learning Agreement mit Ihrem Ansprechpartner kann bereits im Vorfeld klären, welche Kurse Sie im Ausland belegen und in welchem Umfang Ihnen diese Kurse anerkannt werden.

Für ERASMUS-Studierende ist die Anerkennung durch den Bologna-Prozess (vgl. Abschnitt II 1) vereinfacht. Basis für die Anrechnung von Studienleistungen ist das ECTS (vgl. Abschnitt II 5). Dennoch sind die genauen Modalitäten der Anerkennung auch in diesem Fall mit dem Prüfungsamt, dem ERASMUS-Beauftragten bzw. mit dem Akademischen Auslandsamt abzusprechen. Aufgrund der unterschiedlichen Bewertungssysteme ist die Übertragung der Noten trotzdem nicht immer reibungslos möglich.

Die *Finanzierung des Auslandsaufenthaltes* ist für jeden, der beabsichtigt, ins Ausland zu gehen, eine Herausforderung. Falls es mit Ihrem Studium vereinbar ist, können Sie durch bezahlte Tätigkeiten (vgl. Abschnitt III 2.4) vor dem Auslandssemester eine Rücklage bilden. Die Möglichkeit, im Gastland zu jobben, besteht nicht immer, denn in vielen Ländern erhalten Sie mit einem Studierendenvisum keine Arbeitserlaubnis. Zu den verschiedenen Förderungsmöglichkeiten gehört z. B. in DEUTSCHLAND das Auslands-BAföG (www.auslandsbafoeg.de). Da der Bedarf für Auslandsaufenthalte anders kalkuliert wird, sollten auch Studierende einen Antrag bei dem für das Gastland zuständigen Amt für Auslands-BAföG stellen, die im Inland keine Förderung erhalten (vgl. Abschnitt III 2.2). Generelle Voraussetzung dafür ist, dass Sie im Inland schon mindestens zwei Semester studiert haben und sich die Studienleistungen aus dem Ausland mindestens teilweise anerkennen lassen können. Der Antrag auf Auslands-BAföG sollte mindestens ein halbes Jahr vor der Abreise gestellt werden. Zudem ist – wie auch für ein Studium – eine Finanzierung durch Bildungskredite möglich (vgl. Abschnitt III 2.2). Die Bewerbungsfristen für Stipendien sind meist aufgrund langwieriger Auswahlverfahren erheblich länger. Verschiedene Organisationen vergeben Stipendien zu unterschiedlichen Konditionen, darunter sind

- der Deutsche Akademische Austauschdienst (DAAD, www.daad.de);
- der Österreichische Austauschdienst (ÖAD, www.oead.ac.at);

- der Schweizerische Nationalfonds
  (SNF, www.snf.ch/d/international/foerderung);
- ERASMUS für ein Studium in den Ländern, die am Programm „Lebenslanges
  Lernen" der EU teilnehmen (Nationale Agenturen in DEUTSCHLAND:
  eu.daad.de, in ÖSTERREICH: www.lebenslanges-lernen.at. Teilnahme für
  Studierende aus der SCHWEIZ unter besonderen Bedingungen: www.crus.ch/
  information-programmes/erasmus.html);
- die Fulbright-Kommission, die u. a. Förderungen für ein Studium deutscher
  Studierender in den USA vergibt
  (www.fundingusstudy.org, www.fulbright.de).

Umfassende Sammlungen von möglichen Stipendiengebern finden Sie unter
www.daad.de/deutschland/foerderung/stipendiendatenbank sowie www.crus.ch/
information-programme/stipendien-fuer-auslandstudien. Die kirchlichen, partei-
und gewerkschaftsnahen sowie übergreifende Begabtenförderungswerke finanzieren ihren Stipendiaten zwar üblicherweise Auslandaufenthalte, es ist jedoch nicht
möglich, sich eigens für die Finanzierung eines Auslandsaufenthaltes bei einem
Begabtenförderungswerk zu bewerben.

Sobald Sie eine Studienplatzzusage für Ihr Auslandsstudium erhalten haben, ist
zu klären, ob und welchen Typ *Visum* Sie für Ihr Gastland benötigen und wo dieses zu beantragen ist (www.auswaertiges-amt.de/diplo/de, www.bmeia.gv.at,
www.eda.admin.ch). Klären Sie mit Ihrer Krankenversicherung, in welchem Umfang Krankheitskosten im Rahmen der Europäischen Krankenversichertenkarte
bzw. Ihrer privaten Krankenversicherung übernommen werden. Ein zusätzlicher
Auslandskrankenversicherungsschutz sollte den Rücktransport im Krankheits-
oder Todesfall einschließen. Falls Sie sich für einen Versicherer im Ausland entscheiden, sollten Sie klären, wie der Versicherungsschutz nach der Heimkehr
(z. B. im Fall einer verfrühten Abreise) geregelt ist (vgl. Abschnitt III 1.5).

Für die Zeit Ihres Auslandssemesters können Sie sich an Ihrer Heimathochschule beurlauben lassen. Ein *Urlaubssemester* wird zwar als Hochschul-, nicht
jedoch als Fachsemester gezählt und geht damit nicht in die Regelstudienzeit ein.
Dies kann mit Blick auf die Studienförderung und die Prüfungsmodalitäten wichtig werden. Sie können sich auch exmatrikulieren, was jedoch mit dem Verlust des
Anspruchs auf den Studienplatz einhergehen kann. Sie sollten daher auf jeden Fall
vorher mit dem Prüfungsamt klären, ob Leistungen, die während einer Exmatrikulation oder einer Beurlaubung erbracht worden sind, anerkannt werden.

Schließlich sollten Sie den ganz grundlegenden Dingen des praktischen Lebens
im Ausland einige Gedanken widmen. Wollen Sie in einem Studierendenwohn-
heim oder in einer Wohngemeinschaft wohnen? Brauchen Sie ein eigenes Giro-
konto oder bezahlen Sie alles per EC- oder Kreditkarte über das heimische Konto?
Können Sie sich mit der Mentalität und dem Studierendenleben des Gastlandes
anfreunden? Kommen Sie mit den klimatischen und hygienischen Bedingungen
zurecht? Sie werden feststellen: Mit einer guten Vorbereitung kann für Sie ein
Auslandsaufenthalt nicht nur zu einer Bereicherung des Lebenslaufs, sondern zu
einem besonders prägenden Lebensabschnitt werden.

# VII Krisenbewältigung

Im Studienverlauf können sich schwierige Situationen ergeben. Daher finden Sie in diesem Kapitel Hinweise zur Bewältigung von Motivationsschwierigkeiten, Stress, Ängsten, Mobbing, gesundheitlichen Problemen sowie Informationen zum Studienortswechsel, Studienfachwechsel und Studienabbruch. Sind Ihre Probleme jedoch so gravierend, dass Selbsthilfe nicht mehr möglich ist, begeben Sie sich umgehend in professionelle Hände.

## 1 Motivationsschwierigkeiten

Das Hinauszögern von wichtigen Tätigkeiten ist ein häufiges Phänomen und die meisten Studierenden kennen es. Wer Motivationsschwierigkeiten hat, verliert oft Zeit. Aber wie lässt sich die Motivation fördern?

Motivation bestimmt unser Handeln und gibt Antworten auf die Frage, warum Sie gegenwärtig dieses oder jenes tun. Motivation entsteht aus dem Wechselspiel zwischen persönlichen Dispositionen (Motiven) und den situativen Einflussfaktoren. Auf diese Art und Weise werden die Richtung und das Ziel unseres Verhaltens bestimmt sowie dessen Intensität und Ausdauer (Kleinbeck 2004, 53).

Bislang werden vier Motivklassen unterschieden: Das *Leistungsmotiv* ist gekennzeichnet durch das ergebnisorientierte Bedürfnis, besser zu sein, und entsteht durch Vergleiche. Beim *Einflussmotiv* steht das Streben, andere zu kontrollieren oder zu beeinflussen, im Vordergrund. Das *Anschlussmotiv* entspringt dem Wunsch, soziale Kontakte herzustellen, während das *Neugiermotiv* die Suche nach Neuem und Unbekanntem beschreibt. Wenn Sie also mit viel Interesse gerade diesen Abschnitt lesen, so ist anzunehmen, dass Sie gerne lesen und bspw. ein ausgeprägtes Neugiermotiv aufweisen oder aber, dass Sie momentan Schwierigkeiten haben, mit Ihrem Studium weiter voranzukommen, und unter Furcht vor Misserfolg leiden (Leistungsmotiv).

Bedeutend im Zusammenhang mit Motivation sind Ziele, denn motiviertes Handeln ist immer auf ein Ziel ausgerichtet. Der Zusammenhang zwischen Zielen und Willensaspekten wird in dem Schnittmengenmodell von Motivation und Volition (dem Wollen) nach Kehr 2002, 25 dargestellt. Grundlage des Modells ist die Unterscheidung zwischen impliziten Motiven, dem sog. Bauchgefühl, und expliziten Zielen, d. h. dem Verstand. Stimmen diese nicht überein, können intrapersonale Konflikte entstehen. So kann bspw. Ihre auf Neugier basierende Motivation, sich intensiver mit einem Thema auseinanderzusetzen, mit Abgabe- oder Klausurterminen kollidieren, d. h. mit Ihren expliziten Zielen. Motive und Ziele sind zunächst getrennt. Doch Ihre persönlichen Motive sind nicht ausschließlich durch solche aktuellen Konstellationen begründet, sondern Sie werden von Ihren Erfahrungen beeinflusst. Diese sind Ihnen nicht immer bewusst und wurden von klein auf geprägt.

Die Ziele sind bewusste Absichten, die u. a. starkem normativen Druck und sozialen Einflüssen wie den Erwartungen anderer unterliegen. Stimmen Ihre Motive nicht mit den gesetzten Zielen überein oder bestehen verschiedene Ziele gleichzeitig, so sind Willensanstrengungen nötig, um Handlungen in Richtung expliziter Ziele auszurichten. Reichen die Willensanstrengungen nicht aus, können Verhaltenskonflikte oder Stressreaktionen auftreten (vgl. Abschnitt VII 2). Aus der Übereinstimmung von impliziten und expliziten Motiven entsteht eine gelungene Handlung, ohne dass es einer Willensanstrengung bedarf. In diesem Fall liegt eine aus dem eigenen Inneren begründete Motivation vor. Kommen zusätzlich Ihre eigenen Fähigkeiten zum Tragen und entsprechen den Herausforderungen, so geschieht das Handeln wie von allein, was im besten Fall eine wahre Lust am Schaffen auslöst, das sog. Flow-Erleben (Csikszentmihalyi 2008).

Für Sie ist es daher wichtig zu klären, wo die Schwierigkeiten liegen. Finden Sie heraus, was Ihre eigenen Wünsche und Bedürfnisse sind und inwieweit diese mit den (fremdgesetzten) Zielen übereinstimmen. Wie sehen Ihre Ziele aus? Sind sie konkret, spezifisch und zeitlich eingrenzbar oder sind sie eher abstrakt und schwer in Übereinstimmung zu bringen?

Wenn Ihre Vorsätze und Ziele nicht mit den persönlichen Motiven übereinstimmen, geraten Sie in einen inneren Konflikt. Infolgedessen vermeiden Sie es möglicherweise, Entscheidungen zu treffen oder Veränderungen umzusetzen. Hier empfiehlt es sich, persönliche „Strategien der Selbstüberlistung" (Kehr 2002, 79) zu entwickeln, um entsprechend gegenlenken zu können. Im Folgenden werden einige Methoden zur Überwindung von Motivationsschwierigkeiten skizziert.

*Den Geist beruhigen*: Motivationsschwierigkeiten können durch Überforderung bedingt sein. Um den Geist zu beruhigen, gibt es bewährte Entspannungsmethoden wie autogenes Training oder Meditation. Wenn Sie dies nicht alleine machen wollen, finden Sie entsprechende Kurse im Angebot der Hochschulsportzentren, Volkshochschulen und Krankenkassen. Die Zeit, die Sie dafür einsetzen, wird sich auf jeden Fall lohnen! Sie befinden sich auf einem langen Weg, auf dem Sie sorgsam mit Ihren Ressourcen umgehen, sie stärken und unterstützen müssen. Vielleicht sind Sie aber auch so überdreht, dass die Gedanken erst recht Karussell fahren, wenn Sie diese beruhigen möchten. In diesem Fall wird Ihnen körperliche Bewegung wie bspw. Joggen oder Tanzen möglicherweise mehr Entlastung und Entspannung bringen. Probieren Sie aus, was Ihnen gut tut und Spaß macht!

*Zielklärung*: Zunächst müssen Sie wissen, welches Ziel Sie verfolgen. Dazu ist eine realistische Bestandsaufnahme notwendig. Welche Anforderungen werden an Sie gestellt? Welche Ressourcen und Fähigkeiten haben Sie dafür zur Verfügung? Was fehlt Ihnen (noch), um Ihr Ziel zu erreichen, und wie können Sie sich das Fehlende aneignen? Sie brauchen einen überschaubaren Plan, der in Etappen eingeteilt ist. Setzen Sie sich anfangs nur sehr kleine Ziele. Zur Zielklärung gehört auch, ggf. einmal gesetzte Ziele zu ändern und sich z. B. einzugestehen, dass das gewählte Studium nicht den eigenen Zielen und Erwartungen entspricht (vgl. Abschnitt VII 7).

*Gewohnheiten erkennen, nutzen oder ändern*: Welche Gewohnheitsmuster halten Sie von Ihren Aufgaben ab? Wenn Sie diese erkennen, haben Sie schon den ersten Schritt zu deren Bewältigung getan. Vermeidungsstrategien durch andere Handlungen, die plötzlich wichtiger erscheinen, führen zu unnötigem Druck. Schauen Sie sich die Rahmenbedingungen Ihrer Arbeit an: Ist Ihr Arbeitsplatz so gestaltet, dass Sie gern dort arbeiten? An Ihrem Arbeitsplatz sollten sich nur die Dinge befinden, die Sie für Ihre konkrete nächste Aufgabe benötigen, wie etwa die Vorbereitung für eine bevorstehende Klausur (vgl. Abschnitt IV 2).

*Willensstrategien oder die Lust zur Unlust*: Welche Strategien haben Sie bisher verfolgt, um Ihre Ziele zu erreichen? Welche waren erfolgreich und welche nicht? Denken Sie dabei nicht nur an berufliche, sondern auch an private Situationen.

*Motivationskontrolle*: Schwierige Phasen können Sie besser meistern, wenn Sie sich durch angenehme Fantasien motivieren. Versuchen Sie, der Situation etwas Positives abzugewinnen. Stellen Sie sich die erwünschten Konsequenzen plastisch vor und antizipieren Sie, dass Sie schon am Ziel wären. Belohnen Sie sich für Etappenziele, denn Sie werden immer wieder Situationen aufsuchen, die sie mit positiven Aspekten verbinden. Prinzipiell gilt: Je stärker Sie aufschieben, desto kleiner sollten die einzelnen Arbeitsschritte sein (Rückert 2004, 37 ff.).

*Emotionskontrolle*: Hier geht es um die Fähigkeit, unerwünschte Emotionen abzubauen und die eigenen Gefühle regulieren zu können. Wichtigste Voraussetzung hierfür ist es, eigene Gefühle differenziert wahrzunehmen und zu benennen. Dafür kann ein (Emotions-)Tagebuch hilfreich sein (Goleman 2007, 88 f.).

*Aufmerksamkeitskontrolle*: Fokussieren Sie Ihre Aufmerksamkeit auf das Wesentliche. Lernen Sie, störende Reize und Ablenkungen auszublenden, und bleiben Sie am Ball, auch wenn eine andere Sache Ihnen aktuell mehr Spaß macht. Gelingt es Ihnen nicht, sich auf die Aufgabe zu konzentrieren, versuchen Sie es regelmäßig mit einer kleinen Meditationsübung.

*Entscheidungskontrolle*: Vor einer Entscheidung zu stehen, kann Ihnen das Gefühl geben, innerlich hin- und hergerissen zu sein. Daraus kann sich Angst entwickeln, weil das „Sich-festlegen-müssen" zugleich den Verlust der jeweiligen Alternative bedeutet. Um sich die Auswahl zu erleichtern, können Sie die Vor- und Nachteile der Alternativen schriftlich gegenüberstellen. Entscheiden Sie sich für eine Alternative und rufen sich in Erinnerung, dass Entscheidungen notfalls veränderbar sind.

*Umweltkontrolle*: Manchmal sind die Störeinflüsse der momentanen Umgebung so hinderlich, dass nur direktes Eingreifen hilft. Beispielsweise kann es sinnvoller sein, einen lauten Ort zu verlassen, anstatt zu warten, bis der Lärm aufhört.

*Erfolge und Belohnungen*: Erstellen Sie sich einen zielorientierten, realistischen Wochenplan (vgl. Abschnitt IV 3), in dem Sie festlegen, was Sie bis wann erledigt haben wollen. Bevor Sie Ihr Tagespensum abschließen, notieren Sie sich mit Blick auf den Wochenplan, was Sie am kommenden Tag erledigen wollen. Auf diese Weise wissen Sie am nächsten Tag gleich, was ansteht. Genießen Sie Ihre Teilerfolge und belohnen Sie sich mit etwas, was Ihnen Spaß macht! Das verbessert Ihre Aussicht, das Ziel zu erreichen.

## *Tipps zum Weiterlesen (für Abschnitt VII 1)*

Csikszentmihalyi 2008; Kehr 2002; Martens / Kuhl 2008; Rückert 2004, 37 ff.

# 2  Stress

Während Ihres Studiums können Sie vielfach Situationen ausgesetzt sein, die Sie als Stress empfinden. Sie werden fristgerecht Termine einhalten, Studienarbeiten abliefern, Klausuren schreiben, Referate halten und parallel dazu für Ihren Lebensunterhalt sorgen oder auch private Probleme lösen müssen – und dies manchmal gleichzeitig. In solchen Extremsituationen können Sie leicht in Stress geraten. Die Auswirkungen reichen von gehäuften Infekten über körperliche Symptome wie Rückenschmerzen oder Kopfschmerzen, Magenbeschwerden oder depressive Verstimmungen bis hin zum Burn-Out-Syndrom. Damit es nicht so weit kommt und Sie die Studienzeit ohne größere Störungen überstehen, soll Ihnen dieser Abschnitt helfen, die Ursachen von Stress zu verstehen und Strategien zu entwickeln, damit erfolgreich umzugehen.

Nach Lazarus 1995, 198 ff. sind äußere Faktoren weniger der Grund für Stress. Auslöser einer Stressreaktion sind vielmehr die eigene psychische Verfassung sowie die Beurteilung der eigenen Situation und die damit verbundenen Emotionen. Stress kann sich auf psychischer, physischer und sozialer Ebene auswirken.

Die Wahrnehmung der Situation wird durch die Interpretation der betroffenen Person entscheidend beeinflusst. Eine angespannte Situation kann von einer Person als Herausforderung, als Bedrohung oder als irrelevant eingeschätzt werden. Diese Einschätzung wirkt sich direkt auf die Auswahl der Stressbewältigungsmechanismen aus, die auch als Copingstrategien bezeichnet werden. In jedem Fall ist es die Bewertung einer Situation, die Anspannung hervorruft und ein entsprechendes Verhalten und Emotionen provoziert. Die Reaktion des Betroffenen wirkt sich wiederum auf die Situation aus. Neigen Sie z. B. dazu, Ihre Probleme als Herausforderung anzugehen, können Sie diese besser lösen als jemand, der sie als Bedrohung betrachtet und Abwehrverhalten an den Tag legt. Die Einschätzung der Stresssituation beruht einzig auf Ihrer subjektiven Wahrnehmung, sofern Sie keinen externen Rat einholen. So wirkt sich auch eine evtl. Fehleinschätzung unmittelbar auf den Verlauf und die Bewältigung der Situation aus.

Dabei können Sie entscheiden, welche Ressourcen und welche Bewältigungsstrategien Sie einsetzen wollen, um diese Situation zu meistern. Die Ressourcen können materieller Art sein, persönliche Fertigkeiten und Fähigkeiten oder die soziale Unterstützung von Freunden und anderen Studierenden umfassen. Zur Bewältigung der Situation wählen Sie entweder ein problemorientiertes Handeln oder Sie reagieren emotional und ändern Ihre Einstellung zum Stress auslösenden Ereignis. Im Rahmen eines Studiums gibt es individuell unterschiedliche Ursachen für Stress. Im Folgenden werden die häufigsten Ursachen aufgeführt:

- *Zeitdruck*: Einer der größten Stressfaktoren während eines Studiums ist der zeitliche Druck (vgl. Abschnitt IV 3), wenn bspw. Abgabe- oder Klausurtermine näher rücken.

- *Prüfungen*: Mit der Einführung von Bachelor- und Master-Studiengängen steigt der Druck, zügig Kreditpunkte zu sammeln, Prüfungen abzulegen etc., um das Studium im vorgegebenen Zeitrahmen zu beenden.

- *Finanzierung*: Stress kann in diesem Zusammenhang entstehen, wenn bspw. das BAföG (vgl. Abschnitt III 2.2) ausläuft und der eigene Lebensunterhalt sichergestellt werden muss. Häufig ist die eigene Finanzierung nur zeitlich befristet gesichert.

- *Überlastung durch verschiedene Tätigkeiten*: Wenn Sie z. B. Ihr Studium selbst durch eine oder mehrere berufliche Tätigkeiten finanzieren müssen, kann dies immer wieder zu Stresssituationen führen. Das gilt umso mehr, wenn Sie verschiedene Tätigkeiten ausüben oder Sie zu unregelmäßigen Zeiten arbeiten müssen.

- *Fachliche Probleme*: Sie verstehen ein Skript nicht, Sie denken schon eine längere Zeit über ein Problem ergebnislos nach und fühlen sich in einer scheinbar ausweglosen Situation.

- *Motivationsmangel*: Die fehlende Motivation, am eigenen Text zu arbeiten, und daraus resultierende Schreibblockaden können ebenfalls zu permanentem Stress führen, der wiederum in Verbindung zum Zeitdruck zu sehen ist. Motivationsmangel entsteht häufig durch ungenau definierte Ziele, unpassende Arbeitsbedingungen, fehlende Belohnungen für geleistete Arbeitsschritte oder Überforderung bzw. Überlastung aufgrund eines zu dichten Zeitplans und zu großen Arbeitspensums.

- *Der innere Kritiker*: Zweifel an den eigenen Fähigkeiten lähmen die Motivation und können zu Leistungsstress und Versagensängsten führen. Der Zweifel basiert dabei oft weniger auf real erlebten Misserfolgen als vielmehr auf Perfektionismus und einem als negativ wahrgenommenen Leistungsvergleich.

Am wichtigsten ist eine flexible Stressbewältigung, die alle stressverursachenden Ebenen anspricht. Dabei ist es für eine positive Bewältigung wichtig, das eigentliche Problem anzugehen, also diejenigen Faktoren, die Stress bei Ihnen auslösen, aber auch die Folgen von Stress auf psychischer, physischer und sozialer Ebene zu bearbeiten, um arbeitsfähig zu bleiben (Lazarus 1995, 198 ff.).

Der Weg zur positiven Bewältigung einer Stresssituation ist schwierig vorzuzeichnen und trägt immer individuelle Züge. Trotzdem werden im Folgenden einige Vorschläge zur Stressbewältigung in typischen Studiensituationen aufgezeigt, die sich auf den Umgang mit allen drei Stressebenen (psychisch, physisch, sozial) beziehen.

- *Vorbeugen*: Hochschulen und Volkshochschulen bieten weitergehende Informationen und Kurse zum Thema Stressbewältigung an. Frühzeitiges Aneignen bspw. von neuen Lernmethoden und einem effektiven Zeitmanagement kann helfen, Stresssituationen zu vermeiden bzw. sie besser zu bewältigen.

- *Stress vermeiden*: Setzen Sie sich frühzeitig mit den Ursachen von Problemen auseinander, die zu Stress führen können. Beispielsweise ist die Studienfinanzierung häufig zeitlich beschränkt. Kümmern Sie sich daher frühzeitig um eine Abschlussfinanzierung.
- *Ziele setzen und Alternativen schaffen*: Setzen Sie sich realistische Ziele und favorisieren Sie diese. Seien Sie bereit, diese im Verlauf anzupassen oder sich Alternativen zu schaffen, wenn sich ein Ziel als nicht umsetzbar erweist.
- *Den Austausch mit anderen suchen*: Wenn eine Situation (wieder) schwierig ist, kann der Austausch mit Freunden und Bekannten helfen, die sich in einer vergleichbaren Situation befunden haben.
- *Spannungsreduktion*: Fühlen Sie sich unter Druck und haben bereits Kopfschmerzen oder Schlafstörungen, dann erlernen Sie eine Entspannungsmethode wie autogenes Training, progressive Muskelentspannung, Meditation oder treiben Sie regelmäßig Sport (vgl. Abschnitte VII 3 und VII 5).
- *Psychologische Betreuung*: Fühlen Sie sich andauernd gestresst, haben Sie eine anhaltend gedrückte Stimmung und können nicht mehr richtig arbeiten, so kann die psychosoziale Studienberatung als erste Anlaufstelle dienen (vgl. Abschnitt II 7.7).

Jeder kann während seines Studiums früher oder später in eine überlastende Situation geraten. Verlieren Sie daher nicht den Mut, sondern suchen Sie immer wieder nach adäquaten Handlungsmöglichkeiten oder versuchen Sie, die Situation aus einer anderen Perspektive zu sehen. Dann werden Sie Ihr Studium erfolgreich abschließen können.

**Tipps zum Weiterlesen (für Abschnitt VII 2)**

Sonntag 2005, 24 ff., 61 ff. und 101 ff.; Wagner-Link 2005.

# 3    Ängste

Die Nervosität vor einer Prüfung oder die Angst, eine Klausur nicht zu bestehen, kennt wohl jeder. Das ist an sich wenig Grund, hier nachzulesen, solange das im üblichen Rahmen bleibt. Doch was tun Sie, wenn Ihre Angst zur dauernden Belastung wird und Sie sich in Prüfungen oder anderen Situationen blockiert fühlen?

Ängste sind eine Reaktion auf Bedrohung oder Überforderung, vielleicht auch Ausdruck fehlenden Selbstvertrauens. Sie wirken sich physisch und psychisch auf den ganzen Organismus aus, sie ändern Ihr Erleben sowie Ihr Verhalten und gefährden im schlimmsten Fall sogar Ihre Gesundheit. Umgekehrt wirken sich persönliche Ängste stets auch auf das eigene soziale Umfeld aus, denn sie werden sehr oft von nahestehenden Personen wahrgenommen. Wichtige Ansprechpartner für den Umgang mit Ängsten während des Studiums sind die psychosozialen Beratungsstellen der Studierendenwerke, die Ihnen fachkundige Beratung und Unterstützung anbieten und kostenlos zur Verfügung stehen (vgl. Abschnitt II 7.7). Zudem können Sie sich an die Betreuer Ihrer Seminararbeiten und vor allem Ihrer Abschlussarbeit wenden. Auch ein Gespräch mit Freunden oder Kommilitonen kann helfen und neue Wege der Angstbewältigung eröffnen. Ziel sollte es dabei sein, nicht nur mit bestehenden Ängsten umzugehen, sondern auch präventive Strategien im Umgang mit der Angst zu entwickeln.

Im Verlauf eines Studiums können immer wieder Ängste auftreten: Angst, mit einer Seminararbeit nicht rechtzeitig fertig zu werden, Angst vor Überforderung, dem eigenen Versagen oder einer mündlichen Prüfung. Solche Ängste können so gravierend sein, dass sie Sie zu überwältigen drohen. Bleibt dieses Gefühl über Tage und Wochen bestehen, sollten Sie sich dies in Ihrem eigenen Interesse erstens eingestehen und zweitens nach Möglichkeiten der Abhilfe suchen. Damit haben Sie bereits den ersten wichtigen Schritt getan.

Die folgenden Schritte können Ihnen zur *Vorbeugung von Ängsten* dienen:

- *Rhythmisierung des Tagesablaufs*: Legen Sie nicht fixe Zeiten für bestimmte Tätigkeiten fest, sondern nehmen Sie sich in fester Reihenfolge und mit einer groben Zeitplanung diejenigen Aufgaben vor, die Sie sich gesetzt haben (vgl. Abschnitt IV 3). Insbesondere Personen mit Versagensängsten neigen dazu, sich entweder zu niedrige und daher leicht zu erfüllende Ziele zu setzen, um eben nicht zu versagen oder in einigen Fällen zu hohe Ziele zu setzen, durch deren Nichterreichen sie sich dann die eigenen Versagensängste bestätigen (Heckhausen 1989, 256). Die Rhythmisierung des Tagesablaufs hilft Ihnen nicht nur bei der Einhaltung und Planung von Zielen, sondern gibt durch ihren konstanten und immer ähnlichen Zeitablauf zusätzliche Sicherheit. Nebenbei ist das ein guter Grund, den Sonntag als Taktgeber der Woche zu nutzen und selbst in Prüfungszeiten nicht zum Arbeitstag zu degradieren.
- *Aktivieren des sozialen Netzwerks*: Freunde und Bekannte helfen Ihnen sowohl beim Erkennen der Ängste und Finden möglicher Lösungswege als auch beim praktischen Angehen von Problemen, die alleine nicht bewältigt werden können. Das richtige soziale Umfeld greift Ihnen nicht zuletzt wirksam unter die Arme, indem es Ihnen – oft nonverbal – ermöglicht, eine stabile Persönlichkeitsstruktur aufzubauen bzw. beizubehalten. Tut es das nicht, sollten Sie sich vorübergehend oder dauernd von Menschen fernhalten, die Ihnen nicht gut tun. Haben Sie nur Kommilitonen als Freunde und nur im eigenen Fach, dann wagen Sie es ruhig, Ihre eigene studentische Monokultur gezielt durch andere Kontakte und soziale Milieus aufzulockern. In einer örtlichen Kirchengemeinde etwa oder einem Sportverein sind Sie meist in einem ganz anderen Umfeld und können sich mit anderen Menschen und Sichtweisen erholen.

Jeder Mensch hat eigene Ängste und Probleme, die sich aus seinem sozialen Umfeld sowie seinen Veranlagungen ergeben. Jeder entwickelt daher unterschiedliche Strategien, Ängste zu bewältigen. Dabei kann es sogar der Fall sein, dass die Bewältigungsstrategie einen auf den ersten Blick unproduktiven oder zerstörerischen Charakter annimmt. Sagt bspw. ein Studierender aus Prüfungsangst immer wieder seine Prüfungen ab, so reduziert dieses Vorgehen zwar vorübergehend seine Ängste, jedoch sind damit längerfristige negative Konsequenzen verbunden. Eine

Vermeidung der angstbesetzten Situation stellt deshalb auf Dauer keine Lösungsstrategie dar.

Die *Bewältigung von Ängsten* kann auf zwei Ebenen stattfinden. Zum einen können Sie konkrete Handlungen ausführen. Bei Prüfungsangst können Sie sich bspw. gezielt über die Prüfungsanforderungen und den Prüfungsablauf informieren. Außerdem können Sie z. B. mit Ihrer Lerngruppe oder Studienkollegen eine Probeprüfung durchführen. Sie werden so mit der angstbesetzten Situation vertrauter und nehmen ihr damit den Schrecken.

Zum anderen können Sie Ihre Angst durch die gedankliche Auseinandersetzung reduzieren. Dabei kommt zum Tragen, dass Sie sich der Angst nicht von der diffusen emotionalen Seite nähern, sondern dass Sie versuchen, diese mit rationalen Mitteln der eigenen Wahrnehmung zu analysieren. Bei genauer Betrachtung erscheinen die Sorgen oft nicht mehr so schwerwiegend. Versuchen Sie z. B., Ihre Situation aus einem anderen Blickwinkel zu betrachten. Möglich ist dies, wenn Sie den Auslöser der Angst erkennen und nicht mehr als Hemmnis, sondern als Herausforderung betrachten. Dadurch kann aus einer anscheinend unüberwindbaren Angst ein lösbares Problem werden, das durch diese kognitive Umdeutung seine Bedrohung verliert.

Entsprechende individuelle Bewältigungsstrategien können Sie sich allein oder mit Freunden erarbeiten. Ist Ihre Belastung durch die Angst sehr hoch, können Sie selbst oder Ihr soziales Netzwerk damit überfordert sein, sodass Sie, wie oben angesprochen, professionelle therapeutische Hilfe in Anspruch nehmen sollten.

> Dieser Abschnitt gibt Ihnen einen Überblick möglicher Strategien zur Angstbewältigung, allerdings ist es aufgrund der individuell unterschiedlichen Problemlagen nicht möglich, pauschale Lösungswege zu definieren. Gehen Sie daher offen mit Ihren Ängsten um, vertrauen Sie sich den richtigen Menschen an und scheuen Sie sich nicht, Beratungsangebote oder professionelle Hilfe in Anspruch zu nehmen.

**Tipps zum Weiterlesen (für Abschnitt VII 3)**

Dörner / Plog 2007; Riemann 2007; Wolf 2006.

# 4    Mobbing

Sie treffen sich zum zweiten Mal mit Ihren Kommilitonen, um ein Übungsblatt zu besprechen. Schon beim letzten Mal wurden Sie links liegen gelassen und ignoriert. Dieses Mal eröffnet Ihnen ein Gruppenmitglied, dass Sie die Übung schon zu Ende bearbeitet hätten und jetzt in die Veranstaltung müssten. Diagnose Mobbing?

Das englische Verb „to mob" bedeutet „über jemanden herfallen, anpöbeln". Durch die starke mediale Präsenz ist die Tendenz entstanden, den Begriff Mobbing auch auf gewöhnliche Konflikte und Streitigkeiten im Ausbildungs- und Berufsalltag anzuwenden. Um von Mobbing sprechen zu können, müssen jedoch eine Reihe von Kriterien erfüllt sein, die sich auf die zeitliche Dauer, den Schweregrad und die Häufung der Ereignisse, die Verursachungsbedingungen, die Art der Betroffenheit sowie die Beziehung zwischen Opfer und Täter beziehen (Fischer / Riedesser 2003, 331).

> Mobbing beschreibt negative kommunikative Handlungen von einer oder mehreren Personen (Täter), die gegen eine Person (Opfer) gerichtet sind, über einen längeren Zeitraum (mindestens ein halbes Jahr) vorkommen und dadurch die Beziehung zwischen Täter und Opfer kennzeichnen. Die angegriffene Person ist dabei unterlegen (oder wird durch den Prozess des Mobbing unterlegen). Sie wird systematisch, häufig (z. B. mindestens einmal pro Woche) mit dem Ziel oder dem Effekt des Ausstoßes aus einer Gruppe direkt oder indirekt angegriffen (Zapf 1999, 3; Leymann 2006, 21).

Traditionell wird die Verwendung des Begriffs Mobbing im Hinblick auf oben definierte Probleme am Arbeitsplatz angewendet. Dieses Phänomen ist jedoch auch in anderen sozialen Kontaktfeldern zu beobachten: in der Schule, in der Freizeit wie z. B. in Vereinen und auch während des Studiums. Mobbing kann sowohl zwischen Gleichgestellten als auch zwischen verschiedenen Hierarchiestufen, z. B. Dozent und Studierender, stattfinden.

Die Forschung hat bisher kein „typisches Opferprofil" erstellt, so dass es potenziell jeden betreffen kann. Die Methoden des Mobbing sind sehr heterogen. Dazu zählen Vorenthaltung von Informationen, ungerechtfertigte Abmahnungen (besonders im Arbeitskontext) sowie Isolierung des Gemobbten: Es spricht bspw. keiner mit der gemobbten Person, Kommilitonen verlassen den Raum, wenn das Opfer zur Tür hereinkommt. Darüber hinaus kann es sich um Angriffe auf die Person und ihre Privatsphäre, z. B. vor anderen lächerlich machen, Witze über das Privatleben, verbale Drohungen bis hin zur Androhung und Ausübung von körperlicher Gewalt handeln. Unabhängig von der Form des Mobbing sind die Auswirkungen für die Opfer gleichermaßen massiv.

Die Mobbing-Situation stellt für die Betroffenen eine große Belastung dar. Entsprechend vielfältig und schwerwiegend sind die Folgen. Typische physische und psychische Symptome sind Schlafstörungen, depressives Rückzugsverhalten, Reizbarkeit und Wutausbrüche, Versagensangst und Konzentrationsstörungen sowie Kopf-, Rücken- und Nackenschmerzen, die insbesondere in der Anfangsphase des Mobbing auftreten. Eskalieren die Feindseligkeiten weiter, werden die Beschwerden extremer und können sich zu psychischen und somatischen Krankheitsbildern entwickeln. Mobbingopfer sind den Mobbinghandlungen zumeist zwischen 15 und 47 Monaten ausgesetzt (Zapf 1999, 6). Durch die lang anhaltenden Angriffe fallen die Opfer im weiteren Verlauf durch eine depressive oder teilweise besonders aggressive Verteidigungshaltung auf. Ihre „Querulanz" wird dann als vermeintliche Ursache der Konflikte gesehen und dient den Mobbern als Rechtfertigung für weitere Mobbingattacken. Langfristige Konsequenz kann auch der Verlust des Vertrauens in zwischenmenschliche Beziehungen sein. Bei Mobbing kann von einem „… menschlich verursachten, absichtlich hervorgerufenen Beziehungstrauma …" gesprochen werden (Fischer / Riedesser 2003, 357).

Durch grundlegende Maßnahmen kann verhindert werden, dass Mobbing überhaupt entsteht. Zentrale Faktoren sind hierbei das Gruppenklima, die Förderung der Kommunikation sowie die Vermittlung und Anwendung geeigneter Problemlösestrategien wie z. B. die Aussagen des anderen auf verschiedenen Ebenen zu interpretieren und so auf die sachlichen Inhalte zu achten, anstatt alles auf die eigene Person zu beziehen. Ebenfalls kann es hilfreich sein, bei schwieriger Kommunikation auf die Metaebene zu wechseln, d. h. darüber zu sprechen, wie Sie ein Gespräch erlebt haben (Schulz von Thun 2008, 63). In der Frühphase von Konflikten sollte versucht werden, die Kommunikation zu versachlichen und die eigene Rolle im Rahmen des Konflikts zu überdenken. Im Idealfall erkennt der Betroffene die ersten Anzeichen von Unstimmigkeiten bereits, bevor sie zu Konflikten werden (Esser 2003, 405). Denn am Beginn des Mobbing steht immer ein Konflikt, der nicht zufriedenstellend gelöst werden konnte. Noch zu Beginn des Mobbing kann das Mobbingopfer Gegenmaßnahmen mit Aussicht auf Erfolg ergreifen, in weiter fortgeschrittenen Phasen des Mobbing geht die Schwere der Handlungen über alltägliche, leicht lösbare Konflikte hinaus. Deshalb ist es sehr schwierig, in einer akuten Mobbingsituation psychologisch zu intervenieren; die erfolgreiche Lösung kann nur mit Unterstützung anderer gelingen. Dies können Information und Aufklärung sein, der Einsatz eines Schlichters oder die Einführung von Regeln für Gruppenarbeiten bzw. Lernteams. Auf keinen Fall sollten sich Mobbingopfer dazu hinreißen lassen, es mobbenden Personen „mit gleicher Münze heimzuzahlen". Dadurch wird die Eskalation der Konflikte fast unvermeidlich.

---

In gravierenden Fällen sollten Sie sich unbedingt Hilfe bei der Zentralen Studienberatung Ihrer Hochschule suchen.

---

**Tipps zum Weiterlesen (für Abschnitt VII 4)**

Blankertz 2004; Eichenberg et al. 2009; Leymann 2006.

## 5    Gesundheitliche Probleme

Ein Studium kann durch akute gesundheitliche Probleme sowie chronische Erkrankungen beeinträchtigt werden. In DEUTSCHLAND bezeichnen sich 19 % aller Studierenden als „gesundheitlich geschädigt" (BMBF 2007, 390 ff.), d. h. es liegt eine chronische Erkrankung oder eine Behinderung vor. Von diesen Studierenden geben 56 % an, dass durch die gesundheitliche Schädigung keine Studienbeeinträchtigung vorliegt. Bei 22 % liegt eine schwache, bei 13 % eine mittlere und bei 8 % eine starke Studienbeeinträchtigung vor. Studierende mit psychischen Erkrankungen sind mit Abstand am stärksten im Studium eingeschränkt. Vordergründig rein körperliche Beschwerden können auch als Ventil einer überbeanspruchten Psyche auftreten.

Manche gesundheitlichen Probleme lassen sich vermeiden oder relativ leicht in den Griff bekommen. Bei länger andauernden oder chronischen Erkrankungen sollten Sie jedoch neben einer ärztlichen oder psychotherapeutischen Behandlung die studienbezogenen Auswirkungen analysieren und Handlungsoptionen nutzen.

Nachfolgend werden Ihnen einfache Möglichkeiten vorgestellt, wie Sie durch Sitzhaltung, Bewegung und Ernährung Ihre Gesundheit erhalten und bei Problemen Abhilfe schaffen können. Neben einer unergonomischen Aufteilung des Arbeitsplatzes und der Position des Computers sowie der Arbeitsmittel ist das Sitzmöbel häufig der entscheidende Grund für *Haltungsschäden*. Bei der Auswahl empfiehlt es sich, nicht zu sparen, sondern durchaus Geld in einen teuren Stuhl zu investieren, der oft auch länger hält als ein günstigeres Modell. Für das kleine Budget sind Sitzbälle eine gute Wahl. Bei der idealen Sitzhaltung berühren die Füße den Boden, Gesäß und Oberschenkel bilden einen rechten Winkel. Die Sitzfläche sollte leicht abfallen, damit die Wirbelsäule ihre natürliche S-Form beibehält und die Blutzirkulation nicht behindert wird. Dadurch ist die Druckbelastung auf die einzelnen Bandscheiben gleichmäßig. Diesen Effekt können Sie auch mit einem Keilkissen erreichen. Die Stuhllehne sollte den Rücken in Höhe der Gürtellinie am Beckenrand abstützen und in der richtigen Position halten. Die Arme sollten locker auf der möglichst etwas geneigten Arbeitsfläche aufliegen, um den Schulterbereich zu entlasten. Wichtig ist es ebenfalls, die sitzende Haltung regelmäßig zu verlassen, ob für eine Kaffeepause, einen Gang ans Bücherregal, kleine gymnastische Übungen oder das Weiterarbeiten im Stehen. Kurse zur *Stabilisierung der Rumpfmuskulatur* werden z. B. von Hochschulsportgruppen und Sportvereinen angeboten. Oft unterstützen die Krankenkassen die Teilnahme an diesen Kursen. Sie können zu Hause üben, sollten sich die Übungen aber vorher gut erklären und die Ausführung korrigieren lassen, da es sonst zu Problemen durch Fehlbelastungen kommen kann. Haben Sie bereits *Schmerzen im Rücken* oder sonstige Haltungsprobleme, sollten Sie sich vom Orthopäden untersuchen lassen.

Allgemein sind *gesundheitserhaltende Maßnahmen* wie regelmäßige körperliche Ertüchtigung notwendig, um Geist und Körper fit zu halten. Schauen Sie doch einmal in das Programm des Hochschulsports oder der lokalen Vereine. Das Angebot ist vielfältig und reicht von Klettern, Inline-Skating, Schwimmen, Mannschaftssportarten wie Fußball oder Volleyball bis zu sanften Methoden der Entspannung und Kräftigung wie Qi Gong, Tai Chi, Pilates oder Yoga. Sport ermöglicht das Abschalten vom Studienalltag, baut Stress ab und ist ein sinnvoller Ausgleich zum vielen Sitzen. Das Entscheidende ist, dass Sie für sich individuell die richtige Sportart finden und diese kontinuierlich ausüben.

Um gesundheitliche Schäden zu verhindern, sollten Sie bei Ihrer *Ernährung* auf ausgewogene und regelmäßige Mahlzeiten achten und viel Obst und Gemüse essen – die Faustregel ist „Fünf (Portionen Obst und Gemüse) am Tag".

Achten Sie auf Ihren *Flüssigkeitshaushalt* und sorgen Sie für eine regelmäßige Flüssigkeitszufuhr, insbesondere mit Wasser ohne oder mit wenig Kohlensäure. Für viele ist es hilfreich, immer ein Glas Wasser griffbereit auf dem Schreibtisch stehen zu haben. Wasser ist für den gesamten Stoffwechsel wichtig; eine ungenügende Wasserzufuhr kann zu Müdigkeit, Konzentrationsstörungen und Kopfschmerzen führen.

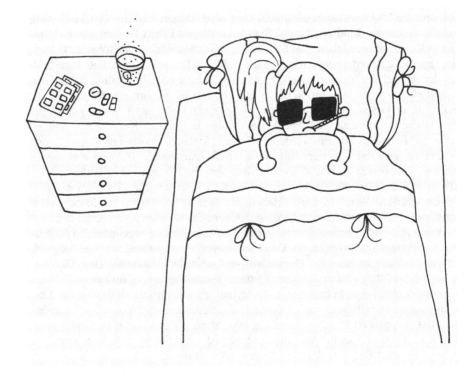

Viele Menschen leiden zumindest unter gelegentlichen *Kopfschmerzen*. Kann ein Spannungskopfschmerz durch falsche Arbeitshaltung ausgeschlossen werden, so empfiehlt sich das Führen eines Schmerztagebuchs mit Lokalisation, Dauer und Qualität der Schmerzen in Beziehung zu Tageszeit, Wetter, psychischer oder physischer Belastung. Beobachten Sie auch, welche Schonung Ihnen am besten hilft: Arbeitsunterbrechung, Rückzug in einen stillen, dunklen Raum, Spazierengehen, warme oder kalte Duschen. Oft ergibt sich daraus eine erste Handlungsempfehlung. Bei neuen, schlagartig aufgetretenen scharfen oder tagelang anhaltenden dumpfen Schmerzen müssen Blutungen bzw. Hirnhautentzündung ausgeschlossen werden; Sie sollten daher in jedem Fall einen Arzt aufsuchen. Wenn Sie sich für die Selbstbehandlung entscheiden, wählen Sie am besten Präparate mit nur einem Wirkstoff (Acetylsalicylsäure, Paracetamol oder Ibuprofen), und vermeiden Sie die regelmäßige Einnahme über Wochen und Monate. Schmerzmittel können nicht nur als Nebenwirkung selbst Kopfschmerzen hervorrufen, sie bergen auch das Risiko der Abhängigkeit.

Vielleicht leiden Sie unter *Schlafstörungen*? Dann können Sie sich auch nicht mehr auf Ihr Studium konzentrieren, und die Gefahr, Fehler zu machen, steigt an. Generell ist ein ausgewogener Tagesablauf für einen gesunden Schlaf förderlich. In den letzten zwei Stunden vor dem Zubettgehen sollten Sie Sport und aufreibende Dinge wie das Überarbeiten eines Referats oder Fernsehen schauen vermeiden. Bei länger anhaltenden Schlafstörungen helfen Ihnen evtl. Baldrianpräparate. Sind Überlastung und Ängste (vgl. Abschnitt VII 3) Ursache für Ihre Schlafstörungen, sollten Sie sich an einen Arzt oder Psychologen wenden.

Sofern sich abzeichnet, dass Sie physisch oder psychisch zum Ablegen einer Prüfung nicht in der Lage sind, können Sie unter Hinweis auf Ihre Beeinträchtigung vom *krankheitsbedingten Rücktritt* Gebrauch machen, was dann nicht als Fehlversuch gezählt werden darf. Der Nachweis der *Prüfungsunfähigkeit* muss in der Regel durch ein ärztliches Attest erfolgen. Über die genauen Anforderungen an dieses Attest informiert Sie Ihr zuständiges Prüfungsamt.

Sofern Sie länger andauernd erkrankt sind, eine *chronische Erkrankung* oder *Behinderung* haben, ist es möglich, dass sich Ihre gesundheitlichen Probleme erheblich auf das Studium auswirken. Nachfolgend erhalten Sie einen Überblick über ausgewählte Maßnahmen, mit denen Sie gegensteuern können. Das Angebot und die Ausgestaltung dieser Maßnahmen unterscheiden sich allerdings je nach Hochschule erheblich. Daher sollten Sie auf jeden Fall so früh wie möglich die Beratungsangebote Ihrer Hochschule (z. B. Zentrale Studienberatung, Psychologische Beratung, Beauftragte für behinderte und chronisch erkrankte Studierende) bzw. des Studierendenwerkes (z. B. Sozialberatungsstellen oder Psychotherapeutische Beratungsstellen) nutzen, um Ihre Situation zu klären.

Ebenso wie für behinderte haben auch chronisch erkrankte Studierende in der Regel die Möglichkeit, Studien- und Prüfungsbedingungen unter Wahrung der fachlichen Anforderungen auf Antrag bedarfsgerecht anzupassen (*Nachteilsausgleich bei Prüfungen)*. Dies ergibt sich in DEUTSCHLAND aus Art. 3 Abs. 3 S. 2 GG sowie § 2 Abs. 4 des HRG und entsprechenden Regelungen in den Landeshochschulgesetzen. Teilweise ist dies auch ausdrücklich in den Prüfungsordnungen geregelt, allerdings oftmals nicht explizit für chronische Erkrankungen. Mögliche Anpassungen können sich auf einzelne Prüfungsleistungen z. B. über eine Verlängerung der Bearbeitungszeit oder Erholungspausen aber auch auf Fristvorgaben für den Studienverlauf beziehen (vgl. Abschnitt IX 8).

Sofern sich abzeichnet, dass Sie aus gesundheitlichen Gründen, z. B. durch einen längeren Klinikaufenthalt, nicht oder nur sehr eingeschränkt studieren können, sollten Sie prüfen, ob eine *Beurlaubung aus gesundheitlichen Gründen* sinnvoll ist. Urlaubssemester zählen nicht als Fachsemester, allerdings können Sie in der Regel auch keine Studien- oder Prüfungsleistungen ablegen. Nähere Informationen über die Voraussetzungen für eine Beurlaubung erhalten Sie an Ihrer Hochschule. Wenn Sie während eines Semesters erkranken, sollten Sie klären, ob die Beantragung eines Urlaubssemesters noch im laufenden Semester möglich ist.

Mittlerweile gibt es an vielen Hochschulen die Möglichkeit, zeitweise anstatt des üblichen Vollzeitstudiums ein *Teilzeitstudium* zu absolvieren. Typische Voraussetzung für ein Teilzeitstudium ist in der Regel eine berufliche Tätigkeit, die ein Vollzeitstudium ausschließt. Manchmal gilt aber auch eine Behinderung oder chronische Erkrankung als Grund für ein Teilzeitstudium. Sollte an Ihrer Hochschule keine explizite Regelung bestehen, sollten Sie ggf. trotzdem versuchen, eine Einzelfallregelung zu erwirken.

> Trotz gesundheitlicher Probleme ist ein erfolgreiches Studium möglich. Nehmen Sie ggf. Hilfe in Anspruch und lassen Sie sich nicht entmutigen!

### *Tipps zum Weiterlesen (für Abschnitt VII 5)*

Lockstein / Faust 2001; Münzing-Ruef 2000; Trökes 2006; Weber 2003.

## 6    Studienortswechsel

Die Wahl der richtigen Hochschulstadt ist eine wesentliche Entscheidung. Neben der Reputation einer Hochschule und der Qualität des Studiums sind auch die Lebensqualität der Stadt, der Freundeskreis, die Nähe zur Heimatstadt, die Beziehung oder kranke Angehörige relevante Kriterien für einen möglichen Studienortswechsel.

Das Bachelor-Master-System soll die Mobilität Studierender zwischen Hochschulen noch weiter fördern. Haben Sie den akademischen Grad eines Bachelors an einem Studienort erlangt, können Sie ein weiterführendes Masterstudium an jedem anderen Studienort absolvieren, was nicht nur zu einer räumlichen Veränderung führt, sondern auch Schwierigkeiten mit sich bringen kann.

Beim Wechsel des Studienorts sollten Sie sich so früh wie möglich um Informationen bemühen. Dies betrifft zum einen die bereits erreichten Leistungsnachweise an Ihrer alten Hochschule sowie zum anderen die Zeugnisse und Abschlüsse, welche an Ihrem neuen Hochschulort anerkannt werden sollen. Weitere Fragen hinsichtlich der Bewerbungs- und Antragsfristen inkl. sonstiger Rahmenbedingungen wie bspw. Aufnahmeprüfungen sind mit der neuen Hochschule abzuklären. Hinsichtlich möglicher Zulassungsbeschränkungen oder besonderer Zulassungsvoraussetzungen wenden Sie sich an die dortigen Studierendensekretariate.

Ein Studienortswechsel ist auch durch einen Studienplatztausch mit einem anderen Studierenden oder durch eine Direktbewerbung möglich. Bei einem Tausch sollten Sie darauf achten, dass Ihr Tauschpartner und Sie das gleiche Fach studieren, die gleiche Anzahl an Fachsemestern absolviert und zumindest ähnliche Prüfungen abgelegt haben.

In DEUTSCHLAND geben die jeweiligen Studierendensekretariate bzw. die für Sie zuständigen Prüfungsämter über Studienortswechsel und Studienplatztausch Auskunft. In ÖSTERREICH ist dafür der jeweilige Studiendekan zuständig. Diese erkennen dann ggf. Ihre bereits am alten Studienort erlangten Zeugnisse an. Das ECTS erleichtert die Anerkennung erheblich, jedoch zählt bei einer Anerkennung immer, ob am vorigen Studienort auch die Lerninhalte dieselben waren.

In DEUTSCHLAND sollten Sie bei einem Studienortswechsel besonders beachten, ob an Ihrem neuen Studienort Zulassungsbeschränkungen bestehen. Hier kann ein Wechsel in der Regel nur erfolgen, wenn auch wirklich noch Studienplätze frei sind bzw. Ihre Abiturnote der des Numerus Clausus (NC) in dem Studienfach entspricht. In ÖSTERREICH sind wenige Studiengänge wie Medizin oder Psychologie zulassungsbeschränkt. In Österreich sollte der Wechsel des Studienorts keine Probleme mit sich bringen. Die Anerkennung von Prüfungsleistungen erfolgt gem. § 78 UG durch den jeweiligen Studiendekan. Neben der Anzahl der Kreditpunkte spielt aber auch die Äquivalenz der Lerninhalte bei der Anerkennung eine Rolle.

In der SCHWEIZ bekommen Sie bei der ersten Immatrikulation an einer Hochschule eine Matrikelnummer, die Sie zeitlebens behalten. Diese enthält die Jahreszahl des ersten begonnenen Studiensemesters sowie weitere Ziffern, die Sie als Studierenden eindeutig identifizieren. Daher ist der Wechsel des Studienorts relativ problemlos möglich. Für die Anerkennung bisher erbrachter Leistungen wenden Sie sich an die Studienberatung des neuen Studienorts. Dies gilt insbesondere, wenn Sie nicht nur den Ort, sondern auch den Hochschultyp wechseln möchten. Es werden laufend neue Konkordanztabellen entwickelt, die einen Wechsel mit möglichst umfassender Anerkennung bisheriger Studienleistungen erleichtern sollen (www.crus.ch).

Ein Wechsel des Studienorts ist wie ein Neubeginn, der trotz des organisatorischen Aufwands viele Möglichkeiten und Herausforderungen für Sie bereithält.

# 7    Studienfachwechsel

Der Unterschied zwischen der Vorstellung vom zukünftigen Studium und dessen erlebter Wirklichkeit ist wohl die häufigste Ursache für einen Studienfachwechsel. So haben im WS 2006/2007 drei Prozent der Studierenden in DEUTSCHLAND einen Studienfachwechsel vorgenommen (Weigl 2007, 9).

Vor dem Wechsel des Studienfaches sollten Sie reflektieren, inwieweit die Unzufriedenheit mit der Studienrealität in einem ursächlichen Zusammenhang mit der Fachrichtung steht. Wenn Ihre Unzufriedenheit mit dem Studium nur einen

Aspekt des Faches betrifft, ist ein Fachwechsel nicht ratsam. Denn es muss nicht bedeuten, dass bspw. ein Studierender der Betriebswirtschaftslehre bei Problemen mit volkswirtschaftlichen Fragestellungen das falsche Studium begonnen hat. Ebenso wenig muss sich ein Studierender der Sozialwissenschaften in der Studienwahl geirrt haben, wenn er sich für qualitative Sozialforschung interessiert und an seiner Hochschule fast ausschließlich quantitative Sozialforschung gelehrt wird. Im letzten Fall wäre z. B. über einen Studienortswechsel (vgl. Abschnitt VII 6) nachzudenken.

Die Ursachen für einen Studienfachwechsel, den die Hälfte der Betroffenen bereits in den ersten beiden Studienjahren vornimmt (Fellenberg / Hannover 2006, 381), können vielfältig sein. Möglicherweise war die Orientierung Ihrer Studienwahl an Ihren leistungsstarken Schulfächern z. B. nicht sinnvoll, weil es wichtige Unterschiede zwischen Schule und Studium gibt (vgl. Abschnitt I 2). Hinzu kommt, dass Studienanfänger häufig nicht wissen, was sie an der Hochschule erwartet (für die SCHWEIZ: Notter / Arnold 2003, 62). Ein weiterer Aspekt der Begünstigung eines Studienfachwechsels scheint der Direkteinstieg in das Hochschulstudium nach dem Abitur zu sein (für die SCHWEIZ: Spiess 1998, 22). In quantitativen und qualitativen Studien werden als Gründe für einen Studienfachwechsel seltener Prüfungsmisserfolg oder zu große Belastung als vielmehr unangemessene Erwartungshaltung und Verschiebung eigener Interessen genannt (Meinefeld 2007; für die SCHWEIZ: Notter / Arnold 2003). Sie sollten deshalb Techniken und Strategien entwickeln, Ihre Studienwahl so fundiert wie möglich zu treffen (Zimmerhofer et al. 2006, 62 ff.). Ein Studienfachwechsel sollte in Erwägung gezogen werden, wenn die gewählte Studienrichtung der ausschlaggebende Grund für die Unzufriedenheit ist; wenn sich im Hinblick auf die spätere Arbeitssituation die Erwartungen hinsichtlich der Studieninhalte nicht erfüllen oder sich im Studienverlauf Interessen verschoben haben bzw. neu entstanden sind. Manchmal hat ein Problem, wie die Chinesen sagen, ein Geschenk in der Hand.

Obgleich also ein Studienfachwechsel in der Öffentlichkeit häufig negativ wahrgenommen wird, äußern sich die Betroffenen in der Regel positiv darüber. Studienfachwechsler gehen rückblickend davon aus, dass sie ihr ursprüngliches Studienfach nicht oder nicht so engagiert wie das neu gewählte abgeschlossen hätten. Häufig stellt ein Studienfachwechsel eine auf Erfahrungen basierende Umorientierung dar, die einen völligen Studienabbruch verhindert.

Aus berufsorientierten Studiengängen wie Medizin oder Rechtswissenschaft wird weniger häufig gewechselt als aus denen der Geistes- und Naturwissenschaften. In der SCHWEIZ wechseln am häufigsten Studierende der Geistes- und Sozialwissenschaften das Studienfach (Notter / Arnold 2003, 74). Den Einwand, dass natur- und geisteswissenschaftliche Inhalte zu theoretisch sind, äußern viele Studienfachwechsler. In einer empirischen Untersuchung zum Studienabbruch- und Fachwechselverhalten werden im Hinblick auf psychologische Dimensionen von Studienfachwechseln Unterschiede in den sog. MINT-Fächern (Mathematik-Informatik-Naturwissenschaft-Technik) und SOSP-Fächern (Sozial- und Sprachwissenschaften) ausgemacht (Fellenberg / Hannover 2006, 396). Während in den SOSP-Fächern vor allem die fachliche Neigung eine starke Rolle für den Fachwechsel spielt, ist in MINT-Fächern eher der als höher empfundene Schwierigkeitsgrad Grund des angestrebten Studienfachwechsels. Eine Ursache hierfür mag darin liegen, dass Studierende der SOSP-Fächer eher „… ihr Fach aus Unsicherheit oder aus einem Mangel an Alternativen heraus gewählt haben …" (Fellenberg / Hannover 2006, 396). Vielfach wird der Studienfachwechsel damit begründet, dass die Studienanfänger nur eine vage Vorstellung von Ausrichtung und Inhalt ihres zukünftigen Studiums hatten. So gesehen beweist ein Studienfachwechsel, dass ein Studierender auf Grundlage von Erfahrungswerten und damit unter Berücksichtigung aller relevanten Aspekte handeln kann.

Beim Studienfachwechsel sollten Sie die folgenden Punkte beachten:
- reflektierte zügige Entscheidungsfindung;
- frühzeitige Informationsbeschaffung (vgl. Tabelle 20);
- Berücksichtigung des Zeitverlustes wegen evtl. anfallender Studiengebühren für Langzeitstudierende.

**Tabelle 20.** Checkliste: Informationsbeschaffung beim Studienfachwechsel ☝

---

❑ Informationen bez. einer Zulassungsbeschränkung einholen (örtlicher NC, ZVS-NC);

❑ Antrag auf Studienfachwechsel bei der jeweiligen Hochschule stellen;

❑ Erfragen von Fristen, Erkundigen nach Möglichkeit des neuen Studienbeginns;

❑ In DEUTSCHLAND: Anträge inkl. des neuen BAföG-Antrags bei Berechtigung fristgemäß stellen. Für das neu zu beantragende BAföG muss der Studierende den Wechsel begründen, bspw. mit Neigungswandel oder mangelnden intellektuellen Fähigkeiten. Ab dem dritten Semester bedarf es eines „unabweisbaren Grundes", bspw. einer Allergie bei einem angehenden Chemiker oder einer körperlichen Beeinträchtigung bei einem Sportstudium. Außerdem ist der Unterschied zwischen Fachrichtungswechsel und Schwerpunktverlagerung zu beachten;

❑ Erfragen der Anrechenbarkeit von Leistungsnachweisen bei Schwerpunktverlagerung und Erkundigen nach Möglichkeiten, in ein höheres Fachsemester einzusteigen;

❑ Möglichkeit prüfen, sich zusätzlich zum gewählten Fach für eine Übergangszeit ins Wunschfach einzuschreiben – exmatrikulieren können Sie sich immer noch.

Anlaufstellen oder Informationsmöglichkeiten:

❑ örtliche Studienberatung,

❑ örtliche psychosoziale Beratungsstelle,

❑ themenbezogene Internetseiten (www.studivz.net, www.study-board.de).

# 8   Studienabbruch

Dass eine Krise im Studium nicht erfolgreich bewältigt werden konnte, zeigt sich am deutlichsten bei der Zwangsexmatrikulation oder der Entscheidung zum Studienabbruch.

Folgende Gründe für eine Zwangexmatrikulation sind möglich:

- Sie haben eine Prüfung – abhängig von der jeweiligen Prüfungsordnung – dreimal nicht bestanden;
- Sie wurden wegen eines gravierenden Täuschungsversuches vom Studium ausgeschlossen;
- Sie haben die Rückmeldung für das aktuelle Semester vergessen;
- Sie haben den Semesterbeitrag bzw. die Studiengebühr nicht fristgerecht bezahlt.

Nach einer allgemeinen Einführung in die Problematik des Studienabbruchs folgen persönliche Darstellungen, die Ihnen einen vertieften Einblick in mögliche Abbruchsmotive geben, sowie eine Übersicht über prominente Studienabbrecher.

## 8.1   Allgemeines

Das Abitur in der Tasche und einen Studienplatz im Wunschfach: Jetzt könnte es losgehen, die Weichen für eine erfolgreiche berufliche Zukunft zu stellen. Doch für ca. ein Viertel aller Studierenden endet dieser Weg vor dem Ziel. Ein Studium abzubrechen bedeutet, das Erststudium vor dem Erlangen eines akademischen Grades zu beenden, ohne es zu einem späteren Zeitpunkt wieder aufzunehmen.

Zum Studienabbruch führen in der Regel komplexe Motivationslagen. Als häufigste Ursache wird von Studierenden eine empfundene Distanz zum Studium angegeben (Köster 2002, 23; Pohlenz et al. 2007, 75 ff. und 156 ff. sowie Schröder-Gronostay 1999, 209 ff.). Diese äußert sich u. a. durch nicht erfüllte Erwartungshaltungen an das jeweilige Fach und i. Allg. unzureichende Studienbedingungen wie die mangelnde Betreuung durch Dozenten oder überfüllte Lehrveranstaltungen. In DEUTSCHLAND spielt die bildungsspezifische Benachteiligung von Gruppen mit geringen kulturellen, sozialen oder finanziellen Ressourcen beim Abbruch des Studiums eine nachweisliche Rolle. So brechen nur 16 % der Studierenden aus Akademiker-Familien ihr Hochschulstudium ab, jedoch 28 % der Studierenden aus nichttraditionellen Akademikerfamilien. Schließlich erweisen sich persönliche Motivlagen als ausschlaggebend. Diese können von gesundheitlichen Ursachen über familiäre Gründe bis hin zu mangelnden Studienleistungen reichen.

Für Sie stellt sich die Frage, wie Sie persönlich mit dem schwierigen Thema des Studienabbruchs umgehen sollen. Falls Sie einen Studienabbruch in Erwägung ziehen, sollten Sie zunächst eine Standortbestimmung vornehmen: Wo stehen Sie? Was ist schiefgelaufen, und aus welchen Fehlern können Sie lernen? Wichtig ist es auch herauszufinden, wo die eigenen Interessen und Stärken liegen. Auf dieser Basis wird es Ihnen leichter fallen, persönliche Erwartungen an die Zukunft zu stellen. Fest steht, dass ein Studienabbruch auf dem Arbeitsmarkt in der Regel als negativ bewertet wird. Abbrechende sind zwar als Auszubildende willkommen; ohne Ausbildungsnachweis mit ihnen einen ordentlichen Arbeitsvertrag abzuschließen und sie mit einer qualifizierten Arbeit zu betrauen, können sich aber viele Unternehmen nicht vorstellen. Die Devise für einen erfolgreichen Studienabbruch lautet daher: Nur wer seine Ziele rechtzeitig korrigiert, kann in die Karriere starten.

Unterstützung beim Entscheidungs- oder Realisierungsprozess des Studienabbruchs können Sie sich im Umfeld der Hochschule einholen. Hier bieten sich das Akademische Auslandsamt, die Zentrale Studienberatung, die Fachschaftsberatung, die Studierendenwerke, der Allgemeine Studierendenausschuss (AStA), die Österreichische Hochschülerinnen- und Hochschülerschaft (ÖH) oder der Verband der Schweizer Studierendenschaften (VSS) an. Als hilfreich wird von Studierenden oft auch ein persönliches Gespräch mit einem Dozenten ihres Vertrauens empfunden. Dabei kann ein positiv verlaufendes Gespräch unvermutete Perspektiven aufzeigen. Trauen Sie sich und sprechen Sie Ihre Dozenten direkt auf Ihre Unsicherheiten an. Alternativen im und zum Studium gibt es viele. Für Studierende, die sich einen Neuanfang wünschen, bietet sich ein Hochschul-, Studiengangs- oder Studienfachwechsel an (vgl. Abschnitte VII 6 und VII 7). Betriebliche Aus- oder berufliche Weiterbildungen erleichtern den Start in das Arbeitsleben, während Praktika oder Auslandsaufenthalte Ihnen als Orientierungshilfe dienen können. Zu empfehlen ist in DEUTSCHLAND der Gang zum Career Service Ihrer Hochschule. Hier werden sowohl Beratungen als auch qualifizierende Seminare angeboten. Letztlich haben Sie in DEUTSCHLAND die Möglichkeit, auf die traditionellen Berufsinformationszentren der Bundesagentur für Arbeit zurückzugreifen. Wenn Sie hingegen ganz am Anfang Ihres Entscheidungsprozesses stehen und sich einfach nur informieren wollen, lohnt sich ein Blick auf www.studienabbrecher.com.

Gerade Studierenden fällt es oft schwer, sich von strengen schulischen Regeln zu lösen und sich ein eigenes Zukunftsprojekt aufzubauen. Darum sollten Sie sich immer bewusst sein: Auch Sie haben ein Recht auf eine ungewöhnliche Biografie und unlogisch wirkende Entscheidungen. Um trotzdem gute Einstiegschancen auf dem Arbeitsmarkt zu haben, sollten Sie sich immer Ihres Berufswunsches bewusst sein und Ihr Berufsziel nicht aus den Augen verlieren. Darum ist es zu empfehlen, Studienabbruch oder Umorientierung auf das Berufsziel hin zügig durchzuführen.

### *Tipps zum Weiterlesen (für Abschnitt X 8)*

Köster 2002; Pohlenz et al. 2007; Öttl / Härter 2005, 11 ff.

## 8.2    Erfahrungsberichte von Studienabbrechern

### *Studienabbruch: Erfahrungsbericht 1*

Mein Studienanfang hatte sich kaum von dem der anderen unterschieden: Bewerbung bei der ZVS in Dortmund, warten und dann der Zulassungsbescheid. Danach sollte es losgehen: Volkswirtschaftslehre in Köln.

Die ersten Tage gehörten den üblichen Ritualen: Orientierung, Vorlesungspläne, Kopierkarte beschaffen etc. Ich erwartete vom Studium ein Verständnis für wirtschaftliche Zusammenhänge, spannende Vorträge und fundiertes Wissen. Was kam, war die Ernüchterung. Die ersten Wochen waren vollgepackt mit Propädeutika. Die Veranstaltungen fanden in völlig überfüllten und schlecht ausgestatteten Hörsälen statt. Wer nicht sehr früh kam, erhaschte nur noch einen der hinteren Plätze. Zu lesen war dort nichts mehr, zu hören auch nicht. Allerdings konnte ich dadurch den einen oder anderen Kommilitonen besser kennenlernen. Da fragte ich mich schon, wozu mir das Studium später wohl nützlich sein sollte und warum ich das Gymnasium besucht hatte, um dann – zu Beginn des Studiums – den Stoff der Oberstufe zu wiederholen.

Anstatt freudig zu studieren, trugen auch in der Nachfolgezeit viele Dinge zu meinem gesteigerten Ärger bei, insbesondere der ständige Ausfall von Veranstaltungen und die häufige Umlegung der Vorlesungs- und Seminarräume. Positive Begleiteffekte waren ein Erlernen von Flexibilität und eine Art Fitnesstraining, denn so lernte ich wenigstens den Campus kennen.

Abgesehen von diesen „Begleitumständen" merkte ich nach einigen Semestern, wie abstrakt die Themen behandelt wurden. Sicher, ein Studium ist grundsätzlich wissenschaftsorientiert angelegt, gleichwohl sollte ein wesentliches Ziel eines Studiums der berufsqualifizierende Abschluss sein. Da ich bereits früh im Studium angefangen hatte, nebenher zu arbeiten (meine Eltern unterstützten mich zusätzlich), empfand ich einen immer größeren Widerspruch zwischen dem, was gelehrt, und dem, was im Job erwartet und gelebt wurde. Hinzu kam die Langsamkeit in der Lehre, die mit dem Tempo der Wirtschaft bzw. den aktuellen Ereignissen einfach nicht mithalten und diese nicht erklären konnte. Und irgendwann zwischen dem dritten und vierten Semester war sie da: die innere Kündigung, also meine Verabschiedung von Studium und Universität. Zwar blieb ich noch drei Semester eingeschrieben, aber „studiert" habe ich dann nicht mehr, zumindest konnte es ehrlicherweise nicht mehr als „studieren" bezeichnet werden. Natürlich war bei mir auch unterschwellig der Wunsch vorhanden, das Studienziel doch noch erreichen zu können. Und genau das war auch der Grund, warum ich nicht sofort zwecks Exmatrikulation ins Studierendensekretariat gegangen bin. Das wären dann zwei Schritte auf einmal gewesen und so habe ich mich dazu entschlossen, einen „langsameren" Ausstieg aus dem Universitätsbetrieb zu nehmen.

Einmal raus, immer raus. Das galt hiernach in vielerlei Hinsicht. Denn ein Studium „nebenher" ist in der Regel nicht zu schaffen. Selbstredend bekam ich in der

Zeit zwischen geplanter Studiumsaufgabe und Exmatrikulation immer wieder Lust, mein Studium fortzusetzen – schließlich waren ja bereits Zeit, Energie und auch Kapital investiert –, aber halbherzig und mit diesem diffusen Widerspruch zwischen Wirtschaft (also meinem Studentenjob) und Wirtschaftswissenschaften (also der reinen Lehre) war ein strategisches und erfolgsorientiertes Studium schlichtweg eine unrealistische Perspektive. Und somit war es mir nicht mehr möglich, Fuß zu fassen.

Mein Fazit ist gemischt: Für meine Biografie bedeutete das Aus im Studium nicht das Aus für den Job. Denn nachdem ich den beruflichen Einstieg geschafft und meine Fähigkeiten bewiesen hatte, hat mich niemand mehr gefragt, was ich studiert habe und ob ich einen Abschluss besitze. Die Qualität der Arbeit zählt. Bei mir sind der Ausstieg aus dem Studium und der Einstieg in den Job allerdings auch schon einige Jahre her. Aus meiner Erfahrung heraus kann ich nur bestätigen, wie wenig formal, aber sehr zielorientiert und schnell ausländische Unternehmen sind. Und dort im Vertrieb war die erste Frage immer: „Bist Du kontaktstark?" Der Hochschulabschluss stand nie im Fokus; relevanter waren die Schlüsselqualifikationen. Allerdings sind die Anforderungen an Jobsuchende heute inhaltlich wie formal ritualisierter und höher. Insofern könnte es sein, dass meine Erfahrungen heute nicht unbedingt noch gelten. Ich habe schließlich den Schritt in die Selbstständigkeit vollzogen. Und da fühle ich mich bestens aufgehoben. Noch eine kleine Anekdote dazu: Aus dieser Position heraus habe ich schon mehrfach Studienabbrecher eingestellt!

Als Studienabbrecher wurde ich immer mal wieder stigmatisiert. Hier offen, dort latent. Allerdings waren diese Kommentare meistens wenig konkret und ich habe diese substanzlosen Äußerungen dorthin gepackt, wo sie aus meiner Sicht hingehören: in die Spießer-Kiste. Und ich kann auch bis heute nicht erkennen, wo mir Nachteile durch die Abbruch-Entscheidung entstanden wären. Denn Wissen und Bildung manifestieren sich für mich nicht nur über ein Diplom einer Universität. Aber dazu ist auch ein „dickes Fell" erforderlich. Meine Familie und Freunde haben meine Entscheidung zu jeder Zeit akzeptiert. Mehr als das: Einige Freunde haben ein Studium zu Ende geführt, von dem sie nicht überzeugt waren. Mehr als einmal habe ich von diesen Freunden später gehört: „Hätten wir es doch wie Du gemacht."

Stünde ich heute erneut vor dem Einstieg ins Studium, wäre die Herangehensweise sicher anders. Die Auswahl von Fach und Hochschule würde ich sehr sorgfältig durchführen und auf Faktoren wie internationale Ausrichtung, Austauschprogramme mit ausländischen Universitäten und vor allen Dingen Vorlesungen und Seminare jenseits vom Massenbetrieb achten. Die dann in die engere Wahl kommenden Hochschulen würde ich besuchen und mir genauestens ansehen, mir ggf. ein Semester lang die eine oder andere Vorlesung anhören. Wahrscheinlich würde ich dann auch die Zähne zusammenbeißen und „das Ding durchziehen". Denn manchmal, allerdings sehr leise und subtil, beschleicht mich so ein Gefühl: Du hast noch eine Baustelle, die nicht ganz erledigt ist.

Hanno Schneiders

## *Studienabbruch: Erfahrungsbericht 2*

Im WS 1992/1993 begann ich Vor- und Frühgeschichte zu studieren. Davor hatte ich bereits eine handwerkliche Ausbildung absolviert und etwa zwei Jahre in diesem Beruf gearbeitet.

Ich wohnte und aß im Haushalt meiner Eltern; alles weitere wie Auto, Bücher, Fahrkarten und Kleidung finanzierte ich durch verschiedene Jobs während des Semesters und Ausgrabungen oder andere Vollzeitbeschäftigungen in der vorlesungsfreien Zeit.

Vor- und Frühgeschichte ist ein sehr kleines Fach. Ich fand schnell Kontakt zu den Kommilitonen und hatte keine Probleme, mich am Institut zurechtzufinden. Es gab nur ein Proseminar, in dem die Grundlagen des wissenschaftlichen Arbeitens vermittelt wurden. Alle anderen Lehrveranstaltungen standen allen Studierenden offen, so dass ich schon im ersten Semester mit Studierenden in einer Veranstaltung saß, die sich bereits in der Prüfungsphase befanden. Das erzeugte bei mir den Eindruck, ohne Wegweiser von einer unendlichen Fülle von Stoff förmlich überschwemmt zu werden. Es blieb den Studierenden selbst überlassen, eine Struktur in der Fülle zu finden.

In den Seminaren wurden fast ausschließlich Referate gehalten, die meist sehr detailliert einzelne Fundplätze beschrieben. Ziel des Seminars war, das nach Meinung des Lehrenden relevante Material durch die Studierenden präsentieren zu lassen. Die Lehrenden hatten anscheinend keine Vorstellung von didaktischen Ansätzen. Bis nach dem Grundstudium lernte ich nur durch die eigenen Referate und in Eigenregie. Die Zeit, die ich in Veranstaltungen zubrachte, war vor allem in den ersten Semestern ziemlich unnütz verbrachte Zeit.

Hinzu kommt, dass bei einem so kleinen Fach nur ein Bruchteil der benötigten Literatur am Institut und in der Universitätsbibliothek vorhanden ist, so dass ich für eine einzige Arbeit oft vier oder fünf Bibliotheken aufsuchen musste, die weit auseinander liegen und alle unterschiedliche Öffnungszeiten und Benutzungsordnungen haben.

Nach acht Semestern hatte ich alle erforderlichen Scheine im Hauptfach und in einem Nebenfach. Es fehlten noch ein Schein im zweiten Nebenfach, der Nachweis der dritten Fremdsprache und eine Exkursion.

Nach weiteren zwei Semestern war ich damit noch kein Stück weiter. Den Schein im Nebenfach hatte ich aufgrund eines Missverständnisses nicht bekommen. Durch eine Änderung der Studienordnung wurde dazu übergegangen, zusätzlich zum mündlichen Referat eine schriftliche Ausarbeitung zu verlangen. Das hatte ich schlicht nicht gewusst und bei der Ausarbeitung des Referats die einzelnen Quellen nicht notiert. Eine schriftliche Ausarbeitung hätte bedeutet, alle Quellen noch einmal aufzusuchen, was zeitlich fast so viel Aufwand bedeutet hätte, wie ein ganz neues Referat zu erstellen, allerdings ohne jeden Lerneffekt.

Eine neue Sprache zu lernen, ist an der Universität sehr schwer. Dort sitzen oft bis zu 300 Studierende in einem Hörsaal. Das eigentliche Lernen findet wieder nur zu Hause statt. Besonders in den Phasen, in denen an Referaten gearbeitet wird, ist kaum Zeit, auch nur das Nötigste zu tun. Exkursionen sind in der Prüfungsordnung zwar zwingend vorgeschrieben, wurden aber kaum angeboten. In den zehn Semestern, die ich studierte, gab es eine zweitägige Exkursion innerhalb Deutschlands, eine nach Afrika und eine auf den Balkan. Wer aus finanziellen und zeitlichen Gründen an den Exkursionen ins Ausland nicht teilnehmen konnte, bekam die erforderlichen Exkursionstage einfach nicht zusammen.

Vor allem in den letzten beiden Semestern empfand ich das Studium zunehmend als sinnlose Zeitverschwendung. Trotz aller Bemühungen war ich meinem Ziel keinen Schritt näher gekommen. Hinzu kam, dass sich meine Lebenssituation grundlegend geändert hatte. Ich hatte einen eigenen Haushalt gegründet und geheiratet. Das bedeutete, ich musste mehr Geld verdienen; außerdem nahm mein Privatleben viel mehr Zeit in Anspruch. Mir wurde immer klarer, dass mich die Magisterarbeit mit ziemlicher Sicherheit direkt in die Arbeitslosigkeit entlassen würde. Bei Fächern wie Vor- und Frühgeschichte ist das eigentlich schon von Anfang an bekannt, aber was das bedeutet, erschloss sich mir erst im Laufe des Studiums.

Eigentlich wollte ich nur eine Pause einlegen, um meine Situation zu überdenken und mich neu zu orientieren. Nach zwei Semestern vergaß ich die fällige Rückmeldung und wurde zwangsexmatrikuliert. Das war zu Beginn des SS 1998.

Ich empfand das als ungeheure Erleichterung. Ich habe zwar nie bewusst entschieden, das Studium abzubrechen, aber die Mischung aus Studiensituation, meinen allgemeinen Lebensumständen und dem totalen Verlust jeglicher Motivation hat mich an einen Punkt gebracht, an dem es nur noch diese Möglichkeit gab.

Heute arbeite ich als geringfügig beschäftigte Museumspädagogin in einem Museum für Vor- und Frühgeschichte und als Nachhilfelehrerin. Die Tätigkeiten machen mir Freude und ich verdiene genug Geld, da ich für meinen Lebensunterhalt nicht allein aufkommen muss. Allerdings ist eine Karriere ausgeschlossen. Hätte ich das Studium abgeschlossen, würde ich heute wohl mehr oder weniger dasselbe machen. Die Chancen, als Prähistorikerin eine Anstellung zu finden, sind äußerst gering und die wenigen Stellen, die es gibt, haben oft mehr mit Verwaltung und Management als mit Archäologie zu tun. Das war nie mein Ziel.

Für mich persönlich war die Zeit des Studiums in vieler Hinsicht sehr wichtig und, da ich immer noch am Rande meines Fachs arbeite, auch in beruflicher Hinsicht nicht verschwendet. Auch aus heutiger Sicht würde ich wieder mit dem Studium beginnen. Vielleicht würde ich einige kleine Entscheidungen anders treffen, eine andere Sprache wählen, ein anderes Nebenfach, aber ob mich das zu einem Abschluss geführt hätte, kann ich nicht sagen.

(Verfasserin den Herausgebern bekannt)

## 8.3 Prominente Studienabbrecher

Sie spielen mit dem Gedanken, Ihr Studium abzubrechen, befürchten aber, dass Ihnen durch einen Studienabbruch eine berufliche Karriere verwehrt bleiben könnte? Sorgen Sie sich nicht! Nach einem Studienabbruch stehen Ihnen bestimmte Bereiche besonders offen, andere eher nicht. Prominente wie Günther Jauch, Gwyneth Paltrow und Bill Gates haben Ihr Studium abgebrochen. Von verbauter Karriere kann in diesen Fällen wohl kaum gesprochen werden.

Als Sportler oder Künstler benötigen Sie kein Studium. Ob als Profifußballer, Maler, Schauspieler, „Superstar" oder Regisseur – einzig Ihr Talent zählt! Ohne abgeschlossenes Studium ist es sogar möglich, einen Weltkonzern zu lenken, wie prominente Beispiele beweisen. Schwierig kann es in der Politik werden, denn für eine politische Karriere ist oft ein Studium, mitunter sogar eine Promotion, Voraussetzung, um das nötige Ansehen in der eigenen Partei zu gewinnen. Joschka Fischer, ehemaliger Außenminister und Parteimitglied von „Bündnis 90 / Die Grünen" stellt hier eine Ausnahmeerscheinung dar. Nach abgebrochener Schulausbildung, abgebrochener Lehre und dem Besuch einiger Vorlesungen in der Universität Frankfurt am Main startete er seine politische Karriere und wurde sogar Gastprofessor in Princeton.

Im Folgenden finden Sie eine Auswahl von Prominenten, von denen keiner sein Studium beendet hat, ohne dass dies einer Karriere im Wege gestanden hätte (www.studienabbrecher.com/prominenteabbrecher.html, unterhaltung.t-online.de/ c/15/32/91/00/15329100, unterhaltung.t-online.de/c/15/32/93/30/15329330, unterhaltung.t-online.de/c/15/32/97/56/15329756, www.spiegel.de/fotostrecke/ 0,5538,7527,00.html, de.wikipedia.org/wiki/Studienabbrecher).

**Film und Fernsehen:**

- Linda *de Mol*, Moderatorin, studierte drei Jahre in Amsterdam Rechtswissenschaft.
- Barbara *Eligmann*, Moderatorin, studierte drei Wochen Wirtschaftswissenschaften in Osnabrück.
- Roland *Emmerich*, Regisseur, studierte an der Hochschule für Film und Fernsehen in München.
- Anke *Engelke*, Komikerin, studierte Pädagogik, Romanistik und Anglistik in Köln.
- Herbert *Feuerstein*, Entertainer und Schauspieler, studierte am Mozarteum in Salzburg Musik.
- Ottfried *Fischer*, Schauspieler, studierte Rechtswissenschaft in München.
- Richard *Gere*, Schauspieler, studierte zwei Jahre Philosophie an der Universität von Massachusetts.
- Bernhard *Hoëcker* studierte in Bonn bis zum Vordiplom Volkswirtschaftslehre.
- Günther *Jauch*, Moderator, studierte zunächst Rechtswissenschaft in Berlin. Danach wechselte er nach München und studierte dort Politik und Neuere Geschichte.

- Oliver *Kalkofe*, Satiriker und Moderator, studierte acht Semester Anglistik, Germanistik und Publizistik in Münster.
- Johannes B. *Kerner*, Moderator und Talkmaster, studierte fünf Jahre Betriebswirtschaftslehre in Berlin.
- Friedrich *Küppersbusch*, Fernsehproduzent, studierte acht Jahre lang Journalistik in Dortmund.
- Heike *Makatsch*, Schauspielerin, studierte vier Semester Politik, Medienwissenschaften und Soziologie.
- Hans *Meiser*, Moderator, studierte Germanistik, Geschichte und Kunstgeschichte in Stuttgart.
- Ulrich *Meyer*, Moderator, studierte in Köln Medizin.
- Gwyneth *Paltrow*, Schauspielerin, studierte ein Jahr Kunstgeschichte an der University of California.
- Bastian *Pastewka*, Komiker, studierte bis zum Abschluss des Grundstudiums Germanistik, Pädagogik und Soziologie in Bonn.
- Jörg *Pilawa*, Moderator, studierte sechs Semester Medizin in Hamburg. Danach studierte er Geschichte mit Schwerpunkt Judaistik sowie Soziologie und Politikwissenschaft.
- Brad *Pitt*, Schauspieler, studierte zwei Jahre Journalismus an der University of Missouri.
- Kai *Pflaume*, Moderator, studierte Informatik in Magdeburg.
- Stefan *Raab*, Moderator, studierte nach seiner Metzgerlehre fünf Semester Rechtswissenschaft.
- Christoph *Schlingensief*, Regisseur und Aktionskünstler, fiel zweimal durch die Aufnahmeprüfung an der Filmhochschule in München. Danach studierte er in München sieben Semester Germanistik, Philosophie und Kunstgeschichte.
- Barbara *Schöneberger*, Moderatorin, studierte zehn Semester Soziologie in Augsburg.
- Til *Schweiger*, Schauspieler, studierte drei Semester Medizin, anschließend Germanistik.
- Otto *Waalkes*, Komiker, studierte einige Semester Pädagogik.
- Sönke *Wortmann*, Regisseur, studierte ein Semester Soziologie.

**Musiker und Sänger:**
- Thomas *Anders*, Sänger, studierte fünf Semester lang Musikwissenschaften, Germanistik und Publizistik in Mainz.
- Eva *Briegel*, Sängerin und Frontfrau der Band „Juli", studierte insgesamt sieben Jahre lang verschiedene Fächer: Kunstgeschichte, klassische Archäologie und Pädagogik, Psychologie, Germanistik und psychosoziale Medizin.
- Eric *Clapton*, Musiker, flog wegen mangelnder Leistungen nach einem Jahr vom Kingston College of Art.
- Jürgen *Drews*, Sänger, studierte vier Semester Medizin in Kiel.
- *Falco* (bürgerlicher Name: Johann Hölzel, † 1998), Musiker, studierte ein Semester am Wiener Musikkonservatorium.
- Rainhard *Fendrich*, Sänger, Moderator und Schauspieler, studierte Jura.

- Herbert *Grönemeyer*, Musiker und Schauspieler, studierte zunächst fünf Semester Musikwissenschaften und Rechtswissenschaft in Bochum. Danach wechselte er an die Musikhochschule in Köln. Nach insgesamt 23 Semestern brach er sein Studium ab.
- Judith *Holoferenes*, Sängerin von „Wir sind Helden", studierte Gesellschafts- und Wirtschaftskommunikation an der Universität der Künste in Berlin.
- Sir Mick *Jagger*, Rocksänger („Rolling Stones"), flog wegen Schwänzens vom Dartford Technical College. Danach studierte er Betriebswirtschaftslehre an der London School of Economics.
- Kurt *Masur*, Dirigent, studierte an der Leipziger Hochschule für Musik.
- Sven *Regener*, Musiker und Schriftsteller, studierte Musikwissenschaften.
- Sabrina *Setlur*, Sängerin, studierte Betriebswirtschaftslehre.

**Schriftsteller:**
- Bertolt *Brecht*, Schriftsteller, studierte Medizin und Naturwissenschaften in München.
- Peter *Handke*, Schriftsteller, studierte Rechtswissenschaft.
- Siegried *Lenz*, Schriftsteller, studierte Philosophie, Anglistik und Literaturwissenschaft in Hamburg.
- Lew Nikolajewitsch *Tolstoi*, Schriftsteller (u. a. „Krieg und Frieden"), studierte orientalische Sprachen in Kasan. Danach studierte er Rechtswissenschaft.

**Unternehmer:**
- Michael *Dell*, Gründer des weltgrößten Computerherstellers Dell, studierte Medizin an der University of Texas in Austin.
- Bill *Gates*, Gründer von Microsoft, studierte zwei Jahre lang Mathematik in Harvard, ohne dieses Studium zu beenden. 2007 bekam er ein Harvard-Diplom – ehrenhalber.
- Steve *Jobs*, Gründer der Computerfirma Apple, studierte ein Semester am Reed College in Oregon.
- Wolfgang *Joop*, Designer, studierte Werbepsychologie in Braunschweig. Danach studierte er Kunsterziehung.
- Dirk *Manthey*, Verleger und Zeitschriftenerfinder (u. a. „TV Spielfilm"), studierte in Hamburg Betriebswirtschaftslehre.
- René *Obermann*, Vorstandsvorsitzender der Deutschen Telekom, studierte bis zum Vordiplom Volkswirtschaftslehre.
- Ferdinand Alexander *Porsche*, ältester Sohn des Firmengründers, wurde nach nur einem Semester von der Hochschule für Gestaltung in Ulm exmatrikuliert.
- Erich *Sixt*, Gründer des Autoverleihers Sixt, studierte vier Semester Betriebswirtschaftslehre in München.

# VIII Studium und was dann?

Geschafft! Sie haben Ihr lang ersehntes Ziel, den Studienabschluss, erreicht. Ihren neuen Lebensabschnitt können Sie nun mit neuen Aufgaben füllen. Nachfolgend werden Ihnen einige Möglichkeiten vorgestellt.

## 1 Praktikum

Viel wurde und wird über die Möglichkeit des Praktikums nach dem Studium diskutiert. „Generation Praktikum" hat sich längst zu einem geflügelten Ausdruck für prekäre Arbeits- und Lebensbedingungen von Hochschulabsolventen etabliert. Eine grundlegende Ablehnung von Praktika für Hochschulabsolventen ist aber genauso verkehrt wie eine unkritische Aneinanderreihung von unzähligen Praktika.

Im Idealfall ist ein Praktikum nach dem Studium eine Möglichkeit für Absolventen, in für sie sinnvollen Tätigkeitsfeldern oder Institutionen praktische Erfahrungen zu sammeln, Kontakte zu knüpfen und potenzielle Arbeitgeber kennenzulernen. Die Anbieter von Praktikantenstellen ihrerseits profitieren von einer kostenlosen oder kostengünstigen Mitarbeit der Praktikanten. Zudem können sie hierdurch mögliche zukünftige Arbeitnehmer kennenlernen und ggf. aufwendige Rekrutierungsmaßnahmen vermeiden. In der Praxis dient ein Praktikum als vorgeschaltete, unverbindliche Probezeit für beide Seiten und faktisch als institutionalisierte Schnittstelle zwischen dem Studium und dem Arbeitsmarkt.

Von einer idealtypischen Win-win-Situation kann dann gesprochen werden, wenn sowohl Arbeitgeber als auch Praktikant gleichermaßen von einem Praktikum profitieren. Dies ist dann der Fall, wenn beide Seiten in das Praktikum investieren und es seitens des Praktikumsanbieters nicht dazu missbraucht wird, hochqualifizierte Absolventen für einen minimalen Aufwand Tätigkeiten für Geringqualifizierte ausführen zu lassen. Daher sollten sich Absolventen an folgenden Grundsätzen für ein Praktikum orientieren:

- Praktika sind kein Selbstzweck, sondern (nur) Mittel zum Zweck.
- Keine Leistung ohne Gegenleistung. Dies kann in Form von Geld, intensiver Betreuung, spannender Tätigkeit, einer guten Adresse im Lebenslauf oder einem verlockenden Aufenthaltsort oder je nach Marktsituation einer Kombination dieser Aspekte zusammen erfolgen.

Auf dieser Basis sollten Sie das Praktikum im Hinblick auf zukünftige Karrierechancen in der Arbeitswelt auswählen. Im zweiten Schritt sind mit dem Praktikumsgeber vorab Inhalt, Form, Zeit, Vergütung, sonstige Vorteilswerte etc. abzuklären und idealerweise in einem Praktikumsvertrag schriftlich zu fixieren. So kann vermieden werden, sich etwas zu erhoffen, was unbeabsichtigt oder beabsichtigt nicht eintreffen wird.

Über die Dauer eines Praktikums kann hier keine allgemeingültige Empfehlung gegeben werden. Für ein qualifiziertes Praktikum ist ein Zeitraum von unter drei Monaten jedoch wenig sinnvoll, weil im Falle von kürzeren Zeiträumen weniger interessante Aufgaben eigenverantwortlich übertragen werden können. Eine Orientierung zur Auswahl geeigneter Unternehmen und Institutionen erhalten Sie in Abschnitt VI 5.

## 2    Beruf

Die im Studium gelernten Inhalte bzw. die im Studium vorbereiteten Berufsbilder entsprechen nicht immer der Realität des später ausgeübten Berufes. Die Gründe liegen in Veränderungen der Berufswelt, die durch Internationalisierung, Technologie, Ökonomie und sozialen Wertewandel hervorgerufen werden. Es werden sich auch in Zukunft stetig neue Qualifikationsanforderungen an Fachwissen, Methodenkenntnisse und Verhaltensweisen entwickeln. Aus diesem Grund sollten Sie Ihre gesamte berufliche Laufbahn als einen von Ihnen zu gestaltenden Prozess betrachten. Dieser beginnt bei der Studienfachwahl und der Gestaltung des Studiums. Mit der Wahl des späteren Berufszweiges erreichen Sie den nächsten wichtigen Meilenstein und es beginnt eine neue Phase Ihrer Laufbahn.

Es gibt allerdings viele Berufsfelder wie z. B. Unternehmensberatung, welche für ganz unterschiedliche Disziplinen (Betriebswirtschaftslehre, Jura, Soziologie, Philosophie etc.) offen ist. Eventuell entwickeln und ändern sich Ihre Interessen und Ziele auch erst während des Studiums, vielleicht sogar mehr als einmal. In jedem Fall ist es ratsam, Ihre Studienzeit zugleich als Experimentierphase zu verstehen, um für sich selbst in verschiedenen Praktika (vgl. Abschnitt VI 5) und in an der Hochschule angebotenen Trainings wie z. B. Rhetorik (vgl. Abschnitt VI 4) zu erkennen, welche entwicklungsfähigen Potenziale Sie besitzen.

Die Suche nach der ersten beruflichen Herausforderung sollte für Sie nicht erst dann starten, wenn Sie die Abschlussurkunde in den Händen halten. Unternehmen bieten oft gezielt Praktikantenstellen für Studierende an, um diese schon frühzeitig an das Unternehmen zu binden und als Absolventen im Rahmen einer Festanstellung zu übernehmen. Daher sollten Sie sich ernsthaft um sinnvolle (Auslands-) Praktika kümmern und überlegen, ob Sie sich im Anschluss an Ihr Studium einen Einstieg in diesem Unternehmen oder zumindest in dieser Branche vorstellen könnten.

Zur Identifikation weiterer möglicher Arbeitgeber und Einstiegsmöglichkeiten empfehlen sich Recruiting-Messen, Jobbörsen im Internet, Internetseiten von Firmen, Netzwerke sowie Branchen- und Fachmagazine. Eine wichtige Rolle bei der Suche nach einem Arbeitgeber sollten auch Ihre individuellen Neigungen bez. der Unternehmensgröße, Internationalität, Organisationskultur und des Standorts spielen. Hier gibt es große Unterschiede, weshalb Sie die Vor- und Nachteile aller Alternativen genau abwägen sollten. Entscheidungskriterien können bspw. die Größe des Verantwortungsbereiches und Entscheidungsspielraumes, Gehalt, Aufstiegsmöglichkeiten, Führungsstil und Mitarbeiterverhalten, Reputation und Image, Freizeitwert der Umgebung sowie Ihre eigene Mobilität sein. Die nötigen Informationen lassen sich meistens sehr gut im Internet recherchieren oder ergeben sich durch Ihren bereits vorhandenen Kontakt in der Rolle als Kunde oder Konsument. Aufgrund der üblichen Vorlaufzeiten sollten Sie sich ca. zwei bis drei Semester vor dem Studienende mit dem Thema Berufseinstieg ausführlich auseinandersetzen.

Als klassische Alternativen für Berufseinstiegspositionen stehen grundsätzlich für Absolventen sog. Traineeships zur Verfügung, die den Kandidaten innerhalb eines gesetzten Zeitrahmens fachlich und persönlich auf die Übernahme einer verantwortungsvollen Tätigkeit im Unternehmen vorbereiten. Darüber hinaus werden sog. Training-on-the-job-Stellen als Direkteinstieg angeboten, bei denen Sie in regulärer Anstellung im Unternehmen starten und nach erfolgter Einarbeitung das Tagesgeschäft der betreffenden Position übernehmen.

Wenn Sie eine Auswahl geeigneter Arbeitgeber und interessanter Stellenausschreibungen gefunden haben, liegt ein wesentlicher Erfolgsfaktor für eine Einladung zum Vorstellungsgespräch bei der Erstellung von qualifizierten Bewerbungsunterlagen. Hier empfiehlt sich vor dem Absenden Ihrer Bewerbermappe eine gründliche Vorbereitung. Gehen Sie schon im Anschreiben auf die Anforderungen im Hinblick auf das Stellenprofil sowie unternehmensindividuelle Charakteristika ein. Die Bewerbung stellt die Visitenkarte Ihrer eigenen Person dar und kann aus der Marketingperspektive als Verkaufsprospekt Ihrer Fähigkeiten betrachtet werden. Das anschließende Vorstellungsgespräch oder Assessment Center sollten Sie professionell vorbereiten, denn hier werden insbesondere Ihre persönlichen Eigenschaften mit den Anforderungen der Stelle und der Unternehmenskultur abgeglichen. Bei einer Entscheidung zu Ihren Gunsten wird zugleich auch die Vergütung für die Position verhandelt, wobei der Spielraum für Sie als Berufseinsteiger meist noch relativ gering ist (www.gehaltsberater.de, www.jova-nova.com/bewerb/einstiegsgehalt.htm).

Wenn Sie eigene Ideen haben, eher visionär und nicht am klassischen Karriereweg interessiert sind, könnte die berufliche Selbstständigkeit während bzw. nach dem Studium für Sie eine denkbare Alternative sein. Aber auch diesen Einstieg ins Berufsleben sollten Sie strategisch planen. Dabei können Sie die Zeit kurz vor Studienabschluss nutzen und von verschiedenen Einrichtungen an Hochschulen profitieren. In den sog. Career Service, die vielen deutschen Hochschulen angeschlossen sind, können Sie sich auf Ihr Leben als Unternehmer oder Freiberufler vorbereiten. Als Selbstständiger brauchen Sie neben einer funktionierenden Geschäftsidee und dem Fachwissen aus Ihrem Studium auch unternehmerisches Wissen, das in der Regel im Studium nicht vermittelt wird. Einige Hochschulen haben deshalb Lehrstühle für Existenzgründer eingerichtet, die als Anlaufstellen für Ihre ersten Schritte und Planungen dienen können. Neben Gesprächen mit anderen Jungunternehmern ist auch der Austausch mit einem persönlichen Coach sinnvoll, der sich auf Existenzgründer spezialisiert hat (www.existenzgruender.de).

Nehmen Sie einen wichtigen Ratschlag mit auf den Weg: Die Phase des Berufseinstiegs ist zwar wichtig, stellt aber nur einen Schritt von vielen in Ihrem gesamten Lern- und Entwicklungsprozess dar. Sie sollten bei Ihrer Einschätzung der eigenen Kompetenz realistisch bis kritisch sein. Seien Sie initiativ und arbeiten Sie weiterhin an Ihren Fähigkeiten. Bleiben Sie stets aufgeschlossen für neue Methoden, Technologien und Konzepte.

## 3   Weiteres Studium

Sie haben bereits erfolgreich ein Studium absolviert und möchten ein weiteres Studium anschließen? Hier bieten sich Ihnen verschiedene Möglichkeiten. Sie können an Ihren erreichten Hochschulabschluss ein Aufbaustudium anschließen, das thematisch auf Ihrem ersten Hochschulabschluss aufbaut oder Sie in eine ganz neue Richtung lenkt, indem es Sie z. B. gezielt auf Management- oder Lehraufgaben vorbereitet. Sie können auch ein ganz neues Fach studieren, indem Sie ein Zweitstudium beginnen.

Ein typisches Beispiel für ein **Aufbaustudium** ist der konsekutive Master-Studiengang nach erfolgreich absolviertem Bachelor-Studiengang (vgl. Abschnitt II 5). Aufbau-Studiengänge stellen also die wissenschaftliche Vertiefung des bisher erlangten Kenntnisstandes von Absolventen dar und dienen dazu, weitere Kompetenzen und Qualifikationen zu vermitteln.

Nach den Prinzipien des Bologna-Prozesses (vgl. Abschnitt II 1) gelten viele Master-Studiengänge als Aufbau-Studiengänge. Das Bachelorstudium schafft die Grundlagen und endet mit einem berufsqualifizierenden Abschluss. Derzeit ist es aber aufgrund noch unzureichender Akzeptanz bei vielen Arbeitgebern vorteilhaft, ein Bachelorstudium durch ein sog. *konsekutives Masterstudium* zu ergänzen, um einen den bisherigen Diplom- oder Magister-Studiengängen äquivalenten Abschluss zu erlangen. Vielfach wird auch ein *nicht-konsekutiver Master-Studiengang* angeboten, der inhaltlich nicht auf dem vorangegangenen Bachelor-Studiengang aufbaut, sondern an ein beliebiges abgeschlossenes Studium anknüpft. Nennenswert ist hierbei bspw. der in der Wirtschaft bekannte Master of Business Administration (MBA), der z. B. für Natur- oder Geisteswissenschaftler, Juristen oder Mediziner eine umfassende Managementausbildung darstellt. Des Weiteren gibt es *weiterbildende Aufbau-Studiengänge*, welche die Möglichkeit für weitere berufliche Perspektiven eröffnen. Für Absolventen aus dem nichtpädagogischen Bereich gibt es bspw. die Möglichkeit, sich durch ein Aufbaustudium als Lehrer in berufsbildenden Schulen zu qualifizieren (vgl. Abschnitt II 3).

Die Beweggründe für einen Aufbau-Studiengang sowie die individuelle Auswahl des passenden Programms hängen von vielen Einzelfaktoren ab. Es gibt verschiedene Gründe, aus denen Sie sich für ein weiteres Studium entscheiden können: Eventuell ist der Abschluss des Aufbau-Studiengangs formell oder informell Voraussetzung für eine bestimmte berufliche Position wie z. B. für die „Berechtigung zur Ausübung des höheren Dienstes", oder er öffnet Ihnen Türen für spätere Vorhaben, bspw. ist für Studierende ein Master-Abschluss eine Vorbereitung auf die Promotion (vgl. Abschnitt VIII 4). Vielleicht versprechen Sie sich auch bessere berufliche Aussichten im Ausland, etwa durch einen international anerkannten Master-Abschluss.

Die Vielzahl der möglichen Studiengänge sollten Sie anhand von Recherchen und eigenen Kriterien bewerten. Um die Qualität von Forschung und Lehre zu sichern und zu erhöhen, gibt es in DEUTSCHLAND seit 1998 einen Akkreditierungsrat. Dieser begutachtet wiederum die Agenturen, welche die Bachelor- und Master-Studiengänge (vgl. Abschnitt II 3) akkreditieren. Trägt ein Studiengang das Qualitätssiegel einer Akkreditierungsagentur, wurde es von einem der Institute für Qualitätssicherung durch Akkreditierung für gut befunden, weil Mindeststandards erfüllt werden. Sie sollten also darauf achten, dass der Studiengang akkreditiert ist. Dies wird Ihnen auch bei Ihrer Bewerbung nach dem Aufbaustudium helfen, da diese Abschlüsse bei Arbeitgebern wesentlich mehr Akzeptanz finden.

Zur Auswahl des richtigen Aufbau-Studiengangs steht der Interessent zumeist vor einer Vielzahl möglicher Konzepte, angefangen von Vollzeit-Studiengängen direkt im Anschluss an den ersten Studienabschluss sowie berufsbegleitenden Teilzeit-Studiengängen, die erst nach einiger Zeit der Berufs- und Führungserfahrung aufgenommen werden können. Oftmals entscheidet auch die Frage des Studienorts: So können Programme direkt am eigenen Ort stattfinden, ggf. sind auch Reisezeiten oder sogar Auslandsaufenthalte Bestandteil des Studiums.

Zeitlich sind Aufbau-Studiengänge meist kompakter als das Erststudium und dauern nur wenige Semester oder Trimester. Sie liegen mit ihrer Regelstudienzeit deutlich unter der eines Erststudiums.

Ein **Zweitstudium** ist ein weiteres Studium, das nach erfolgreichem Abschluss eines ersten Studiums aufgenommen wird. Das Erststudium ist – anders als der Bachelor-Abschluss für das Aufbaustudium – keine Voraussetzung zur Aufnahme des Zweitstudiums. Das Zweitstudium dient also primär dazu, sich eine neue Fachrichtung zu erschließen.

Gründe für die Aufnahme eines Zweitstudiums sind vielfältig. Sie können in der Entwicklung eines speziellen Profils liegen. Das Zweitstudium lässt sich auch über die sich entwickelnden beruflichen Anforderungen rechtfertigen, aufgrund derer etwa ein betriebswirtschaftliches Zweitstudium nach einer naturwissenschaftlichen Erstausbildung aufgenommen wird. Ein anderes Beispiel stellt der Humanmediziner dar, der im Anschluss an sein Erstes Staatsexamen Zahnmedizin studiert, um Mund-Kiefer-Gesichtschirurg zu werden. Denkbar ist auch, dass das Erststudium, studienbegleitende oder studienanschließende Praktika bzw. die Berufstätigkeit den Wunsch nach einer kompletten Umorientierung geweckt haben.

Es ist zu erwarten, dass der Studierende das Zweitstudium stärker als ein Erstoder ein Aufbaustudium hinsichtlich Aufwand und Ertrag sich selbst und Dritten gegenüber rechtfertigen muss. Vor der Entscheidung für ein Zweitstudium sollten Sie deshalb in besonderer Weise Ihre jeweiligen Motive, Möglichkeiten und Grenzen klären. Seien Sie sich dessen bewusst, dass ein Zweitstudium immer noch einen erheblichen zeitlichen Aufwand erfordert, selbst wenn Sie durch die Erfahrungen im Erststudium und ggf. die Anerkennung einiger Leistungsnachweise effizienter arbeiten und einige Studienleistungen einsparen können.

Dazu stellt sich auch, durch Studiengebühren (vgl. Abschnitt III 1.2) noch verstärkt, die Frage des finanziellen Aufwands. Zurzeit werden in DEUTSCHLAND konsekutive Master-Studiengänge bei der Berechnung von Studiengebühren sowie bei der BAföG-Bewilligung und ähnlichen verwaltungstechnischen Angelegenheiten in der Regel wie ein Erststudium gehandhabt. Waren Sie es gewohnt, im Rahmen Ihres Erststudiums lediglich (und wenn überhaupt) die Studiengebühren zu zahlen, so können für Aufbau- oder Zweit-Studiengänge zusätzliche Entgelte erhoben werden. Sofern Sie einen berufsbegleitenden Aufbau-Studiengang wählen (sog. Executive Programs), könnte hierbei insbesondere Ihr Arbeitgeber wertvolle Unterstützung leisten, etwa durch finanzielle Zuschüsse oder zeitliches Entgegenkommen wie z. B. durch eine Freistellung. Gleiches gilt für ein Zweitstudium: Je mehr Interesse Ihr Arbeitgeber an einem Zweitstudium hat oder entwickeln kann, desto besser sind Ihre Chancen, eine Mitfinanzierung oder anteilige Freistellung in der Arbeitszeit bei gleichbleibenden Bezügen zu erhalten. Neben dem berufsbegleitenden Studium gibt es die Möglichkeit, durch ein Stipendium gefördert zu werden (vgl. Abschnitt III 2.3).

Sofern das gewählte Aufbau- oder Zweitstudium direkt berufsbezogenen Charakter hat, ist eine steuerliche Geltendmachung im Rahmen der jährlichen Steuererklärung möglich. Die Aufwendungen für das Studium sind als Werbungskosten absetzbar (vgl. Abschnitt III 1.6).

Erleichtert oder vielleicht überhaupt erst ermöglicht wird ein berufsbegleitendes Aufbau- oder Zweitstudium auch durch die Alternativen des Fern-, Teilzeit- oder Abendstudiums bzw. die mittlerweile schon weit verbreiteten Angebote des Online-Studiums (vgl. Abschnitte IX 2 und IX 3). Sollte sich dadurch eine längere Studiendauer als bei einem Präsenzstudium ergeben, muss diese nicht zwingend ein Nachteil sein. Die Möglichkeit, parallel zum Studium im Beruf weiterzuarbeiten und somit finanziell abgesichert zu sein, bietet unter Umständen Vorteile.

Lange schon sind die Zeiten vorbei, in denen der berufliche Werdegang mit Abschluss des Studiums größtenteils vorgezeichnet war. Für die heutige Arbeitswelt wird es notwendig, sich Nischen zu suchen, flexibel zu bleiben sowie eigenes Wissen und persönliche Stärken zu nutzen und sich stetig weiterzuentwickeln. Im Zeitalter des „lebenslangen Lernens" stellt ein Aufbaustudium bzw. ein für Ihr angestrebtes Berufsziel passendes Zweitstudium auf jeden Fall eine sehr gute Art der vertiefenden Weiterbildung sowie Investition in Ihre berufliche Zukunft dar.

### Tipps zum Weiterlesen (für Abschnitt VIII 3)

Stöckli 2007.

# 4 Promotion

Nach erfolgreicher Beendigung Ihres Studiums wird sich für Sie möglicherweise die Frage stellen, ob Sie promovieren wollen. Hat Ihnen bereits das wissenschaftliche Arbeiten im Studium gefallen, z. B. die selbstständige Auseinandersetzung mit einer Fragestellung im Rahmen einer Hausarbeit? Dann kann eine Promotion der richtige Weg sein. Eine Dissertation zu schreiben bedeutet jedoch nicht zwingend eine Entscheidung für eine wissenschaftliche Laufbahn und einen lebenslangen Verbleib an der Hochschule (vgl. Abschnitt VIII 5).

Formell teilt sich das *Promotionsverfahren* in zwei Teile: Im ersten Teil wird eine selbstständige wissenschaftliche Arbeit, die Dissertation, erstellt. Diese unterscheidet sich von einer Abschlussarbeit zum einen durch den Anspruch, eine eigenständige Forschungsleistung zu sein, und stellt einen Beitrag zum Forschungsfortschritt dar. Zum anderen ist der Anspruch an Konzeption, Umfang und Durchführungsdauer höher. Der zweite Teil des Promotionsverfahrens besteht aus einer mündlichen Prüfung, die nach der Begutachtung der Dissertation stattfindet. Der Doktortitel wird i. Allg. erst nach der Veröffentlichung der Dissertation verliehen.

Mit der Promotion können unterschiedliche *Zielsetzungen* verbunden sein. Eine Promotion eröffnet die Möglichkeit einer wissenschaftlichen Karriere an einer Hochschule, sei es in Ihrem Heimatland oder auch im Ausland. In bestimmten Fächern wie bspw. Chemie oder Medizin ist der Doktorgrad die (inoffizielle) Voraussetzung für eine verantwortungsvolle Anstellung auch außerhalb der Hochschule (vgl. Abschnitt VIII 5). Aber auch für eine Anstellung in der Wirtschaft oder im öffentlichen Dienst kann ein Doktortitel von Vorteil sein, da diesem akademischen Grad in der Regel von Personalleitern und in der Öffentlichkeit ein gewisser Respekt entgegengebracht wird.

Bevor Sie sich dem „Abenteuer" Promotion stellen, sollten Sie über Vorteile und Nutzen genauso gründlich und kritisch nachdenken wie über den Aufwand. Bei Ihrer *Entscheidung für oder gegen eine Promotion* sollten Sie persönliche und inhaltliche Faktoren sowie die Rahmenbedingungen berücksichtigen:

- Sind Ihre familiären und sozialen Verhältnisse stabil genug?
- Unterstützen Ihr Partner und Ihre Familie die Promotion?
- Behalten Sie trotz der Promotion den für Beruf und Familie nötigen zeitlichen Freiraum? Anders gefragt: Lassen Ihre berufliche und familiäre Situation überhaupt eine Promotion zu?
- Fühlen Sie sich dieser Mehrfachbelastung physisch und psychisch gewachsen?
- Verfügen Sie über genügend Selbstdisziplin und Zielstrebigkeit für eine mehrjährige Promotionsphase?

Wenn diese Rahmenbedingungen stimmen und eine prinzipielle Entscheidung für die Promotion gefallen ist, kann das Abenteuer Promotion konkreter angegangen werden. Dafür sollten Sie ein Thema wählen, das sowohl Sie als auch Ihren Betreuer begeistert. Prüfen Sie den Nutzen des Doktortitels für die Verwirklichung

Ihrer Berufswünsche, möglicherweise hat dies Einfluss auf die Themenwahl. Vor dem Hintergrund, dass Sie sich voraussichtlich jahrelang mit dem einmal festgelegten Thema auseinandersetzen werden, gehören sicherlich das „Brennen" für ein Thema und Durchhaltevermögen zu den wichtigsten Voraussetzungen. Die Promotion rein als Karrieresprungbrett zu sehen oder als Notlösung anzufangen, weil gerade nicht der passende Job zu finden ist, führt in vielen Fällen nicht zum gewünschten Ziel.

Auch die Attraktivität der Universitätsstadt und der Fakultät, an der Sie Ihr Promotionsvorhaben verwirklichen wollen, sind wichtige Aspekte der Entscheidungsfindung. Letztlich ist jeder Mensch individuell verschieden: Manchen Promotionswilligen plagt die Angst vor der Abhängigkeit von einem Betreuer und vor einer finanziell entbehrungsreichen Zeit. Ein anderer Promotionswilliger hat ein für ihn passendes Finanzierungsmodell gefunden, zeigt Zuversicht im Hinblick auf das Betreuungsverhältnis und sieht in dieser Lebensphase in erster Linie die Chance, erste Erfahrungen in Lehre und Projektmanagement zu sammeln. Er möchte ohnehin seine Zukunftspläne in der akademischen Welt realisieren, weil er das wissenschaftliche Arbeiten liebt.

Bevor Sie die Promotion beginnen, sollten Sie sicher sein, dass Sie diesen Schritt auch wirklich tun wollen. Bedenken Sie dabei, dass es in der mehrjährigen Promotionsphase private, berufliche oder gesundheitliche Veränderungen geben kann, die ggf. besonderes Engagement oder Durchhaltevermögen verlangen. Verfolgen Sie also die Fragen nach dem Thema, dem Fachgebiet, dem Standort sowie der Betreuung und Finanzierung erst dann konkret, wenn Sie sich sicher sind, dass Sie wirklich promovieren wollen.

Sie sind nicht der einzige Abenteurer, der sich auf die verschlungenen Pfade der Promotion gewagt hat, obwohl Ihnen das manchmal so vorkommen mag und Sie fürchten, einsam in Ihrem Studierzimmer zu verkümmern. Verständnis und Unterstützung können Sie bei Gleichgesinnten finden, die Sie bspw. im Rahmen eines Netzwerkes wie Thesis e. V. (www.thesis.de) kennenlernen können.

Die Entscheidung für eine Promotion fällt zu ganz unterschiedlichen Zeitpunkten. Bei einigen fällt sie erst (lange) nach Abgabe der Abschlussarbeit, andere wissen bereits während des Studiums, dass sie später promovieren möchten.

Sollten Sie sich bereits im Studium sicher sein, dass Sie später einmal promovieren möchten, lohnt es sich, die Augen offen zu halten und Kontakte zu knüpfen. Da sehr viele Promovierende an ihrer Alma Mater bleiben, lassen sich durch persönliches Engagement in Ihrer Studienzeit bereits erste Weichen für die spätere Promotion und die evtl. damit verbundene Anstellung an der Hochschule stellen. Wenn Sie Professoren positiv auffallen, wird Ihnen möglicherweise eine Tätigkeit als studentische Hilfskraft bzw. als Tutor angeboten. Dies erleichtert Ihnen den Zugang zu einem Professor, bei dem Sie später evtl. promovieren möchten, erheblich. Darüber hinaus lohnt es sich, in Lehrveranstaltungen etwas weiterzudenken. Vielleicht werden Aspekte angesprochen, die bislang noch kaum erforscht sind, aber genau auf Ihr Interesse treffen. Notieren Sie diese, verwerfen können Sie diese frühen Ideen später immer noch. Und nicht zuletzt sind gute bis sehr gute Studienleistungen unabdingbare Eingangsvoraussetzungen für die Promotion. Bündeln Sie Ihre Kräfte und bemühen Sie sich um einen guten Studienabschluss.

Betrachten Sie auch die *Risiken einer Promotion*: Was spricht gegen eine Promotion? Eine Promotion bedeutet eine Spezialisierung auf einem Gebiet und einen höheren Abschluss als ein Diplom bzw. ein Master. Dadurch eröffnen sich bestimmte Karrierewege, für die ein Doktortitel nahezu unabdingbar ist, andere verschließen sich. Mit der Promotion geht die Gefahr der Überspezialisierung einher. Dies kann unter Umständen ein Grund sein, Sie für eine bestimmte berufliche Tätigkeit nicht auszuwählen. Wer definitiv keine wissenschaftliche Laufbahn plant, sollte sich erkundigen, für welche Tätigkeitsfelder ein Doktortitel hilfreich und für welche dieser sogar hinderlich sein könnte. Nicht zuletzt werden Sie während der Promotion nicht jünger. Zwar gibt Ihnen die Promotion die Möglichkeit, ein eigenes Forschungsprojekt zu realisieren, allerdings verlängert die Dissertation auch unweigerlich Ihre Ausbildungsphase. Sollten Sie nicht parallel zu einer Berufstätigkeit promovieren, können sich in manchen Berufsfeldern Ihr späterer Eintritt ins Erwerbsleben und Ihr höheres Alter negativ auf die Arbeitssuche, aber auch auf die Höhe Ihrer Renten- bzw. Pensionsansprüche auswirken. Bedenken Sie auch, dass im Falle einer Stellenwahl aufgrund Ihrer Qualifikation nicht nur Ihr eigener Anspruch steigen wird, sondern auch der des Arbeitgebers.

Im Prüfungsjahr 2007 haben in DEUTSCHLAND insgesamt 23.843 Personen ihre Promotion bestanden. Die entsprechende Verteilung über die einzelnen Fächergruppen wird in Abb. 21 dargestellt.

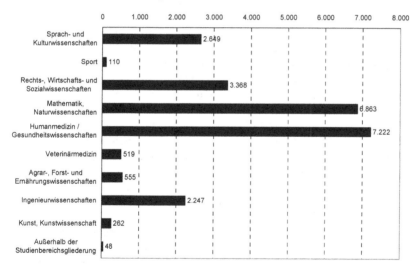

**Abb. 21.** Bestandene Promotionen in DEUTSCHLAND im Prüfungsjahr 2007 nach Fächergruppen (Statistisches Bundesamt 2008, 22)

Eine Promotion stellt für Sie die Möglichkeit dar, sich über einen längeren Zeitraum intensiv mit einer selbst gewählten oder vorgegebenen Themenstellung zu befassen und diese gründlich zu erforschen. Sie sollten sich auf eine Promotionsdauer von durchschnittlich drei bis fünf Jahren einstellen. Daher lohnt es sich, die Entscheidung für oder gegen eine Promotion gründlich zu überdenken. Haben Sie sich nach reiflicher Überlegung für die Promotion entschieden, vergrößern Sie bei der Erstellung der Dissertation viel mehr als nur Ihr fachliches Wissen. Sie erwerben bzw. vertiefen wertvolle Schlüsselqualifikationen und Erfahrungen wie eine gute Selbstorganisation, Projekt- und Zeitmanagement, selbstständiges Arbeiten, Zielorientierung und Krisensicherheit. Ihr Durchhaltevermögen und Ihre Frustrationstoleranz werden immer wieder herausgefordert. Durch das Vorstellen und Verteidigen Ihrer (Zwischen-)Ergebnisse werden dabei auch Ihre Präsentations- und Diskursfähigkeiten geschult. Diese Schlüsselqualifikationen werden Ihnen über die fachliche Qualifikation hinaus im weiteren Leben von Nutzen sein.

***Tipp zum Weiterlesen (für Abschnitt VIII 4)***

Stock / Schneider / Peper / Molitor 2009b.

# 5    Wissenschaftliche Laufbahnplanung

Der Begriff Laufbahnplanung steht in der Personalwirtschaft für die Möglichkeit der internen Personalbeschaffung. Übertragen auf Hochschulen bedeutet dies, dass die Studierenden in qualifizierenden Studiengängen, also in Studiengängen, die zum ersten Studienabschluss führen, die potenziellen Nachwuchskräfte von Hochschulen sind. Bereits im Grundstudium bzw. im Bachelorstudium erhalten Sie im Rahmen von Tätigkeiten als studentische Hilfskraft Einblicke in die Arbeit von Wissenschaftlern. So mancher heutige Professor hat bereits im Studium als studentische Hilfskraft Vorlesungsskripte kopiert, Befragungsbögen eingepflegt oder Recherchetätigkeiten an einem Lehrstuhl ausgeübt. In vielen Fächern erfolgt der erste Kontakt zur wissenschaftlichen Forschung bereits während der zu absolvierenden (Labor-)Praktika oder der Bachelorarbeit. Der Grundstein für das Interesse an der Wissenschaft wird somit meist in den ersten Jahren eines Studiums gelegt. Doch was müssen Sie mitbringen, wenn Sie sich grundsätzlich vorstellen können, nach dem Studienabschluss einen wissenschaftlichen Werdegang einzuschlagen? Welche Wege gibt es? Diese Themen werden im Folgenden angerissen.

Welche *Voraussetzungen* sollten Sie für eine wissenschaftliche Laufbahn mitbringen? In erster Linie sollten Sie Neugier, eine große Lernbereitschaft und hohes Engagement besitzen, hinzu kommen die Fähigkeiten zum analytischen Denken und zum selbstständigen Arbeiten. Neben diesen Basisvoraussetzungen ist es wichtig, dass Sie Ihre eigenen Kompetenzen und Interessen erkennen. Sollte es Ihnen schwer fallen, sich selbst einzuschätzen, bitten Sie andere darum. Eine gute Möglichkeit bieten neben der Beurteilung durch die Dozenten während Ihres Studiums auch Praktikums- oder Arbeitszeugnisse. Wenn Sie sich in bestimmten Bereichen weiterentwickeln wollen, gibt es eine Vielzahl von Möglichkeiten an Ihrer Hochschule. Hierzu zählen auch Kurse in Schlüsselqualifikationen wie „Präsentationstechniken", „wissenschaftliches Schreiben", „Stressmanagement" etc. Sollten Ihnen fachliche Erfahrungen fehlen, dann lohnt es sich, frühzeitig zu planen, in welchen Bereichen Sie diese erhalten können. Tätigkeiten wie das Arbeiten als studentische Hilfskraft (vgl. Abschnitt III 2.4.2) können hilfreich sein, um Ihre

Kompetenzen und Informationen zur jeweiligen Disziplin zu erweitern. Wenn Sie im Bachelorstudium feststellen, dass Sie Spaß an der Wissenschaft haben, sollten Sie ein Masterstudium anschließen. Spätestens bei der von Ihnen eigenständig verfassten Abschlussarbeit merken Sie, ob Ihnen das wissenschaftliche Arbeiten liegt.

Sie sollten auch überlegen, ob Sie bereit sind, sich auf die Rahmenbedingungen einzulassen, die eine wissenschaftliche Laufbahn mit sich bringt. Zum einen wird für eine wissenschaftliche Karriere häufig eine gewisse Mobilität vorausgesetzt, da in den seltensten Fällen die Karriere an einem Standort verfolgt werden kann. In vielen Fächern ist ein Auslandsaufenthalt die Regel. Zum anderen beeinflussen Ihre persönlichen Rahmenbedingungen Ihre wissenschaftliche Laufbahn. Dabei ist es u. a. wichtig, dass Sie sich mit Themen wie der Familienplanung auseinandersetzen. Ein Kinderwunsch ist gerade für Frauen immer noch häufig ein Grund, die wissenschaftliche Karriere abzubrechen (Lind 2006, 8 f.). Der persönliche Bereich umfasst auch Ihre Einstellungen zum Leben, u. a. wie hoch Ihr Freizeitbedarf ist, ob Sie auf lange Urlaube verzichten wollen oder sich vorstellen können, den Urlaub mit Konferenzen zu verbinden. Werden Sie das erforderliche Engagement auch in einigen Jahren noch haben oder sich wünschen, einen anderen Weg eingeschlagen zu haben? Dazu ist es immer wieder wichtig, zu prüfen, ob die Verbindung von persönlichen und beruflichen Zielen noch passt. Profitieren Sie von Erfahrungen und Hinweisen von Personen, die bereits eine wissenschaftliche Laufbahn eingeschlagen haben, sprich Promovierende, Postdocs oder Dozenten bzw. Professoren. Von diesen können Sie nützliche Hinweise und Impulse erhalten.

Individuelle Voraussetzungen für die wissenschaftliche Laufbahn stellen in erster Linie effektive und sorgfältige Arbeitsmethoden, aber auch eine gewisse Frustrationstoleranz dar. Neben dem zielstrebigen Arbeiten an einem Thema ist eine gute Kommunikationsfähigkeit unabdingbar. Denn der Kontakt und Austausch mit anderen Wissenschaftlern und Institutionen ermöglichen Ihnen im Laufe des wissenschaftlichen Arbeitens den Aufbau eines Netzwerkes, ohne das Sie – insbesondere bei Fortschreiten der wissenschaftlichen Karriere – nicht auskommen.

Wenn Sie Ihren beruflichen Weg in der Wissenschaft sehen, stehen Ihnen verschiedene *Varianten der wissenschaftlichen Laufbahn* offen. Für alle ist in der Regel eine Promotion erforderlich. Dadurch wird der höchste akademische Grad erreicht (vgl. Abschnitt VIII 4). Mit einem Doktorgrad können Sie sich generell auf sog. Postdoc-Positionen bewerben. Dies sind befristete Anstellungen oder auch Stipendien, die einen Doktortitel voraussetzen, bei denen Sie aber immer noch in die Arbeitsgruppe eines Professors eingebunden sind.

Neben dem Wunsch, eine unbefristete Anstellung im wissenschaftlichen Mittelbau zu erlangen, gibt es die Möglichkeit, eine Professur anzustreben. Dazu müssen Sie in DEUTSCHLAND einige Voraussetzungen erfüllen, die meist in den Hochschulgesetzen der einzelnen Bundesländer festgeschrieben sind.

In vielen Fächern ist eine Habilitation eine der Berufungsvoraussetzungen. Neben der an Universitäten traditionellen Methode, diese wissenschaftliche Arbeit in einer Monografie niederzuschreiben, gibt es auch die alternative Variante, wissenschaftliche Veröffentlichungen zusammenzufassen und als kumulative Habilitationsschrift einzureichen. Die Formalia zur Habilitation sind in den Habilitationsordnungen der Fakultäten der einzelnen Universitäten festgeschrieben. Bei den meisten Stellenausschreibungen für Professuren wird aber auch auf die Möglichkeit hingewiesen, die Habilitation durch andere äquivalente Leistungen zu ersetzen. Dies können z. B. in anwendungsorientierten Fächern Berufserfahrung in der Industrie bzw. in künstlerischen Fächern besondere künstlerische Leistungen sein.

Weiterhin werden an vielen deutschen Universitäten Juniorprofessuren eingerichtet. Diese sollen besonders herausragenden, jungen Wissenschaftlern ermöglichen, unabhängig von den Rahmenbedingungen eines bereits besetzten Lehrstuhles zu forschen. Ihre wissenschaftliche Befähigung weisen diese Juniorprofessoren durch eine hohe Anzahl an wissenschaftlichen Artikeln und durch das Durchführen von Lehrveranstaltungen nach. Die Juniorprofessur kann nach der vereinbarten Laufzeit in eine Professur umgewandelt werden.

Prinzipiell können Sie eine wissenschaftliche Laufbahn ebenfalls in einer außeruniversitären Forschungseinrichtung einschlagen. Dazu zählen bspw. Einrichtungen der Max-Planck-Gesellschaft, der Helmholtz-Gemeinschaft Deutscher Forschungszentren, der Fraunhofer-Gesellschaft oder der Leibniz-Gemeinschaft. An diesen Einrichtungen können Sie zwar nicht direkt habilitieren, aber viele Institutionen kooperieren eng mit Universitäten, die dies dann ermöglichen.

Weitere Möglichkeiten, eine wissenschaftliche Laufbahn einzuschlagen, bieten die Fachhochschulen. Die Arbeit eines Fachhochschulprofessors ist stärker an die Praxis gebunden und beinhaltet in der Regel eine höhere Lehrverpflichtung im Vergleich zu Universitätsprofessoren. Auch hier ist die reguläre Voraussetzung für die Berufung eine abgeschlossene Promotion, der Nachweis einschlägiger Fachkenntnisse auf dem zu besetzenden Gebiet sowie einige Jahre Berufserfahrung (www.hochschulkarriere.de).

Eine ganz andere Variante stellt das wissenschaftliche Arbeiten in Unternehmen dar. So sind bspw. pharmazeutische Unternehmen in der Regel mit Forschungsaufgaben betraut. Jedoch sollten Sie sich im Voraus genau informieren, welche Strukturen die Forschung in den jeweiligen Unternehmen hat und welche Aufgabenbereiche Sie konkret interessieren würden. Die Promotion ist nicht für alle Bereiche eine zwingende Voraussetzung. Doch wenn Sie eine Tätigkeit in der Führungsebene der Forschung anstreben, ist diese unabdingbar. Sollten Sie Interesse an einem spezifischen Bereich haben, lohnt es sich, bereits während des Studiums Kontakte zu diesen Unternehmen aufzubauen. Nicht selten bieten Praktika oder auch die Abschlussarbeit eine gute Gelegenheit, einen Eindruck zu gewinnen.

Die Promotion ist somit in der Regel die Grundvoraussetzung für eine wissenschaftliche Karriere. Die Gründe für eine Promotion sind allerdings so vielfältig wie die Promotionswege. Egal, ob Sie direkt von der Hochschule kommen oder bereits einige Jahre Praxiserfahrung mitbringen, sollten Sie sich vorher gründlich Gedanken darüber machen, warum Sie promovieren wollen. Ist es aufgrund der besseren Karrieremöglichkeiten, weil Sie ein Angebot bekommen haben, weil Sie die akademische Laufbahn für sich passend finden oder weil Sie von einem wissenschaftlichen Thema fasziniert sind?

Informieren Sie sich über neue Entwicklungen und klären Sie Ihre Ziele ab. Nach vielen Anstrengungen und zu überwindenden Klippen bedeutet der Abschluss einer Promotion auf jeden Fall ein tolles Erfolgserlebnis!

# IX    Besondere Situationen

Es gibt Rahmenbedingungen oder Situationen eines Studiums, die als besonders bezeichnet werden können; sei es durch die Art des Studiums oder die persönliche Situation. Wie können Sie trotz eventueller Einschränkungen Ihr Studium erfolgreich absolvieren? Auf diese Frage erhalten Sie nachfolgend Antworten und weitergehende Informationen.

## 1    Schülerstudium

Die Hochschulreife wird in DEUTSCHLAND allgemein mittels Abitur nachgewiesen, daher erscheint der Begriff „Schülerstudium" zunächst einmal als Widerspruch. Dieser ist damit zu erklären, dass im Rahmen der Begabtenförderung über viele Jahre weitgehend erfolgreich mit Möglichkeiten experimentiert wurde, Schülern in Deutschland universitäre Veranstaltungen zugänglich zu machen. In ÖSTERREICH gibt es kein Schülerstudium, jedoch andere Wege der Begabtenförderung. In der SCHWEIZ laufen hierzu Pilotprojekte.

Mit steigender Beliebtheit des Konzeptes hat sich seit etwa Mitte der 1990er Jahre die Bezeichnung „Schülerstudium" eingebürgert, alternativ auch *Juniorstudium* genannt. Gemeint sind damit universitäre Lehrveranstaltungen, im Rahmen derer Schüler – meist der gymnasialen Oberstufe – bereits vor dem Abitur Leistungsnachweise erwerben können, die in einem späteren Regelstudium (vgl. Abschnitte II 3 und II 5) angerechnet werden. Das Schülerstudium ist von der Kinderuniversität zu unterscheiden, welche vorrangig der kindgerechten Vermittlung von Wissenschaft dient und keine universitären Leistungsnachweise beinhaltet.

Die Schülerstudienprogramme unterscheiden sich hinsichtlich ihrer Zugangsvoraussetzungen, zu denen häufig Aufnahmetests oder Empfehlungen von Fachlehrern gehören. Ebenso stark variiert die Verzahnung mit inhaltlich verwandten Regelstudiengängen. Das Angebot reicht von schülerspezifischen Seminaren und Vorlesungen bis hin zur vollkommenen Wahlfreiheit.

Der mit dem Schülerstudium einhergehende zusätzliche Aufwand birgt Risiken für die schulischen Aktivitäten. Dessen sollten sich alle Beteiligten, insbesondere auch die Eltern, deren Zustimmung oft notwendig ist, bewusst sein. Kritisch sollten auch mögliche negative Auswirkungen aus einer solchen Überlastungssituation in Erwägung gezogen werden. Positiv ist demgegenüber, dass durch das frühe Kennenlernen der Studieninhalte evtl. vorhandene falsche Vorstellungen über das

Studienfach korrigiert werden können und somit die Wahrscheinlichkeit eines späteren Studienabbruches (vgl. Abschnitt VII 8) reduziert wird.

An vielen Universitäten werden die Schülerstudierenden von Studiengebühren befreit. Die im Schülerstudium erbrachten Leistungsnachweise können häufig bei einem späteren regulären Studienantritt, an der gleichen Hochschule oft vereinfacht, angerechnet werden. In jedem Fall sollten Sie sich vor Aufnahme des Schülerstudiums ausführlich bei Beratungsstellen wie den Studierendensekretariaten informieren (vgl. Abschnitt II 7.7). Die Aufnahme des Schülerstudiums sowie die Vorlesungsplanung sind insbesondere mit dem Zeitplan der notwendigen Vorbereitung auf die Schulabschlussprüfungen abzustimmen.

Ein Schülerstudium stellt eine große Chance dar, frühzeitig Neigungen und Grenzen hinsichtlich der Studienfachwahl auszuloten. Außerdem bietet das Schülerstudium die Möglichkeit, sich an die universitären Gepflogenheiten frühzeitig zu gewöhnen und hierdurch Zeit im Regelstudium zu sparen. Insgesamt kann ein Schülerstudium helfen, sich früher innerhalb der regulären Studienzeit auf die persönlichen Ziele zu konzentrieren, und damit die Chance auf einen erfolgreichen Studienstart und -verlauf erhöhen.

# 2   Fernstudium

Der Vorteil eines Fernstudiums liegt klar auf der Hand: Es kann dort studiert werden, wo es am schönsten ist – zu Hause. Immer mehr Universitäten und Fachhochschulen reihen sich in die Liste der Hochschulen ein, die ein Fernstudium anbieten. Der Gedanke, z. B. im eigenen Wohn- oder Arbeitszimmer zu studieren und sich weiterzubilden, hat für viele seinen Reiz, denn das so gestaltete Lernen geschieht weitgehend zeit- und ortsunabhängig und ist hochgradig selbstbestimmt.

Zunächst einmal bedeutet Fernstudium, dass Sie im Unterschied zum Präsenzstudium an Studiengängen teilnehmen, die Sie aus der Ferne zu der anbietenden Institution wahrnehmen können und (oft) müssen. Für Ihr Selbststudium erhalten Sie spezifisch gestaltete Studienbriefe, Manuskripte und Hilfsmittel, mithilfe derer Sie sich eigenständig auf die Prüfung am Ende des Semesters vorbereiten. Bei einigen Anbietern können Sie die Lerninhalte bereits über internetbasierte Lernplattformen beziehen, was als Online-Studium (vgl. Abschnitt IX 3) bezeichnet wird. In das klassische Fernstudium werden bei einigen Anbietern auch sog. Blended-Learning-Modelle (vgl. Abschnitt II 6.4) als methodisch-didaktisch besonders wertvolle Bestandteile integriert, um verschiedene Formen des Lehrens und Lernens zu kombinieren.

Der Erfolg beim klassischen oder beim onlinebasierten Fernstudium hängt, wie aus wissenschaftlichen Studien hervorgeht, sehr eng von den zusätzlich hierfür angebotenen tutoriellen und mentoriellen Betreuungsmöglichkeiten ab. „Drum prüfe, wer sich binden wolle" – denn die in den 1970ern z. B. für die Fernuniversität Hagen in ganz Deutschland eingerichteten Fernstudienzentren, die in der Nähe der Wohnorte der Fernstudierenden mentorielle Angebote zur Verfügung stellen, wurden und werden derzeit vielerorts geschlossen. Auch gibt es eine größere Anzahl meist privater Anbieter.

Es gibt viele Gründe, ein Fernstudium in Erwägung zu ziehen. Möglicherweise möchten Sie in Ihrem Beruf vorankommen und müssen sich daher berufsbegleitend weiterqualifizieren. Oder Sie streben eine neue Qualifikation an und benötigen neben Ihrem Studium, z. B. zur Finanzierung des Lebensunterhalts und der Gebühren, Zeit für zusätzliche Jobs. Denkbar ist auch, dass die methodischdidaktischen Szenarien des Fernstudiums besonders gut zu Ihrer individuellen Lernweise, zu Ihrer familiären Lebenssituation oder zu Ihrer körperlichen oder gesundheitlichen Befindlichkeit passen. Fest steht jedoch gleichzeitig, dass ein regelmäßiger, persönlicher Kontakt zu Lehrenden und Mitstudierenden in einem wesentlich geringeren Umfang als im Präsenzstudium geschieht. Die Selbstmotivation des Fernstudierenden sollte daher besonders ausgeprägt sein. Falls Sie das Fernstudium neben Ihrem Beruf betreiben, wirkt sich der Zeitaufwand auf jeden Fall auf Ihre Freizeit und Ihr Privatleben aus.

Bachelor- und Master-Studiengänge müssen in DEUTSCHLAND zugelassen werden. Für Fernstudiengänge übernimmt in Deutschland die Staatliche Zentralstelle für Fernunterricht (ZFU, www.zfu.de) die Zulassung oder die in den letzten Jahren zahlreich entstandenen Akkreditierungsagenturen, welche die inhaltliche und strukturelle Qualität der Studienangebote prüfen und bewerten.

In ÖSTERREICH sind Fernstudien noch wenig präsent, immerhin ist es aber möglich, Rechtswissenschaften an der Universität Linz als Online-Studium zu absolvieren. Natürlich können einschlägige Fernstudien aus Deutschland studiert werden, dieses Angebot wird derzeit jedoch selten angenommen. Insgesamt variieren der Ablauf eines Fernstudiums und der Aufwand für die Organisation, je nachdem, für welchen Anbieter oder welchen Studiengang Sie sich entscheiden und wie Sie Ihre persönliche Lernsituation einschätzen und gestalten.

Ein Fernstudium ist z. B. nach einem ersten Hochschulabschluss auch als Aufbaustudium denkbar (vgl. Abschnitt VIII 3). Für ein Fernstudium im Teilzeitmodus können Sie ca. 50 % des Zeitaufwands eines Vollzeitstudiums einplanen, womit sich die Gesamtdauer des Studiums gleichzeitig deutlich verlängert. Die zeitliche Beanspruchung hängt jedoch grundsätzlich von verschiedenen Faktoren ab, wie z. B. den bereits vorhandenen Kenntnissen oder der individuellen Lerndisposition.

*Tipps zum Weiterlesen (für Abschnitt IX 2)*

Holst 2002; Messing 2006, 35 ff.

# 3    Online-Studium

Ein Online-Studium ist eine Variante des Fernstudiums (vgl. Abschnitt IX 2) und des E-Learning (vgl. Abschnitt II 6.4) und zeichnet sich im didaktischen Design durch den planvollen Einsatz von Informations- und Kommunikationstechnologien zur Lehr- und Lernunterstützung aus. Hierbei bilden internetbasierte Lernplattformen (Lernmanagementsysteme) die technische Basis für den Austausch und die Interaktion der Studierenden und Dozenten, aber auch für die notwendigen Verwaltungsprozesse. All dies wird ermöglicht durch Anwendungen wie E-Mail, Newsgroups und Diskussionsforen, aber auch durch Chat oder Videokonferenzen. Darüber hinaus finden sich bei vielen Lernplattformen umfangreiche Sammlungen von Inhalten wie Textdokumente, Kataloge oder multimediale Animationen (Content). Gerade die ohne Rücksicht auf Bibliotheksöffnungszeiten etc. bequem abzurufenden Inhalte machen das Online-Studium für Studierende attraktiv. Auch die Kombinationsmöglichkeiten der verschiedenen Anwendungen sind vielfältig und können an den individuellen Bedarf der Studierenden und den didaktischen Bedarf der Lehrenden angepasst werden.

Ein Online-Studium bedeutet für Sie, dass Sie weitgehend von räumlichen oder zeitlichen Bedingungen unabhängig, jedoch an den Zugang zum Internet als Voraussetzung gebunden sind. Dies eröffnet andere Möglichkeiten der Gestaltung der Lernzeit-Kontingente, als dies im Präsenzstudium der Fall ist. Zeiten der Berufstätigkeit, Kindererziehung, mobilitätshindernden Erkrankung, langfristigen Auslandsaufenthalte sowie persönliches Freizeitverhalten oder Lebensrhythmus können beim Online-Studium miteinander harmonieren und sich gegenseitig ergänzen. Abhängig vom Anteil der netzbasierten Lern- und Interaktionstätigkeiten kann das Online-Studium eine komplette Bandbreite der Ausgestaltung einnehmen: von einer Vielzahl von administrativen Komponenten mit großen Anteilen von Präsenzunterricht bis hin zu gänzlich onlinebasierten Studiengängen und der Leistungsmessung in Prüfungen und Klausuren über das Internet. Insbesondere Letzteres eignet sich für diejenigen Angebote, die örtlich für den Studierenden ansonsten kaum erreichbar wären, wie z. B. Angebote aus dem Ausland.

Zu beobachten ist, dass mit dem Aufkommen von Online-Studiengängen die früher bekannte Taktung der Hochschulsemester bzw. -trimester aufgebrochen wurde und die Anbieter die Studienzeiten immer mehr an die Erfordernisse der teilweise berufstätigen Studierenden anpassen. Das führt zur Flexibilisierung der Studiendauer und Anpassung der Gesamtstudienzeit an die persönlichen Erfordernisse und Einschränkungen. Aus den Angaben über die Arbeitsbelastung können Sie den durchschnittlichen Aufwand für sich errechnen (vgl. Abschnitt II 5).

Das selbstgesteuerte Lernen im Online-Studium erfordert jedoch Fähigkeiten der Selbstmotivation und Selbstdisziplin sowie das Vorhandensein von grundlegenden Fähigkeiten zum wissenschaftlichen Arbeiten und der Bewältigung technischer Anfangsprobleme (z. B. Probleme beim Einloggen, Anzeigefehler verschiedener Browsertypen, notwendige Software Plugins etwa zum Abspielen von Audiodateien). Darüber hinaus hängen die Möglichkeiten von den technischen Einschränkungen der zugrunde liegenden Lernplattform sowie vom didaktischen Design ab.

Im Zusammenhang mit dem Online-Studium mit reduzierten bzw. gänzlich fehlenden Präsenzzeiten vor Ort wird dieses veränderte Maß der Anwesenheit sowohl als positiv als auch als negativ empfunden (Holst 2002, 10 ff.). Manche Anbieter stellen umfangreiche Betreuungsteams mit Tutoren oder Mentoren oder beidem zusammen, um die Online-Interaktion professionell und zeitnah begleiten zu können und möglichen Tendenzen zur Entpersonalisierung entgegenzuwirken. Fest steht jedoch, dass die Face-to-Face-Interaktion im Online-Studium deutlich reduziert oder gar nicht mehr existent ist. Ihre Entscheidung über die Aufnahme eines solchen Studiums sollte daher gut überlegt und auf Ihre eigenen Bedürfnisse hin überprüft werden, um potenziellen Enttäuschungen oder der Aufgabe des Studiums vorzubeugen (vgl. Abschnitt VII 8). Insbesondere die in Geistes- und Sozialwissenschaften notwendigen Diskurse sind im Online-Studium nur mit spezifischen technischen Anwendungen zu verwirklichen.

Generell gilt: Die Gebühren schwanken sehr stark zwischen Online-Studiengängen, die zum Testen des Programms zunächst kostenlos sind, und anderen Angeboten, für die sich die Gebühren bis zu 30.000 € für den vollständigen Studiengang aufsummieren können. Auch muss noch weiterer Aufwand bei der Kostenermittlung berücksichtigt werden. Dies betrifft die Beschaffung adäquater technischer Hard- und Software, Internetgebühren, Druckkosten bei Eigenausdruck von Lernmaterial, falls diese nicht als Skripte ohne Mehrkosten zur Verfügung gestellt werden, und sonstige Literaturbeschaffung, Anfahrtskosten zu Präsenzphasen zum Veranstaltungsort, Übernachtungskosten etc. Vor der Aufnahme eines Studiums ist also die Klärung der zu erwartenden Kosten und potenzieller Fördermöglichkeiten ratsam (vgl. Kapitel III).

Darüber hinaus gibt das Prüfsiegel einer Akkreditierung gute Hinweise auf die Qualität von Studienprogrammen. Für Studiengänge an Hochschulen ist eine Akkreditierung die Voraussetzung für die Vergabe akademischer Grade wie Bachelor bzw. Master. Dabei erhalten die Online-Studierenden den üblichen Studierendenstatus. Nicht alle Online-Studienprogramme führen jedoch zu einem akademischen Abschluss und setzen eine Einschreibung an der Hochschule voraus. Je nach persönlichem Qualifikationsbedarf können Online-Angebote, die unterhalb der akademischen Grade liegen, allerdings auch gut geeignet sein, spezielle Kenntnisse und Fähigkeiten zu erlangen.

Der erfolgreiche Abschluss eines Online-Studiums hat nicht nur den Vorteil, dass Sie einen Nachweis der vertieften Auseinandersetzung mit dem Lehrinhalt erhalten, sondern dass Sie auch die Anwendung des E-Learning als wichtige Schlüsselqualifikation nachweisen können.

# 4    Doppelstudium

Ein Doppelstudium zu absolvieren bedeutet, gleichzeitig zwei Studiengänge mit voneinander unabhängigen Studienordnungen mit dem Ziel zu studieren, zwei Abschlüsse zu erlangen. Regelstudiengänge mit zwei Hauptfächern sind in diesem Sinne abhängig. Aufbau- bzw. Zweitstudien erfolgen hingegen nicht gleichzeitig (vgl. Abschnitt VIII 3). Es gibt zwei hauptsächliche Wege zum Doppelstudium: Einerseits können Sie mit einem Vollstudium beginnen und während dieses Studiums einen weiteren Studiengang aufnehmen, andererseits kann es sich anbieten, von Anfang an in zwei Studiengängen zu studieren, evtl. um herauszufinden, welches Gebiet Ihnen besser liegt.

Ein Doppelstudium bietet sich an, wenn weder im In- und Ausland noch online ein Regelstudiengang zu finden ist, welcher Ihr berufliches Interessengebiet oder Ihre angestrebten Qualifikationen (vgl. Kapitel VI) umfassend abdeckt. Bezüglich der Fächerkombination kann es keine generelle Empfehlung geben. Oft lohnt es sich, Generalisten- mit Spezialistenwissen rund um Ihr Hauptinteressengebiet zu verknüpfen und sich z. B. in dem einen Fach mehr methodisch, im anderen mehr inhaltlich zu orientieren.

Gegen ein Doppelstudium spricht der im Vergleich zum Regelstudium deutlich erhöhte inhaltliche und organisatorische Aufwand. Dadurch kann die Qualität der Studienleistungen sinken und weniger Zeit für anderes bleiben – wie Partner und Familie, Sport, Lebensunterhalt, soziales Engagement oder andere Freizeitaktivitäten (vgl. Abschnitte I 4 und II 2). Ein Doppelstudium erfordert zudem einen erhöhten Aufwand in Form des Besuchs einer erhöhten Anzahl von Pflichtveranstaltungen. Wenn Sie sich für die Inhalte dieser nur schwer begeistern können, kann Ihre Motivation darunter leiden (vgl. Abschnitt VII 1).

Ein Doppelstudium ist in DEUTSCHLAND und der SCHWEIZ, nicht aber in ÖSTERREICH, grundsätzlich genehmigungspflichtig. Dafür setzen Sie sich mit dem für die Zulassung in den gewählten Fächern zuständigen Studierendensekretariat oder den Fachstudienberatern Ihrer Hochschule (vgl. Abschnitt II 7.7) in

Verbindung. In der Regel müssen Sie Ihre bisherigen Studienleistungen belegen und Gründe für die Aufnahme des Doppelstudiums benennen. Wichtig für diese Anlaufstellen ist, dass aus den vorgelegten Unterlagen hervorgeht, dass Sie in der Lage sind, beide Studiengänge ohne qualitative Einbußen und in der Regelstudienzeit zu absolvieren. Die Aufnahme eines Doppelstudiums begründet prinzipiell keine Verlängerung der Prüfungsfristen.

Die Einschreibungsvoraussetzungen sind hochschulintern geregelt. Allgemein gilt, dass Sie zwei nicht zulassungsbeschränkte Fächer parallel studieren dürfen. Sollten Sie ein zulassungsbeschränktes Fach studieren wollen, ist die Einschreibung dafür nur möglich, wenn Sie ein „besonderes berufliches, wissenschaftliches oder künstlerisches Interesse" darlegen können. Die Aufnahme eines solchen Studiums bedarf einer vorherigen Bewerbung und einer entsprechenden Zulassung. In manchen Disziplinen ist zusätzlich eine bestandene Eignungsprüfung erforderlich.

Wollen Sie den zweiten Studiengang an einer anderen Hochschule aufnehmen, ist dies in jedem Fall von beiden Stellen genehmigungspflichtig. Die Voraussetzungen für die Genehmigung können sich besonders bei länderübergreifenden Kombinationen sehr unterscheiden.

Wenn Sie sich für ein Doppelstudium entschieden haben, ist es sinnvoll, die Möglichkeiten des Transfers von Studienleistungen abzuklären. Ihre zeitlichen Ressourcen können besonders in den Phasen der Klausuren und Prüfungen sehr schnell knapp werden. Gerade für die Studienabschlussphase empfiehlt es sich daher, einen langfristigen Plan zu entwerfen, der Ihnen hilft, Ihre Ressourcen effektiv einzusetzen (vgl. Abschnitt IV 3). Besonders das Verfassen der Abschlussarbeit erfordert die Konzentration auf das Thema, wodurch Sie zwangsläufig im anderen Fach zurückstecken müssen. Deshalb ist es bei einem Doppelstudium ratsam, die vorlesungsfreie Zeit als zeitlichen Puffer zu verwenden und zur Sicherheit mindestens ein zusätzliches Semester in die Planung einzubeziehen.

Studiengebühren und Beiträge werden in der Regel nur für das Erststudium erhoben, d. h. weitere Semesterbeiträge für das zweite Studienfach entfallen zumeist. Dies gilt ebenfalls für den Fall, dass Sie an zwei Hochschulen studieren und diese miteinander vertragliche Vereinbarungen getroffen haben. Für die Berechnung der Studiengebühren wird i. Allg. der Studiengang mit der längeren Regelstudienzeit zugrunde gelegt. Da es durch das Doppelstudium häufig zu Überziehungen der Regelstudienzeit kommt, sind hierfür ebenfalls entsprechende Gebühren einzuplanen.

Sofern Sie über effektive Arbeitsmethoden und ein gutes Zeitmanagement verfügen, kann ein Doppelstudium eine interessante persönliche Erfahrung und lohnenswerte Zukunftsinvestition darstellen.

# 5    Studium auf dem Zweiten Bildungsweg

Mit dem sog. Zweiten Bildungsweg wird i. Allg. eine Bildungsphase bezeichnet, die zeitlich an eine Ausbildungs- oder Berufsphase anschließt.

Neben der Hochschulzugangsberechtigung, die mittels Abitur oder Fachhochschulreife erworben wird, bestehen mittlerweile in allen Bundesländern in DEUTSCHLAND auch Möglichkeiten, diese anderweitig zu erwerben, z. B. durch das Ablegen einer Aufnahmeprüfung. Bewerber mit einem Meisterbrief nehmen häufig nur an einem Beratungsgespräch teil. Näheres ist in den jeweiligen Studien- und Prüfungsordnungen geregelt.

Das Studium auf dem Zweiten Bildungsweg wird als Präsenz- oder Fernstudium (vgl. Abschnitt IX 2) angeboten. Bei einem Präsenzstudium wird eine regelmäßige persönliche Anwesenheit an der Hochschule vorausgesetzt. Dieser banal klingende Umstand kann für die Koordination von Beruf und Studium sehr wichtig werden. Bei einem Präsenzstudium gelten bestimmte Vorlesungszeiten und feste Kurspläne, die z. T. auch Veranstaltungen mit Anwesenheitspflicht beinhalten (vgl. Abschnitt II 7.6). Die Flexibilität in Bezug auf familiäre oder berufliche Verpflichtungen ist bei dieser Studienform demnach eingeschränkt.

Möglichkeiten, in *Teilzeit* zu studieren und hierdurch eine längere Regelstudienzeit eingeräumt zu bekommen, unterscheiden sich je nach Hochschule und Studiengang. Weitere Aspekte, die bei der Entscheidung für eine der beiden Studienformen in Betracht gezogen werden sollten, sind:

- strukturierter Studienbetrieb vs. Selbstorganisation;
- vorgegebene inhaltliche und zeitliche Struktur des Studienbetriebs vs. hohe Anforderung an Selbstdisziplin und -organisation;
- tägliche Lern- und Erfolgskontrollen durch die ständig stattfindende Kommunikation mit Kommilitonen vs. Lernen allein im stillen Kämmerlein;
- vergleichsweise unkomplizierter Zugang zu Literatur, Computern, Tutorien etc. vs. Selbstorganisation des Studiums in Abstimmung mit beruflichen und sonstigen Verpflichtungen.

Neben der Studienform sind sowohl der Studiengang als auch der Studiengrad abzuwägen. Hier gibt es eine Fülle von Möglichkeiten (vgl. Abschnitt II 3). Folgende Überlegungen sind bei der Wahl eines geeigneten Studienganges und -grades hilfreich:

- Warum möchte ich studieren und welche Erwartungen stelle ich an das Studium? In welchem Umfang können diese realistischerweise erfüllt werden?
- Inwieweit deckt sich der Studiengang mit meinen persönlichen Interessen?
- Welche Zugangsvoraussetzungen muss ich erfüllen?
- Welche Erwartungen werden an mich gerichtet? Kann ich diese erfüllen?
- Welche finanziellen Verpflichtungen (wie z. B. Studiengebühren) sind zu berücksichtigen? Welche kostengünstigeren Alternativen gibt es?

- Welche Bedeutung hat der spezifische Studienabschluss, der durch das Studium erworben wird, z. B. im Hinblick auf ein späteres Aufbaustudium?

Des Weiteren gilt es zu berücksichtigen, dass Sie als Studierender des Zweiten Bildungsweges das akademische Umfeld möglicherweise deutlich anders als jene Kommilitonen erleben, die unmittelbar nach dem Schulabschluss mit dem Studium beginnen. Dies liegt darin begründet, dass Studierende des Zweiten Bildungsweges bereits durch vorherige Arbeits- und Lebenserfahrungen geprägt sind und deshalb das Lernen mitunter erst wieder neu lernen müssen. Hierdurch kann die Eingewöhnung in das akademische Umfeld im Einzelfall etwas länger dauern als bei Studierenden des Ersten Bildungsweges. Dieser Hinweis soll jedoch weder demotivierend wirken noch Sie von einem Studium abhalten. Denn wer den möglicherweise auftretenden Schwierigkeiten standhält, beweist nicht nur Mut und Stehvermögen, sondern auch eine gehörige Portion Ausdauer und Frustrationstoleranz. Zudem lässt sich häufig beobachten, dass Studierende des Zweiten Bildungsweges nicht nur zielstrebiger vorgehen, sondern auch Praxis und Theorie schneller und erfolgreicher miteinander zu verbinden vermögen als Studierende des Ersten Bildungsweges. Die Mühe, eine weitergehende Qualifikation durch ein Studium auf dem Zweiten Bildungsweg zu erwerben, kann daher nicht nur eine persönliche Bereicherung bedeuten sowie neue Arbeitsfelder und Aufstiegschancen eröffnen, sondern auch eine äußerst aussagekräftige Referenz darstellen.

In der SCHWEIZ gibt es in Fribourg das Programm „30+", welches sich ganz gezielt an Interessierte für ein Studium auf dem Zweiten Bildungsweg wendet. Eine Aufnahmeprüfung, die Allgemeinwissen und fachliche Vorkenntnisse des gewünschten Studienbereichs zum Gegenstand hat, verschafft auch ohne Maturitätsausweis Zugang zur Universität (www.unifr.ch).

# 6    Studium mit Kind

Junge Studierende stellen sich häufig die Frage, ob sich ein Studium mit einem Kinderwunsch vereinbaren lässt. Der klassische Ausbildungsweg – erst Studium und Karriere und später vielleicht eine Familiengründung – entspricht nicht mehr der heutigen Realität.

Mittlerweile haben viele Hochschulen Anlaufstellen und Servicebüros eingerichtet, wo sich Studierende gezielt über Kinderbetreuungs- und Finanzierungsmöglichkeiten informieren können. Bei Gleichstellungsbüros, bei der Frauenbeauftragten der jeweiligen Hochschule und bei studentischen Vertretungen können Studierende sich informieren und beraten lassen (www.sozialhilfe-24.de/studieren-mit-kind.php).

So versuchen die Hochschulen, den Bedürfnissen der jungen Mütter und Väter gerecht zu werden. Zur besseren Vereinbarkeit von Studium und Familie ermöglichen einige Studien- und Prüfungsordnungen ein Teilzeitstudium. Um ein familienfreundlicheres Klima zu erzielen, bemühen sich viele Hochschulen, die Rahmenbedingungen anzupassen. Das betrifft u. a. die Möglichkeiten, die Kinderbetreuung zu verbessern, sowie die Verlängerung bzw. Verschiebung von Prüfungs- und Abgabeterminen und der Regelstudienzeit (www.studentenwerk.de).

Mütter und Väter in DEUTSCHLAND können sich für die Dauer der Elternzeit beurlauben lassen. Hierzu muss in der Regel innerhalb der Rückmeldefrist ein Antrag auf Beurlaubung im Studierendensekretariat gestellt werden, wobei die Geburtsurkunde oder der Mutterpass als Antragsgrund vorgelegt werden sollte. Während eines Urlaubssemesters ruhen allerdings die Ansprüche auf BAföG-Zahlungen sowie auf das eigene Kindergeld. Zu beachten ist, dass die Anzahl der möglichen Urlaubssemester je nach Hochschule variiert. Einige Hochschulen bieten die Möglichkeit eines Teilzeitstudiums an, das seit 2004 im Studienkontenmodell rechtlich verankert ist. Gleichwohl sollten Sie sich darüber im Klaren sein, dass Teilzeitstudierende typischerweise als Arbeitnehmer gelten und deshalb voll versicherungspflichtig sind und damit nicht in der studentischen Krankenversicherung versichert sein können. Sofern im betreffenden Bundesland Studiengebühren gezahlt werden müssen, bewirkt das Studienguthabengesetz (StuGuG), dass die Studiengebührenpflicht bei Betreuung eines Kindes bis zu drei Jahren erlassen werden kann. Eltern werden seit dem 1. Januar 2007 vom Staat mit dem Elterngeld unterstützt, welches das frühere Erziehungsgeld ablöst. Dabei erhalten Personen, die weniger als 30 Stunden pro Woche arbeiten, für zwölf Monate mindestens 300 € Elterngeld. Dieser Grundbetrag wird nicht auf andere Sozialleistungen wie Arbeitslosengeld II oder Wohngeld angerechnet.

Teilen Sie sich als Eltern die Betreuung des Kindes, erhalten Sie das Elterngeld zwei Monate länger. Falls Sie eine Berufstätigkeit ausgeübt haben und nun den Erziehungsurlaub in Anspruch nehmen, können Sie bis zu 1.800 € pro Monat erhalten (www.studis-online.de/Studieren/studieren_mit_Kind.php).

Wenn Großeltern des Kindes oder andere Verwandte nicht in Ihrer Nähe wohnen, um Ihr Kind betreuen zu können, sind Sie auf andere Kinderbetreuungsmöglichkeiten angewiesen. An manchen Hochschulen gibt es Elterninitiativen und Kindertagesstätten, wobei der Bedarf die verfügbaren Kindertagesstättenplätze oft übersteigt und Studierende sich in Wartelisten eintragen müssen. Als Studierende können Sie Ihr Kind auch in einem Kindergarten oder Hort an Ihrem Wohnort anmelden. Viele Kindergärten nehmen auch „Windelkinder" auf und haben zudem ihre Öffnungszeiten flexibilisiert. Insbesondere in den neuen Bundesländern sind die Möglichkeiten der Unterbringung von Kleinstkindern vergleichsweise gut. Durch die Initiative der Bundesregierung wird der Ausbau von Krippenplätzen unterstützt. Ein Platz in einem öffentlich geförderten oder kirchlichen Kindergarten kostet die Eltern monatlich zwischen 20 € und 400 € zuzüglich Kosten für das Mittagessen; dies variiert je nach Region und Träger und wird auf Basis des gesamten Familieneinkommens berechnet. Eine Alternative sind Tagesmütter (www.tagesmuetter-bundesverband.de). Da diese Tagesmütter zuvor ein internes Ausbildungsprogramm durchlaufen haben und relativ flexible Betreuungszeiten anbieten, kann dies eine verlässliche Kinderbetreuung ermöglichen. Kosten und Betreuungszeiten werden für die Tagesmütter und die Kindertagesstätten vertraglich geregelt. Unter bestimmten Voraussetzungen trägt sogar das Jugendamt einen Teil der Betreuungskosten (www.familienwegweiser.de).

Weiterhin steht es Ihnen frei, selbst einen Kindergarten zu gründen oder Ihr Kind in bereits bestehenden Elterninitiativen unterzubringen. Dies kostet in der Regel viel Zeit und es wird erwartet, dass Sie sich aktiv engagieren. Zudem gibt es an den Hochschulen häufig Elterngruppen, die sich gegenseitig bei der Kinderbetreuung unterstützen. Darüber hinaus bieten Selbsthilfegruppen vielfältige Kontakte zu Eltern in einer ähnlichen Lage. Auf diese Weise können Netzwerke geknüpft werden.

Durch die Geburt Ihres Kindes werden Sie Ihr Studium zweifelsohne anders strukturieren müssen. Neben der Suche nach einer geeigneten Betreuung für Ihr Kind müssen Sie auch mit Ausfallzeiten durch mögliche Erkrankungen des Kindes rechnen. Dies kann Sie in Ihrer weiteren Studienplanung zurückwerfen. Deshalb sollten Sie Pufferzeiten einkalkulieren, insbesondere, wenn Klausuren anstehen oder der Termin zur Abgabe einer Seminar- oder Abschlussarbeit näher rückt. Gerade für diese Zeiten ist es wichtig, dass Sie auch mit Ihren eigenen Ressourcen sorgsam umgehen, damit Sie sich nicht überfordert fühlen und Ihr Studium mit Kind erfolgreich beenden können.

# 7    Studium im fortgeschrittenen Alter

Wie jung ist ein Studierender im fortgeschrittenen Alter und wer – oder was – legt dies fest? Grundsätzlich gibt es keine Altersgrenze für lebenslanges Lernen oder Weiterbildung. Aber die (bildungspolitische) Realität sieht anders aus: Es sind vornehmlich die Finanzierungsmöglichkeiten, die zur Barriere werden können. Eine zentrale Rolle spielt hier das Ende der studentischen Krankenversicherung, diese gilt bis einschließlich des 14. Fachsemesters oder der Vollendung des 30. Lebensjahres. Die gesetzlichen Krankenkassen bieten einen Übergangstarif von maximal sechs Monaten in die freiwillige Versicherung an, der anschließende Beitrag richtet sich dann nach den Bruttoeinkünften des Mitglieds (vgl. Abschnitt III 1.5). Auch gibt es nur noch in bestimmten Ausnahmefällen eine Förderung nach dem BAföG oder durch Stipendien (vgl. Abschnitt III 2).

Einige Hochschulen sehen weitere Einschränkungen vor: Sie legen das Höchsteintrittsalter für Studienbewerber auf 30 Jahre fest, wobei sich das häufig auf den Zugang zu Numerus-clausus-Fächern bezieht. Nicht zu vergessen sind die weitgehend flächendeckend eingeführten Studiengebühren. Eine Ausnahme bildet das Seniorenstudium, hier fallen geringere Gebühren an, diese können sich nach den besuchten Semesterwochenstunden richten (Saup 2001, 21).

Es gibt denkbar viele Motive und Szenarien, die einen späten Studienstart bedingen. Ob Sie sich nun für ein berufsbegleitendes Studium, eine der zahlreichen Wirtschaftsakademien oder für ein Vollzeit- oder Seniorenstudium entscheiden, hängt ganz von Ihren persönlichen Beweggründen und Lebensumständen ab. Bildungsverhalten und Lernfähigkeit hängen im fortgeschrittenen Alter häufig von der Lernbiografie und der beruflichen Sozialisation ab. Die folgenden Überlegungen hinsichtlich der Studienform spielen dabei eine wichtige Rolle: Verspricht das Studium Karrierevorteile und baut dieses auf einer bereits absolvierten Berufsausbildung auf? Vielleicht haben Sie Ihr Studium wegen der Kindererziehung unterbrochen und möchten es nun wieder aufnehmen? Sie haben bereits einen Bachelor-Abschluss und möchten nun Ihren Master machen? Das Berufsleben liegt bereits hinter Ihnen und Sie wollen einen lang gehegten (Studien-)Traum verwirklichen? Falls Ihnen der Umgang mit dem Computer und digitalen Medien vertraut ist, würden auch virtuelle Studienangebote wie ein Fernstudium (vgl. Abschnitt IX 2) oder Online-Studienprogramme (vgl. Abschnitt IX 3) in Betracht kommen.

Auf alle Fälle sollten Sie verschiedene Informationsquellen in Anspruch nehmen. Möglichkeiten bieten u. a. spezielle Messen, auf denen sich Bildungseinrichtungen wie Hochschulen präsentieren, und Publikumstage, an denen sich die Institutionen für Interessenten öffnen. Vereinbaren Sie einen Termin bei den örtlichen Ansprechpartnern der bevorzugten Bildungseinrichtung und lassen Sie sich entsprechend beraten. Sie können vielleicht in Absprache mit dem Studierendensekretariat bzw. den Dozenten eine Veranstaltung besuchen, um einen ersten Eindruck von Ihren zukünftigen Kommilitonen und den Studieninhalten zu bekommen.

Ein wesentlicher Gedanke betrifft jedoch die Finanzierung des Studiums (vgl. Kapitel III) und beeinflusst in erheblichem Maß die Wahl der Studienform. Ein Vollzeitstudium erscheint ohne BAföG-Zuwendungen – wobei auch hier eine teilweise Rückzahlungspflicht besteht – ohne vergünstigte Krankenversicherungsbeiträge und mit den zusätzlichen Studiengebühren als finanziell belastend und damit wenig attraktiv für ältere Interessenten. Hinzu kommt die damit verbundene Entscheidung, eine volle Berufstätigkeit evtl. zugunsten einer Neben- oder Halbtagstätigkeit aufzugeben oder zu reduzieren (vgl. Abschnitt III 2.4). Zu einer derartigen Doppelbelastung können dann oft noch unvorhersehbare, z. B. familiäre, Belastungen hinzukommen. Zudem kann das Erlernen einer zusätzlichen Fremdsprache notwendig werden. Insgesamt muss die finanzielle Absicherung gewährleistet sein. Ein berufsbegleitendes Studium dagegen ermöglicht die Fortführung der vollen Berufstätigkeit, wenngleich das Studium gut organisiert werden muss (vgl. Kapitel IV) und viel Aufwand sowie persönlichen Einsatz von Ihnen verlangt.

Wenn Sie sich allen Widerständen zum Trotz für ein Studium entscheiden, haben Sie sehr viel erreicht! Es wird Phasen geben, in denen Sie Ihre Entscheidung hinterfragen, ja vielleicht sogar ernsthaft am Zweifeln sind. Betrachten Sie das Studium als eine Bergwanderung: Nach einem abenteuerlichen Aufstieg erreichen Sie in absehbarer Zeit erfolgreich den Gipfel! Die folgenden Empfehlungen sollen Sie dabei unterstützen:

- Prüfen Sie, ob Sie ein Studium mit einem Bachelor-Abschluss oder ein Studium als Gasthörer absolvieren möchten. Bedenken Sie dabei, dass ein ordentliches Studium an eine reguläre Hochschulzugangsberechtigung gebunden ist.
- Gönnen Sie sich eine für Sie optimale „Einfindungszeit". Denken Sie daran: Das Lernen muss wieder gelernt werden. Dies erfordert in der Anfangszeit von Ihnen Zeit und Kraft, doch dieser Aufwand wird sich lohnen!
- Lassen Sie sich von den Reaktionen Ihres Umfeldes nicht entmutigen! Häufig basieren diese auf Unwissenheit und vielleicht auch auf einer Spur Neid.

- Betrachten Sie das Studium als Projekt und organisieren Sie sich entsprechend. In jedem Fall sollten Sie eine Meilensteinplanung aufstellen (vgl. Kapitel IV).
- Wichtig ist, welches Ziel Sie mit dem Studium erreichen möchten (vgl. Kapitel VIII). Eine Hochschulausbildung kann eine hervorragende Chance sein, Ihre Persönlichkeit weiterzuentwickeln und die eigenen Kernkompetenzen zu schärfen.
- Stellen Sie sich auf eine grundlegende Veränderung zu Ihrem bisherigen Leben ein, ganz gleich, ob Sie früher berufstätig waren oder Kinder großgezogen haben.

### *Tipps zum Weiterlesen (für Abschnitt XII 7)*

Böhme 2001; Heinen / Horndasch 2007, 49 f.; Krisam 2002; Saup 2001, 18 ff.

## 8    Studium mit Behinderung

Als behinderter Mensch (in DEUTSCHLAND im Sinne des § 2 Abs. 1 SGB IX) haben Sie bei der Gestaltung Ihres Bildungswegs eine Reihe zusätzlicher Herausforderungen anzunehmen und müssen nach wie vor bestehende Barrieren überwinden. Die Aufnahme eines Studiums sollten Sie daher gut vorbereiten.

Aufgrund des erhöhten Zeit- und Informationsbedarfs ist es sinnvoll, wenn Sie sich mit einer Checkliste (vgl. Kapitel I) bzw. mit einem Zeitplan (vgl. Abschnitt IV 3) auf den Studienstart vorbereiten. Dieser sollte spätestens ein Jahr vor Studienbeginn aufgestellt werden. Neben den üblichen Fragen, welches Studienfach den eigenen Neigungen und Fähigkeiten entspricht, wo Sie es studieren können und wie die Zulassungs- und Bewerbungsmodalitäten aussehen, ist es wichtig, Kontakt mit den Beratungsstellen an den Hochschulen und Studierendenwerken sowie mit den Beauftragten für behinderte und chronisch kranke Studierende aufzunehmen, die es fast überall gibt. Diese Beratungsstellen unterstützen Sie sowohl bei allgemeinen als auch bei behinderungsspezifischen Fragen, die im Zusammenhang mit dem Studium stehen. Stellen Sie sicher, dass Sie mindestens folgende Punkte geklärt haben:

- *Bewerbungstermine und Zulassungsverfahren*, insbesondere Auswahlverfahren oder Aufnahmeprüfungen der Hochschule oder der ZVS, Sonderanträge und andere Nachteilsausgleiche für behinderte Studienbewerber;
- *Studienbedingungen für behinderte Studierende*, z. B. Nachteilsausgleiche im Studium und bei Prüfungen, barrierefreie Zugänglichkeit und Nutzbarkeit der Einrichtungen der Hochschulen einschließlich der Bibliotheken, Ausstattung der Hochschule bzw. des Studierendenwerks mit technischen Hilfsmitteln, Assistenz bzw. personenbezogene Dienstleistungen der Hochschule bzw. des Studierendenwerks;

- *Studienfinanzierung* (vgl. Kapitel III);
- *Rahmenbedingungen*, z. B. Wohnmöglichkeiten, Pflege- und Assistenzangebote am Hochschulstandort, barrierefreie Nutzbarkeit des ÖPNV am Hochschulstandort.

Ob sich Ihr Studienalltag von dem Ihrer nicht behinderten Kommilitonen unterscheidet, hängt vor allem von Art und Schwere Ihrer Behinderung, den Bedingungen in Ihrem Studiengang sowie Ihrer Hochschule ab. Tendenziell gilt: Je barrierefreier die Strukturen im Studiengang und an der Hochschule sind, desto „normaler" können Sie Ihren Studienalltag gestalten und desto leichter können Sie Kontakte zu Kommilitonen und Lehrenden knüpfen.

Aber auch bei „akzeptablen" Strukturen sollten Sie sich auf einen erhöhten organisatorischen Aufwand einstellen. So müssen Sie z. B. die Inanspruchnahme von individuellen Nachteilsausgleichen bei Studien- und Prüfungsleistungen oder bei der Nutzung von Bibliotheken mit Lehrenden, Prüfungsämtern oder Bibliotheksmitarbeitern konkret aushandeln und teilweise auch ausführliche schriftliche Anträge stellen. Studienassistenzen, Mitschreibkräfte oder Gebärdensprachdolmetscher müssen nicht nur beim zuständigen Kostenträger beantragt, sondern auch gesucht, eingearbeitet und abgerechnet werden.

Auch spontane Kontakte zu anderen Studierenden können manchmal mühsam sein, weil kein Dolmetscher zur Verfügung steht, Sie mit Ihrer Studienassistenz verabredet sind oder der Fahrdienst schon auf Sie wartet. Zudem kann es sein, dass andere Studierende oder Dozenten aus Unsicherheit oder Unwissenheit und leider manchmal auch bewusst keinen intensiveren Kontakt zu Ihnen haben möchten.

Lassen Sie sich weder durch den zusätzlichen Organisationsaufwand noch durch unangemessene Reaktionen Ihrer Umgebung entmutigen! Versuchen Sie vielmehr, dies als Herausforderung an Ihr Organisationstalent, Ihre Kreativität und Ihre kommunikativen Kompetenzen zu sehen – auch wenn Sie das in der konkreten Situation als schwierig empfinden.

Falls Sie eine Studien- oder Prüfungsleistung aufgrund Ihrer Behinderung nicht in der vorgeschriebenen Form erbringen können, haben Sie Anspruch auf Nachteilsausgleiche zur Herstellung der Chancengleichheit. Dies ergibt sich in DEUTSCHLAND aus Art. 3 Abs. 3 S. 2 GG sowie § 2 Abs. 4 HRG sowie aus entsprechenden Vorschriften der Landeshochschulgesetze. Oftmals ist dies auch ausdrücklich in den Studien- und Prüfungsordnungen geregelt, manchmal allerdings mit veralteten Formulierungen (z. B. Beschränkung auf körperliche Behinderung). Wichtig ist, dass Sie sich rechtzeitig um bedarfsgerechte Nachteilsausgleiche bei Prüfungen bemühen, indem Sie sich an den Dozenten, das Prüfungsamt oder ergänzend an den Beauftragten für behinderte und chronisch kranke Studierende wenden.

Zu beachten ist, dass es keine einheitlichen Bewertungsmaßstäbe für den Umfang der zu gewährenden Nachteilsausgleiche gibt und wegen der Individualität der auszugleichenden Behinderung auch nicht geben kann. Üblich sind z. B. die Verlängerungen der Bearbeitungszeit, die Nutzung von Hilfsmitteln oder der Ersatz schriftlicher durch mündliche Leistungen und umgekehrt. Oftmals wird auch die behinderungsbedingt erforderliche Korrektur von Fristvorgaben für den Studienverlauf darunter gefasst. Grundgedanke ist, dass nicht die Prüfung selbst vereinfacht wird, sondern diese zur Herstellung der Chancengleichheit in einer Form erfolgen soll, die der konkreten Behinderung Rechnung trägt. Genauso wie bei akuter Krankheit gilt auch bei Behinderung, dass mit der Anmeldung zu einer Prüfung zugleich die Prüfungsfähigkeit versichert wird und Sie daher bei Nichtbestehen einer Prüfung nachträglich kaum schlüssig darlegen können, dass dies lediglich Folge einer gesundheitlichen Beeinträchtigung war. Prüfen Sie daher selbstkritisch vor Anmeldung zu einer Prüfung und auch noch am Prüfungstag, ob Sie sich physisch und psychisch zum Ablegen der Prüfung in der Lage sehen! Falls dies nicht der Fall sein sollte, können Sie mit Hinweis auf Ihre Prüfungsunfähigkeit zurücktreten, was dann nicht als Fehlversuch zählen darf und meist eines ärztlichen Attestes bedarf. Der verständliche Wunsch, als ebenso leistungsfähig zu erscheinen wie Ihre Kommilitonen, darf nicht dazu führen, dass Sie auf Nachteilsausgleiche verzichten. Prüfen Sie bei behinderungsbedingten Herausforderungen auch, ob es sinnvoll ist, sich beurlauben zu lassen oder ein Teilzeitstudium zu beantragen (vgl. Abschnitt VII 5).

Bei der Studienfinanzierung gibt es für Sie im Vergleich zu nicht behinderten Studierenden einige Besonderheiten, insbesondere bei der Finanzierung des Lebensunterhalts durch Leistungen nach dem BAföG sowie in Bezug auf Studiengebühren. Auch behinderte Studierende erhalten in DEUTSCHLAND zur Studienfinanzierung Ausbildungsförderung nach dem Bundesausbildungsförderungsgesetz (BAföG), sofern keine ausreichenden eigenen Mittel zur Verfügung stehen und das Einkommen der Eltern bzw. das Einkommen und Vermögen des Ehepartners nicht ausreichen. In Ausnahmefällen kann der Lebensunterhalt (zeitweise) auch durch Leistungen nach dem SGB II oder SGB XII sowie über andere Kostenträger wie beispielsweise die gesetzliche Unfallversicherung finanziert werden. Das BAföG enthält eine Reihe von Bestimmungen für behinderte Studierende (www.studentenwerk-oldenburg.de):

- Zusätzlicher Härtefreibetrag bei der Ermittlung des Einkommens (§ 25 Abs. 6 BAföG). Dabei wird nicht nur eine Behinderung des Antragstellers berücksichtigt, sondern ggf. auch die eines Elternteils oder eines anderen unterhaltsberechtigten Familienmitglieds.
- Ausbildungsförderung über die Förderungshöchstdauer hinaus aufgrund einer behinderungsbedingten Verzögerung des Studiums (§ 15 Abs. 3 Nr. 5 BAföG). Dafür muss der Antragsteller nachweisen, dass die Behinderung ursächlich für die Verzögerung des Studiums ist. Nach Verlängerung der Förderungshöchstdauer aufgrund einer Behinderung wird gemäß § 17 Abs. 1 i. V. m. § 17 Abs. 2 Nr. 2 BAföG Ausbildungsförderung in voller Höhe als Zuschuss gewährt.
- Bei der Darlehensrückzahlung erhöht sich bei behinderten Menschen auf Antrag die Einkommensgrenze, die für die Rückzahlung des Förderungsdarlehens maßgeblich ist (§ 18a Abs. 1 BAföG).

In vielen Bundesländern werden mittlerweile allgemeine Studiengebühren erhoben. Die studienerschwerenden oder studienzeitverlängernden Auswirkungen einer (Schwer-)Behinderung werden in den entsprechenden Gesetzen der Bundesländer in der Regel im Rahmen von Befreiungs-, Erlass- oder Härtefallklauseln berücksichtigt. Sie sollten daher prüfen, ob Sie überhaupt Studiengebühren zahlen müssen. Die konkrete Ausgestaltung der landesgesetzlichen Vorgaben erfolgt in der Regel durch die einzelnen Hochschulen. Daher unterscheiden sich die Regelungen für behinderte Studierende von Hochschule zu Hochschule erheblich (www.behinderung-und-studium.de).

Möglicherweise zählen Sie zu den behinderten Studierenden, die zusätzlich zu den Hilfen, die Sie bereits erhalten, speziell für die Durchführung des Studiums technische Hilfen oder persönliche Assistenz bzw. Dienstleistungen (z. B. Gebärdensprachdolmetscher, Mitschreib- und Vorlesekräfte, Tutoren, Studienassistenz) benötigen. Für diesen sog. „behinderungsbedingten studienbezogenen Mehrbedarf" sind ausschließlich die Träger der Eingliederungshilfe für behinderte Menschen nach dem SGB XII zuständig. Die einzelnen Informations- und Beratungsstellen für behinderte Studierende sind in Tabelle 21 dargestellt.

**Tabelle 21.** Information und Beratung für behinderte Studierende in DEUTSCHLAND

| *Institution* | *Internetadresse* |
|---|---|
| Informations- und Beratungsstelle Studium und Behinderung des Deutschen Studentenwerks. Hier gibt es detaillierte Informationen, insbesondere auch die Adressen aller Beratungsangebote für behinderte und chronisch kranke Studierende an den Hochschulstandorten. | www.studentenwerk.de |
| Bundesarbeitsgemeinschaft Behinderung und Studium e. V. | www.behinderung-und-studium.de |
| Bundesarbeitsgemeinschaft hörbehinderter Studenten und Absolventen e. V. (BHSA) | www.bhsa.de |
| Deutscher Verein der Blinden und Sehbehinderten in Studium und Beruf e. V. (DVBS) | www.dvbs-online.de |

*Tipps zum Weiterlesen (für Abschnitt IX 8)*

DSW 2005.

# 9    Studium mit ausländischem Schulabschluss

Willkommen in Deutschland, Österreich und der Schweiz! Die erste Hürde für Studienbewerber mit einem ausländischen Schulabschluss ist die Prüfung, ob der Schulabschluss zur direkten *Zulassung* (Hochschulzugangsberechtigung) an einer Hochschule berechtigt. Die Zulassungsstellen richten sich dabei nach festgelegten Empfehlungen für die Anerkennung. Die Festlegungen trifft in DEUTSCHLAND die Zentralstelle für ausländisches Bildungswesen (ZAB, www.anabin.de), in ÖSTERREICH die ENIC-NARIC-Stelle Austria (www.bmwf.gv.at/naric) und in der SCHWEIZ die Swiss ENIC (www.enic.ch) für das Studium an Universitäten bzw. das Bundesamt für Berufsbildung und Technologie (www.bbt.admin.ch) für das

Studium an Fachhochschulen. Informieren Sie sich genau, wer an Ihrer Wunschhochschule die Bewerbungen ausländischer Studierender bearbeitet. Viele deutsche Hochschulen arbeiten bei der Prüfung ausländischer Zeugnisse mit der Ar-
beits- und Servicestelle für internationale Studienbewerbungen (UNI-ASSIST,
www.uni-assist.de) zusammen. Eine Reihe von deutschen Hochschulen verlangt
zusätzlich zu den Schulzeugnissen das Ergebnis des Tests für ausländische Bewerber (TestAS, www.testas.de). Für Studienbewerber, die die Zulassungsbedingungen für den Studiengang an der Wunschhochschule nicht oder nur teilweise erfüllen, ist ggf. der Besuch eines *Studienkollegs* empfehlenswert oder gar
erforderlich (www.studienkollegs.de). Die Studienkollegs bereiten *fachspezifisch*
auf das Studium entweder an einer deutschen Universität oder Fachhochschule
vor. In der SCHWEIZ führen viele Hochschulen Aufnahmeprüfungen durch.

Um den Lehrveranstaltungen deutschsprachiger Studiengänge folgen zu können, ist grundsätzlich ein Nachweis ausreichender *Kenntnisse der deutschen Sprache* für eine Zulassung erforderlich. Ausnahmen bilden internationale oder eng-
lischsprachige Studiengänge. Zum Erlernen der deutschen Sprache bietet z. B. die
Deutsch-Uni Online (DUO, www.deutsch-uni.com) E-Learning-Kurse auf unterschiedlichen Niveaustufen an. Mit dem Online-Einstufungstest (www.ondaf.de)
können Sie prüfen, welche Fortschritte Sie schon gemacht haben. Ein Sprachtest
prüft die vier Fertigkeiten Lesen, Schreiben, Hören und Sprechen ab. Mit den Bewerbungsunterlagen ist einer der nachstehend aufgeführten anerkannten Sprachnachweise bei der Wunschhochschule einzureichen:

- „Deutsche Sprachprüfung für den Hochschulzugang ausländischer Studienbe-
  werber" (DSH), die an vielen deutschen Universitäten und Fachhochschulen
  abgenommen wird (german-universities.info/d-dsh-pr.html).
- „Test Deutsch als Fremdsprache" (TestDaF, testdaf.de) mit einer von der
  Hochschule festgelegten Niveaustufe. TestDaF-Zentren befinden sich in
  DEUTSCHLAND und in vielen Ländern der Welt (www.testdaf.de).
- Das Goethe-Institut (www.goethe.de) bietet Prüfungen zum Kleinen Deutschen
  Sprachdiplom (KDS), Großen Deutschen Sprachdiplom (GDS) und der Zentra-
  len Oberstufenprüfung (ZOP) an. Jeder der drei Tests bestätigt die sprachliche
  Studierfähigkeit, setzt dabei aber unterschiedliche Schwerpunkte.
- Das Sprachdiplom der Kultusministerkonferenz Stufe II (DSD II, Deutsches
  Sprachdiplom II) kann an deutschen Auslandsschulen, aber auch an ausgewähl-
  ten ausländischen Bildungseinrichtungen weltweit erworben werden.
- Die Prüfungszentren für das ÖSTERREICHISCHE Sprachdiplom (www.osd.at)
  bieten Vorbereitungskurse und Prüfungstermine zum Österreichischen Sprachdiplom Mittelstufe Niveau C1 sowie zum Österreichischen Sprachdiplom Wirt-
  schaftssprache Deutsch Niveau C2 an.

Deutschsprachige Hochschulen in der SCHWEIZ nehmen zusätzlich eigene Sprachprüfungen ab. Einen Überblick über alle Tests, die von deutschen Instituten angeboten werden, erhalten Sie unter www.daad.de/deutschland/deutsch-lernen/
02940.de.html. Haben Sie an einer deutschsprachigen Schule das Abitur erworben, so ist dieses den genannten Sprachprüfungen gleichgestellt.

Ausländische Studierende, die nicht aus EU-Staaten bzw. Staaten des Europäischen Wirtschaftsraums stammen, unterliegen grundsätzlich der *Visum*spflicht. Da die Beantragung eines Visums aufgrund des Postwegs und der Bearbeitungszeit bis zu drei Monaten dauern kann, nehmen Sie möglichst frühzeitig Kontakt mit der zuständigen Behörde auf (DEUTSCHLAND: www.auswaertiges-amt.de; ÖSTERREICH: www.bmeia.gv.at; SCHWEIZ: www.auslaender.ch).

Für *Austauschstudierende*, die im Rahmen von Kooperationsverträgen einen Teil ihres Studiums im deutschsprachigen Ausland verbringen, gelten die Vereinbarungen zwischen Heimat- und Partnerhochschule. Bei diesen vorstrukturierten Programmen wie z. B. ERASMUS sind die Anerkennung von Zeugnissen und der Nachweis von Sprachkenntnissen erleichtert. Sie erhalten Unterstützung bei Fragen zur Einreise, Aufenthaltsbewilligung, Wohnraumsuche und ggf. Stipendien.

Am *Studienort* angekommen, sind eine Reihe von Behördengängen zu erledigen: Wohnheimverwaltung, Studierendensekretariat, Einwohnermeldeamt und die Ausländerbehörde! Es ist empfehlenswert, sich von einer deutschsprachigen Vertrauensperson begleiten zu lassen, damit diese Wege nicht zur frustrierenden Erfahrung werden. Für ausländische Studierende sind die ersten Studiensemester sehr schwierig, da die Umstellung auf zunächst ungewohnte Lehr- und Lernmethoden Kraft und Behördenwege Zeit kosten. Zudem können sprachliche Missverständnisse und klimatische Überraschungen sehr bedrücken. Über den Hochschulsport, die Christliche Studierendengemeinde oder den Hochschulchor lassen sich jedoch i. Allg. recht schnell soziale Kontakte knüpfen, die über so manches Tief hinweg helfen (vgl. Abschnitt II 7.8). An manchen Hochschulen gibt es internationale Studierendengruppen: Für Ausländer ist es in der Regel sehr viel leichter, mit anderen ausländischen Studierenden in Kontakt zu treten als mit einheimischen. Zwischen Ihnen und Ihren ausländischen Kommilitonen gibt es viele Gemeinsamkeiten, selbst wenn Sie nicht dieselbe Muttersprache sprechen und nicht aus demselben Kulturkreis kommen. Sie alle haben ähnliche Schwierigkeiten, kulturelle Anpassungsprobleme und Interessen. Die stetige Anpassung an eine neue Umgebung kann ausländische Studierende noch mehr Energie als das Studium selbst kosten. Es hilft Ihnen sicher, über Erfahrungen mit Fehlinterpretationen und andere kulturelle Tücken mit gleichgesinnten Studierenden zu reden und von ihnen verstanden zu werden. Scheuen Sie sich nicht, in Lehrveranstaltungen Ihre deutschsprachigen Kommilitonen um Hilfe zu bitten oder eine Lerngruppe zu bilden. Der Kontakt zu Ihren einheimischen Kommilitonen ist sehr wichtig, um mehr über Alltag, Kultur und Leben Ihres Gastlandes zu erfahren und die Sprachkenntnisse auch außerhalb des Studiums zu verbessern.

*Ausländische Studienbewerber* erhalten spezifische Informationen zum Studium in DEUTSCHLAND unter www.inobis.de, www.internationale-studierende.de, www.daad.de/deutschland/deutschland/00509.de.html, für ÖSTERREICH unter www.oead.ac.at und für die SCHWEIZ unter www.crus.ch/information-programme/studieren-in-der-Schweiz.html. Weitere Informationen und persönliche Beratung bieten auch die Kulturabteilungen der Botschaften in Ihrem Heimatland an.

Und wenn Sie ein Bildungsinländer sind: Helfen Sie Ihren künftigen ausländischen Kommilitonen, über die vielen kleinen und großen Hürden hinwegzukommen!

## 10  Studienabschluss im Ausland

Mit einem Studienabschluss im Ausland beweisen Sie Ihrem künftigen Arbeitgeber nicht nur Ihre internationale Mobilität und kulturelle Aufgeschlossenheit. Sie erwerben auch wertvolle Zusatzqualifikationen und erfahren eine außerordentliche persönliche Bereicherung. Folgende Frage sollten Sie sich bereits *vor* Studienbeginn stellen und auch beantworten: Möchten Sie das gesamte Studium im Ausland absolvieren oder lieber erst einmal im Heimatland das Studium beginnen und dann einen Teil des Studiums im Ausland verbringen? Möglich ist ein weiteres Studium (vgl. Abschnitt VIII 3) im Ausland nach einem abgeschlossenen Studium. Informationen zum Studienabschluss im Ausland finden Sie unter ec.europa.eu/ education, www.studieren.de, www.daad.de/ausland/studienmoeglichkeiten/ internationales-studium, www.oead.at/_ausland, www.berufsberatung.ch, www.crus.ch/information-programme/studieren-im-ausland.

Entscheidend für Ihren Studienerfolg ist das Niveau Ihrer *Fremdsprachenkenntnisse*. Einen Studienabschluss im Ausland sollten Sie deshalb erst dann ernsthaft in Erwägung ziehen, wenn Sie über sehr gute Kenntnisse in der Landes- oder zumindest in der Unterrichtssprache verfügen. Dies trifft in geistes- und sozialwissenschaftlichen Disziplinen stärker zu als bspw. in den Naturwissenschaften oder der Medizin, da in ersteren (fremd-)sprachliche Kompetenz häufig unerlässliche Voraussetzung für das Verständnis und den wissenschaftlichen Diskurs ist. Nutzen Sie also Zusatzangebote Ihrer Heimathochschule, um bereits im Vorfeld Sprachgefühl zu entwickeln und fremdsprachliche Fachtermini zu lernen. Im Gemeinsamen Europäischen Referenzrahmen für Sprachen ist die *Kompetenzstufe* C1 (Kompetente Sprachverwendung) als Mindestbefähigung zum Studium in der Fremdsprache festgelegt (www.europass-info.de). Genaueres weisen die Zulassungsinformationen der jeweiligen Wunschhochschule aus. Es ist empfehlenswert, zur Vorbereitung einen Sprachkurs im Ausland durchzuführen. Beispielsweise unterstützen der DAAD (www.daad.de/ausland/sprachenlernen), in wesentlich geringerem Umfang das Deutsch-Französische Jugendwerk (www.dfjw.de) und auch einige Botschaften Studierende mit *Stipendien*. Viele Studierende in internationalen Studiengängen haben vor Studienbeginn einen Schul-, Praktikums- oder Au-Pair-Aufenthalt im Ausland durchgeführt. Für die Bewerbung um einen Studienplatz im Ausland ist ein Nachweis der Sprachkenntnisse in offizieller Form nötig. Beispielsweise gibt es folgende anerkannte *Sprachzertifikate*:

- TOEFL (Test of English as a Foreign Language): Dies ist ein standardisierter Test, der nahezu in der gesamten englischsprachigen Hochschulwelt anerkannt wird (www.de.toefl.eu).
- IELTS (International English Language Testing System): In Großbritannien und Australien wird dieser Test bevorzugt als Zulassungsvoraussetzung anerkannt (www.britishcouncil.de).

- CAE (Certificate in Advanced English der University of Cambridge) und CPE (Certificate of Proficiency in English): Beide dienen an vielen Hochschulen Großbritanniens und im Übrigen englischsprachigen Raum als sprachliche Eingangsvoraussetzung für ein Studium in englischer Sprache (www.cambridge-exams.de).
- DALF (Diplôme Approfondi de la Langue Française): Nach Bestehen dieser anspruchsvollen Französischprüfung steht einer Aufnahmeprüfung an einer frankophonen Hochschule nichts mehr im Wege (www.kultur-frankreich.de).
- DSE (Diploma Superior de Español): Dieses Diplom ist weltweit anerkannt als Nachweis für eine umfassende, qualifizierte Beherrschung der spanischen Sprache. Das Instituto Cervantes (www.cervantes.de) bietet Vorbereitungskurse und Prüfungstermine an.

Wenn Sie einen internationalen Studiengang an einer deutschsprachigen Hochschule in die engere Wahl ziehen, informieren Sie sich, ob die Hochschule einen (sprachlichen) *Eignungstest* abnimmt und Sie dafür ggf. eines der o. g. Zertifikate vorzulegen haben. Ansonsten gelten bei dieser Studienalternative die Absprachen zwischen den Partnerhochschulen.

Viele Hochschulen bieten inzwischen internationale Studiengänge an: Bei Studiengängen mit einem Doppelabschluss (*Dual Degree*) oder einem von Partnerhochschulen gemeinsam vergebenen Abschluss (*Joint Degree*) ist ein Studienaufenthalt im Ausland Bestandteil des Studiums. Diese speziellen Studienprogramme sind eine attraktive Alternative, um ohne Studienzeitverlängerung während des Studiums das Ziel eines zusätzlichen ausländischen Studienabschlusses zu realisieren (www.hrk.de, www.hochschulkompass.de). Die beteiligten Hochschulen treffen dazu in ihren Partnerschaftsverträgen detaillierte Vereinbarungen über Zeitpunkt des Aufenthalts, Art und Umfang der zu belegenden Kurse und regeln im Vorhinein die Anerkennung der Prüfungsleistungen auf den Studiengang der Heimathochschule. Viele internationale Studiengänge sichern über Förderprogramme – bspw. des DAAD (www.daad.de), des EU-Bildungsprogramms „Lebenslanges Lernen" Teilbereich ERASMUS (DEUTSCHLAND: eu.daad.de; ÖSTERREICH: www.lebenslanges-lernen.at, SCHWEIZ: www.crus.ch/information-programme/erasmus), der Deutsch-Französischen Hochschule (www.dfh-ufa.org) oder auch hochschulspezifischer Art – ihren Teilnehmern Unterstützung und ggf. auch Studiengebührenreduzierungen zu.

Außerhalb strukturierter Studienprogramme während des Studiums als *Free Mover* einen Studienabschluss im Ausland zu erwerben, ist sehr aufwendig (www.braintrack.com, www.worldoflearning.com). Wenn zwischen Ihrer und der *Wunschhochschule* kein Kooperationsvertrag besteht, können Sie sich dort bewerben, sorgen ggf. selbstständig für die Anrechnung bereits erbrachter Studienleistungen vor Antritt des Auslandsstudiums und, nach Rückkehr, dann wiederum für die Anerkennung des im Ausland erbrachten Studienabschlusses. Für die Informations-, Planungs- und Vorbereitungsphase sollten Sie daher zwei bis drei Semester Vorlaufzeit rechnen. Sie können sich auf Antrag für die Zeit Ihres Auslandsaufenthaltes von Ihrer Heimatuniversität beurlauben lassen. Allerdings bedeutet eine *Beurlaubung* faktisch eine Studienzeitverlängerung.

Für Ihre Bewerbung an der Wunschhochschule benötigen Sie in der Regel neben den offiziellen Einschreibungsunterlagen auch beglaubigte Kopien Ihrer übersetzten Schul- und ggf. Hochschulzeugnisse sowie den Nachweis über Ihre sprachliche Studierfähigkeit. Auf Basis Ihrer Unterlagen prüft die Hochschule, ob Sie aufgenommen werden und welche Leistungen wie angerechnet werden. Eventuell verlangt die Wunschhochschule, dass Sie zusätzliche Veranstaltungen besuchen und Nachweise vorlegen, um zur entsprechenden Abschlussprüfung überhaupt zugelassen zu werden.

Klären Sie auch, ob, wie und in welcher Höhe ein Finanzierungsnachweis gegenüber der Wunschhochschule zu erbringen ist. Denkbar ist, dass Ihr Stipendiengeber als Sponsor oder Ihre Eltern als Bürgen auftreten müssen oder einfach ein Kontoauszug einzureichen ist. Planen Sie ausreichend finanzielle Mittel für Bewerbungs- und Studiengebühren, zur Deckung höherer Lebenshaltungskosten und zusätzlicher Krankenversicherungsbeiträge sowie Reisekosten ein. Einen Teil dieser Ausgaben können über *Stipendien* finanziert werden (DEUTSCHLAND: www.daad.de/ausland/foerderungsmoeglichkeiten/stipendiendatenbank; ÖSTERREICH: www.oead.at/_ausland/grants; SCHWEIZ: www.ausbildungsbeitraege.ch).

Die Erweiterung des eigenen Horizonts sollte für Sie – so abstrakt das auch klingen mag – das zentrale Argument für ein Auslandsstudium sein. Der Perspektivenwechsel und die oft auch methodisch andere Herangehensweise an eine bestimmte Thematik bedeuten eine ungeahnte Bereicherung für die persönliche Entwicklung und stärken das Fachverständnis. Von ebenso unschätzbarer Bedeutung sind Freundschaften, die das Auslandsstudium oft und lange überdauern.

Zur *Führung des ausländischen Studienabschlusses* gibt es unterschiedliche Regelungen (www.enic-naric.net, conventions.coe.int/Treaty/ger/Treaties/Html/165.htm; für DEUTSCHLAND: www.kmk.org/hschule/themen.htm#grade, www.daad.de/ausland/tipps-vorab/fuehrung-auslaendischer-hochschulgrade; für ÖSTERREICH: www.bmwf.gv.at/naric; für die SCHWEIZ: www.crus.ch/informationprogramme/anerkennung-swiss-enic, www.edk.ch, www.bbt.admin.ch).

Erst die Anerkennung Ihres ausländischen Hochschulabschlusses öffnet Ihnen grundsätzlich den Weg für den Berufszugang im Öffentlichen Dienst oder eine weitere akademische Karriere wie z. B. eine Promotion (vgl. Abschnitt VIII 4). Beispielsweise besteht nach dem Masterstudium die Möglichkeit, im Rahmen von Graduiertenkollegs, Partnerschaftsabkommen oder individuellen Vereinbarungen eine *binationale Promotion* (z. B. co-tutelle de thèse) durchzuführen. Ob Sie aber mit einem ausländischen Studienabschluss an einer deutschen Universität promovieren dürfen, entscheidet der Promotionsausschuss der jeweiligen Fakultät.

Hemmungen hat zunächst wohl jeder, der sich das erste Mal mit dem Gedanken an einen ausländischen Studienabschluss auseinandersetzt: Dieser Schritt kommt dem berüchtigten „Sprung ins kalte Wasser" schon sehr nahe. Sprachliche Schwierigkeiten und das ungewohnte Umfeld stellen eine große Herausforderung dar und führen zu einer zusätzlichen Belastung. In jedem Fall profitiert Ihr Selbstbewusstsein von dieser Erfahrung, an die Sie sich ein Leben lang erinnern werden!

# X   Erfahrungsberichte aus den Disziplinen

Einen Schwerpunkt von „Erfolgreich studieren" stellen die persönlichen Erfahrungsberichte von Studienabsolventen dar. Diese sind nach den unterschiedlichen Fächergruppen gemäß der Systematik der amtlichen Statistik unterteilt und sortiert (Statistisches Bundesamt 2008, 307 ff.).

In diesem Kapitel ist ein Querschnitt von Erfahrungsberichten für die einzelnen Studienbereiche dieser Fächergruppen wiedergegeben. Soweit es möglich war, wurden alle Fächer gleichermaßen berücksichtigt, ohne dass ein Schwerpunkt auf Fächer gelegt wurde, die besonders häufig studiert werden wie z. B. Wirtschaftswissenschaften, Informatik und Maschinenbau.

Da in fast allen Erfahrungsberichten Informationen und Tipps gegeben werden, die auch für ein Studium in anderen Fächern gelten, lohnt es sich durchaus, auch die Erfahrungsberichte zu lesen, die keinerlei Bezug zum eigenen Fach aufweisen.

Weiterhin befinden sich im Anhang G mehrere Indizes, mithilfe derer auf die Erfahrungsberichte nach den Kriterien Hochschule, Fakultät, Hochschulzugangsberechtigung, Studienabschluss, Finanzierungsquelle, Zusatzqualifikation, Krisenbewältigung, Perspektiven nach dem Studium (Studium und was dann?) und besonderer Situation zugegriffen werden kann.

# 1    Sprach- und Kulturwissenschaften

## 1.1    Allgemeine und vergleichende Literatur- und Sprachwissenschaft

Ich habe mein Studium im WS 2001/2002 begonnen. Studieren wollte ich eigentlich schon immer, doch was genau, das entschied ich erst in den Monaten nach dem Abitur. Die Ruhr-Universität Bochum habe ich gewählt, weil sie die nächste im Umkreis war, an der ich Allgemeine und vergleichende Literaturwissenschaften (= Komparatistik, gehört zur Fakultät für Philologie) studieren konnte, denn ich wollte mich mit der Literatur verschiedener Sprachen befassen. Als Nebenfächer hatte ich mir Erziehungswissenschaften und Philosophie (Fakultät für Philosophie, Pädagogik und Publizistik) ausgesucht. Doch als ich zur Einschreibung fuhr, stellte sich heraus, dass ich mich in diesen Fächern nur noch für den neuen Bachelor of Arts mit zwei Hauptfächern einschreiben konnte. Ich hatte noch nie davon gehört, denn die Ruhr-Universität war eine der ersten, die auf das Bachelor-Master-System umgestellt hat. So entschied ich mich kurzerhand gegen Philosophie und befand mich mit zwei Hauptfächern und einem Optionalbereich – für die Zusatzqualifikationen – am Beginn meines Studiums.

Über die neue Studienform konnte ich mich direkt vor Ort informieren und so einen Semesterplan aufstellen. Dafür habe ich ausgerechnet, wie viele Semesterwochenstunden ich pro Semester belegen muss, um am Ende die vorgesehene Punktzahl zu erreichen. Während der Bachelor-Phase waren das 30 Kreditpunkte für den Optionalbereich und je 65 Kreditpunkte für die Hauptfächer. Das ergab eine durchschnittliche Anzahl von 10 Lehrveranstaltungen, was mir besonders für leseintensive Fächer wie Literaturwissenschaften mehr als ausreichend erschien, um auch nur einen Bruchteil der behandelten Bücher selbst lesen zu können.

Der Bachelor-Studiengang umfasst sechs Semester Regelstudienzeit und damit bin ich gut zurechtgekommen. Der Anfang verlief noch recht chaotisch, weil die Studienordnung für die Bachelor- und Master-Studiengänge noch gar nicht feststand und keiner etwas mit den neuen Richtlinien anfangen konnte. Die Hauptunterschiede zu den Magister-Studierenden waren, dass wir anwesend sein und eine eigene (schriftliche oder mündliche) Leistung erbringen mussten, um die Kreditpunkte zu bekommen. Der Master-Studiengang war auf vier Semester angelegt und ich war zu Beginn des fünften Semesters mit allen Prüfungen und der Masterarbeit fertig. Ich habe nur Literaturwissenschaften weiterstudiert, da die Pädagogen im Masterstudium entweder Didaktik für Lehrer oder die Erwachsenenbildung behandeln. In beide Richtungen wollte ich nicht gehen und habe deshalb den sog. Ein-Fach-Master gemacht und alle 90 Kreditpunkte in diesem Fach absolviert.

Mehrere Sprachen zu beherrschen ist für ein Literaturstudium sehr wichtig. In Bochum müssen Studierende zwei lebende Sprachen und Lateinkenntnisse vorweisen, da die Texte – wann immer möglich – im Original gelesen werden. Ich hatte bereits in der Schule das große Latinum gemacht und neben Englisch noch Französisch und Spanisch gelernt. Doch konnten auch während des Studiums noch Sprachnachweise erbracht werden. Im Optionalbereich besuchte ich Kurse in Englisch, EDV, Zeitmanagement und Kunstgeschichte.

In meinen Fächern waren die Themen in Modulen geordnet und ich habe natürlich versucht, Themen zu wählen, die mich interessiert haben, jedoch musste ich häufig wegen des Stundenplans oder der überlaufenen Kurse umdisponieren. Vor allem in Erziehungswissenschaften war die Anzahl der Teilnehmer in den Kursen begrenzt und ich musste bei der Anmeldung um die Plätze kämpfen.

Während des Masterstudiums war das Angebot meines Fachbereichs an Seminaren auf höherem Niveau aufgrund der Umstellung noch nicht groß und ich musste einfach alles belegen, was es gab, um meine Kreditpunkte zu erreichen. Glücklicherweise habe ich auch alle Lehrveranstaltungen aus meinem Auslandssemester anerkannt bekommen, sodass ich dadurch keine Zeit verloren habe. Ein Auslandsaufenthalt ist in Komparatistik nicht zwingend vorgeschrieben, ich halte ihn aber für sehr sinnvoll. Er hat mich im Studium wirklich weitergebracht, weil ich einen anderen Blickwinkel auf das Studium im eigenen Land bekommen habe und andere Themen in einer anderen Sprache behandeln konnte. Da es mit der Dublin City University in Irland keine Kooperation gab, musste ich mich um alles selbst kümmern und mich direkt vor Ort bewerben. Meine Professoren haben mich dabei gut unterstützt und Empfehlungsschreiben für mich verfasst.

Das Studium mit Kreditpunkten habe ich als sehr angenehm empfunden, weil ich kontinuierlich Leistungen erbringen konnte und nicht alles auf einen einzigen Prüfungstag ankam. So konnte ich beide Teile des Studiums sehr erfolgreich und in kurzer Zeit abschließen. Die Anwesenheitspflicht, die meistens durch die Eintragung in Listen kontrolliert wurde, habe ich jedoch als problematisch erlebt. Sie förderte das Fälschen von Unterschriften und brachte Unruhe in die ohnehin schon überfüllten Kurse, wenn viele sich am Anfang eintrugen und dann in Massen den Raum verließen.

Müsste ich heute noch einmal entscheiden, würde ich wahrscheinlich Anglistik statt Erziehungswissenschaften wählen, weil ich mit Englisch eine breitere Auswahl an Berufen gehabt hätte. Allerdings arbeite ich heute in einer E-Learning-Agentur, sodass ich mit meinen didaktischen Kenntnissen tatsächlich etwas anfangen kann. Neben dem Beruf forsche ich auch noch für meine Dissertation in Literaturwissenschaft, da mich dieser Bereich nach wie vor interessiert.

Insgesamt habe ich fünf Jahre studiert. Den Großteil davon wohnte ich bei meinen Eltern und bekam BAföG. Gegen Studienende hatte ich eine eigene Wohnung und finanzierte zusätzlich mit Nebentätigkeiten meinen Unterhalt. Der etwas entfernte Wohnort war manchmal ein Hindernis, weil ich so nicht viel vom Studentenleben vor Ort mitbekommen habe. Andererseits ließen sich die Zugfahrten sehr gut zum Lesen nutzen. Ich kann jedem, der das Leben im Ruhrgebiet gewöhnt ist, ein Studium an der Ruhr-Universität Bochum nur empfehlen. Andere werden sich vielleicht in den Menschenmassen und der Betonkultur unwohl fühlen.

Nikola Holtkamp, Master of Arts

## 1.2 Germanistik

Direkt nach dem Abitur habe ich zu Beginn meines Studiums an der Ruhr-Universität Bochum im sog. Magisterreformmodell-Studiengang Germanistik, Anglistik (Fakultät für Philologie) und Pädagogik (Fakultät für Philosophie, Pädagogik und Publizistik) studiert. Wie der Name des Studiengangs vermuten lässt, sollte sich in Bochum einiges an dem klassischen Magister-Studiengang ändern: Zusätzlich zu drei gleichgewichtigen Fächern gab es noch einen Optionalbereich, in dem für den späteren Beruf Schlüsselqualifikationen wie bspw. EDV-Kenntnisse oder (weitere) Fremdsprachen erlernt werden konnten.

Nach zwei Semestern stellte sich heraus, dass zukünftig nicht nur der klassische Magister-Studiengang an der Bochumer Universität auslaufen sollte – auch das Magisterreformmodell wurde zu einem vorübergehenden Studiengang erklärt, welcher künftig in den Bachelor mit anschließendem Master-Studiengang münden sollte. Damit war die Ruhr-Universität Bochum eine der ersten Universitäten in Deutschland, die umfassend auf Bachelor- und Master-Studiengänge umstellte. Anfangs stand ich dem Wechsel eher skeptisch gegenüber, doch nach einem längeren Beratungsgespräch ließ ich mich überzeugen. Ich wollte kein „Auslaufmodell" studieren, zudem sollten alle bisherigen Kurse anerkannt und auf den Bachelor-Studiengang übertragen werden. Ein weiterer Entscheidungsgrund war, dass ich ein Fach abwählen konnte, wobei ich bereits bestandene Seminare für den Optionalbereich nutzen konnte. Meine Englisch-Kurse wurden in Fremdsprachen-Kurse umgewandelt, wodurch ich mit besuchten EDV-Kursen bereits zu Anfang des Bachelor-Studiengangs zwei von drei optionalen Bereichen absolviert hatte.

Germanistik und Pädagogik behielt ich als vorerst gleichgewichtige Hauptfächer, wobei ich die Vorentscheidung traf, dass ich in Germanistik die Bachelorarbeit und eine von zwei mündlichen Prüfungen absolvieren wollte. Wie an den meisten Universitäten ist Germanistik in Bochum in drei Bereiche unterteilt: Neuere deutsche Literatur, Linguistik und Mediävistik. Während des Bachelorstudiums ist es zwar notwendig, zuerst an Seminaren aus allen Fachbereichen teilzunehmen, jedoch können Studierende bald ihren Schwerpunkt auf einen Bereich (bei vielen Studierenden Neuere deutsche Literatur) setzen. So habe ich bspw. innerhalb des Moduls Literaturgeschichte ein Seminar zur Gruppe 47 besucht, worüber ich später auch eine mündliche Bachelor-Prüfung absolviert habe.

Der Studienverlaufsplan schien für die einzelnen Seminare vorgegeben, doch ließen zum Teil eher grobe Modulzuordnungen Wahlmöglichkeiten für passende Kurse offen und zudem waren viele Seminare noch nicht offiziell mit Modulbezeichnungen versehen. Ich konnte mich über diese Problematik nur begrenzt mit anderen Studierenden austauschen, da die meisten Kommilitonen andere Studiengänge gewählt hatten. Dabei hatte die Wahl des Studiengangmodells für die inhaltlich gelungenen Seminardiskussionen zwischen den Studierenden oft keine weitere Bedeutung. Allerdings musste ich häufiger alleine mit den Dozenten abstimmen, ob das gewünschte Seminar auch zum vorgesehenen Modul passte. Manche solcher Planungen und Absprachen erwiesen sich zwar als zeitaufwendig oder kompliziert, doch oft reagierten die Dozenten kooperativ, besonders weil viele Modulvorgaben noch in der Entwicklung begriffen waren. Ich musste in diese Gespräche zwar viel Zeit investieren, die ich lieber für intensivere inhaltliche Arbeit genutzt hätte. Indirekt habe ich dabei aber Strategien für ein gutes Zeitmanagement im Studium gelernt, wobei ich meist keine zusätzliche Zeit für Nebentätigkeiten einplanen musste, da ich größtenteils mit dem Kindergeld und der weiteren finanziellen Unterstützung durch meine Eltern auskommen konnte. Da sich viele Seminare nach Rücksprache mit einzelnen Dozenten mit den Modulvorgaben vereinbaren ließen, habe ich die Gespräche nicht als Zeitverschwendung empfunden. Stattdessen habe ich einiges aus den Sprechstunden gelernt: Wenn sich Studierende auf das Sprechstundengespräch vorbereiten, sich bspw. vorher Notizen über eine strukturierte Argumentationsweise machen, brauchen sie sich einerseits weniger um den Verlauf eines solchen Gesprächs zu sorgen und andererseits erhöhen sich die Chancen, dass der jeweilige Dozent den eigenen Vorschlägen zustimmt oder dass sich zumindest ein zufriedenstellender Kompromiss finden lässt.

Zum Ende des Studiums zum Bachelor of Arts musste ich mich entscheiden, wie ich das Studium fortsetze: Im Zwei-Fach-Master werden beide Fächer gleichgewichtig studiert, während im Ein-Fach-Master die Konzentration auf ein Fach erforderlich ist, wobei noch ein Ergänzungsbereich auszufüllen ist. Die Entscheidung für den Ein-Fach-Master konnte ich bald treffen, da ich Germanistik-Seminare, besonders literaturwissenschaftliche, mit mehr Spannung, Interesse, häufig auch mit Leidenschaft, verfolgt habe. Zwar musste ich wie im Bachelorstudium erneut ein paar Seminare in Mediävistik und Linguistik besuchen, aber für die notwendigen Module ließen sich passende, teilweise auch interessante Seminare finden. Da ich zugleich die Kenntnisse aus dem Pädagogikstudium weiterhin nutzen wollte, habe ich mein zweites Fach im Ergänzungsbereich behalten. Wieder musste ich mich mit nur teilweise geregelten Studienbedingungen zurechtfinden – auch in dieser Hinsicht hat sich das Masterstudium als eine Fortsetzung des Bachelorstudiums erwiesen. Dabei hat mir die Fähigkeit, mich mit den Dozenten über alternative Regelungen abzustimmen, sehr genützt, denn in Gesprächen ließen sich für das unausgereifte System häufig adäquate Lösungen finden.

Auch während des Masterstudiums habe ich trotz des eingeschränkten Seminarangebots für die erforderlichen Module reizvolle Veranstaltungen gefunden. Beispielsweise habe ich im literaturwissenschaftlichen Forschungsmodul Seminare zu Aphorismen besucht, wodurch ich auch mein Thema für die Masterarbeit (Das 1. Aphoristikertreffen in Hattingen an der Ruhr) und die Doktorarbeit (Die Aphoristik der Wiener Moderne um 1900, externe Promotion) gefunden habe.

Abschließend würde ich auch aus derzeitiger Sicht die Fächerkombination trotz der Umstände noch einmal studieren. Schließlich habe ich nicht nur als eine der Ersten an der Ruhr-Universität Bochum einen Master-Abschluss in Germanistik erhalten, sondern auch durch das Betreten des Neulandes nützliche Qualifikationen in den Bereichen Kommunikation und Selbstorganisation erworben. Was viele Germanistik-Seminare betrifft, möchte ich besonders die intensive, häufig auch leidenschaftliche Auseinandersetzung mit den literaturwissenschaftlichen Inhalten nicht missen.

Eva Annabelle Blume, Master of Arts

## 1.3  Romanistik

Der Begriff Romanistik umfasst eine große Vielfalt an unterschiedlichen Fachrichtungen und zielt auf die wissenschaftliche Auseinandersetzung mit den auf Latein basierenden Sprachen wie Französisch, Spanisch, Italienisch, Portugiesisch, Rumänisch, Katalanisch oder Galizisch. Die Romanische Philologie, wie die Romanistik auch genannt wird, gliedert sich dabei innerhalb der jeweiligen Sprache in drei Hauptgebiete: Literatur- und Sprachwissenschaft sowie Landeskunde. Das Studium der Romanistik bietet zwar keine direkte Berufsausbildung, vermittelt aber wichtige Voraussetzungen für Tätigkeiten in den verschiedensten Berufen. Neben den akademischen Lehrberufen an Schulen und Universitäten arbeiten Romanisten in Bibliotheken und Archiven, im Journalismus oder im Verlags- und Pressewesen. Mit betriebswirtschaftlichen Zusatzqualifikationen können Absolventen in international operierenden Unternehmen tätig werden, bspw. im Marketing oder auch in der Öffentlichkeitsarbeit. Wichtig zu wissen ist allerdings, dass das Studium keineswegs zum Dolmetscher oder Übersetzer ausbildet.

Da ich schon immer gern gelesen habe und mir der Erwerb von Fremdsprachen von jeher viel Spaß machte, habe ich mich nach meinem Abitur dazu entschieden, an der Freien Universität Berlin am Fachbereich Neuere Fremdsprachliche Philologien Romanistik mit dem Schwerpunkt französischer Literaturwissenschaft zu studieren. Ich schrieb mich in einen Magister-Studiengang ein, weil mir von vornherein bewusst war, dass ich nicht ins Lehramt wollte. Ich wählte Publizistik und Geschichte als Nebenfächer, denn ich sah mich damals eher im kulturellen oder journalistischen Bereich und wollte meine Fachkenntnisse so sinnvoll ergänzen. Mein Studium war daher interdisziplinär angelegt; ich befasste mich mit Linguistik (Semiotik, allgemeiner und historischer Sprachwissenschaft etc.), mit französischer Literatur und Geschichte sowie auch den unterschiedlichen Medienformen, in denen die französische Kultur zum Ausdruck kommt wie den klassischen Printmedien, aber auch Fernsehen, Radio oder bildlichen Darstellungen.

Der Besuch eines humanistischen Gymnasiums hat mir einen Vorteil gebracht: das Latinum, das für die Zulassung zum Romanistikstudium oft obligatorisch ist. Fehlt das Latinum, so konnte es meist während des Grundstudiums nachgeholt bzw. durch den Nachweis einer weiteren romanischen Sprache ersetzt werden.

Das Angenehme an der Freien Universität Berlin war, dass das Studium übersichtlich gegliedert war und ich meine Kurse im Sinne eines Studium Generale relativ frei wählen konnte; d. h. ich musste zwar eine festgelegte Anzahl von Vorlesungen und Fachkursen belegen, konnte aber das Thema frei aussuchen, z. B. Literatur des Mittelalters oder des 19. Jahrhunderts, Montaigne, Flaubert, Christine de Pisan oder Colette, je nach Interesse und (natürlich) Angebot. Zudem fand ich die Kurse in Landeskunde höchst interessant und die Sprachkurse (Grammatik, mündlicher und schriftlicher Ausdruck sowie Übersetzung) sehr anspruchsvoll, da sie von muttersprachlichen Lektoren auf Französisch abgehalten wurden.

Was mir an dem Studium weniger gefallen hat, waren die oft sehr passiven Kurse, da entweder der Dozent vortrug oder ein Referat gehalten wurde. Zu Diskussionen kam es nur selten, was aber auch durch die hohe Teilnehmerzahl von 30 bis 40 Studierenden bedingt war; auch dass die meisten Lehrveranstaltungen auf Deutsch stattfanden, empfand ich als negativ. Ich hatte nicht das Gefühl, dass sich meine Französischkenntnisse wesentlich verbesserten, so dass ich mich als „fließend" oder „verhandlungssicher" in der Fremdsprache hätte bezeichnen können.

Ich bin deshalb während meines Studiums zweimal für längere Zeit nach Frankreich gegangen: Das erste Mal habe ich während des Grundstudiums ein Semester an der Universität von Lille III und das zweite Mal am Ende des Hauptstudiums, als ich scheinfrei war und vor der Anmeldung zum Magister stand, ein Jahr an der Université de Paris III – La Sorbonne Nouvelle studiert. Diese beiden Auslandsaufenthalte erlaubten es mir, einerseits ein sehr gutes Sprachniveau zu erreichen, andererseits durch das Kennenlernen eines anderen Universitätssystems meinen persönlichen Erfahrungshorizont signifikant zu erweitern: Ich war an ein freizügiges Studium gewöhnt, welches ein hohes Maß an Selbstorganisiertheit und Eigeninitiative verlangte, und fand mich nun in einem sehr verschulten System mit einem vorgegebenen Stundenplan wieder, an dem es nichts zu rütteln gab; nach dem selbstständigen Arbeiten in der Bibliothek und dem Verfassen von Hausarbeiten musste ich nun Klausuren schreiben. Diese Auslandsaufenthalte, von denen der erste über Eigenfinanzierung, der zweite über ein Stipendium finanziert waren, haben mir zu überdurchschnittlichen Noten verholfen und erlaubt, Kenntnisse über Frankreich und dessen wirtschaftlichen Kontext zu erlangen, die ich durch das Studium trotz der hohen inhaltlichen Qualität der Veranstaltungen allein nie erreicht hätte. Ich möchte daher die große Bedeutung von längeren Auslandsaufenthalten im Rahmen eines Romanistikstudiums betonen, auch wenn sich dadurch die Studienzeit verlängert. Nur so können Sie ein angemessenes Niveau an Sprach- und Landeskundekenntnissen erreichen, die bei der späteren Stellensuche eine große Rolle spielen. Vielleicht machen Sie sogar, wie ich, einen französischen Studienabschluss (Maîtrise en Lettres Modernes), durch den sich die Chancen auf dem Arbeitsmarkt später erheblich verbessern können!

Generell muss allerdings gesagt werden, dass der Berufsstart schwieriger ist als in den technischen Fächern, da das Romanistikstudium nicht auf einen bestimmten Beruf vorbereitet. Die Berufsaussichten hängen besonders von den erworbenen Zusatzqualifikationen ab. Sie sollten daher rechtzeitig über Ihr Berufsziel nachdenken, die passenden Nebenfächer wählen und das Studium, begleitet von entsprechenden Praktika, zielgerichtet durchführen.

Nach einem Aufbaustudium in BWL und Marketing (Master en Gestion et Marketing franco-allemand) bin ich jetzt bei einer Firma in Paris für den deutschen PR- und Marketingbereich zuständig. Selbst wenn ich in meinem beruflichen Alltag nicht mehr viel mit Romanistik zu tun habe, abgesehen von den Sprachkenntnissen, so habe ich durch die methodische und interdisziplinäre Orientierung des Studiums vielseitige Kompetenzen erlangt: Das schnelle Erfassen von komplexen Fragestellungen, eine strukturierte Arbeitsorganisation sowie die Fähigkeit, sich mit verschiedenen Meinungen konzeptionell auseinanderzusetzen, sind mehr denn je wichtige Voraussetzungen in der heutigen Berufswelt.

Dr. des. Ulrike Goßmann

## 1.4 Erziehungswissenschaften

Nach dem Abitur begann ich 1992 das Lehramtsstudium für Grund- und Hauptschulen an der Pädagogischen Hochschule Freiburg. Zu dieser Studienwahl gelangte ich aufgrund der positiven Erfahrungen während meiner verschiedenen Tätigkeiten in der Kinder- und Jugendarbeit. Gleichzeitig entwickelte ich dabei mein Interesse dafür, wie Menschen lernen und in Gruppen miteinander umgehen. Hilfreich waren für diese Berufswahl Gespräche mit Freunden, die bereits an der Pädagogischen Hochschule studierten.

Die Bandbreite der zu belegenden Fächer, von den Fachwissenschaften über Fachdidaktik bis hin zu Pädagogik, sowie die Praxisorientierung sprachen mich an. Da ich mir mit gerade 20 Jahren noch nicht vorstellen konnte, Jugendliche zu unterrichten, wählte ich den Schwerpunkt Grundschule. Zur Fächerkombination Deutsch und Sachunterricht kam ich sowohl aus Neigung als auch mit der Absicht, zentrale Bereiche des Grundschulunterrichts abdecken zu können.

An den Pädagogischen Hochschulen in Baden-Württemberg beträgt die Regelstudienzeit für das Grundschullehramt sechs Semester. Ich habe zwei Semester länger studiert und nicht den Eindruck, Zeit verschwendet zu haben. Da inzwischen Studiengebühren erhoben werden, dürfte die Finanzierung heute allerdings schwieriger zu bewerkstelligen sein. Meinen Unterhalt finanzierten hauptsächlich meine Eltern. Zusätzliche Jobs in Altenheimen und als Tutorin erweiterten meine finanziellen Möglichkeiten.

Trotz Zugangsbeschränkung war die Pädagogische Hochschule zu Beginn des Studiums komplett überfüllt. Vor allem die Pflichtvorlesungen in den ersten Semestern waren Massenveranstaltungen, bei denen wir uns auf Stühlen, Treppen und Fensterbänken drängten. Auch Seminare hatten selten eine Teilnehmerzahl, die eine intensive Auseinandersetzung mit den Inhalten ermöglichte.

Ein wichtiges Element während meines Studiums waren die drei betreuten Tagespraktika sowie die zwei vierwöchigen Blockpraktika während der vorlesungsfreien Zeit. Letztere konnten auch im Ausland gemacht werden. So kam ich 1994 zu einem spannenden Schulpraktikum nach St. Petersburg.

Für das Lehramt an Grundschulen versuchen die Hochschulen, die Studierenden in möglichst vielen Bereichen zu qualifizieren. Ich konnte daher in viele Bereiche wie z. B. Soziologie, Psychologie, Literaturwissenschaft, Sprachdidaktik und Physik hineinschnuppern, jedoch nichts richtig vertiefen. Erst als ich bewusst meinen Einsatz in einzelnen Fächern nur noch auf den Besuch von Pflichtveranstaltungen reduzierte, konnte ich in anderen Bereichen vertiefend auf Fragestellungen eingehen. Ein großer Gewinn war für mich die Arbeit als Tutorin im Fach Schulpädagogik sowie die Möglichkeit, als Studentin bereits Projektseminare mitorganisieren zu können. Im Kontext eines solchen Seminars schrieb ich dann auch die Examensarbeit als Teil des Ersten Staatsexamens. Gewünscht hätte ich mir in dieser Zeit eine fokussierte Unterstützung. Erlebt habe ich dagegen, dass die meisten Studierenden sich, so gut es ging, allein durchkämpften.

Insgesamt habe ich den Aufbau und Ablauf des Studiums als sehr vielfältig, sehr offen, aber mit zu wenig Orientierungspunkten ausgestattet erlebt. Inzwischen haben die Umstrukturierung des Studiums und die Einführung einer Zwischenprüfung aber an den Pädagogischen Hochschulen zu einer Verschulung geführt, die nur noch wenig Wahlmöglichkeiten lässt. Gerade in den vorhandenen Freiräumen entwickelte ich jedoch Schwerpunkte, die noch heute in meinem Berufsalltag präsent sind.

Nach dem Ersten Staatsexamen begann ich auf der Schwäbischen Alb meinen Vorbereitungsdienst, der 1996 nach eineinhalb Jahren mit dem Zweiten Staatsexamen endete. Ein Risikofaktor bleibt bei allen Lehramts-Studiengängen die Einstellungspolitik des jeweiligen Bundeslandes. Während zu Beginn meines Studiums vom zuständigen baden-württembergischen Ministerium massiv Werbung für den Studiengang gemacht wurde, bekamen schließlich nur ca. 20 % derer, die mit mir das Zweite Staatsexamen absolviert hatten, eine Stelle. Als sich diese Situation abzeichnete, suchte ich nach verwandten Berufsbildern und orientierte mich in Richtung der Erwachsenenbildung.

Als ich dann doch direkt in den Schuldienst übernommen wurde, wollte ich dennoch nicht auf die Möglichkeit eines Zweitstudiums verzichten. Ich begann also meine Arbeit an einer Grundschule mit einem Teillehrauftrag und stieg gleichzeitig in das Pädagogik-Aufbaustudium an der Fakultät für Sozial- und Verhaltenswissenschaften der Universität Tübingen ein, das ich 2002 mit dem Diplom abschloss. Inhaltlich konnte ich Schulpädagogik mit Erwachsenenbildung kombinieren und so an mein bisher erworbenes Wissen anknüpfen.

An das zweite Studium ging ich zielgerichteter heran. Erstens wollte ich die wenige Zeit, die ich für das Studium zur Verfügung hatte, nicht mit uninteressanten Veranstaltungen füllen. Zweitens wusste ich diesmal ziemlich genau, für welche beruflichen Tätigkeiten ich Wissen erwerben wollte: die Arbeit in der Lehrerfortbildung sowie im Bereich der Schulentwicklung. Deshalb suchte ich mir entsprechende Veranstaltungen heraus. Der besondere Reiz dieses Aufbaustudiums lag auch darin, dass es von vielen Studierenden berufsbegleitend absolviert wurde und so Menschen mit teilweise langjähriger Erfahrung in unterschiedlichen Arbeitsfeldern zusammenkamen. Lerninhalte wurden kritisch hinterfragt und gründlicher auf ihren Realitätsbezug überprüft. Die größte Hürde im Zweitstudium war für mich die Diplomarbeit. Ein spannendes Thema war zwar schnell gefunden, es gab reichlich interessante Literatur und auch die Erhebung zu planen, war nicht problematisch. Neben meiner beruflichen Arbeit diszipliniert den Text zu verfassen, fiel mir aber schwer.

Heute bin ich nach wie vor als Grundschullehrerin tätig. Außerdem gebe ich Fortbildungen und arbeite als Beraterin für Schulentwicklung. Meine Kenntnisse aus beiden Studiengängen, der 2000 bis 2001 absolvierten Ausbildung zur Zirkuspädagogin sowie einer 2007 abgeschlossenen Beraterausbildung kann ich in meinem Berufsalltag sinnvoll kombinieren.

Verena Weiß, Diplom-Pädagogin

# 2    Rechts-, Wirtschafts- und Sozialwissenschaften

## 2.1    Politikwissenschaften

### Politikwissenschaften: Erfahrungsbericht 1

Wie viele Abiturienten stellte auch ich mir die Frage, was ich eigentlich studieren sollte. Letztlich nahm ich die Zusage der Universität Mannheim für den neu einge-führten Studiengang Bachelor of Arts Politikwissenschaft an der Fakultät für So-zialwissenschaften zum WS 2004/2005 an. Ich entschied mich dabei für Mann-heim aufgrund der guten Bewertung im Ranking des Centrums für Hochschul-entwicklung (CHE) und für den Bachelor wegen der kürzeren Studienzeit. Was mich genau in diesem Studium erwarten sollte, wusste ich vor meinem Studienbe-ginn allerdings nicht.

Die erste Erkenntnis erfolgte daher auch bereits in der Einführungsvorlesung, denn Politikwissenschaft ist nicht gleich Politikwissenschaft und jede Universität setzt ihre ganz eigenen Forschungs- und Lehrschwerpunkte. Die Mannheimer Po-litikwissenschaft weist eine starke empirisch-analytische Ausrichtung auf. Die in-haltliche Auseinandersetzung dreht sich daher nicht um philosophische oder nor-mative Debatten über einen erstrebenswerten Soll-Zustand, sondern um Theoriebildung und -überprüfung anhand erhobener Daten und statistischer Me-thoden. Die EU gehört dabei zu den thematischen Schwerpunkten. Ein Grundinte-resse am europäischen Integrationsprozess war für das Studium unverzichtbar.

Organisatorisch und inhaltlich gliedert sich die Mannheimer Politikwissen-schaft in vier Teilbereiche: internationale Beziehungen, vergleichende Regie-rungslehre, politische Soziologie und Zeitgeschichte. Während des dreisemestri-gen Grundstudiums belegte ich aus allen Bereichen Veranstaltungen. Daran an-schließend begann das Hauptstudium mit der Auswahl von zwei Aufbaumodulen. Ich entschied mich dabei für die Bereiche internationale Beziehungen und verglei-chende Regierungslehre, da mir diese Kombination besonders sinnvoll erschien.

In allen zu belegenden Veranstaltungen war stets ein Leistungsnachweis durch Klausur, Referat oder Seminararbeit zu erbringen. Da bereits ab dem ersten Se-mester die erzielten Noten teilweise mit in die Endnote eingingen, war der Leis-tungsdruck bei der Abschlussarbeit und der mündlichen Prüfung weniger groß, als dies im Magisterstudium der Fall ist. Meine 20-minütige mündliche Abschlussprü-fung legte ich am Ende des fünften Semesters im Bereich vergleichende Regie-rungslehre ab. Meine Bachelorarbeit verfasste ich daran anschließend im Fachbe-reich internationale Beziehungen über die Europäische Sicherheits- und Verteidi-gungspolitik. Da die Bearbeitungszeit nur sechs Wochen betrug, waren eine gute

Vorbereitung sowie die enge Abstimmung mit dem Erstkorrektor für das Gelingen der Arbeit von zentraler Bedeutung.

Neben dem politikwissenschaftlichen Hauptfach belegte ich noch Medien- und Kommunikationswissenschaft als Beifach. Insgesamt waren während der sechssemestrigen Regelstudienzeit 180 Kreditpunkte zu sammeln, wovon lediglich 32 auf das Beifach entfielen. Aufgrund dieser Tatsache sowie des engen Studienplans blieb das Studium im Wesentlichen auf die Politikwissenschaft beschränkt. Deshalb erschienen mir der Blick über den politikwissenschaftlichen Tellerrand und der Kontakt mit Studierenden anderer Fachrichtungen für die eigene Horizonterweiterung umso wichtiger. Ich engagierte mich daher in der Studierendeninitiative Club of Rome e. V., einem interdisziplinären studentischen Forum, das sich in Diskussionen, Vorträgen und auf Studienfahrten mit aktuellen globalen Herausforderungen beschäftigt.

Dass ich zum ersten Jahrgang des Bachelor-Studiengangs in Mannheim gehörte, hatte sowohl Vor- als auch Nachteile. Sehr positiv wirkte sich die Tatsache aus, dass mit mir insgesamt nur ca. 50 Studierende eine Zulassung erhielten. Hierdurch lernte ich nicht nur sehr schnell meine Kommilitonen kennen, sondern auch der Kontakt zu und die Betreuung durch die Dozenten waren aufgrund der geringen Studierendenzahl sehr gut. Während wir die Vorlesungen zusammen mit Studierenden anderer Studiengänge besuchten, waren ausgewählte Seminare nur für uns reserviert. Hierdurch war zwar garantiert, dass ich die notwendigen Seminare stets belegen konnte und die Seminargröße nie die Grenze von 35 Studierenden überschritt, allerdings gab es nur eine geringe Auswahl. Eine inhaltliche Schwerpunktsetzung durch die Wahl der Veranstaltungen war daher nur in begrenztem Rahmen möglich. Dieser Umstand hat sich mit den steigenden Studierendenzahlen mittlerweile gelegt. Insgesamt waren die Studienbedingungen in Mannheim aber sehr gut, was nicht zuletzt auch an der exzellent ausgestatteten Bereichsbibliothek lag.

Finanziell konnte ich mir das Studium hauptsächlich Dank der Unterstützung meiner Eltern leisten. Einen kleinen Beitrag zur Finanzierung leistete ich durch meine Tätigkeit als studentische Hilfskraft an einem Lehrstuhl, wodurch ich nicht nur sehr gute Einblicke in die aktuelle politikwissenschaftliche Forschung bekam, sondern auch praktische Erfahrungen sammelte.

Insgesamt fällt das Fazit über mein Studium geteilt aus: Einerseits war das Studium mit Veranstaltungen und Prüfungen sehr beladen, so dass es mir nicht immer leicht fiel, noch Zeit für andere Dinge aufzubringen. Die studentische Freiheit und das Studentenleben, wie ich es mir vorstellte, habe ich nicht vorgefunden. Zudem begünstigen der strikte Studienplan und die Einführung von Studiengebühren einen zunehmenden Leistungs- und Erfolgsdruck. Auf der Strecke bleiben so ein breites interdisziplinäres Basiswissen, Zeit zur Reflexion und zeitweise auch die Freude am Studium. Andererseits führte aber gerade diese Konzeption des Bachelors in Mannheim dazu, dass ich in kurzer Zeit eine sehr gute akademische Ausbildung genossen und ein umfassendes politikwissenschaftliches Wissen erworben habe. Allerdings mangelt es oft noch an der Würdigung der erbrachten Leistungen und der Anerkennung des Bachelors als eigenständigen Studienabschlusses. Daher strebe ich, wie fast alle meiner Kommilitonen, noch einen Master an.

Benjamin Rebenich, Bachelor of Arts

## *Politikwissenschaften: Erfahrungsbericht 2*

Noch einmal studieren? Diese Frage stellte ich nicht nur mir selbst, sondern auch viele meiner Freunde und Bekannten waren skeptisch. Immerhin habe ich nach dem Abitur den Diplom-Studiengang Politikwissenschaft am Otto-Suhr-Institut der Freien Universität Berlin absolviert. Durch Internetrecherchen war ich auf das Institut für Friedensforschung und Sicherheitspolitik an der Universität Hamburg (IFSH) aufmerksam geworden, welches in Zusammenarbeit mit der Universität Hamburg den akkreditierten Postgraduierten-Studiengang „Master of Peace and Security Studies" anbietet.

Dieser Aufbau-Studiengang bietet ein einjähriges trans- und interdisziplinäres Studienprogramm, das aus einer Kombination aus friedenswissenschaftlicher und sicherheitspolitischer Theorie und praxisorientierten Übungen besteht. Ziel des Studiums ist es, in grundlegende friedenswissenschaftliche sowie sicherheitspolitische Themen und Ansätze einzuführen. Jedes Jahr werden maximal 30 Studierende nach einem Auswahlverfahren jeweils zum WS zugelassen. Diese sollten sich auf ein Intensivprogramm ohne Semesterferien einstellen. Das Studium selbst gliedert sich in zwei Abschnitte, wobei der erste als ein Theoriesemester mit Vorlesungen, Seminaren und praktischen Übungen abläuft. Im zweiten Semester findet die praktische Phase des Studiums statt. D. h. konkret, es darf an einem der am Programm beteiligten deutschen Friedensforschungsinstitute an einem dort laufenden Forschungsprojekt mitgearbeitet werden. Daran knüpft in der Regel auch die Masterarbeit im Umfang von 50 Seiten an, die in einer Bearbeitungszeit von drei Monaten am Ende des Studiums eingereicht werden muss.

Da ich mich im Rahmen meines ersten Studiums auf außen- und sicherheitspolitische Themen konzentriert hatte, schloss sich der Studiengang nahtlos an mein bisheriges Studium an. Als sehr verlockend erschienen mir vor allem drei Dinge, die mich schließlich auch zu einer Bewerbung veranlassten: die Verknüpfung von Studieninhalten mit praktischen Elementen, die Internationalität der Studierenden im Studiengang und die Aussicht auf ein Stipendium der Deutschen Stiftung Friedensforschung. Was die Studienbedingungen insgesamt angeht, so bieten das IFSH sowie die Stadt mit der Universität Hamburg, der Helmut-Schmidt-Universität der Bundeswehr und der Technischen Universität Hamburg-Harburg sehr gute Möglichkeiten zur wissenschaftlichen Recherche und ausreichend Arbeitsplätze in zahlreichen Bibliotheken. Das Studentenleben von Hamburg kann sich sehen lassen. Allerdings sind die Lebenshaltungskosten hoch. Da eine Nebentätigkeit zeitlich nicht mit diesem Studium zu vereinbaren ist, sollten Studierende über ein genügendes finanzielles Polster wie z. B. ein Stipendium oder aber eigene Mittel verfügen.

Der Start in Hamburg war für mich einfacher als bei meinem ersten Studium, da ich die Techniken des wissenschaftlichen Arbeitens bereits erlernt hatte. Das Institut war zudem bei der Suche nach Zimmern in Studierendenwohnheimen behilflich, was angesichts des angespannten Hamburger Wohnungsmarktes für die Neuankömmlinge sehr hilfreich war. In der Einführungswoche des Studiengangs wurde uns zunächst schlagartig bewusst, welche Arbeitsbelastungen auf uns zukommen sollten. Ein komplettes Masterprogramm in einem Jahr zu absolvieren, stellt entsprechend hohe Anforderungen. Nach dem ersten Schock stürzte ich mich in die Arbeit und schnell wurde mir klar, dass mit einer guten Organisation und einer Portion Durchhaltevermögen alles durchaus zu bewältigen ist. Alsbald stellte sich der Studienalltag ein, wobei das Studium nie zur Routine wurde. Da nur eine überschaubare Anzahl an Studierenden jedes Jahr zugelassen wird, lernen sich alle recht schnell gut kennen. Die Seminare und Übungen finden in kleinen Kreisen statt, was der Lern- und Arbeitsatmosphäre sehr zugute kommt. Da sich die Studierenden bewusst für einen Aufbau-Studiengang entschieden haben, ist die Motivation der Kommilitonen dementsprechend hoch. Die Vorlesungen und Seminare liefen nach bekannten Mustern ab: Vorträge und Diskussionsrunden waren die dominierenden Unterrichtsformen. Als sehr lehrreich empfand ich zusätzliche Rollenspiele und die Zusammenarbeit in Arbeitsgruppen. Das Unterrichtsniveau war sehr hoch, teilweise fanden Kurse in englischer Sprache statt. Hier hat sich ein deutlicher Qualitätsunterschied zu meinem vorherigen Studium gezeigt. Ein absolutes Highlight des Studiums sind die verschiedenen mehrtägigen Studienfahrten zu internationalen sicherheitspolitischen Institutionen, die als Seminare angeboten werden. So besuchte ich mit meinem Kurs die Organisation für Sicherheit und Zusammenarbeit in Europa (OSZE), die Vereinten Nationen (VN) und die deutsche Vertretung bei den VN in Wien sowie die North Atlantic Treaty Organization (NATO) und die EU-Kommission in Brüssel.

Zusammenfassend kann ich sagen, dass mich das Studienkonzept trotz einiger kleinerer Defizite überzeugt hat. Ich wurde nicht mir selbst überlassen, sondern erhielt jederzeit Rat und Unterstützung von der Studienleitung und den Dozenten. Hier unterscheidet sich das Studium doch sehr von dem an einer anonymen Massenuniversität. Jeder kann sich ein auf sein persönliches Interesse zugeschnittenes Studium zusammenstellen.

Als sehr wertvoll erwiesen sich für mich die Kontakte, die ich durch den Studiengang erhalten habe, sowie Anreize und Ideen für spätere berufliche Möglichkeiten und potenzielle Arbeitgeber. Nach dem Studium habe ich zunächst am Sozialwissenschaftlichen Institut der Bundeswehr in Strausberg (SOWI) im Bereich der europäischen Sicherheitspolitik geforscht. Durch meine Spezialisierung hatte ich gegenüber anderen Bewerbern mit rein politikwissenschaftlichem Hintergrund Vorteile. Im Rückblick betrachtet, hat mich das Aufbaustudium am IFSH aber vor allem meinem Traumberuf – der Diplomatenkarriere – sehr viel näher gebracht. Seit Kurzem absolviere ich die Attaché-Ausbildung des Auswärtigen Amtes an der Akademie in Berlin-Tegel. Mein Master hatte sich in diesem Fall als ein großes Plus beim Auswahlverfahren herausgestellt.

Die Bilanz ist daher für mich positiv. Zum einen haben sich für mich berufliche Perspektiven ergeben, die ohne dieses Studium nicht in Frage gekommen wären. Zum anderen habe ich durch meine Kommilitonen nicht nur neue Freunde gefunden, sondern es ist ein jahrgangsübergreifendes Netzwerk aus Ehemaligen entstanden, die in regelmäßigem Kontakt miteinander stehen.

Susanne Voigt, Diplom-Politologin,<br>Master of Peace and Security Studies

## 2.2    Sozialwissenschaften

Ich begann mein Magisterstudium der Erziehungswissenschaften (Hauptfach), Soziologie (erstes Nebenfach) und Medien- und Kommunikationswissenschaften (zweites Nebenfach) direkt nach dem Abitur zum WS 1995/1996 an der Martin-Luther-Universität Halle-Wittenberg an der Philosophischen Fakultät. Mit eher vagen Vorstellungen über die Fachinhalte und entsprechend verorteten persönlichen Neigungen habe ich mich für besagtes Magisterstudium eingeschrieben. Doch nach und nach wurde mir klar, wie schwierig es ist, drei Fächer, deren Veranstaltungen noch dazu am Universitätsstandort sehr zerstreut stattfanden, unter einen Hut oder in einen den eigenen Interessen angemessenen Studienplan zu bringen. Eine halbe Stunde Fahrtzeit reichte selten aus, um pünktlich vor Ort zu sein. Ein zweiter problematischer Umstand war, dass die meisten Lehrveranstaltungen dienstags bis donnerstags und zu denselben Tageszeiten angeboten wurden. Auf diese Weise waren die Kombinationsmöglichkeiten für Lehrveranstaltungen der jeweiligen Fächer im Vorfeld durch die Rahmenbedingungen eingeschränkt. Unabhängig davon, schienen die drei von mir gewählten Fächer trotz meiner zunächst vermuteten inhaltlichen Nähe in verschiedenen „Diskursuniversen" angesiedelt zu sein. Diesen Diskursuniversen entsprachen sehr verschiedene methodische Herangehensweisen und unterschiedliche Fachkulturen. Während bspw. die Erziehungswissenschaften im Hinblick auf ihre Studierendenschaft recht alternativ und deutlich weiblich geprägt waren, ließen sich die (meist männlichen) Studierenden in der Soziologie vom Habitus her auch mal schnell mit Jungunternehmern verwechseln. Auch die Bereitschaft, sich auf abstrakte Sichtweisen und heterogene Theoriekontexte einzulassen, variierte aus meiner Sicht fachspezifisch. Das Diskussionsniveau in den Seminaren jeweiliger Fächer war deutlich unterschiedlich, die Beteiligung unterschiedlich leidenschaftlich.

Mein Gefühl des Nomadentums gepaart mit tendenzieller Orientierungslosigkeit hatte allerdings nicht nur etwas mit der Fächerkombination, sondern vor allem etwas mit meiner eigenen Einstellung zum Studieren zu tun. Für mich stand den Großteil meiner Studienzeit weniger die zukunftsorientierte (möglichst effizient zu gestaltende) Ausrichtung auf Erwerbstätigkeit vor Augen. Vielmehr sah ich mein Studium als eine Art Moratorium, in welchem situativ intellektuelle Interessen und studienkulturelle Bedürfnisse handlungsleitend waren. In anderen Worten hatte ich in dieser Lebensphase eine gewisse bohème-Haltung, die meine übergreifende Wertorientierung ausmachte. Dazu gehörte auch, dass ich meinen Stundenplan weniger an einer effektiven Erbringung von für die Prüfung relevanten Leistungen ausgerichtet habe als vielmehr nach inhaltlichen Interessen und zugegebenermaßen auch nach dem Beginn der Lehrveranstaltung (morgendliche Lehrveranstaltungen mied ich nach Möglichkeit). So habe ich auch Lehrveranstaltungen von Nachbardisziplinen wie der Philosophie und der Politikwissenschaft, sehr viel später dann auch der Ethnologie besucht, ohne dort Scheine zu erwerben. Nachdem ich in allen Fächern bereits die Zwischenprüfungen abgelegt und entsprechende Leistungsnachweise erbracht hatte, wuchs mein Interesse an soziologischen Fragestellungen in der Weise, wie mein Interesse an Teildisziplinen der anderen beiden Fächer sank. Meine Interessen entwickelten sich nur zum Teil durch die angebotenen Lehrveranstaltungen. In erster Linie entstand die „Lust auf mehr" im Kontext eigenständiger Lektüre. Für meine den soziologischen Interessen geschuldeten Fragestellungen eigneten sich aus meiner Sicht weniger die Methoden quantitativ orientierter Sozialforschung denn vielmehr die der qualitativ ausgerichteten Empirie. Qualitative Sozialforschung wurde jedoch zu meiner Studienzeit fast ausschließlich in der Erziehungswissenschaft gelehrt. Ich entschied mich, die Soziologie zu meinem zweiten Hauptfach zu machen und dafür die Medien- und Kommunikationswissenschaft als zweites Nebenfach aufzugeben. Die bürokratischen Hürden waren schnell genommen: Das Prüfungsamt des neuen Hauptfaches ließ mich als Hauptfach-Studierende zu, ich musste die Zwischenprüfung zwar noch einmal machen, konnte jedoch in ein höheres Semester einsteigen und Scheine (Leistungsnachweise) anrechnen lassen. Das Immatrikulationsamt sorgte für die neue Eintragung im Studienbuch. BAföG musste ich nicht mehr beantragen, da ich keinen Anspruch mehr darauf hatte. Dieser Studienfachwechsel bedeutete zwar zum einen eine stärkere fachliche Ausrichtung in Richtung Soziologie. Zum anderen wurde es so für mich aber auch leichter, weiterhin interessante Lehrveranstaltungen aus benachbarten Fachrichtungen unabhängig von deren Anrechenbarkeit zu besuchen, da ich nun nur noch für zwei Fächer Fristen zu beachten, Leistungsnachweise zu erbringen und Prüfungen zu absolvieren hatte. Erfreulich, wenn auch für mich nachrangig, war zudem, dass ich nur wenige Semester durch den Studienfachwechsel verloren hatte. Ich denke bis heute, dieser Studienfachwechsel war eine meiner besten Entscheidungen, auch wenn ich von da an mein Studium ausschließlich über Nebentätigkeiten (vom Tellerwäscher zum Call-Center-Agent) finanziert habe.

Nun war ich im jeweiligen Fach zwar nicht unbedingt Einheimische, aber Nomade war ich auch nicht mehr. Mit anderen Worten hatte ich nun endlich das Gefühl, einen Ort zu haben, an dem alle meine heterogenen Interessen zusammenliefen. Sich zwischen den Welten (Disziplinen) zu bewegen, verursacht vielleicht manchmal einen erhöhten Energiebedarf – mindestens mit Blick auf Übersetzungsleistungen –, ist jedoch aus meiner Erfahrung heraus in jedem Fall lohnenswert. Bis heute habe ich die transdisziplinäre Sichtweise in meiner Arbeit (sowohl im darauf folgenden Master-Studiengang „Autorschaft und Multimedia" als auch aktuell in meiner Promotion) beibehalten. Jedes Fach hat zwar notwendig einen spezifischen gegenstandsbegründeten Ausgangspunkt, aus meiner Sicht ist es jedoch in vielen Fällen gewinnbringend, sich mit anderen disziplinären Sichtweisen und Forschungsergebnissen auseinanderzusetzen.

Die Regelstudienzeit von neun Semestern für meinen Magister-Studiengang habe ich zwar drastisch überschritten – was weniger am Studienfachwechsel denn vielmehr an meiner Studieneinstellung gelegen hat –, aber für mich persönlich war es eine Zeit, die ich nicht missen möchte, wenngleich ich manches aus meiner heutigen Sicht sicher anders angehen würde.

Daniela Küllertz, Magistra Artium, Master of Arts

## 2.3    Rechtswissenschaft

„Winkeladvokat", „Rechtsverdreher" und „Paragrafenreiter" schallte es mir des Öfteren nach dem Outing als Jurastudent entgegen, hing der schlechte Ruf des als trocken und langwierig geltenden Studiums wohl vor allem mit der traditionellen Fach- und Berufskultur zusammen. Das gesetzlich definierte Studienziel der Befähigung zum Richteramt (im Sinne einer überparteilichen, objektivrechtlichen Sichtweise) suggerierte in meinem Bekanntenkreis wohl das Missverständnis, es ginge hierbei in erster Linie um Rechthaberei oder gar Argumentationsfolter. Auch in meinem Umfeld schlug mir zu Studienbeginn nicht nur der ungebändigte Stolz meiner Eltern entgegen („Unser Sohnemann studiert jetzt Jura!"). Hinzu gesellte sich eine Bandbreite von Unverständnis der meisten meiner wie ich selbst frisch mit der allgemeinen Hochschulreife ausgestatteten Freunde. Und dies, obwohl ich letztlich aus Unsicherheit über meine Zukunft schlicht dasjenige Studienfach ausgewählt hatte, das mir später beruflich am meisten offen lässt!

Positiv stellte ich vor allem fest, dass trotz des vergleichsweise hohen Akademikerkinderanteils weder elitäre Burschenschaftlerstimmung noch stressige Lernversessenheit unter den Jurastudenten dominierte. Gleichwohl merkte ich auch an mir selbst, dass sich diese gewollt oder ungewollt stärker mit ihrer Disziplin identifizieren als Studierende anderer Fächer und eher eine pragmatisch-materialistische Sicht auf ihre Berufsaussichten einnehmen. Die in ein dunkelblaues Hemd mit beigefarbenem Stofftuch und Barbourjäckchen gehüllte Landgerichtspräsidententochter mit zielstrebiger Karriereplanung für die nächsten zwanzig Jahre oder auch den ehrgeizigen Streber, der dem Professor mit jeder auswendig rezitierten Obergerichtsentscheidung ein höfliches Verlegenheitslächeln abringt, traf ich nur als Ausnahmeerscheinungen aus dem Kuriositätenkabinett in natura an.

Als durchweg spannend entdeckte ich vielmehr, wie viele Situationen des alltäglichen Lebens, der Politik und der Gesellschaft in juristischem Bezug stehen, was das Jurastudium wegen seiner hohen Anschaulichkeit alles andere als verstaubt oder langweilig erscheinen ließ. Zu Recht als arbeitsintensiv gebrandmarkt, war es ohne eine gehörige Portion Selbstdisziplinierung jedoch ebenso wenig zu schaffen, was vor allem mit den von mir anfangs abstrakt und ungewohnt empfundenen Arbeitstechniken, dem Umgang mit Gesetzessprache und dem Einüben rechtswissenschaftlicher Methodik zu tun hatte. Zu Beginn konnte ich nicht viel mit dem Jurastudium anfangen, was auch vielen meiner Kommilitonen so ging, da hier oft der Appetit erst beim Essen kommt.

Mein zu Studienbeginn noch mögliches Durchwursteln durch den Dschungel der im Gutachtenstil zu lösenden, juristischen Fälle würde heute aber kaum noch funktionieren, blieb mir doch neben dem finanziellen Druck durch Studienbeiträge auch die längst eingeführte Zwischenprüfung erspart. Als eine Art Vordiplom verlangt sie eine bestimmte Bestehensquote in den ersten Studiensemestern, da sonst die vorzeitige Exmatrikulation droht. Gerade hier ist es daher wichtig, sich auf die Knockout-Klausuren zu konzentrieren und nicht wie ich bereits am Anfang das ganze Rechtssystem verstehen zu wollen. Nur schwer konnte ich mich damals gegen gut gemeinte Literaturvorschläge wehren, was ich angeblich alles vertiefen müsse bzw. ohne welche Standardschinken ich niemals auskäme. Tatsächlich fand ich heraus, dass ich bloß meinen eigenen Studienrhythmus und meine spezifische Lernmethode finden und diese konsequent verfolgen musste, um nicht zuletzt die anwachsende Menge an spezialisiertem Fachwissen zu kanalisieren.

Einen nicht nur wegen der ansteigenden international- und europarechtlichen Bezüge sehr zu ratenden Auslandsstudienaufenthalt hatte ich leider nicht hinbekommen, würde diesen aber heute sinnvoller Weise nach Absolvierung der Fortgeschrittenenübungen etwa nach dem fünften oder sechsten Studiensemester einschieben. So können Sie dem zu diesem Zeitpunkt oft einsetzenden Motivationstief mittels persönlicher Horizonterweiterung begegnen, wozu lohnenswerte Kooperationsprogramme mit ausländischen Partnerfakultäten angeboten werden. Auch mit dem Ableisten der von mir als Last empfundenen, obligatorischen Praktika in den Semesterferien kann z. B. bei einer ausländischen Anwaltskanzlei oder in einer internationalen Nichtregierungsorganisation neue Kraft für den Endspurt im Jurastudium getankt werden.

Dem deutschtypischen Einheitsjuristenmodell folgend müssen jedoch zunächst alle drei großen Fachsparten des Zivil-, des Straf- und des Öffentlichen Rechts abgedeckt werden, mit nur geringen Spezialisierungsmöglichkeiten auf die jeweils persönlich interessierenden Rechtsgebiete. Das dafür nun vorgesehene und an jeder Fakultät unterschiedlich ausgestaltete Schwerpunktbereichsstudium macht auch heute nur die letzten Studiensemester und damit 30 % der Abschlussnote aus. Die restlichen 70 % füllt der Pflichtfachstoff aus, der weiterhin von den staatlichen (Landes-)Justizprüfungsämtern einheitlich außeruniversitär abgeprüft wird. Für alle Studierenden wie auch mich stellte sich früher oder später die Gretchenfrage: Bereite ich mich auf den Pflichtfachstoff wie durchschnittlich über 80 % aller Mitstudierenden mithilfe eines kommerziellen, außeruniversitären Repetitoriums vor? Schwimme ich also mit dem Strom aus Angst, womöglich monatelang das Falsche für den größten Prüfungsteil gelernt bzw. aus mangelnder Eigeninitiative keine eigene Lerngruppe gebildet zu haben, oder lebe ich die letzte Möglichkeit intrinsischen Protests gegen das ohnehin so starre Jurastudium aus?

Mutig und dennoch unsicher kam ich mit der zweiten Variante, einem effizienten Lernmanagement und (dringend empfehlenswert) vielen Übungsklausuren ganz gut hin, wenn auch nicht in der Regelstudienzeit, welche die Anmeldung zur Abschlussprüfung bis zum achten Studiensemester mit einem zusätzlichen (Prüfungs-)Freiversuch belohnt hätte. Mein Studienortswechsel von der Fakultät Rechtswissenschaft der Universität Konstanz an diejenige der Universität Trier wie auch mein Hiwi-Job zur Aufbesserung des elterlichen Unterhalts und des Kindergelds haben sicher nicht zu einem aalglatten, schnellen Studienverlauf beigetragen. Die mir im Jurastudium aufgezeigte Analysefähigkeit und ein Verständnis für unsere Rechtskultur jedoch gaben den Anstoß für mich, später ein Aufbaustudium der Verwaltungswissenschaften darauf zu satteln und auch in diesem Bereich heute erfolgreich zu arbeiten. Um es mit Martin Luther zu sagen: Der Jurist, der nicht mehr ist als ein Jurist, ist ein gar arm Ding!

René Merten, Erstes juristisches Staatsexamen,
Magister der Verwaltungswissenschaften

## 2.4    Wirtschaftswissenschaften

### Wirtschaftswissenschaften: Erfahrungsbericht 1

Die Entscheidung, ein Studium aufzunehmen, hat sich bei mir erst nach und nach ergeben. Als Realschüler wählte ich zunächst den üblichen Weg und begann eine Berufsausbildung. In meiner Ausbildung zum Bankkaufmann fühlte ich mich wohl und hatte gar keinen Anlass, meine Berufswahl zu ändern. Nach der Abschlussprüfung war ich ein Jahr lang im Beruf tätig. Eine Wende kam mit der Einladung zur Musterung. Es stellte sich die Frage, Wehrdienst abzuleisten oder Zivildienstleistender zu werden. Da ich aber ausgemustert wurde, überlegte ich, wie ich die gewonnene Zeit nutzen kann. Daraufhin entschloss ich mich, wieder in die Schule zu gehen. Das konnte ja für das berufliche Fortkommen von Vorteil sein. Auch die Möglichkeit, dann studieren zu können, gewann an Attraktivität. Unsicher, ob mir der Wiedereinstieg in die Schule gelingen würde, meldete ich mich an der Fachoberschule an, da ich dort nur in einem Jahr die Fachhochschulreife erlangen konnte. Dort reifte dann allmählich die Entscheidung zum Studium.

Die Wahl des Studienfachs war dabei die einfachste Entscheidung, da ich mit dem Studium den Weg der kaufmännischen Ausbildung fortsetzen wollte. Daher studierte ich Wirtschaftswissenschaften. Bei der Auswahl des Studienorts halfen mir ein Studienführer, der die Hochschulen mit den Studienangeboten auflistete, und die Beratung durch das Arbeitsamt. Dort erfuhr ich, dass ich mit meinem Fachoberschulabschluss ein Universitätsstudium an einer Gesamthochschule absolvieren konnte. Um weitere Informationen zu erhalten, schrieb ich alle in Frage kommenden Hochschulen mit der Bitte um Informationsmaterial an. Da ich von allen zeitnah Antwort bekam, konnte ich mir schon vorab ein gutes Bild der Standorte machen. Mit weiteren Tipps und Hinweisen zur Studienfinanzierung und zum Bewerbungsverfahren bei der ZVS ausgestattet, schickte ich meine Bewerbung nach Dortmund.

Als der Zulassungsbescheid der ZVS eintraf, stellte sich zunächst Ernüchterung bei mir ein, da ich keinen Studienplatz an der von mir favorisierten Hochschule bekam, stattdessen ging es an die Universität Gesamthochschule Duisburg. Der Zeitplan war sehr eng gesteckt, da die Einschreibung kurzfristig zu erfolgen hatte und, wie ich vorher über die Studienberatung in Erfahrung gebracht hatte, eine Lehrveranstaltung unmittelbar begann. Da ich mich nicht vorab um eine Wohnung bzw. ein Zimmer kümmern konnte, „wohnte" ich in den ersten beiden Wochen in der Jugendherberge. Über die Wohnungsbörse des Allgemeinen Studierendenausschusses, die ich als erste aufsuchte, fand ich aber gleich eine eigene Unterkunft. Diesen „Luxus" konnte ich mir erlauben, da ich zusätzlich zum BAföG und zur Unterstützung durch meine Eltern in der vorlesungsfreien Zeit gearbeitet habe, vorwiegend in meinem ehemaligen Ausbildungsbetrieb.

In der Orientierungswoche zu Beginn des ersten Semesters übernahmen Kommilitonen aus höheren Semestern die Aufgabe, die neuen Studierenden mit den

Gegebenheiten der Hochschule und des Studiengangs vertraut zu machen. Nahezu alle meine Fragen, die bis dahin noch offen waren, konnten geklärt werden: Wo sind die Hörsäle, wie schreibe ich einen Stundenplan, wie plane ich die Klausuren, wo beantrage ich BAföG, wann haben die Mensa und die Bibliothek geöffnet und wie erhalte ich einen Bibliotheksausweis, wo ist der nächste Kopierladen und, natürlich, wo kann ich abends hingehen? Diese Liste könnte ich noch beliebig fortsetzen, es gab wohl kaum Fragen oder Themen aus dem studentischen Alltag, die nicht beantwortet bzw. behandelt wurden. Ein weiterer Vorteil der Orientierungswoche war der Kontakt mit anderen Erstsemestern. Es entstanden viele Lerngruppen für Klausuren und Prüfungen, wir tauschten Vorlesungsmitschriften aus, unternahmen in der Freizeit viel gemeinsam u. v. m. Durch diese Informationen und Kontakte mit anderen fiel es mir leicht, die Hochschule in relativ kurzer Zeit zu erkunden und kennenzulernen.

Das eigentliche Studium war zu Beginn durch Massenveranstaltungen geprägt. In einigen Propädeutika saßen ca. 1.000 Studierende. In meiner ersten Vorlesung bekam ich einen Platz auf der Treppe. Dies änderte sich im Grundstudium kaum. Erst im Hauptstudium entspannte sich die Situation ein wenig. Durch die Wahl des Schwerpunktes in entweder einem volkswirtschaftlichen oder betriebswirtschaftlichen Bereich fächerte sich die Masse auf. Ein volkswirtschaftlicher Schwerpunkt wurde nur von relativ wenigen Studierenden gewählt. Das hatte den Vorteil, dass ich die meisten Kommilitonen kannte sowie an Lehrstuhlmitarbeitern und auch Professoren „näher dran" war. Fragen zu Klausuren und Prüfungen sowie die Vorbereitung der Diplomarbeit konnte ich problemlos und schnell klären. Ich wurde immer wieder gefragt, welchen konkreten Beruf ich denn mit meinem volkswirtschaftlichen Schwerpunkt ausüben möchte. Meine Überlegung war aber nicht, was ich auf dem Arbeitsmarkt am besten verwerten kann, sondern was mich am meisten interessiert. Und das war und ist nun mal die Volkswirtschaftslehre.

Sicher gab es auch während meines Studiums Höhen und Tiefen. Im Rückblick dachte ich noch einmal über einige Entscheidungen nach. Meine vor dem Studium abgeschlossene Ausbildung z. B. erwies sich fachlich nicht als so gewinnbringend, wie ich erst vermutete. Ich hatte den anderen lediglich ein bestimmtes wirtschaftswissenschaftliches Vokabular voraus. Zweifel kamen mir einmal zwischendurch, als ich durch eine wichtige Klausur gefallen bin. Diese Zweifel konnte ich aber zerstreuen. Was ich bedaure, ist, dass ich nicht die Möglichkeit genutzt habe, mehr Praktika und ein Auslandssemester zu absolvieren. Nach dem Studium lässt sich das leider kaum noch nachholen. Meinen Abschluss habe ich 1998 gemacht. Nach ersten beruflichen Stationen in einer Bank habe ich die Möglichkeit des Seiten- bzw. Quereinstiegs zum Lehrer gewählt und bin heute an einer kaufmännischen beruflichen Schule tätig.

Auch wenn ich eher über Umwege zum Studium gekommen bin, würde ich es noch einmal so machen. Neben dem Abschluss habe ich viele persönliche Erfahrungen gesammelt, die ich nicht mehr missen möchte. Auf jeden Fall sei noch anzumerken, dass sich meine anfängliche Ernüchterung schnell gelegt hatte. Duisburg ist eine tolle Stadt, in der ich sehr gerne studiert und gelebt habe.

Dieter Lohmann, Diplom-Volkswirt

## *Wirtschaftswissenschaften: Erfahrungsbericht 2*

Nach meinem Fachabitur hatte ich noch keine genaue Vorstellung, ob ich studieren wollte und wenn ja welches Fach. Daher beschloss ich, zuerst eine Ausbildung zum Steuerfachangestellten zu absolvieren. Mit Ende der Ausbildung war jedoch klar, dass ich noch ein Studium anschließen wollte, da die beruflichen Aufstiegschancen ohne Studium meines Erachtens um einiges geringer sind. Durch die Arbeit in einer Steuerberatungs- und Wirtschaftsprüfungsgesellschaft kam für mich nur ein betriebswirtschaftliches Studium in Frage. Nach einigen Erkundigungen bin ich dann auf das Studienfach Wirtschaftswissenschaften gestoßen. Durch sorgfältige Analyse des Für und Wider für ein Studium an einer Universität oder an einer Fachhochschule wurde mir klar, dass ein praxisbezogenes Studium für mich in diesem Moment die richtige Wahl war. Da sich das Studium nicht nur mit Betriebswirtschaftslehre, sondern auch mit der Volkswirtschaftslehre beschäftigte, konnte ich dadurch einen aufschlussreichen Blick über den Tellerrand werfen. Die Regelstudienzeit für das Studium betrug acht Semester, wobei die durchschnittliche Studiendauer bei zehn Semestern lag. Durch geschickte Auswahl der zu absolvierenden Lehrveranstaltungen und Seminare sowie mit etwas Glück in der einen oder anderen Situation konnte ich meinen Abschluss in der Regelstudienzeit erreichen.

Ein Studium ist ein großer Schritt. Besonders die ersten Wochen waren für mich sehr schwierig. Ich musste mich nicht nur auf eine neue Stadt einstellen, sondern mich auch auf dem Hochschulgelände zurechtfinden und da ich mit Hunderten von Leuten das Studium begann, fühlte ich mich am Anfang in der Menge oft etwas verloren. Die Fachhochschule in Worms hatte hierfür eine recht gute Lösung gefunden: In Zusammenarbeit mit dem Allgemeinen Studierendenausschuss (AStA) und der Hochschule bietet der Bereich Wirtschaftswissenschaften eine Einführungswoche für die neuen Studierenden an. In dieser Orientierungsphase werden die Studierenden in mehrere Gruppen eingeteilt, die eine überschaubare Größe haben. Die Gruppen werden von Studierenden aus höheren Semestern betreut, die nicht nur Tipps für das Studium geben, sondern auch helfen, sich den ersten Stundenplan zusammenzustellen, und dafür sorgen, dass die neuen Studierenden sich auf dem Gelände zurechtfinden. In diesen Gruppen entstehen oft Freundschaften und Lerngruppen, die das ganze Studium über halten, zumindest war es bei mir so. Ich hatte von Anfang an Freunde gefunden, die sich mit mir zusammen durch das Studium kämpften.

Sie müssen sich bewusst machen, dass am Anfang des Studiums oftmals eine Selektierung stattfindet. Gerade im Bereich der Einführungsveranstaltungen für Betriebswirtschaftslehre ist es unbedingt erforderlich, sich intensiv mit dem Stoff vertraut zu machen, Durchfallquoten von bis zu 70 % sind nicht selten und bei nur drei Prüfungsversuchen haben Sie sich schnell einmal verkalkuliert. Ich weise an dieser Stelle besonders darauf hin, denn wer zum dritten Mal durch ein betriebswirtschaftliches Fach durchgefallen ist und auch erfolglos ein Gnadengesuch gestellt hat, hat nicht mehr die Möglichkeit, Betriebswirtschaftslehre zu studieren.

Studienkultur wurde an der Hochschule sehr groß geschrieben, die einzelnen Fachbereiche hatten allesamt ihre Tutoren, die einem in der ersten Zeit und auch danach sehr hilfreich zur Seite standen. Auch der Hochschulsport bietet nahezu jede Sportart an. Häufig finden Studentenpartys statt und wer mal keine Lust auf eine dieser Partys hat, findet in der Stadt genügend andere Möglichkeiten, abends wegzugehen. So stimmt nicht nur das Studienangebot an der Fachhochschule Worms, sondern auch das Umfeld.

Viele Studentenorganisationen wie z. B. das Studentenparlament, der AStA oder die Fachschaften bieten Möglichkeiten, sich während des Studiums zu engagieren. Ich habe mich damals sehr im AStA engagiert. Außerdem habe ich mich auch in der Fachschaft eingebracht, hier hatte ich die Möglichkeit, selbst bei der Verbesserung der Hochschule und meines Fachbereiches aktiv mitzuwirken.

Das Akademische Auslandsamt der Hochschule organisiert Auslandspraktika für Studierende und ist die erste Anlaufstelle für ausländische Studierende, die an der Fachhochschule Worms studieren wollen. Das Angebot ist groß, so dass für jeden, der an ein Auslandssemester denkt, etwas dabei sein dürfte. Ich persönlich habe damals kein Auslandssemester absolviert, erstens aus finanziellen Gründen und zweitens, weil es nicht zwingend vorgeschrieben war. Da ich mit meiner Steuerfachangestelltenausbildung schon Arbeitserfahrung hatte, konnte ich ohne Weiteres bei einem Steuerberater arbeiten, damit war die Finanzierung des Studiums gesichert. Das war auch äußerst wichtig, da ich nicht berechtigt war, BAföG zu beziehen.

Natürlich gibt es in jedem Studium auch Probleme, sei es bei Prüfungen oder mit Professoren bzw. Dozenten, bei der Finanzierung oder auch bei der Themenfindung für die Diplomarbeit. Für alles gilt: Nur nicht verzweifeln! Ich musste in meiner Studienzeit auch die eine oder andere Hürde überwinden. Beispielsweise hatte ich in einem Fall enorme Probleme mit einem Dozenten. Da dieser Bereichsleiter für einen Studienabschnitt war, konnte ich das nicht einfach ignorieren, da sonst die Gefahr bestanden hätte, das Studium abbrechen zu müssen, und das wegen eines Dozenten. Hierbei und auch in anderen Fällen war es wirklich hilfreich, sich mit den betreffenden Personen persönlich zu unterhalten und vor allem die Studienvertreter vom AStA und von der Fachschaft mit zu Rate zu ziehen.

Rückblickend betrachtet würde ich denselben Weg nicht wieder einschlagen. Im Laufe der Zeit bin ich zur Überzeugung gelangt, dass ein Studium an einer Universität für mich damals wohl der bessere Weg gewesen wäre. Durch das fachspezifische Studium, in meinem Fall bezogen auf die Steuerberater- und Wirtschaftsprüferbranche, war ich im Nachhinein zu festgefahren in der Berufswahl. Durch ein universitäres Studium wäre eine breitere und zumindest im betriebswirtschaftlichen Bereich umfassendere Ausbildung möglich gewesen, was aus meiner Sicht das Spektrum der Berufswahl erweitert hätte. Nichtsdestotrotz war das Studium an der Fachhochschule Worms von hoher Qualität und diente, neben dem Masterstudium als Aufbaustudium, mit als Sprungbrett für meine jetzige Tätigkeit an der Universität Wien als Doktoratsstudent.

Andreas Ochs, Diplom-Betriebswirt (FH), Master of Tax and Auditing

# 3    Mathematik, Naturwissenschaften

## 3.1    Informatik

Ich absolvierte im Zeitraum vom WS 2003/2004 bis zum SS 2005 den englischsprachigen, binationalen sowie berufsbegleitenden Aufbau-Studiengang Computer Science der Fachhochschule Braunschweig / Wolfenbüttel (Fachbereich Fahrzeug-, Produktions- und Verfahrenstechnik am Standort Wolfsburg) in Kooperation mit der renommierten Technischen Universität Posen in Polen.

Das primäre Aufnahmekriterium für den Studiengang war aufgrund seines postgradualen Charakters deswegen auch ein erster berufsqualifizierender Hochschulabschluss, welcher in einem ingenieur- bzw. natur- oder betriebwissenschaftlichen Studiengang erworben worden sein musste. Darüber hinaus sollten bereits gute Informatikkenntnisse sowie erste Berufserfahrungen mitgebracht werden. Jeder Student war mit der Immatrikulation am Standort Wolfsburg auch automatisch an der Hochschule in Posen eingeschrieben. Das von der Zentralen Evaluations- und Akkreditierungsagentur Hannover akkreditierte Studium schloss mit einem Doppelabschluss ab: dem universitären Master-Abschluss Magister Inzynier der polnischen Partnerhochschule (dieser Grad ist dem deutschen Universitätsdiplom im Rahmen eines Äquivalenzabkommens gleichgestellt und wird mit Dipl.-Ing. sowie international mit M. Sc. Eng. übersetzt) sowie dem Master of Science der Fachhochschule.

Ich erfüllte die Bedingungen zu meinem Studienbeginn mit einem Fachhochschuldiplom in Betriebswirtschaftslehre sowie zwei Jahren Berufspraxis im Controlling. Meine Informatikkenntnisse vor der Aufnahme basierten auf den obligatorischen Kursen im Rahmen meines Erststudiums. Der Großteil meiner Kommilitonen hatte jedoch ein Fachhochschuldiplom in Informatik oder einem anderen ingenieurwissenschaftlichen Studiengang erworben. Die gesamte Gruppe war insgesamt sehr heterogen und ermöglichte so das Kennenlernen von Menschen unterschiedlicher Kulturen und Erfahrungshintergründe.

Aus dem Vorgenannten ergaben sich auch die verschiedenen Studienmotivationen der Teilnehmer: zum einen berufsfachliche Merkmale wie die Weiterbildung über neueste Entwicklungen in der Informatik sowie der Nachweis über Mobilität, Belastbarkeit und Teamfähigkeit; zum anderen die Befähigung für den Höheren Öffentlichen Dienst oder die uneingeschränkte Promotionsberechtigung. Für mich war letztgenanntes Motiv der ausschlaggebende Beweggrund zur Aufnahme dieses Studiums. Während meines Studiums der Betriebswirtschaft entwickelte sich der Wunsch nach einer weiterführenden wissenschaftlichen Laufbahn an einem Institut mit der Möglichkeit zur Promotion. Trotz des theoretisch möglichen Zugangs mit Fachhochschuldiplom war die praktische Realisierung mit vielen Hindernissen verbunden. Weitere wichtige Entscheidungskriterien waren für mich die kurze Studiendauer, Internationalität, fachliche und methodische Wissenserweiterung sowie finanzielle Vereinbarkeit aufgrund der nebenberuflichen Konzeption.

Der viersemestrige Aufbau des Masterstudiums umfasste insgesamt 13 Kurse und die abschließende Masterarbeit mit Verteidigung im Rahmen eines Kolloquiums. Die Seminare und Laborpraktika fanden berufsbegleitend an Wochenenden in Wolfsburg statt. Die Unterrichts- und Schriftsprache war Englisch, wobei die Hälfte der Seminare von polnischen Professoren der TU Posen abgehalten wurde. Weiterhin war die Bereitschaft zum selbstständigen Arbeiten auch außerhalb der Präsenzphasen unbedingt erforderlich. Dazu fand obligatorisch ein Blockseminar von zwei Wochen Dauer im Sommer in Posen statt. Diese sog. Summer School stellte zur Mitte der Studienzeit einen Höhepunkt dar. Zusammen mit meinen Kommilitonen wie auch mit polnischen sowie internationalen Studierenden wohnte ich in einem Wohnheim direkt an der Universität. Die Stadt Posen mit ihren historischen Bauten bot viel Unterhaltung und gastronomische Vielfalt. Nach dem niedersächsischen Bildungsurlaubsgesetz war diese Studienzeit auch als berufliche Bildungsmaßnahme anerkannt.

Für die gesamte Studienzeit fielen Kosten in Höhe von 5.600 € an, davon 4.500 € für Studiengebühren, ca. 300 € für Einschreibungsgebühren sowie zusätzliche Kosten in Höhe von ca. 800 € für das zweiwöchige Blockseminar in Polen für Unterkunft, Fahrt und Verpflegung. Der finanzielle Aufwand war im Vergleich zu ähnlichen qualitativ hochwertigen Studienabschlüssen sowie durch die Nebenberuflichkeit als moderat zu bezeichnen. Die Nettobelastung war darüber hinaus für mich noch geringer, da ich die gesamten Kosten als Sonderausgaben steuerlich geltend machen konnte.

Zusammenfassend erforderte das Studium einen sehr hohen persönlichen Einsatz sowie selbstständiges Arbeiten und Teamarbeit. Rückblickend haben sich diese Mühen für mich aber gelohnt, da ich mittlerweile nicht nur an einem Lehrstuhl arbeite und promoviere, sondern auch weil die Bewältigung schwieriger Situationen zusammen mit anderen prägend war. Allerdings ist ein wichtiger Erfolgsfaktor die bereits vorher abzustimmende zeitliche Vereinbarkeit mit Familie und Beruf. Für mich und mein Umfeld war es eine sehr anstrengende Erfahrung. Ich wohne in Hannover und hatte im damaligen Zeitraum in der Woche in Mannheim gearbeitet. Somit kamen zu den üblichen Wochenendheimfahrten auch zweiwöchentliche Fahrten von Hannover nach Wolfsburg. Insbesondere die Vorlesungen an den Sonntagen waren oft eine Qual, unter anderem das (viel zu) frühe Aufstehen führte dazu, dass mich der Tocotronic-Klassiker „Sonntag ist Selbstmord" sphärisch in den Ohren begleitete.

Meine empfohlene Strategie, um mit solchen Umständen auch in vergleichbaren Situationen zurechtzukommen, ist ein systematisches Zeitmanagement. Es ist wirklich wichtig, sich eine Balance zu schaffen mit klaren Zielsetzungen; auch für die Bereiche Freundschaften, Familie und Gesundheit.

Maik Fischer, Diplom-Kaufmann (FH), Master of Science

## 3.2  Chemie

Naturwissenschaften hatten mich schon immer sehr interessiert und ich hatte in der Schule die Leistungskurse Chemie und Mathematik belegt und 1997 mein Abitur gemacht. Eigentlich wollte ich Mathematik, Chemie und Musik auf Lehramt studieren. Nachdem ich mich aber gegen das Musikstudium entschieden hatte und über eine Alternative zum Lehramtsstudium nachgedacht habe, war ich unschlüssig. Ich wollte etwas mit Naturwissenschaften studieren – soviel war mir klar. Da meine Eltern beide Ingenieure sind, erkundigte ich mich damals auch nach einem entsprechenden Fachhochschulstudium. Ich hätte auch an der Universität Münster studieren können. Doch dort hätte ich im Bereich Chemie auf jeden Fall promovieren müssen, was ich mir zum damaligen Zeitpunkt nicht zugetraut hätte. Die damit verbundene relativ lange Studienzeit und das an der Fachhochschule praktischer ausgelegte Studium waren zusätzliche Argumente, die für das Studium an der Fachhochschule sprachen. Ich entschied mich für die Fachhochschule Münster. Voraussetzung für dieses Studium war damals noch ein dreimonatiges fachbezogenes Praktikum. Dieses habe ich in einem Labor in einer kleinen, ortsansässigen Firma absolviert und dort später auch in den Semesterferien bzw. während des Studiums gejobbt. Die Grundfinanzierung meiner Studien leisteten meine Eltern. Letztendlich habe ich für das Ingenieurstudium doch zehn Semester gebraucht, weil ich durch einen Auslandsaufenthalt zwei Prüfungszeiten verpasst habe und mich im Hauptstudium nach einem Jahr für einen anderen Schwerpunkt entschieden hatte. Zu dem Studium an der Fachhochschule gehörte außerdem ein Praxissemester, was in einem Betrieb absolviert werden sollte. So bot es sich an, dafür ins Ausland zu gehen. Ich bewarb mich erfolgreich bei der Carl-Duisberg-Gesellschaft (heute InWEnt, Internationale Weiterbildung und Entwicklung gGmbH) für ein Teilstipendium zur Übernahme der Reise- und Lebensunterhaltskosten für Argentinien. Leider war es nicht möglich, eine geeignete Stelle in Argentinien zu finden, und ich nahm dann das Angebot eines Professors an, mein Praxissemester in Krakau (Polen) zu verbringen. Das Stipendium wurde für Polen auch gewährt. Der Aufenthalt war eine unbedingt weiterzuempfehlende unvergessliche Erfahrung für mich, auch wenn ich dadurch ein Semester verloren habe. Ich habe eine neue, mir sehr fremde Sprache gelernt. Aber auch mich in einer fremden Umgebung zurechtzufinden half mir später, mit viel mehr Selbstvertrauen an neue Situationen heranzutreten.

Der Fachbereich Chemieingenieurwesen sowie vier weitere Fachbereiche der Fachhochschule Münster sind ausgelagert in die Kreisstadt Steinfurt, die ca. 30 km nordwestlich von Münster liegt. Auf dem gesamten Campus studieren ca. 2.000 Studierende. Im recht kleinen Fachbereich Chemieingenieurwesen herrschte ein recht „familiäres" Klima. Ich habe in meinem Semester mit ca. 50 Studierenden angefangen, etwa die Hälfte brachte das Studium zu Ende. Im Hauptstudium war die Wahl zwischen fünf Schwerpunkten möglich. Am Anfang des Studiums war ich noch recht orientierungslos, was sich auch noch bis ins Hauptstudium fortsetzte. Ich hatte mich zunächst für Materialwissenschaften entschieden, was sich nach ca. einem Jahr als falsche Entscheidung herausstellte, da es nicht meinen Vorstellungen entsprach. Ich bin dann auf den Schwerpunkt Instrumentelle Analytik umgeschwenkt, nachdem ich mir mit einer Freundin probeweise eine der zugehörigen Vorlesungen angehört hatte. Dort habe ich mich gleich „zu Hause" gefühlt. Hätte ich gleich zu Beginn des Hauptstudiums von beiden Schwerpunkten Vorlesungen gehört, hätte ich vielleicht eher gewechselt. In den Vorlesungen zu diesem Schwerpunkt haben wir teilweise nur mit drei oder vier Studierenden gesessen. Aus diesem Grund war das Verhältnis zu den meisten Professoren relativ persönlich. Sie nahmen sich meistens Zeit, wenn es ein Anliegen gab.

Meine Diplomarbeit habe ich an der Fachhochschule im Labor für Instrumentelle Analytik durchgeführt. Eigentlich hatte ich gedacht, dass ich die Arbeit schnell anfertigen könnte, wie der mich betreuende Professor mir das in Aussicht stellte. Leider hatte er sich sehr festgefahren in der Vorstellung, wie ich das Thema bearbeiten sollte. Und als dies nicht so funktionierte, dauerte es sehr lange, ihn zu überzeugen, es auf einem anderen Weg zu versuchen. Nach einer recht langen Experimentierphase und einer relativ kurzen Schreibphase von einem Monat konnte ich meine Diplomprüfung 2003 erfolgreich hinter mich bringen und direkt danach mit einem Masterstudium, ebenfalls an der Fachhochschule Münster, weitermachen. Ich hatte mich für diesen Weg entschieden, weil der Gedanke aufkam, dass in ein paar Jahren niemand mehr „den Ingenieur" kennt. Als ich mit dem Studium angefangen hatte, gab es das Bachelor-Master-System noch nicht. Da der Diplom-Ingenieur ein höherwertiger Abschluss ist als der Bachelor, wurde uns ein Semester für das Masterstudium erlassen. Während das Ingenieurstudium noch recht verschult war, hatte ich im Masterstudium bis auf wenige Pflichtfächer mehr Freiheit in der Fächerbelegung. Nach weiteren vier Semestern und einer wegen Laborbrand und Laborneueinrichtung erneuten Verzögerung konnte ich auch dieses Studium 2005 mit dem Master of Science – Applied Chemistry erfolgreich abschließen. Da ich gerade in der Zeit der Umstellung studiert habe, herrschte oft Verwirrung, welche Studienordnung denn jetzt gelten würde. Auf der anderen Seite waren die Professoren aus diesem Grund meist sehr entgegenkommend.

Die Bibliothek am Standort Steinfurt war nicht sehr groß. Über Fernleihe konnte fehlende Literatur bestellt werden und die meisten für das Studium benötigten Bücher waren in ausreichender Menge vorhanden.

Ich bereue meine Studienzeit und meinen Studienweg nicht. Dennoch hätte ich mit dem heutigen Wissen vielleicht eine etwas andere Richtung wie z. B. Lebensmittelchemie studiert oder vielleicht doch Musikwissenschaften. Diese Fächer waren damals außerhalb meines Horizonts. Nach einem nicht so linearen Studienverlauf habe ich nun doch eine Promotion begonnen. Während meiner Masterarbeit, wodurch ich die direkte Promotionsberechtigung erlangte, habe ich Gefallen am wissenschaftlichen Arbeiten gefunden. Damit habe ich meine Befürchtung, die ich schon vor dem Studium hatte, eine Promotion nicht schaffen zu können, revidiert. Derzeit promoviere ich an der Tierärztlichen Hochschule Hannover am Institut für Lebensmitteltoxikologie.

Siegrun Mohring, Diplom-Ingenieur (FH), Master of Science

# 4    Veterinärmedizin

Im Grunde genommen bin ich völlig blauäugig an die Veterinärmedizin geraten. Denn wenige Monate vor dem Abitur wusste ich immer noch nicht, was ich danach studieren wollte. Ich arbeitete lediglich auf eine bestmögliche Abiturnote hin, um mir alle Möglichkeiten einer späteren Studienwahl offenzuhalten. So kam die Idee eigentlich von meinen Eltern, Tiermedizin zu studieren. Und weil mir dieses Studium an sich nicht so abwegig erschien und mir schlichtweg keine Alternative einfiel, sendete ich kurzerhand meine Bewerbungsunterlagen an die Zentralstelle für die Vergabe von Studienplätzen (ZVS).

Das Studium der Veterinärmedizin kann nur im WS sowie deutschlandweit in lediglich fünf Städten begonnen werden. Dazu gehören München, Gießen, Hannover, Berlin und Leipzig. Als Hochschulzugangsberechtigung diente mir die allgemeine Hochschulreife, und das Studium schloss ich mit dem tierärztlichen Staatsexamen ab.

Als ich mich im Jahr 2000 bewarb, bekam ich nach den Regelungen der ZVS-Vergabeverordnung meinen Studienplatz zugewiesen und landete wunschgemäß an der Stiftung Tierärztliche Hochschule Hannover (TiHo). Seit dem WS 2006/2007 werden allerdings 60 % der Studienplätze nach einem eigenen Zulassungsverfahren vergeben. Mit mir zusammen starteten ca. 240 Kommilitonen, davon nur ca. 10 % Männer. Tendenz weiterhin stark fallend!

Die Regelstudienzeit für Tiermedizin beträgt elf Semester, und der überwiegende Teil der Studierenden schafft es auch in diesem Zeitraum. Dies liegt an dem verschulten System, das an den veterinärmedizinischen Hochschulen herrscht. So konnte ich mir meine Fächer nicht individuell zusammenstellen, sondern bekam von der Hochschule jedes Semester einen fertigen Stundenplan vorgelegt mit durchschnittlich 30 Wochenstunden, bestehend aus Vorlesungen und Übungen. Auch bez. der Prüfungen wurde alles von der Tierärztlichen Hochschule vorgegeben, da in der bundesweit gültigen Tierärztlichen Approbationsordnung genau festgelegt ist, welche Prüfungen nach welchem Semester gemacht werden müssen. Das Einzige, was ich teilweise frei wählen konnte, waren meine Übungsgruppe und, freie Plätze vorausgesetzt, sog. Wahlpflichtfächer. Letztere sollen den Studierenden die Gelegenheit geben, persönliche Interessen in Form von einmalig oder wöchentlich stattfindenden Veranstaltungen individuell zu vertiefen, und werden von den einzelnen Kliniken und Instituten in Eigenregie angeboten. Die Gesamtzahl der Stunden ist allerdings wiederum vorgegeben.

Im Verlauf des Studiums musste ich auch einige Praktika absolvieren, deren Dauer, Inhalt und Ort ebenfalls explizit in der Tierärztlichen Approbationsordnung vorgeschrieben sind. Die Länge der Praktika variierte zwischen zwei und acht Wochen. Je nach Art des Praktikums absolvierte ich sie an oder außerhalb der Tierärztlichen Hochschule. Ein Auslandsaufenthalt ist dabei keineswegs verpflichtend, wird von den Studierenden allerdings gerne gemacht. So war ich selbst für vier Wochen in Finnland bei einer praktizierenden Tierärztin.

Im siebten und achten Semester ging ich darüber hinaus als ERASMUS-Studentin an die École Nationale Vétérinaire de Lyon und war damit aus meinem Jahrgang eine von nur ca. zehn Kommilitonen, die eine Zeit lang im Ausland studierten. Normalerweise bereitet es keine Schwierigkeiten, die in Frankreich abgelegten Prüfungen in Deutschland anerkennen zu lassen. Da ich jedoch während meines Auslandsjahres zu wenige Prüfungen gemacht hatte, „verlor" ich letztlich doch ein Jahr, so dass ich insgesamt 13 Semester studierte. Dennoch bereue ich keine Sekunde meines Lyon-Aufenthaltes! Ein Auslandsjahr kann ich jedem nur wärmstens ans Herz legen, da dies unabhängig von der Fachrichtung eine unglaublich wichtige Erfahrung für das Leben ist.

Da ich nun das vierte Studienjahr in Hannover wiederholte, kam ich glücklicherweise in den Genuss des an der Tierärztlichen Hochschule neu eingeführten sog. Praktischen Jahres. Bis dato waren die ersten neun Semester Vorlesungssemester, das zehnte ein Praktikumssemester und das elfte ein Prüfungssemester. Seit dem WS 2005/2006 allerdings ist nun auch das neunte Semester ausschließlich der praktischen Ausbildung gewidmet, und zwar in Form eines zehn- bis vierzehnwöchigen Praktikums nach eigener Wahl in einer Klinik oder einem Institut der Hochschule. Da ich im Verlauf meines Studiums immer deutlicher spürte, dass ich selbst keine praktizierende Tierärztin werden wollte, nutzte ich diese Gelegenheit, um in andere Bereiche der Veterinärmedizin „einzutauchen". In meinem Fall war es die tierexperimentelle Forschung auf dem Gebiet der Pharmakologie. Zwar konnte mich auch diese Sparte als möglicher zukünftiger Tätigkeitsbereich (noch) nicht überzeugen, doch war es richtig und wichtig, dass ich noch während der Studienzeit Alternativen zur praktischen tierärztlichen Tätigkeit austestete.

Die Grundfinanzierung meines Studiums wurde durchgehend von meinen Eltern geleistet. Wäre es nicht so gewesen, und hätte ich nebenher arbeiten müssen, wäre ich wohl an dem Studium zerbrochen. Denn Tiermedizin ist unglaublich lernintensiv, und dies bekam ich von der ersten Minute an deutlich zu spüren: Bereits in der dritten Woche des ersten Semesters hatte ich mein erstes Testat in Anatomie, und über sämtliche Vorlesungszeiten hinweg musste ich mich regelmäßig in den verschiedensten Fächern auf solche Leistungskontrollen vorbereiten. Als Tiermedizinstudentin wurde ich Meisterin des stumpfen Auswendiglernens. Dies zeigte sich insbesondere während der Prüfungszeiten in den Semesterferien.

Rückblickend muss ich gestehen, dass ich Tiermedizin nicht wieder studieren würde. Und meine Studienzeit war auch keineswegs die beste Zeit meines Lebens. Ich saß einfach im falschen Boot und war leider zu unentschlossen und auch nicht mutig genug, um dort „herauszuspringen". Zum Schluss gelang es mir nur mit sehr viel Selbstdisziplin, dieses Studium doch noch relativ zügig im Frühjahr 2007 zu beenden. Die Veterinärmedizin hat andererseits aber auch etwas Gutes an sich: Sie ist so breit gefächert, dass selbst ich, die Tierärztin, die in ihrem Leben wohl nie etwas mit Tieren beruflich zu tun haben will, glaube, meine Nische letztlich gefunden zu haben: So promoviere ich momentan an der Tierärztlichen Hochschule am Institut der Lebensmitteltoxikologie und Chemischen Analytik und beschäftige mich dort mit Pflanzenschutzmittelrückständen in Obst und Gemüse.

Wiebke Prutner, Staatsexamen Tiermedizin, Tierärztin

# 5    Agrar-, Forst- und Ernährungswissenschaften

## Ernährungs- und Haushaltswissenschaften

Im Alter von zwei Jahren beschloss ich während eines Hungeranfalls, Koch zu werden. Als ich in der neunten Klasse ein Küchenpraktikum absolvierte, merkte ich jedoch, dass mich die Thematik rund um Lebensmittel und Ernährung zwar interessierte, die praktische Ausübung allerdings weniger. Daher entschied ich mich für ein Studium. Da ich mich zunächst aber nicht für eine Studienrichtung entscheiden konnte, ging ich zur Beratung des Arbeitsamtes, wo mir vorgeschlagen wurde, Ernährungswissenschaften zu studieren. Daraufhin bewarb ich mich nach dem Abitur an verschiedenen Universitäten und schrieb mich schlussendlich an der Justus-Liebig-Universität Gießen am Fachbereich für Agrarwissenschaften, Ökotrophologie und Umweltmanagement für den Diplom-Studiengang Ökotrophologie ein. Ein Jahr danach wurden die konsekutiven Studiengänge eingeführt und uns wurde nahe gelegt, in den Bachelor-Studiengang zu wechseln, was ich auch tat und nie bereut habe. Nach dem Abschluss des Bachelor of Science in Ökotrophologie entschied ich mich für den Master-Studiengang Ernährungswissenschaften.

Der Bachelor-Studiengang hat eine Regelstudienzeit von sechs Semestern. Die beiden Semester aus dem Diplom-Studiengang konnte ich mir problemlos anerkennen lassen, wodurch ich in der vorgegebenen Zeit meinen Bachelor-Abschluss erreicht habe. Für den Master-Studiengang sind vier Semester vorgesehen. Ich habe darüber hinaus ein Semester im Ausland verbracht.

Ökotrophologie bzw. die Haushalts- und Ernährungswissenschaften stellen eine Mischung aus Naturwissenschaften, Medizin, Wirtschaftswissenschaften und Sozialwissenschaften dar. Durch diese große Bandbreite an Disziplinen ist das Studium sehr facettenreich. Gerade in den ersten Semestern war dadurch allerdings auch viel Durchhaltevermögen notwendig, da hauptsächlich Biologie, Chemie, Betriebs- und Volkswirtschaftslehre, Mathematik u. Ä. auf dem Stundenplan standen. Ein Modul mit dem Schwerpunktthema Ernährung sah das Curriculum erst im dritten Semester vor. Neben den Pflichtmodulen wurde aber auch eine Vielzahl von Wahlmodulen angeboten, was mir eine meinen eigenen Interessen entsprechende Spezialisierung ermöglichte.

Durch die Umstellung auf die konsekutiven Studiengänge gab es in den ersten Semestern des Bachelor-Studienganges einige Probleme: Viele Veranstaltungen wurden zum ersten Mal in Modulform angeboten, was zu organisatorischen Schwierigkeiten führte. Plötzlich mussten Klausuren angeboten werden, wo es früher keine gab, und keiner fühlte sich verantwortlich. Wir mussten dafür kämpfen, dass völlig unsinnige Deadlines verlegt wurden. Jedes Semester tauchten neue Probleme auf, die bei der Konzeption des Studienganges nicht bedacht worden waren. Mit zunehmender Anzahl an Studierenden gab es ein weiteres Problem: Da gerade viele der Mastermodule beschränkte Teilnehmerzahlen hatten, wurde es schwerer, die vorgegebene Anzahl von Modulen pro Semester zu absolvieren.

Teil meines Bachelorstudiums war ein 20-wöchiges Praktikum. Um in sechs Semestern 20 Wochen Praktikum zu absolvieren, musste ich fast jede vorlesungsfreie Phase dafür nutzen. Problematisch war, dass es nicht viele Betriebe gibt, die Studierende des ersten oder zweiten Semesters beschäftigen. Viele meiner Kommilitonen haben das Problem gelöst, indem sie sich ein Semester freinahmen und ein halbes Jahr in einem Betrieb arbeiteten.

Gerade weil das Studium, wie oben beschrieben, facettenreich und vielseitig ist, ist es aus meiner Sicht sehr wichtig, möglichst verschiedene Praktika zu absolvieren, um ein persönliches Profil auszubilden. Aus diesem Grund habe ich auch über das Pflichtpraktikum hinaus in verschiedenen Bereichen gearbeitet, angefangen von der Mitarbeit in einer Großküche, über die Qualitätssicherung in lebensmittelverarbeitenden Betrieben bis hin zur Ernährungsberatung. Während und nach dem Masterstudium habe ich Praktika in verschiedenen Forschungseinrichtungen und wissenschaftsnahen Instituten absolviert. Die meisten dieser Praktika waren unbezahlt.

Das dritte Mastersemester habe ich an der Universität Kuopio, Finnland, im Master-Studiengang Public Health studiert. Auslandsaufenthalte werden zwar empfohlen, sind aber nicht obligatorisch. Da es an ausländischen Universitäten häufig kein exaktes Äquivalent zu den Ernährungswissenschaften gibt, ist es üblich, auf ähnliche Studiengänge wie Public Health auszuweichen. Dies hatte den Vorteil, dass ich mich mit anderen fachlichen Schwerpunkten beschäftigen konnte, als sie in Gießen gelehrt wurden. Die Module konnte ich mir problemlos für mein Studium anerkennen lassen.

Die Finanzierung meines Studiums habe ich vor allem durch die Unterstützung meiner Eltern sowie anfangs durch BAföG-Zahlungen bestritten. Daneben habe ich in der Gastronomie und im Service gearbeitet, um mir z. B. die Mehrausgaben während meines Auslandssemesters finanzieren zu können.

Nach dem Studium habe ich zunächst während eines Praktikums in der Feldphase einer wissenschaftlichen Studie mitgearbeitet. Im Anschluss nahm ich eine Stelle als wissenschaftliche Mitarbeiterin an der Universität in Gießen an und arbeite derzeit an meiner Dissertation.

Ich würde dieses Studium wieder wählen, vor allem weil es so abwechslungsreich und vielseitig ist. Die Wahrnehmung der Ernährungswissenschaften in der Öffentlichkeit ist allerdings nicht optimal, viele Fachfremde wissen nicht, was diese Disziplin beinhaltet. So wurde ich sehr häufig gefragt, was neben Kochen und Bügeln denn noch auf dem Stundenplan stehe. Es gibt eine große Bandbreite an Berufsperspektiven, die sich einem Ernährungswissenschaftler bieten. Manchmal muss der potenzielle Arbeitgeber allerdings erst davon überzeugt werden, dass Absolventen dieser Fachrichtung für die ausgeschriebene Stelle die passende Ausbildung haben. Daher ist es nicht so einfach, eine Stelle zu finden, eine frühzeitige Profilbildung und zusätzliche Qualifikationen sind deshalb von Vorteil.

Margrit Richter, Master of Science

# 6    Ingenieurwissenschaften

## 6.1    Maschinenbau / Verfahrenstechnik

Im Jahr 2001 habe ich nach Erlangung der allgemeinen Hochschulreife durch den Abschluss des „Leaving Certificate" in Irland mein Studium an der Technischen Universität München begonnen. Interessiert hat mich besonders der technische Aspekt des Faches Maschinenbau. Die späteren Berufsaussichten sind im In- und Ausland nach wie vor hervorragend.

Am Anfang des Studiums galt es zunächst, die Wartezeit von drei Semestern auf eine Studentenwohnung in einem der vielen Wohnheime zu überbrücken. Dabei war ich besonders zu Beginn über die hohen Mieten in München erstaunt. Die Vorlesungen finden auf dem Campus Garching statt, welcher sich in einem Vorort von München befindet und mit der U-Bahn in ca. 25 Minuten von der Innenstadt erreichbar ist. Der Campus Garching hat mittlerweile eine sehr gute Infrastruktur und sogar eine Campuskneipe.

Die Regelstudienzeit für Maschinenwesen ist auf zehn Semester festgelegt, was ich persönlich als relativ kurz angesetzt empfand, da die durchschnittliche Studiendauer im Fachbereich Maschinenwesen zu meiner Studienzeit ca. zwölf Semester betrug. Ich selbst habe mit mehreren Praktika und einem Auslandsaufenthalt elf Semester benötigt und Anfang 2007 abgeschlossen. Mein 18-monatiges Pflichtpraktikum habe ich zum einen im Bereich Fahrzeugversuche absolviert. Dort lernte ich erstmals, analytisches Vorgehen an realen Versuchen richtig einzusetzen. Zum anderen war ich Praktikant in der Patentabteilung einer Firma, was mir ermöglichte, über den rein technischen Tellerrand eines Ingenieurs zu blicken.

Im Diplom-Studiengang ist zunächst ein Grundstudium mit abschließender Vordiplomsprüfung zu absolvieren, welche sich aus insgesamt neun Prüfungen zusammensetzt. Die wichtigsten, aber auch schwierigsten Prüfungen sind hierbei höhere Mathematik I - IV und Mechanik I - III, welche regelmäßig Durchfallquoten von über 50 % aufweisen. Mein Besuch des Leistungskurses Mathematik hat sich daher speziell im Fach höhere Mathematik als sehr vorteilhaft erwiesen. Meine schlechteste Klausur war Mechanik I, in welcher ich aufgrund eines falschen Vorgehens beim Lernen zunächst haushoch durchfiel. Hier hat mir dann ein Mechanik-Repetitorium sehr geholfen, die Lösungsansätze richtig zu verfolgen und die Klausur im zweiten Anlauf sehr gut zu bestehen.

Auf das Grundstudium folgt das Hauptstudium mit derzeit 29 Vertiefungsrichtungen bzw. Fachmodulen. Das Vorlesungsangebot der TU München fand ich sehr ansprechend. Vor allem die Vorlesungen von namhaften Dozenten großer Firmen waren sehr spannend und lehrreich, da sie einen direkten Einblick in den Firmenalltag vermittelt haben.

Bevor ich das Studium mit einer abschließenden Diplomarbeit beenden konnte, musste ich zwei sog. Semesterarbeiten verfassen, welche in der Regel an einem der Lehrstühle der Fakultät Maschinenwesen durchgeführt wurden. Sehr interessant sind dabei Arbeiten, welche in Zusammenarbeit mit der Industrie durchgeführt werden. So erstellte ich eine meiner Semesterarbeiten in Zusammenarbeit mit einem namhaften bayerischen Automobilhersteller, was ich als sehr lehrreich und interessant empfand. Speziell bei den Semesterarbeiten habe ich jedoch den zeitlichen Aufwand unterschätzt. Die Semesterarbeit hat sich statt des einen geplanten Semesters über zwei Semester hingezogen, da ich noch Mess- und andere Forschungsergebnisse auswerten musste, welche die Weiterarbeit verzögerten. Da der Durchführungszeitpunkt der Semesterarbeiten frei gewählt werden kann, empfiehlt es sich, möglichst schnell nach dem Vordiplom mit der ersten Semesterarbeit zu beginnen.

Die Vorlesungsbetreuung an der Fakultät Maschinenbau während meines Studiums hielt ich für verbesserungsfähig. Durch die vielen Studierenden und die vor allem während des Grundstudiums überfüllten Hörsäle fehlte oft ein persönlicher Bezug zu den Dozenten und Professoren. Dies relativierte sich allerdings im Hauptstudium, da ein größeres Vorlesungsangebot zu einer deutlich geringeren Anzahl Studierender pro Vorlesung führte, was der Lehre spürbar zugute kam.

Während des Studiums habe ich nebenbei als studentische Hilfskraft an Lehrstühlen der TU München und bei einer Firma als Werkstudent gearbeitet, um einerseits Einblicke in die Praxis und das akademische Arbeiten zu bekommen und andererseits etwas Geld dazuverdienen zu können. Meine Diplomarbeit habe ich bei einer mittelständischen Firma in China geschrieben. Speziell bei den Semester- und Diplomarbeiten ist das umfassende Netzwerk aus Forschungs- und Industriekontakten der TU München sehr hilfreich, wodurch sich häufig die Möglichkeit ergibt, eine Studienarbeit in Kooperation mit einem Unternehmen zu schreiben. In meinem Fall habe ich jedoch den Kontakt zur Firma durch eine Initiativbewerbung selbst hergestellt. Danach musste ich mich um eine Betreuung durch einen Lehrstuhl kümmern, was sich zeitweise als schwierig herausstellte, da die meisten Lehrstühle lieber Diplomarbeiten einer ihrer Kooperationspartner vergeben, als zusätzlich Diplomarbeiten zu betreuen. Nach mehreren Gesprächen habe ich jedoch einen Lehrstuhl gefunden. Einen Großteil der sechs Monate für die Diplomarbeit habe ich dabei in einem Unternehmen in Shanghai verbracht, um dort eine neue softwaretechnische Anbindung an den Mutterkonzern in Deutschland zu entwickeln. Bei meinem Aufenthalt in China hat mich neben der Anwendung meiner theoretischen Studienkenntnisse vor allem die Zusammenarbeit mit den chinesischen Kollegen begeistert. Hier habe ich aber auch gelernt, dass das analytische und vor allem effiziente Vorgehen, welches in der Universität gelehrt wird, nicht immer und überall anwendbar ist.

Rückblickend empfand ich das Studium des Maschinenwesens an der TU München als sehr interessant, lehrreich, aber auch fordernd. Gerade durch das harte Grundstudium gilt es sich durchzubeißen. Auf meinem technischen Hintergrund aufbauend studiere ich im Moment Jura an der Fernuniversität Hagen und mache eine Ausbildung zum Patentanwalt.

Bernhard Boniberger, Diplom-Ingenieur

## 6.2    Architektur, Innenarchitektur

Wie habe ich den für mich passenden Beruf gefunden? Die eigene Interessenlage, Erfahrungen in der Arbeitswelt und familiäre Gegebenheiten waren dabei meine Grundlage.

Meine Versuche, nach dem Abitur einen praxisbezogenen Beruf zu finden, scheiterten zunächst an meinen persönlichen Gegebenheiten – als Brillenträger war für ein Forststudium keine Zulassung zu erhalten. Dann wollte ich das Studium der Landwirtschaft beginnen. Eine verkürzte Lehre zum landwirtschaftlichen Gehilfen galt als Voraussetzung für die Zulassung an der Hochschule. Mein Ziel war nach dem Studium nicht in der Verwaltung, sondern in der unmittelbaren Praxis tätig werden zu können. Die Lehre zum landwirtschaftlichen Gehilfen beendete ich nach nur sechs Wochen. Dann war ich der dominanten Umgangsformen meines Lehrherrn überdrüssig geworden und hatte, nach verschiedenen Recherchen, die Hoffnung, nach dem Studium nicht nur an einem Schreibtisch zu landen, aufgegeben.

Auf dem Bau war ich schon während der Schulferien tätig gewesen und kannte auch durch meinen Vater das Milieu und die anstehenden Aufgaben. Mein neues Ziel: Bauingenieur! Baupraxis hatte ich schon genügend – es fehlte nur noch eine Büropraxis. Nach einem halben Jahr Mitarbeit in einem Statikerbüro konnte ich mit dem Studium an der TU München beginnen. Während ich die studentische Freiheit genoss, belastete mich die finanzielle Abhängigkeit von meinen Eltern. Auch waren meine Versuche, mich erneut mit den Grundlagenfächern befassen zu müssen, nicht erfolgreich. Ich suchte daher einen Weg, um an die nächstliegende Universität nach Stuttgart wechseln zu können. Dies wurde mir erst nach dem Vordiplom in Aussicht gestellt. So suchte ich erneut nach einem Ausweg zwischen den vorhandenen Möglichkeiten und finanziellen Notwendigkeiten.

In einem Gespräch mit meinem Vater und der Beratung an der Fachhochschule fand ich dann einen weiteren Weg. Mit einer – bedingt durch meine bereits erworbene Baupraxis – verkürzten Baulehre zum Betonbauer konnte ich mit dem Bauingenieurstudium an der Fachhochschule für Technik (FHT – ehemals Staatsbauschule Stuttgart) beginnen. Die Studienleistungen der zwei Semester in München wurden mir auf den neuen Studiengang von insgesamt sechs Semestern angerechnet. Nach dem Vordiplom, mit Abschluss des dritten Semesters, entschied ich mich für die Fachrichtung Hochbau bzw. Architektur. Hinzu kam damals noch eine zweijährige Zwischenpraxis nach dem Vordiplom in einem Ingenieur- oder Architektenbüro. So fand ich mich nach Zwischenpraxis und Abschlussexamen zum Diplom-Ingenieur (FH) in meiner ersehnten unmittelbaren Praxis – jetzt als ausgebildeter Architekt – wieder.

1968 begann meine Entdeckungsreise in der Arbeitswelt der Architektenwirklichkeit verschiedener Büros. Am Institut für Leichte Flächentragwerke fand ich dann 1969 eine weiterführende Mitarbeit an dem konkreten innovativen Projekt der Dachkonstruktion der Olympia-Dächer in München. In der Institutshierarchie gab es für einen Fachhochschulingenieur keinen Weg nach oben: Die Einordnung in die entsprechende Tarifgruppe im Öffentlichen Dienst richtet sich nach dem Studienabschluss und ist für Fachhochschul- und Universitätsabsolventen unterschiedlich. Es gab kein Entkommen aus dieser Regelung! So bot sich mir 1970 durch die Änderung der Aufnahmebedingungen an der Universität Stuttgart die Möglichkeit, das Fachhochschulstudium als Vordiplom anerkannt zu bekommen und sofort mit dem Vertiefungsstudium der Fachrichtung Architektur eine weitere Qualifizierung zu erzielen.

Die Hochschullandschaft war damals offen für neue Initiativen und Ideen. Meine Interessen richteten sich in dieser Zeit auf die „Wohnungsmedizin" als ein Arbeitsfeld zur Gestaltung einer gesunden Wohnumgebung, der Baubiologie und der solaren Energienutzung. Ich rannte offene Türen damit ein und fand Betreuer und Unterstützung, die es mir ermöglichten, Studienarbeiten und meine Diplomarbeit in diesen Themenbereichen zu verfassen.

Während des Studiums an der TU Stuttgart, das sich sehr frei gestalten ließ, war ich zunächst noch als Assistent an der Fachhochschule und später in einem Architekturbüro als freier Mitarbeiter tätig, was mich finanziell recht unabhängig machte.

1973 schloss ich das Architekturstudium mit zwei Studienarbeiten über die Solare Beheizung und der Diplomarbeit über Wohnungsmedizin als Diplom-Ingenieur (Architektur) ab.

Die Nutzung der Solarenergie im Rahmen einer Promotion zu vertiefen, erschien zum Zeitpunkt des ersten Energieschocks von den technischen Gegebenheiten her möglich. Meine finanziellen Möglichkeiten ließen mir dafür aber keinen Spielraum. So blieb das anvisierte „Drittstudium" nur als Idee bestehen.

Die 1973 noch in den Kinderschuhen steckende Solarenergienutzung entwickelte sich im Laufe der Jahre, neben anderen Bereichen der erneuerbaren Energien, zu einem respektablen Wirtschaftszweig. Als Architekt kann ich dabei mit meinem Verständnis der Nutzung der Solarenergie aber allenfalls eine beratende und koordinierende Funktion wahrnehmen.

Die im Laufe der Jahre von der Architektenkammer geforderte berufliche Fortbildung blieb mein ständiger Begleiter. Die berufsbegleitenden Ausbildungen zum Sachverständigen für Bauschäden, zum Energieberater und zum Sicherheits- und Gesundheitsschutz-Koordinator erbrachten Ein- und Ausblicke in neue Arbeitsfelder, die in unmittelbarem Zusammenhang mit den Architektenaufgaben stehen. Die Hoffnung, Erfolge und entsprechende Aufträge daraus zu generieren, erwies sich jedoch als trügerisch. Trotz allem bleibt es notwendig, sich fortwährend weiterzubilden, um als Architekt bestehen zu können. Für den Architekten gibt es im Werkvertragsrecht eine 30-jährige Nachhaftung für die von ihm geplanten und organisierten Bauvorhaben. Daher muss die Weiterbildung als notwendige Überlebensstrategie angesehen werden, um als Architekt weiter bestehen zu können. Nach heutiger Sicht würde ich mich wieder auf den Weg zu einer praxisorientierten Architektur machen. Den Schwerpunkt würde ich auf die Baubionik legen.

Karlheinz Stoklas, Diplom-Ingenieur

# 7 Kunst, Kunstwissenschaften

## 7.1 Gestaltung

Ich zeichne nicht gerne, hatte keinen Kunstleistungskurs, und trotzdem habe ich nach meinen Abitur Produktdesign studiert. Zunächst studierte ich an der Kunsthochschule Kassel bis zum Vordiplom, dann als ERASMUS-Studentin an der École d'architecture de Marseille-Luminy in Frankreich und zuletzt an der Kunsthochschule Berlin-Weißensee, weil es mich in eine größere Stadt als Kassel zog. In Berlin habe ich das Studium im Dezember 2003 mit dem Diplom abgeschlossen und wurde dann im Dezember 2005 zur Meisterschülerin ernannt, laut HRG eine Art Promotion für Kunststudierende.

Für die Zulassung zur Aufnahmeprüfung zum Studium musste ich eine Mappe mit ca. 20 eigenen künstlerischen Arbeiten einreichen und ein Vorpraktikum absolviert haben. Vor einer Bewerbung auf einen der wenigen Studienplätze für Produktdesign in Deutschland habe ich daher in Nürnberg neun Monate lang die Werkbundwerkstatt, eine Einrichtung des Deutschen Werkbundes, Vorläufer des Bauhauses, besucht. Dort wurden mir Grundlagen in Gestaltung vermittelt und ich habe in verschiedenen Werkstätten erste Entwurfsaufgaben gelöst. Im Frühjahr, also ein halbes Jahr vor Studienbeginn, habe ich mich mit der Wahl des Studienorts beschäftigt. Ich habe mir einige Kunsthochschulen angesehen und mit Studierenden und Professoren gesprochen, um mir ein Bild von der jeweiligen Hochschule zu machen und die für mich passende Designausbildung herauszufinden. Bereits vor dem Studium wusste ich, dass der Kontext von Design mich interessiert und Design mehr bedeutet, als schönes Styling oder Anpassung an einen Trend. Denn Design ist ein komplexer Problemlösungsprozess, bei dem versucht wird, einen optimalen Kompromiss für eine Aufgabenstellung zu finden. Beispielsweise müssen Zahnarztstühle technisch auf dem neuesten Stand sein, der Patient muss entspannt liegen und sich wohl fühlen. Außerdem braucht ein Zahnarzt optimales Arbeitslicht, weil sein Wirkungsraum, der Mund, ziemlich klein und dunkel ist. Eine komplexe Aufgabe, bei der zudem Hygienestandards und psychologische Aspekte wie Ängste des Patienten berücksichtigt werden müssen.

Da ich mehr über den soziokulturellen und ökonomischen Kontext von Design wissen wollte, habe ich mich bis zu meinem Vordiplom für ein Studium an der Kunsthochschule Kassel entschieden. Deren Schwerpunkt zeigte sich bereits in der Aufnahmeprüfung: Ich musste nicht nur wie allgemein üblich zeichnen, Farb- und Bildkompositionen erstellen, sondern auch das Pro und Kontra einer Produktlinie erörtern – eine ungewöhnliche Aufgabe bei einer künstlerischen Zulassungsprüfung.

Zwei Monate nach der Prüfung hatte ich die Erlaubnis zum Studium in der Post und ich zog nach Kassel. Dort fand ich gleich eine Nebentätigkeit, so dass ich neben den monatlichen Unterhaltszahlungen von meinen Eltern Geld für Stifte, Marker, Zeichenpapier und Modellbaumaterialien hatte. Ein Designstudium ist kosten- und zeitintensiv, auch wenn ich damals keine Studiengebühren zahlen musste. Stipendien für Designstudierende gab es (und gibt es leider immer noch) nur wenige.

Im ersten Jahr hatte ich Unterricht in der „Klasse", also mit den anderen zwanzig Erstsemesterstudierenden. Wir hatten zweimal pro Woche vier Stunden Zeichenunterricht, mussten in der Holz-, Metall-, Gips- und Fotowerkstatt arbeiten, lernten die Kreissäge zu bedienen, zu löten und alle drei Schweißtechniken anzuwenden. Wir feilten, gipsten, schliffen – ständig waren meine Finger mit Sekundenkleber verklebt. Außerdem hatten wir anspruchsvollen Technologie- und Typografieunterricht. Ab dem zweiten Studienjahr wurden die Entwurfsaufgaben immer komplexer, einfache Möbel und Leuchten entstanden. Gruppenarbeit war willkommen bzw. teilweise gefordert, weil eine Person die meisten größeren Designaufgaben, bspw. eine Ausstattung für Rettungshubschrauber, nicht mehr bewältigen konnte. Insbesondere Aufgaben aus der Industrie, an denen ich im Hauptstudium arbeitete, wurden fast immer im Team bearbeitet.

Jede Aufgabe und damit jedes Semester endeten mit einer halböffentlichen Präsentation vor Vertretern des Fachgebiets. In dreißig Minuten mussten die wesentlichen Ideen anhand der selbstgebauten Modelle und 3D-Computeranimationen vorgestellt werden. Üblicherweise erstellte ich kleine Animationsfilme, die ich parallel zu meinem Vortrag mit einem Beamer an die Wand projizierte. Nach der Präsentation gab es mit den Kommilitonen und den Professoren oft lebhafte Diskussionen. Wir kannten uns alle – Professoren und Kommilitonen – persönlich, denn an allen drei Standorten gab es nur wenige Designstudierende, aber viele Professoren. Wir wurden intensiv betreut und arbeiteten täglich in der Kunsthochschule, zu der wir Tag und Nacht Zugang hatten. Jeder Studierende hatte einen Arbeitsplatz und konnte in den Werkstätten Modelle bauen, um die eigenen Designideen zu überprüfen. Da Computerkenntnisse im Design sehr wichtig sind, lernten wir den Umgang mit Bildbearbeitungs-, Layout- und 3D-Zeichenprogrammen. Ergänzend zum praktischen Entwerfen musste jeder Designstudierende Kurse in Kultur-, Kunst- und Designgeschichte, Semiotik, Ästhetik und Philosophie besuchen und Hausarbeiten schreiben oder Referate halten. Präsentationstechnik, Rhetorik und Marketing ergänzten das Theorieprogramm.

Insgesamt war das Designstudium genau das, was ich wollte. Da ich im Hauptstudium noch zusätzlich Kultur- und Medienmanagement studiert habe, hat sich mein Studienabschluss verzögert. Anstatt nach elf hielt ich nach 14 Semestern mein Diplom in der Hand. Design würde ich sofort noch einmal studieren und das Angebot mit den gut eingerichteten Werkstätten noch mehr genießen. Denn erst heute weiß ich, was es bedeutet, Modelle ohne geeignete Werkzeuge und Maschinen zu bauen. Heute entwerfe ich ausschließlich am Computer und arbeite als freiberufliche Kulturmanagerin und als Designforscherin – dafür brauche ich zum Glück keine Werkstatt. Den intensiven Austausch mit ehemaligen Kommilitonen und Professoren suche ich aber immer noch.

Hannah Bauhoff, Diplom-Designerin, Meisterschülerin

## 7.2    Darstellende Kunst, Film und Fernsehen, Theaterwissenschaft

Ein Jahr vor dem Abitur wächst der Druck. Und je mehr sich Schüler dem Ende der Schulzeit nähern, desto enormer wird er – der Druck, sich darauf festzulegen, wie das zukünftige Leben aussehen soll.

Verständlich, dass auch ich in dieser Zeit nicht um das allgegenwärtige Thema herumkam. Je mehr ich darüber nachdachte, desto absurder erschien es mir, mich in meinen jungen Jahren bereits auf eine Entscheidung festzulegen. Also ließ ich mir Zeit für meine Gedanken. Genauer gesagt ein Jahr, das ich als Au-pair-Mädchen in den USA verbrachte. Ein Jahr, das mich in vielen Bereichen mehr auf mein Studium vorbereitete als zahlreiche Praktika oder Buchstudien – mit Selbstbewusstsein, fließendem Englisch und der Sicherheit, mich auch in schwierigen und völlig neuen Situationen durchschlagen zu können. Eigenschaften, die ich von nun an verstärkt brauchen würde.

Die Zukunft im Blick entschied ich mich 2001, ein Studium im Medienbereich im damals neuen Bachelor-System zu beginnen. Meine Wahl fiel auf den Studiengang Medienkommunikation an der TU Chemnitz, den ich mit dem Bachelor of Arts abschloss. Damals war die Studienlandschaft im Umbruch. Diplom-Studiengänge schickten sich an, in Bachelor- und Master-Studiengänge umgewandelt zu werden. Die Medienkommunikation fiel auch darunter. Was mich anfangs zuversichtlich machte und wovon ich mir erhoffte, einen schnellen und internationalen Studienabschluss zu erarbeiten, beugte sich zunächst dem Chaos. Die Umstellung der Studiengänge war ein großes Vorhaben, das sich, wie sich herausstellen sollte, nur über mehrere Jahre erfolgreich zeigte. Wir Studierende der Medienkommunikation benötigten deshalb eine extra Portion Organisationstalent und Geduld. In einem so neuen Studiengang gab es noch keine gefestigten Strukturen, was es schwer machte, uns unseren Stundenplan zusammenzustellen, da niemand genau wusste, welche genaue Anzahl von SWS wir tatsächlich benötigten oder welche Leistungspunkte wir in welchem Semester erhalten mussten. Prüfungsordnungen und Regelungen wurden häufig neu erörtert und verabschiedet. Etwas Gutes hatte diese Neuerschließung dann doch: Eine Kommilitonin und ich nutzten das Durcheinander und fanden einen Weg, unser Studium anstatt in drei schon in zwei Jahren abzuschließen. Die gewonnene Zeit investierte ich in ein mehrmonatiges Praktikum und das anschließende Verfassen meiner Bachelorarbeit.

Genervt von der vielen Theorie und der Unübersichtlichkeit des Universitätsapparates, entschied ich mich, ein Masterstudium an einer Fachhochschule anzuschließen. Der Studiengang Multimedia Production an der Fachhochschule Kiel an der Fakultät Medienkommunikation, Multimedia Production versprach neben festen Strukturen und kleinen Lerngruppen noch jede Menge weitere Vorteile: In unserem Jahrgang wurden insgesamt zehn Studierende aus aller Welt für den Studiengang ausgewählt – aus Rumänien, Indien, Indonesien, Kolumbien, Malaysia und Deutschland. Anderthalb Jahre sollten wir jeden Tag gemeinsam lernen, arbeiten und diskutieren. Eine Aussicht, auf die ich mich nach zwei Jahren im unübersichtlichen und zum Teil oft anonymen Universitätsleben freute. Ein wesentlich größeres Gemeinschaftsgefühl konnte entstehen, da wir zwangsläufig dieselben Kurse belegten und uns täglich sahen.

Der Master-Studiengang hingegen bot eine außergewöhnliche Struktur. Es gab keine festen Professuren, dafür aber flogen unsere Dozenten aus aller Welt für ein bis zwei Wochen ein, um uns zu unterrichten. Geballtes Kurswissen auf Englisch aus einem Semester wurde mit Projekten, Hausaufgaben und wöchentlichen Prüfungen gefestigt. Nicht nur lernte ich in dieser Zeit sehr viel, ich trainierte auch die Fähigkeit, mir neues Wissen schnell anzueignen. Dies sind Eigenschaften, von denen ich im Beruf noch immer profitiere. Und falls es doch Probleme gab, unterstützten uns unsere deutschen Dozenten bzw. Studiengangsleiter bei den fachübergreifenden Vorhaben.

Bedingt durch die kleine Anzahl Studierender genossen wir eine optimale Betreuung durch die Dozenten, wodurch diese individuell auf Fragen und Probleme beim Lernstoff eingehen konnten. Ein Vorteil, den Studierende in Vorlesungen mit mehreren hundert Kommilitonen nicht erhalten. Durch diese enge Verbindung war es mir möglich, meine Masterarbeit während eines Auslandsaufenthalts in Australien an der Edith Cowan University bei meinen beiden Professoren rechtzeitig in der Regelstudienzeit zu schreiben. Vier Monate konnte ich mich dort dank eines Stipendiums intensiv um meine Recherchen im Bereich Kommunikationspsychologie kümmern und Land und Leute kennenlernen.

So ein Studium bietet allerdings nicht den Freiraum, den Studierende an Universitäten genießen, wie das Zusammenstellen von eigenen Stundenplänen. Zu meiner Studienzeit mussten wir noch keine Studiengebühren entrichten, da alles vom DAAD gefördert wurde. Mittlerweile gibt es diese Unterstützung nicht mehr und die Studierenden müssen selbst für die Kosten aufkommen.

Wovon ich profitierte, waren meine freiwillig absolvierten Praktika in Redaktionen, Fernsehstudios und Internet-Firmen. Diese dauerten von einem bis sechs Monaten. Während dieser Zeit sowie während meines gesamten Studiums unterstützten mich meine Eltern finanziell. Festgelegt in meiner Studienordnung waren die Praktika nicht, so dass ich mich selbst um die Realisierung in den Semesterferien kümmerte. Bei meinen Bewerbungen wurde die Wichtigkeit dieser Erfahrungen deutlich, denn häufig waren diese ausschlaggebend für die Jobzusage.

Aus diesem Grund bin ich zu dem Schluss gekommen, dass Studieninteressenten sich für das Studium und die Studienart entscheiden sollten, die fundierte Kenntnisse vermitteln und Spaß bringen und dass sie diese Zeit mit Praktika und anderen bereichernden Erlebnissen *kombinieren* sollten. Ich habe in meiner Studienzeit viel gelernt, gute Freunde gefunden und interessante Erfahrungen gemacht. Während in der Schule noch alles glatt lief, kamen im Studium auch Enttäuschungen hinzu, z. B. als ich einmal durch einen Kurs gefallen bin. Aber das gehört dazu und macht stark. Es half mir, mit Ablehnungen im Bewerbungsprozess umzugehen. Aber schon nach einigen Monaten klappte es. Heute bin ich bei einer der größten deutschen Internetagenturen im Bereich Unternehmenskommunikation beschäftigt. Und ein berufsbegleitendes Aufbaustudium steht bei mir auch schon in den Startlöchern – frei nach dem Motto des lebenslangen Lernens.

Christina Sieben, Master of Science

# Anhang

## A   Wichtige Begriffe an der Hochschule

In diesem Abschnitt finden Sie Erklärungen zu grundlegenden Begriffen rund um das Studium und – soweit möglich – Verweise auf die entsprechenden Buchabschnitte. Sofern Sie verwendete Abkürzungen nicht direkt wiederfinden, ermitteln Sie mithilfe des Abkürzungsverzeichnisses (vgl. Anhang D) die Langform und schauen unter dieser nach. Darüber hinaus können Sie weitere Begriffe über das Stichwortverzeichnis (vgl. Anhang F) nachschlagen.

**Akademische Selbstverwaltung**
→Hochschulen haben aufgrund der Hochschulgesetzgebung ein Recht auf Autonomie, wobei der Grad der Autonomie bei verschiedenen →Hochschulen unterschiedlich sein kann. Die akademische Selbstverwaltung bezieht sich auf interne Angelegenheiten in den Bereichen Lehre, Forschung und Hochschulhaushalt. Sie äußert sich in gewählten Ämtern und Gremien, in denen →Professoren, Mitglieder des →akademischen Mittelbaus und →Studierende mitwirken.

**Akademische Studien- und Berufsberatung**
→Zentrale Studienberatung

**Akademische Viertelstunde**
→Akademisches Viertel

**Akademischer Grad**
Der akademische Grad wird von →Hochschulen nach einem abgeschlossenen →Studium, das mit einer Hochschulprüfung (→Studienabschluss) beendet wurde, oder aufgrund einer besonderen wissenschaftlichen Leistung vergeben. Hierfür wird eine Urkunde ausgestellt (vgl. Abschnitt II 3).

**Akademischer Mittelbau**
Den akademischen Mittelbau bildet die Gruppe der wissenschaftlichen und künstlerischen Mitarbeiter an einer →Hochschule, die keine →Professoren sind.

**Akademisches Auslandsamt**
Das Akademische Auslandsamt ist in DEUTSCHLAND eine Einrichtung an einer →Hochschule, die →Studierende u. a. bei der Auswahl und Or-

ganisation eines Studienaufenthaltes im Ausland unterstützt und über Stipendienmöglichkeiten berät. Das Akademische Auslandsamt übernimmt darüber hinaus für ausländische →Studierende oft Aufgaben des →Studierendensekretariats und bietet diverse Hilfestellungen an. Das Akademische Auslandsamt wird in ÖSTERREICH als *Internationales Büro* und in der SCHWEIZ als *Mobilitätsstelle* bezeichnet.

## Akademisches Viertel

Das akademische Viertel bezeichnet die Viertelstunde, um die eine →Lehrveranstaltung an einer →Hochschule später beginnt, als sie angekündigt wurde. Eine →Lehrveranstaltung, die mit 10 Uhr *c. t.* (lat. cum tempore; mit Zeit) angekündigt ist, beginnt um 10:15 Uhr; eine →Lehrveranstaltung, die mit 10 Uhr *s. t.* (lat. sine tempore; ohne Zeit) angekündigt ist, beginnt hingegen um 10:00 Uhr. Häufig wird der Zusatz „c. t." bei der Zeitangabe einer →Lehrveranstaltung weggelassen, so dass nur die Angaben 10 Uhr s. t. und 10 Uhr zu finden sind. Das Akademische Viertel wird in ÖSTERREICH und in der SCHWEIZ als *Akademische Viertelstunde* bezeichnet.

## Akkreditierung

Für →Studiengänge in DEUTSCHLAND, an →Fachhochschulen in ÖSTERREICH sowie vor allem an →Fachhochschulen und →Pädagogischen Hochschulen in der SCHWEIZ, die zu einem →Bachelor-Abschluss oder zu einem →Master-Abschluss führen, muss eine Prüfung der Eigenschaften eines →Studiengangs durch Agenturen, die vom Akkreditierungsrat ausgewählt wurden, durchgeführt werden. Diese Sicherstellung eines einheitlichen Qualitätsstandards dient der internationalen Vergleichbarkeit und der internationalen Anerkennung des erworbenen →Studienabschlusses (vgl. Abschnitt II 5).

## Allgemeiner Studierendenausschuss

Der Allgemeine Studierendenausschuss (*AStA*) wird in DEUTSCHLAND in der Regel von der Mehrheit des →Studierendenparlaments gewählt. Er vertritt die Interessen der →Studierenden. Darüber hinaus bietet der Allgemeine Studierendenausschuss →Studierenden Dienstleistungen wie Rechts- und Sozialberatung an (vgl. Abschnitt II 7.7). Der Allgemeine Studierendenausschuss wird auch als *Studentenrat* bezeichnet.

## Alma Mater

Als Alma Mater (lat.; nahrungsspendende Mutter) bezeichnet ein Hochschulabsolvent diejenige →Hochschule, an der er seinen →Studienabschluss erworben hat.

## Alumnus

Ein Alumnus (lat., Pl. Alumni; Zögling, Sprössling) ist ein ehemaliger →Studierender einer →Hochschule.

## Anwesenheitspflicht

Die Anwesenheitspflicht bezeichnet die Notwendigkeit, in jedem →Semester bei einer bestimmten Anzahl an Terminen von →Vorlesungen bzw. →Seminaren anwesend zu sein. Die regelmäßige Anwesenheit ist eine der Voraussetzungen für den Erwerb von Leistungsnachweisen (vgl. Abschnitt II 7.6).

**Arbeitsbelastung**
Die Arbeitsbelastung ist die Zeit, die ein →Studierender pro →Modul aufwenden muss. Die Dauer der →Lehrveranstaltungen wird dabei genauso einbezogen wie die Vor- und Nachbereitung. Die Arbeitsbelastung beträgt zwischen 25 und 30 Stunden je →Kreditpunkt. Die Arbeitsbelastung wird auch als *Workload* bezeichnet (vgl. Abschnitt II 5).

**Assistenzprofessor**
→Juniorprofessor

**AStA**
→Allgemeiner Studierendenausschuss

**Audimax**
Das Audimax (lat. auditorium maximum) ist der größte Hörsaal einer →Hochschule.

**Aufbaustudium**
Ein Aufbaustudium ist ein weiteres →Studium nach einem erfolgreich absolvierten Erststudium, wobei der erste Abschluss Voraussetzung für die Zulassung zu einem Aufbaustudium ist. Durch ein Aufbaustudium soll das Erststudium fachlich vertieft bzw. inhaltlich ergänzt werden. Typisches Beispiel ist der konsekutive →Master-Studiengang nach erfolgreich absolviertem →Bachelor-Studiengang (vgl. Abschnitt VIII 3). Vom Aufbaustudium sind das →Doppelstudium und das →Zweitstudium zu unterscheiden. Allerdings wird der Begriff Aufbaustudium nicht einheitlich verwendet, in ÖSTERREICH kommt er gar nicht vor, in der SCHWEIZ wird das Aufbaustu-

dium teilweise auch als *Nachdiplom-Studiengang* bezeichnet.

**Aufschieberitis**
→Prokrastination

**Auslandsamt**
→Akademisches Auslandsamt

**Auslandssemester**
→Auslandsstudium

**Auslandsstudium**
Ein Auslandsstudium ist ein Studienaufenthalt im Ausland von mindestens einem →Semester. Das Auslandsstudium wird außerhalb des Landes verbracht, in dem das →Studium begonnen wurde. Es wird auch als *Auslandssemester* bezeichnet (vgl. Abschnitt VI 7).

**Außerplanmäßiger Professor**
Ein außerplanmäßiger →Professor (apl. Prof.) hat die gleichen Qualifikationen wie ein →Professor nachzuweisen, hat aber im Gegensatz zu diesem in der Regel keine Stelle an der →Hochschule. Die genaue Regelung hängt von den jeweiligen Ländern und →Hochschulen ab.

**Auswahlverfahren**
In vielen →Studiengängen in DEUTSCHLAND besteht aufgrund höherer Bewerberzahlen als zur Verfügung stehender →Studienplätze ein →Numerus clausus (NC). →Studienplätze in zulassungsbeschränkten →Studiengängen werden entweder über die →Zentralstelle für die Vergabe von Studienplätzen (ZVS) zugeteilt oder über das Auswahlverfahren der jeweiligen →Hochschule vergeben. Bei →Master-Studiengängen

führen die →Hochschulen das Auswahlverfahren selbst durch, wobei neben dem →Numerus Clausus auch Kriterien wie Auslandserfahrung, persönliche Eignung und Arbeitserfahrung berücksichtigt werden. In ÖSTERREICH werden Auswahlverfahren nur an →Fachhochschulen und wenigen →Studiengängen an den →Universitäten durchgeführt. In der SCHWEIZ werden Auswahlverfahren für Studienanfänger nur in den Fächern Human-, Zahn- und Veterinärmedizin eingesetzt.

**Bachelor**
Der Bachelor ist der erste berufsqualifizierende akademische Abschluss (→akademischer Grad), der nach sechs bis acht →Semestern →Regelstudienzeit erworben werden kann (vgl. Abschnitt II 3).

**BAföG**
→Bundesausbildungsförderungsgesetz

**Belegbogen**
In einem Belegbogen werden alle besuchten →Lehrveranstaltungen eingetragen. Hierbei ist auf die Erfordernisse der →Prüfungsordnung zu achten. Der Belegbogen wird zusammen mit den erworbenen Leistungsnachweisen in das →Studienbuch abgeheftet und zur Abschlussprüfung vorgelegt. Allerdings lösen elektronische Studierendenverwaltungssysteme diese Prozedur mehr und mehr ab. In manchen →Studiengängen gibt es generell keine Belegbögen.

**Berufsakademie**
Berufsakademien (BA) sind in DEUTSCHLAND Studieneinrichtungen, die eine starke Praxisorientierung aufweisen. Ein →Studium an einer Berufsakademie wird im Regelfall in Kooperation mit einem Ausbildungsbetrieb parallel zu einer dreijährigen Ausbildung absolviert und kann entweder mit einem →Diplom (BA) oder mit einem →Bachelor abgeschlossen werden (vgl. Abschnitt I 3.1). In ÖSTERREICH und der SCHWEIZ gibt es diese nicht.

**Berufung**
Die Berufung ist die Aufforderung an einen entsprechend qualifizierten Wissenschaftler, eine →Professur zu übernehmen. Die Berufung erfolgt in der Regel auf Grundlage eines umfassenden Auswahlverfahrens, das u. a. eine Probevorlesung enthält. Die Berufung wird umgangssprachlich auch als *Ruf* bezeichnet.

**Bibliothek**
Der Bestand einer Bibliothek an einer Hochschule umfasst im Unterschied zu den Fachbibliotheken der einzelnen →Fakultäten Bücher und Zeitschriften zu allen an der →Hochschule vertretenen Fachgebieten. Nach Vorlage des →Studierendenausweises erhalten →Studierende eine Leihberechtigung, mit der sie kostenlos Bücher entleihen können.

**Blockveranstaltung**
Eine Blockveranstaltung ist eine →Lehrveranstaltung, die nicht wöchentlich angeboten wird, sondern die an mehreren aufeinander folgenden Tagen oder an Wochenenden –

und z. T. auch in der →vorlesungs-
freien Zeit – stattfindet.

**Bologna-Prozess**
Der Bologna-Prozess bezeichnet die
1998 beschlossene europaweite An-
gleichung der Studienabschlüsse (vgl.
Abschnitt II 3). Die Ziele der Reform
bestehen darin, die Mobilität in der
Wahl von →Hochschulen zu ermöglichen, die internationale Wettbe-
werbsfähigkeit der Bildungseinrichtungen und die europaweite Beschäf-
tigungsfähigkeit der Absolventen zu
fördern sowie die Vergleichbarkeit
der Studienleistungen zu gewährleisten. Bis 2010 werden in diesem
Rahmen die bisherigen Abschlüsse
abgelöst und die dreistufige Studien-
struktur (→Bachelor, →Master und
→Promotion) wird für alle →Hoch-
schulen in den europäischen Staaten,
die die Erklärung unterschrieben haben, verbindlich eingeführt (vgl. Abschnitt II 1).

**Bundesausbildungsförderungs-
gesetz**
Das Bundesausbildungsförderungsgesetz (BAföG) regelt die staatliche
Unterstützung für die Ausbildung
von Schülern und →Studierenden in
DEUTSCHLAND. Leistungen nach dem
BAföG sind zu beantragen. Die Gewährung einer Förderung auf Basis
eines staatlichen Kredits richtet sich
nicht nach leistungsorientierten, sondern nach sozialen Kriterien und ist
daher abhängig von z. B. den eigenen
Einkünften, den Einkünften der Eltern bzw. des Ehepartners oder der
Anzahl der Geschwister. Die Leistungen müssen jährlich neu beantragt
werden, dabei sind dann zusätzlich
auch leistungsbezogene Komponen-

ten maßgeblich. Umgangssprachlich
werden die Leistungen als *BAföG* bezeichnet. Vergleichbare Regelungen
gibt es in ÖSTERREICH im →Studien-
förderungsgesetz (StudFG) und in der
SCHWEIZ in Form von Darlehen und
→Stipendien (vgl. Abschnitt III 2.2).

**c. t.**
→Akademisches Viertel

**Campus**
Der Campus (lat.; Feld) bezeichnet
das gesamte Gelände einer →Hoch-
schule.

**Cand.**
Mit cand. (lat. candidatus; Kandidat)
wird ein →Studierender oder →Pro-
movierender bezeichnet, der sich
kurz vor dem Abschluss seines
→Studiums oder seiner Promotion
befindet und somit für die Verleihung
des →akademischen Grades „kandi-
diert". Manchmal werden →Studie-
rende im Hauptstudium auch mit
cand. bezeichnet.

**Credit Point**
→Kreditpunkt

**CRUS**
→Rektorenkonferenz der Schweizer
Universitäten

**Curriculum**
Das Curriculum (lat.; Lauf) stellt den
Lehrplan eines →Studiengangs dar,
d. h. die →Lehrveranstaltungen, die
von den →Studierenden zur Erlangung des →Studienabschlusses zu
belegen sind. Manchmal werden auch
die Themen innerhalb einer →Lehr-
veranstaltung als Curriculum bezeichnet.

**DAAD**
→Deutscher Akademischer Austauschdienst

**Dekan**
Der Dekan ist meist ein auf Zeit für dieses Amt gewählter →Professor, der eine →Fakultät leitet und nach außen vertritt. Bei offiziellen Anlässen wird er mit „Eure Spektabilität" oder „Spectabilis" (lat.; ehrwürdig, ansehnlich) angesprochen. An vielen →Hochschulen ist diese Bezeichnung jedoch inzwischen ungebräuchlich (vgl. Abschnitt II 1).

**Dekanat**
Das Dekanat besteht aus dem →Dekan und einem oder mehreren →Prodekanen. Es stellt die zentrale Verwaltungseinheit innerhalb einer →Fakultät dar. Mitunter ist es auch für →Promotionen, in der SCHWEIZ auch für die Prüfungsangelegenheiten zuständig.

**Department**
→Fakultät

**Deutscher Akademischer Austauschdienst**
Der Deutsche Akademische Austauschdienst e. V. (*DAAD*) unterstützt →Studierende aus dem Ausland mit →Stipendien für den Aufenthalt in DEUTSCHLAND und bietet Austauschprogramme für deutsche →Studierende. Weiterhin fördert er auf Antrag Auslandsaufenthalte (→Auslandssemester, →Auslandsstudium) von →Studierenden zu Sprach- und Forschungszwecken (vgl. Abschnitte VI 7 und IX 10). In ÖSTERREICH hat der *Österreichische Austauschdienst (ÖAD)* und in der SCHWEIZ der

*Schweizerische Nationalfonds (SNF)* vergleichbare Aufgaben.

**Diplom**
Das Diplom ist ein →akademischer Grad, der von →Universitäten ohne Zusatz, von →Fachhochschulen mit dem Zusatz „FH" und von →Berufsakademien mit dem Zusatz „BA" nach bestandener Diplomprüfung vergeben wird. Die Diplom-Studiengänge werden zunehmend durch →Bachelor- bzw. →Master-Studiengänge abgelöst (vgl. Abschnitt II 3).

**Diploma Supplement**
Das Diploma Supplement (Ergänzung zum Zeugnis) ist eine detaillierte und standardisierte Information zu dem jeweiligen →Bachelor- bzw. →Master-Studiengang und den dort erworbenen Qualifikationen. Es schafft Transparenz und erleichtert die akademische und berufliche Anerkennung von Befähigungsnachweisen (vgl. Abschnitt II 5).

**Dissertation**
Unter einer Dissertation wird der Text verstanden, den ein →Promovierender in schriftlicher Form beim Promotionsausschuss einzureichen hat (→Promotion). Die Dissertation wird oftmals auch als *Doktorarbeit, Dissertationsschrift* oder *Promotionsschrift* bezeichnet.

**Dissertationsschrift**
→Dissertation

**Doktorand**
→Promovierender

**Doktorarbeit**
→Dissertation

**Doktoratskolleg**
→Graduiertenkolleg

**Doktorschule**
→Graduiertenkolleg

**Doppelstudium**
Bei einem Doppelstudium werden unabhängig voneinander zeitgleich zwei eigenständige Studiengänge mit jeweils eigenen Studienabschlüssen absolviert. Hiervon sind das →Aufbaustudium und das →Zweitstudium zu unterscheiden (vgl. Abschnitt IX 4).

**Dozent**
Ein Dozent (lat. docere; lehren) ist ein Wissenschaftler oder ein externer Experte, der eine →Lehrveranstaltung durchführt. Ein Dozent ist ein →Professor, →Juniorprofessor, →Privatdozent, →Lehrbeauftragter oder →wissenschaftlicher Mitarbeiter.

**ECTS**
→European Credit Transfer and Accumulation System

**Einschreibung**
Die Einschreibung an einer →Hochschule ist der Verwaltungsvorgang, durch den eine Person als →Studierender aufgenommen und damit Mitglied dieser →Hochschule wird. Die Einschreibung erfolgt nach Vorlage der notwendigen Unterlagen beim →Studierendensekretariat einer →Hochschule. Sie wird in DEUTSCHLAND und der SCHWEIZ auch als *Immatrikulation*, in ÖSTERREICH als *Zulassung zum Studium* und veraltet als *Inskription* bezeichnet.

**Emeritierung**
Die Emeritierung ist die altersbedingte Entpflichtung eines →Professors von der Wahrnehmung der Alltagsgeschäfte unter vollständiger Beibehaltung der akademischen Rechte. Eine Emeritierung ist nicht mit einer Pensionierung gleichzusetzen. Ein emeritierter →Professor ist im Gegensatz zu einem pensionierten →Professor weiterhin Mitglied der →Hochschule, darf →Lehrveranstaltungen abhalten, hat jedoch keinerlei Pflichten in →akademischer Selbstverwaltung und Forschung. Ein emeritierter Professor trägt den Titel Prof. em. (lat. emeritus; ausgedient).

**Erstsemester**
Als Erstsemester wird ein Studienanfänger, also ein →Studierender im ersten →Fachsemester, bezeichnet. In ÖSTERREICH werden Erstsemester auch als *Erstsemestrige* bezeichnet.

**Erstsemestrige**
→Erstsemester

**European Credit Transfer and Accumulation System**
Das European Credit Transfer and Accumulation System (*ECTS*) soll im Rahmen des →Bologna-Prozesses Studienleistungen an →Hochschulen des Europäischen Hochschulraumes vergleichbar machen. Dies wird durch den Erwerb von →Kreditpunkten gewährleistet (vgl. Abschnitt II 5).

**Evaluation**
Die Evaluation ist in der Regel die systematische Bewertung eines →Studienganges oder einer →Lehrveranstaltung an einer →Hochschule

mittels Evaluationskriterien. Hierbei werden u. a. die Qualität von Forschung und Lehre bewertet.

**Exmatrikulation**
Die Exmatrikulation ist die Beendigung des Status als →Studierender. Diese kann automatisch durch die →Hochschule erfolgen, wenn z. B. die →Studiengebühren nicht bezahlt werden (*Zwangsexmatrikulation*), oder auch vom →Studierenden selbst beantragt werden (vgl. Abschnitt VII 8.1).

**Fachbereich**
→Fakultät

**Fachbereichsrat**
→Fakultätsrat

**Fachgruppe**
→Fachschaft

**Fachhochschule**
Eine Fachhochschule bietet →Studiengänge mit hoher Praxisorientierung an. Als Zugangsberechtigung (→Hochschulzugangsberechtigung) reicht die fachgebundene Hochschulreife oder die Fachhochschulreife aus. Fachhochschulen werden mitunter als „Hochschule für Angewandte Wissenschaften" („University of Applied Sciences") bezeichnet (vgl. Abschnitt I 3.1).

**Fachschaft**
Die Fachschaft stellt in DEUTSCHLAND die Studierendenvertretung einer →Fakultät bzw. eines Fachs dar und setzt sich aus →Studierenden der jeweiligen →Fakultät bzw. des jeweiligen Fachs zusammen. Teilweise können in einer →Fakultät auch

mehrere Fachschaften existieren. In der SCHWEIZ wird die Fachschaft auch als *Fachverein* oder *Fachgruppe* bezeichnet, in ÖSTERREICH ist sie nur unter der Bezeichnung *Studienvertretung* bekannt.

**Fachsemester**
Als Fachsemester wird die Anzahl der →Semester bezeichnet, die ein →Studierender für einen →Studiengang eingeschrieben ist. Werden z. B. für längere →Praktika, Auslandsaufenthalte (→Auslandssemester) oder Kinderbetreuung →Urlaubssemester beantragt oder →Semester in einem anderen →Studiengang absolviert, zählen diese nicht als Fachsemester. Vom Fachsemester ist das →Hochschulsemester zu unterscheiden.

**Fachverein**
→Fachschaft

**Fakultät**
Die Fakultät ist eine Organisationseinheit innerhalb der →Hochschule. Die Fakultäten organisieren Forschung, Lehre und →Studium. An manchen →Hochschulen gibt es statt Fakultäten *Fachbereiche*. Teilweise werden die Fakultäten in Fachbereiche, teilweise in *Departments* untergliedert. Vor allem in ÖSTERREICH werden Fakultäten in *Institute*, in DEUTSCHLAND und der SCHWEIZ darüber hinaus mitunter auch in *Seminare* untergliedert.

**Fakultätsrat**
Der Fakultätsrat wählt den →Dekan und entscheidet in erster Linie über die Verwendung von Geld- und Sachmitteln, die →Prüfungsordnungen und personelle Fragen. Er setzt

sich aus →Professoren, →Studierenden, Mitarbeitern aus dem →akademischen Mittelbau und den weiteren Beschäftigten zusammen. Der Fakultätsrat wird auch als *Fachbereichsrat* bezeichnet.

## Fernfachhochschule

Die Fernfachhochschule ermöglicht ein →Fernstudium an einer →Fachhochschule, bei dem die Inhalte der →Lehrveranstaltungen im Wesentlichen auf dem Postweg und zunehmend mithilfe des Internet z. B. durch E-Learning (vgl. Abschnitt II 6.4) übermittelt werden.

## Fernleihe

Ist ein Buch oder ein Artikel aus einer Zeitschrift in der örtlichen →Bibliothek nicht vorhanden, kann eine kostenpflichtige Bestellung über die Fernleihe aus einer anderen →Bibliothek erfolgen (vgl. Abschnitt II 7.5).

## Fernstudium

Ein Fernstudium kann ortsunabhängig studiert werden und erfordert im Gegensatz zum →Präsenzstudium nur kurze Phasen der physischen Anwesenheit des →Studierenden auf dem →Campus (vgl. Abschnitt IX 2).

## Fernuniversität

Die Fernuniversität ermöglicht ein →Fernstudium an einer →Universität, bei dem die Inhalte der →Lehrveranstaltungen im Wesentlichen auf dem Postweg und zunehmend mithilfe des Internet z. B. durch E-Learning (vgl. Abschnitt II 6.4) übermittelt werden.

## Freischuss
→Freiversuch

## Freiversuch

Bei einem Freiversuch unterziehen sich →Studierende innerhalb der von der →Studienordnung vorgeschriebenen Mindeststudienzeit einer Prüfung. Das Ergebnis dieses Freiversuchs wird nur gewertet, wenn der →Studierende die Prüfung erfolgreich absolviert. Allerdings kann die Prüfung zur Verbesserung der Note wiederholt werden. Beim Nichtbestehen einer Prüfung wird diese behandelt, als habe die Prüfung nicht stattgefunden, und bringt keine Nachteile für den →Studierenden mit sich. Ein Freiversuch ist nur dann möglich, wenn die →Prüfungsordnung dies vorsieht. Der Freiversuch wird auch als *Freischuss* bezeichnet. Freiversuche gibt es in DEUTSCHLAND und an juristischen Fakultäten in der SCHWEIZ, in ÖSTERREICH sind sie unbekannt.

## Frühlingssemester
→Semester

## Gasthörer

Ein Gasthörer schreibt sich in der Regel nur aus persönlichem Interesse am Studienfach und nicht zum Erwerb eines →akademischen Grades an einer →Hochschule ein und bezahlt eine deutlich niedrigere Gebühr als die →Studiengebühren, um an →Vorlesungen und teilweise auch →Seminaren teilnehmen zu können. Ein Gasthörer benötigt keine →Hochschulzugangsberechtigung. Er kann jedoch auch keine Leistungsnachweise und somit keinen →Studienabschluss erwerben.

## Gastvortrag

In einem Gastvortrag hält ein →Dozent einer anderen →Hochschule oder aus der Praxis eine einzelne →Vorlesung oder referiert einmalig in einem →Seminar.

## Gesamthochschule

Die Gesamthochschule (GH) ist eine →Hochschule, die ein →Studium in „integrierten →Studiengängen" sowohl mit Abitur als auch mit fachgebundener Hochschulreife bzw. Fachhochschulreife (→Hochschulzugangsberechtigung) ermöglicht. Gesamthochschulen gibt es in DEUTSCHLAND derzeit nur in Nordrhein-Westfalen und in Hessen nur in Kassel. In ÖSTERREICH und der SCHWEIZ existieren diese nicht.

## Grad

→Akademischer Grad

## Graduiertenkolleg

Ein Graduiertenkolleg ist ein zeitlich befristetes, manchmal interdisziplinäres Forschungsprogramm zu einem übergreifenden Thema, das die →Promovierenden zur →Promotion führen und strukturell wie finanziell unterstützen soll. Ein Graduiertenkolleg wird auch als *Promotionskolleg, Doktoratskolleg* oder *Doktorschule* bezeichnet.

## h. c.

Im Regelfall steht h. c (lat. honoris causa; der Ehre halber) in Verbindung mit dem Doktortitel. Ein Doktor h. c ist ein ehrenhalber verliehener Doktortitel, d. h. ein z. B. für politisches oder soziales Engagement oder für besondere wissenschaftliche Verdienste, nicht aber aufgrund einer

wissenschaftlichen Qualifikationsschrift (→Dissertation) verliehener Titel.

## Habilitation

Die Habilitation ist anstelle der erst seit einigen Jahren in DEUTSCHLAND eingeführten →Juniorprofessur die übliche Voraussetzung für die →Berufung auf eine →Professur an einer →Universität. Die Habilitation besteht neben vielen weiteren Voraussetzungen im Wesentlichen aus einer Habilitationsschrift und einer mündlichen Habilitationsleistung in Form eines Probevortrags mit anschließender wissenschaftlicher Aussprache.

## Handout

Ein Handout (engl. to hand out; aushändigen) ist das Material, das in →Lehrveranstaltungen oder Konferenzen ausgegeben wird. Auf dem Handout befinden sich in der Regel die Gliederung des Vortrags, inhaltliche Stichpunkte sowie Literaturangaben. Ein Handout wird oft als *Thesenpapier, Tischvorlage* oder *Handreichung* bezeichnet, wobei diese andere Inhalte als ein Handout haben können.

## Handreichung

→ Handout

## Herbstsemester

→Semester

## Hilfskraft

Bei einer Hilfskraft (HiWi für Hilfswissenschaftler) werden sowohl *studentische* (ohne →Studienabschluss) als auch *wissenschaftliche* (mit →Studienabschluss) Hilfskräfte unterschieden, die mit zeitlich befristeten Verträgen an einem →Lehrstuhl arbeiten und →Professoren und deren →wissenschaftlichen Mitarbeiter in ihren Tätigkeiten unterstützen. Im Gegensatz zu →wissenschaftlichen Mitarbeitern müssen wissenschaftliche Hilfskräfte keinen Studienabschluss in dem Fach und dem Hochschultyp haben, an dem sie arbeiten.

### Hilfreiche Geister
Sie haben Sie – oder Sie haben Sie nicht! Hilfreiche Geister lassen sich nicht herbei beschwören. Sind sie da, lassen sie sich für diverse Tätigkeiten wie Bibliotheksgänge, Kopier- und Rechercheaufgaben oder auch Einkäufe heranziehen.

### Hochschule
Hochschule ist die umfassende Bezeichnung für eine Bildungseinrichtung des tertiären Bildungsbereichs. Hierzu gehören Bundeswehrhochschulen, →Fachhochschulen, →Gesamthochschulen, Handelshochschulen, Kirchliche Hochschulen, Kunst- und Musikhochschulen, Medizinische und Tierärztliche Hochschulen, →Pädagogische Hochschulen, private Hochschulen, →Technische Hochschulen, →Technische Universitäten, →Universitäten, Verwaltungshochschulen und Wirtschaftshochschulen (vgl. Abschnitt I 3.1). Die →Berufsakademien gehören streng genommen nicht zu den Hochschulen, werden aber aus pragmatischen Gründen in diesem Ratgeber darunter subsumiert.

### Hochschullehrer
Hochschullehrer ist in DEUTSCHLAND der Oberbegriff für →Professoren und →Juniorprofessoren. In Baden-Württemberg fallen auch →Dozenten unter diese Kategorie. In ÖSTERREICH ist diese Bezeichnung veraltet. In der SCHWEIZ ist wird die Bezeichnung selten verwendet und beinhaltet alle →Dozenten.

### Hochschulranking
→Ranking

### Hochschulrektorenkonferenz
Die Hochschulrektorenkonferenz (*HRK*) ist ein freiwilliger Zusammenschluss der →Hochschulen in DEUTSCHLAND, der diese in der Öffentlichkeit und der Politik vertritt. In ÖSTERREICH wird der Zusammenschluss als *Universitätenkonferenz*, in der SCHWEIZ als *Rektorenkonferenz der Schweizer Universitäten* (*CRUS*) bezeichnet.

### Hochschulsemester
Das Hochschulsemester gibt die Anzahl der seit der →Immatrikulation an der →Hochschule vergangenen →Semester an. Während →Urlaubssemester nicht als →Fachsemester gezählt werden, fließen diese jedoch in die Anzahl der Hochschulsemester ein.

### Hochschulzugangsberechtigung
Die Hochschulzugangsberechtigung bezeichnet das Abitur (in DEUTSCHLAND) bzw. die Matura (in ÖSTERREICH und der SCHWEIZ) für →Universitäten sowie die fachgebundene Hochschulreife und die Fachhochschulreife für →Fachhochschulen.

### Honorarprofessor
Ein Honorarprofessor ist ein nebenberuflicher →Hochschullehrer und wird aufgrund besonderer wissen-

schaftlicher Leistung außerhalb der →Hochschule, also ehrenhalber, bestellt. Er hält →Lehrveranstaltungen in geringem Pflichtumfang ab und ist weiterhin in seinem Beruf außerhalb der →Hochschule tätig. Er erhält in der Regel keine Vergütung für seine Lehrtätigkeit. Die Bezeichnung „Honorarprofessor" (lat. honoris causa; der Ehre halber), wird allerdings ohne den Zusatz →h. c. verwendet.

## HRK
→Hochschulrektorenkonferenz

## Immatrikulation
→Einschreibung

## Immatrikulationsamt
→Studierendensekretariat

## Inskription
→Einschreibung

## Institut
Ein Institut ist eine Lehr- oder Forschungseinrichtung, die einer →Hochschule angegliedert sein kann, aber nicht muss. In ÖSTERREICH werden hierunter auch Untergliederungen einer →Fakultät verstanden.

## Internationales Büro
→Akademisches Auslandsamt

## Juniorprofessor
Juniorprofessor ist in DEUTSCHLAND eine Dienstbezeichnung für einen Nachwuchswissenschaftler, der sich im Rahmen einer →Juniorprofessur zur Berufung auf eine →Professur qualifiziert. Nicht direkt damit vergleichbar ist der *Assistenzprofessor* in ÖSTERREICH und der SCHWEIZ, da

für die Berufung auf eine solche Stelle immer noch die →Habilitation notwendig ist.

## Juniorprofessur
Die Juniorprofessur wird in DEUTSCHLAND ab 2010 anstelle der →Habilitation die Regelvoraussetzung für die →Berufung auf eine →Professur an einer →Universität sein. Die →Habilitation wird auch danach als Qualifikation für eine →Professur an einer →Universität vollgültig anerkannt bleiben.

## Juniorstudium
→Schülerstudium

## Kanzler
Der Kanzler ist der Leiter der Verwaltung an einer DEUTSCHEN →Hochschule. Er ist Dienstvorgesetzter des nichtwissenschaftlichen und nichtkünstlerischen Personals. In ÖSTERREICH übernimmt der →Rektor diese Aufgaben, in der SCHWEIZ wird er als *Verwaltungsdirektor* bezeichnet.

## Kolloquium
Das Kolloquium (lat. colloquium; Besprechung, Gespräch) ist ein (regelmäßiges) Diskussionsforum von →Studierenden mit einem →Dozenten über wissenschaftliche Erfahrungen und Ergebnisse. Die Zielgruppe von Kolloquien sind meistens →Studierende, die kurz vor ihrem →Studienabschluss stehen oder promovieren. Auch ein wissenschaftlicher Vortrag mit Diskussion wird als Kolloquium bezeichnet. Teilweise bezeichnen Kolloquien auch mündliche Prüfungen.

## Kommentiertes Vorlesungsverzeichnis

Das kommentierte Vorlesungsverzeichnis ergänzt das →Vorlesungsverzeichnis durch eine kurze Beschreibung der →Lehrveranstaltungen.

## Kommilitone

Ein Kommilitone (lat. commilito; Kriegskamerad) ist ein Mitstudierender.

## Kreditpunkt

Die Kreditpunkte (*Credit Points*, CP) oder auch *Leistungspunkte* (LP) werden für einzelne →Module in →Bachelor- und →Master-Studiengängen vergeben und bewerten die jeweilige →Arbeitsbelastung. Ein Kreditpunkt entspricht ca. 25 bis 30 Stunden Zeitaufwand. Die Anwesenheit in →Lehrveranstaltungen wird dabei genauso einbezogen wie häusliche Vor- und Nachbereitung von →Lehrveranstaltungen sowie Prüfungsvorbereitungen (vgl. Abschnitt II 5).

## Lehrbeauftragter

Ein Lehrbeauftragter hält an einer →Hochschule →Lehrveranstaltungen ab. Er steht üblicherweise in keinem Beschäftigungsverhältnis mit dieser →Hochschule.

## Lehrstuhl

Der Lehrstuhl bezeichnet in DEUTSCHLAND und der SCHWEIZ die Planstelle eines →Professors und die Gesamtheit seiner Mitarbeiter. Jeder Lehrstuhlinhaber hat gleichzeitig auch eine →Professur. Umgangssprachlich werden mit Lehrstuhl auch die Räumlichkeiten bezeichnet, in denen der Professor und seine Mitarbeiter ihre Büros haben. In DEUTSCHLAND ist mit der Besoldung C4 bzw. W3 ein Lehrstuhl verbunden.

## Lehrveranstaltung

Eine Lehrveranstaltung bezeichnet eine Unterrichtseinheit an einer →Hochschule. Dies kann z. B. eine →Vorlesung, ein →Seminar, eine →Übung, ein →Tutorium oder ein →Praktikum sein (vgl. Abschnitt II 6).

## Lehrveranstaltungsfreie Zeit

→Vorlesungsfreie Zeit

## Leistungspunkt

→Kreditpunkt

## Lizentiat

→Magister Artium

## Magister Artium

Der Magister Artium (M. A.) ist in DEUTSCHLAND und ÖSTERREICH ein →akademischer Grad zumeist in den geisteswissenschaftlichen Fächern, der in der Regel zwei Hauptfächer oder ein Hauptfach und zwei Nebenfächer umfasst und bietet eine große Auswahl an Fächerkombinationen. In der SCHWEIZ war bislang das *Lizentiat* das Pendant zum Magister. Der Magister wird zunehmend durch den →Bachelor und den →Master abgelöst (vgl. Abschnitt II 3).

## Master

Die Mindestvoraussetzung für einen Master-Studiengang ist ein →Bachelor-Abschluss. Master-Studiengänge dauern zwei bis vier →Semester (vgl. Abschnitt II 3).

**Matrikelnummer**
Die Matrikelnummer identifiziert eindeutig alle →Studierenden, die an einer →Hochschule eingeschrieben sind. Die Matrikelnummer ist im →Studierendenausweis vermerkt. Prüfungsergebnisse werden aus Datenschutzgründen meist nur in Verbindung mit der Matrikelnummer bekannt gegeben.

**Mensa**
Die Mensa (lat.; Tisch, Tafel) ist eine meistens vom →Studierendenwerk betriebene Kantine, in der →Studierende und Hochschulmitarbeiter preisgünstig essen können (vgl. Abschnitt II 7.3).

**Mittelbau**
→Akademischer Mittelbau

**Mobilitätsstelle**
→Akademisches Auslandsamt

**Modul**
Ein Modul ist bei →Bachelor- und →Master-Studiengängen eine Lerneinheit, die aus mehreren →Lehrveranstaltungen zu einem Teilgebiet eines Studienfachs besteht und mit dem Erbringen prüfungsrelevanter Studienleistungen abschließt. Die einzelnen Module sind in einem →Modulhandbuch beschrieben (vgl. Abschnitt II 5).

**Modulhandbuch**
Im Modulhandbuch werden alle →Lehrveranstaltungen eines →Studiengangs ausführlich beschrieben und Hinweise zur Vorbereitung gegeben. Das Modulhandbuch ist die Grundlage für die →Akkreditierung eines →Studiengangs. Im Gegensatz

hierzu enthält das →kommentierte Vorlesungsverzeichnis nur die →Lehrveranstaltungen des aktuellen →Semesters (vgl. Abschnitt II 5).

**Nachdiplom-Studiengang**
→Aufbaustudium

**NN**
Der Eintrag NN oder N. N. (lat. nomen nominandum; noch zu nennender Name; bzw. lat. nomen nescio; den Namen weiß ich nicht) im →Vorlesungsverzeichnis bedeutet, dass der →Dozent, der Ort oder der Termin einer →Lehrveranstaltung noch nicht bekannt ist.

**Numerus clausus**
Der Numerus clausus (NC, N. c., lat.; geschlossene Zahl) ist eine Zulassungsgrenze, die über die Durchschnittsnote der →Hochschulzugangsberechtigung und die →Wartesemester bestimmt wird. Der Numerus clausus drückt aus, welche Note oder wie viele →Wartesemester zur Zulassung mindestens benötigt werden.

**Orientierungseinheit**
→Orientierungsphase

**Orientierungsphase**
Eine Orientierungsphase umfasst eine dem ersten →Semester vorangestellte Einführungswoche bzw. einzelne Einführungstage, die vorwiegend von fortgeschrittenen →Studierenden und teilweise auch von →Dozenten für →Erstsemester angeboten werden. Hier lernen →Erstsemester ihre zukünftigen →Kommilitonen, die →Hochschule und den Hochschulort

kennen und bekommen wertvolle Hinweise für den Aufbau und die Gestaltung ihres →Studiums in dem jeweiligen Studienfach (vgl. Abschnitt II 7.1). An manchen →Hochschulen dauert die Orientierungsphase mitunter mehrere Wochen. Oftmals wird die Orientierungsphase auch als *Orientierungseinheit* bezeichnet.

## ÖAD
→Österreichischer Austauschdienst

## Österreichische Hochschülerinnen- und Hochschülerschaft
→Studierendenparlament

## Österreichischer Austauschdienst
→Deutscher Akademischer Austauschdienst

## Pädagogische Hochschule
Eine Pädagogische Hochschule (PH) ist eine →Hochschule, die vornehmlich der Ausbildung von Grund-, Sonder-, Haupt- und Realschullehrern dient. Diese Hochschulform ist vor allem in ÖSTERREICH und in der SCHWEIZ vorzufinden. In DEUTSCHLAND existieren Pädagogische Hochschulen nur noch in Baden-Württemberg.

## Praktikum
Ein Praktikum (Pl. Praktika) ist eine →Lehrveranstaltung mit hohem Praxisbezug (z. B. Experimentalkurs in den Naturwissenschaften). Außerdem wird eine zeitlich befristete, unbezahlte bzw. gering entlohnte Tätigkeit in einem Unternehmen oder einer Institution als Praktikum bezeichnet. In diesem Fall dient das zumeist in der →vorlesungsfreien Zeit oder nach dem →Studienabschluss stattfindende Praktikum dem Erwerb von Berufs- oder Praxiserfahrung. Die Inhalte sind teilweise nachzuweisen. In einigen →Prüfungsordnungen wird ein Praktikum über eine festgelegte Zeit vorgeschrieben. Manchmal ist ein Praktikum auch Zulassungsvoraussetzung für Prüfungen (vgl. Abschnitt VI 5).

## Präsenzstudium
Ein Präsenzstudium erfordert im Gegensatz zum →Fernstudium die Anwesenheit des →Studierenden auf dem →Campus.

## Präsident
→Rektor

## Privatdozent
Ein Privatdozent (PD) ist ein zur Lehre verpflichteter, habilitierter (→Habilitation) Wissenschaftler, der noch keinen Ruf (→Berufung) angenommen und daher keine →Professur innehat.

## Prodekan
Ein Prodekan ist ein Stellvertreter des →Dekans. Ein Prodekan, der für die akademische Lehre zuständig ist, wird als *Studiendekan* bezeichnet.

## Professor
Professor (Prof.) ist die Berufsbezeichnung des Inhabers einer →Professur. Seine Dienstaufgabe besteht in der eigenverantwortlichen Durchführung von Forschung und Lehre sowie der Selbstverwaltung. Er ist berechtigt, Prüfungen abzunehmen. In ÖSTERREICH ist Professor auch ein Berufs- oder Ehrentitel ohne Bezug zur →Hochschule.

**Professur**
Eine Professur bezeichnet primär eine Funktion (→Professor) im Lehrkörper einer Hochschule. Die Professur ist vom →Lehrstuhl zu unterscheiden. In ÖSTERREICH wird unter einer Professur die Planstelle eines →Professors verstanden.

**Prokrastination**
Prokrastination (*Aufschieberitis*) ist die natürliche Konsequenz eines menschlichen Verhaltensmusters. Wir verschieben Dinge gern in der Hoffnung, dass sie sich dadurch von allein erledigen. Diese Hoffnung erfüllt sich in den wenigsten Fällen.

**Promotion**
Unter einer Promotion wird das gesamte Verfahren zur Erlangung des Doktortitels, also die →Dissertation, die mündliche Prüfung sowie die Publikation der →Dissertation, verstanden. Daher wird teilweise auch vom *Promotionsverfahren* gesprochen.

**Promotionskolleg**
→Graduiertenkolleg

**Promotionsschrift**
→Dissertation

**Promotionsstudent**
→Promovierender

**Promotionsverfahren**
→Promotion

**Promovend**
→Promovierender

**Promovierender**
Der Promovierende ist die Person, die mittels einer →Dissertation einen Doktortitel anstrebt. Häufig wird diese auch als *Doktorand, Promotionsstudent* oder *Promovend* bezeichnet.

**Propädeutikum**
Ein Propädeutikum (lat., Pl. Propädeutika; Vorkurs) ist eine Vorbereitung auf ein wissenschaftliches Gebiet zu Beginn des →Studiums. Häufig werden dort fachrelevante Grundlagen oder Methodenwissen vermittelt bzw. aufgefrischt. Teilweise findet eine Einführung in das wissenschaftliche Arbeiten statt.

**Prüfungsabteilung**
→Prüfungsamt

**Prüfungsamt**
Das Prüfungsamt ist die Abteilung der Hochschul- oder Fakultätsverwaltung, die für Prüfungsangelegenheiten der →Hochschule bzw. der jeweiligen →Fakultät zuständig ist. In Einzelfällen ist für einzelne →Studiengänge auch das →Dekanat zuständig. In ÖSTERREICH haben die vergleichbaren Stellen keine einheitliche Bezeichnung. In der SCHWEIZ werden diese Aufgaben durch das →Dekanat wahrgenommen. Teilweise bestehen auf Fakultätsebene sogar *Prüfungsabteilungen*.

**Prüfungsordnung**
Die Prüfungsordnung (PO) regelt den Verlauf des →Studiums und der Prüfungen. Sie kann durch die →Studienordnung ergänzt werden.

## Ranking

In Hochschulrankings wird die Qualität von →Hochschulen in Forschung und Lehre nach Fächern unterteilt vergleichend bewertet. Die Ergebnisse werden meist in Zeitschriften veröffentlicht. Diese Rankings sollen Studierwilligen die Wahl der für sie geeigneten →Hochschule erleichtern.

## Regelstudienzeit

In der Regelstudienzeit sollte gem. der →Prüfungsordnung der →Studienabschluss erreicht werden. Die Regelstudienzeit variiert je nach →Studiengang.

## Rektor

Der Rektor ist der oberste Repräsentant einer →Hochschule und Dienstvorgesetzter des wissenschaftlichen Personals. Teilweise wird auch die Anrede „Magnifizenz" (lat. magnificentia; Großartigkeit, Erhabenheit) verwendet. Der Rektor wird auch als *Präsident* bezeichnet.

## Rektorenkonferenz der Schweizer Universitäten

→Hochschulrektorenkonferenz

## Repetitorium

Das Repetitorium (lat. repetere; wiederholen) ist eine Lehrform, in der meist die für eine Prüfung (z. B. →Klausur) wichtigen Inhalte wiederholt werden. Neben von den →Hochschulen angebotenen Repetitorien gibt es insbesondere in Rechtswissenschaften und Medizin kostenpflichtige Repetitorien privater Anbieter, die in verschulter Form auf Abschlussprüfungen vorbereiten. In der SCHWEIZ wird ein Repetitorium teilweise auch als *Tutoriat* bezeichnet.

## Ringvorlesung

Bei einer Ringvorlesung wird jede →Vorlesung von einem anderen →Dozenten abgehalten. Häufig kommen die →Dozenten von einer anderen →Hochschule oder aus der freien Wirtschaft. Dabei wird das Thema der Ringvorlesung oft interdisziplinär aus unterschiedlichen Blickwinkeln beleuchtet. Daher wird besonders im →Studium Generale der Besuch von Ringvorlesungen empfohlen. Ringvorlesungen sind in der Regel öffentlich.

## Rückmeldung

Die Rückmeldung bedeutet, dass sich →Studierende rechtzeitig zum Ende der →Vorlesungszeit für das folgende →Semester beim →Studierendensekretariat melden. Dafür ist die Zahlung des →Semesterbeitrags und der →Studiengebühren nachzuweisen. Wird die Rückmeldung nicht fristgemäß vorgenommen, droht dem →Studierenden die →Exmatrikulation. Darüber hinaus wird unter Rückmeldung auch die Resonanz (Feedback) z. B. auf ein Referat bezeichnet.

## Ruf

→Berufung

## s. t.

→Akademisches Viertel

## Schülerstudium

Das Schülerstudium bietet in DEUTSCHLAND Schülern der gymnasialen Oberstufe die Möglichkeit, parallel zur Schule ein Studium zu be-

ginnen und Leistungsnachweise zu
erwerben. Die Leistungsnachweise
werden nach bestandenem Abitur für
das Studium angerechnet. Das Schülerstudium wird auch als *Juniorstudium* bezeichnet (vgl. Abschnitt IX 1).
In der SCHWEIZ laufen hierzu Pilotprojekte. In ÖSTERREICH gibt es kein
Schülerstudium.

**Schweizerischer Nationalfonds**
→Deutscher Akademischer Austauschdienst

**Selbstverwaltung**
→Akademische Selbstverwaltung

**Semester**
Ein Semester (lat. sex; sechs; lat.
mensis; Monat) ist die Bezeichnung
für einen Zeitraum von sechs Monaten. Der Zeitraum für das *Sommersemester* (SS oder SoSe) sind in
DEUTSCHLAND i. Allg. die Monate
April bis September, für das *Wintersemester* (WS) zumeist die Monate
Oktober bis März. Die Semesterzei-
ten an einzelnen →Hochschulen, insbesondere an →Fachhochschulen
und →Berufsakademien, können
hiervon abweichen. In ÖSTERREICH
beginnt das Studienjahr üblicherweise am 1. Oktober und ist in ein Win-
ter- und ein Sommersemester unterteilt, wobei die genaue Einteilung
durch die jeweilige →Hochschule erfolgt. In der SCHWEIZ gibt es ein
*Herbstsemester*, das von August bis
Januar, und ein *Frühlingssemester*,
das von Februar bis Juli dauert. Ein
Semester setzt sich länderunabhängig
aus →Vorlesungszeit und →vorle-
sungsfreier Zeit zusammen. Teilweise sind →Trimester vorzufinden.

**Semesterbeitrag**
Der Semesterbeitrag ist jedes →Se-
mester von den →Studierenden an
die →Hochschule zu zahlen. Er beinhaltet einen Verwaltungskostenbei-
trag sowie Sozialbeiträge für den
→Allgemeinen Studierendenausschuss (AStA) und das →Studieren-
denwerk. In DEUTSCHLAND ist darin
häufig auch ein →Semesterticket
enthalten. In der SCHWEIZ wird unter
dem Semesterbeitrag auch die →Stu-
diengebühr verstanden (vgl. Abschnitt III 1.2).

**Semesterferien**
→Vorlesungsfreie Zeit

**Semestergebühr**
→Studiengebühr

**Semesterticket**
Das Semesterticket berechtigt den
→Studierenden, den öffentlichen
Nahverkehr der jeweiligen Region zu
nutzen. In DEUTSCHLAND wird der
Nachweis in der Regel über den
→Studierendenausweis erbracht und
das Semesterticket zusammen mit
dem →Semesterbeitrag bezahlt (vgl.
Abschnitt III 1.2). In ÖSTERREICH
muss das Semesterticket beim jeweiligen Verkehrsbetrieb separat erworben werden. In der SCHWEIZ gibt es
kein Semesterticket, allerdings existieren teilweise ermäßigte Dauerfahr-
karten für alle Jugendlichen mit unterschiedlichen Altersgrenzen.

**Semesterwochenstunde**
Eine Semesterwochenstunde (*SWS*)
umfasst wöchentlich 45 Minuten in
der →Vorlesungszeit. →Lehrveran-
staltungen werden meist im wöchentlichen 90-Minuten-Rhythmus ange-

boten, was zwei Semesterwochenstunden entspricht.

## Seminar

Ein Seminar ist eine →Lehrveranstaltung, in der die Erarbeitung eines bestimmten Themas durch wissenschaftliche Diskussionen im Vordergrund steht (vgl. Abschnitt II 6.2). Die →Studierenden beteiligen sich mit eigenen Beiträgen, z. B. mit Referaten und schriftlichen Seminararbeiten. Teilweise wird in DEUTSCHLAND und der SCHWEIZ unter einem Seminar auch eine Untergliederung der →Fakultät verstanden.

## Skript

Ein Skript (lat. scriptum; Schrift, Abhandlung, auch Skriptum, Pl. Skripte, Skripten) ist das vom →Dozenten zu einer →Vorlesung angebotene begleitende Material bzw. die schriftliche Ausarbeitung einer →Vorlesung. Ein Skript wird häufig als →Kopiervorlage oder im Internet zum Download zur Verfügung gestellt. Teilweise wird es auch am →Lehrstuhl des →Professors verkauft.

## SNF

→Schweizerischer Nationalfonds

## Sommersemester

→Semester

## Sprachenzentrum

Ein Sprachenzentrum ist eine zentrale Einrichtung für Studierende zum in der Regel kostenfreien Erlernen und Vertiefen von Fremdsprachen. Es wird teilweise auch als *Sprachlabor* oder *Sprachlehrzentrum* bezeichnet. Für die meisten Kurse ist eine Anmeldung erforderlich (vgl. Abschnitt VI 2).

## Sprachlabor

→Sprachenzentrum

## Sprachlehrzentrum

→Sprachenzentrum

## Sprechstunde

Eine Sprechstunde ist die Zeit, in der ein →Professor oder →Dozent die Fragen von →Studierenden beantwortet. Für die meisten Sprechstunden ist eine vorherige Anmeldung erforderlich. Während die Sprechstunde im →Semester meist wöchentlich stattfindet, reduziert sich das Angebot in der →vorlesungsfreien Zeit auf wenige Termine.

## Staatsexamen

Das Staatsexamen bezeichnet eine staatliche Abschlussprüfung u. a. für Ärzte, Juristen und Lehrer.

## Stiftungshochschule

Eine Stiftungshochschule ist eine →Hochschule, die durch eine öffentlich-rechtliche oder eine private Stiftung getragen wird.

## Stiftungsuniversität

→Stiftungshochschule

## Stipendiat

Ein Stipendiat ist ein →Studierender oder →Promovierender, der ein →Stipendium erhält.

## Stipendium

Ein Stipendium ist ein regelmäßiger, meist monatlich von externen Geldgebern gezahlter Betrag zur Studienunterstützung, der nicht zurückgezahlt werden muss. Zur finanziellen kann eine ideelle Förderung hinzukommen (vgl. Abschnitt III 2.3).

**Student**
→Studierender

**Studentenausweis**
→Studierendenausweis

**Studentenparlament**
→Studierendenparlament

**Studentenrat**
→Allgemeiner Studierendenausschuss sowie →Studierendenparlament

**Studentensekretariat**
→Studierendensekretariat

**Studentenwerk**
→Studierendenwerk

**Studentische Hilfskraft**
→Hilfskraft

**StudFG**
→Studienförderungsgesetz

**Studienabschluss**
Der Studienabschluss ist der →akademische Grad, der nach dem erfolgreichen Abschluss eines →Studienganges verliehen wird.

**Studienassistenz**
Studienassistenz ist eine Person, die →Studierende mit Behinderung im →Studium unterstützt (vgl. Abschnitt IX 8). In ÖSTERREICH wird unter Studienassistenz auch ein →Tutor verstanden.

**Studienbeitrag**
→Studiengebühr

**Studienberatung**
→Zentrale Studienberatung

**Studienbuch**
Mit der →Einschreibung erhalten →Studierende an manchen →Hochschulen ein Studienbuch, in das die →Belegbögen für jedes Semester, erworbene Leistungsnachweise und ggf. eine Liste der belegten →Lehrveranstaltungen abgeheftet werden. Neue elektronische Studierendenverwaltungssysteme machen das Studienbuch häufig überflüssig. An vielen →Hochschulen ist es nicht mehr gebräuchlich. In ÖSTERREICH wird das Studienbuch auch als *Studienbuchblatt* bezeichnet.

**Studienbuchblatt**
→Studienbuch

**Studiendekan**
→Prodekan

**Studienförderungsgesetz**
Das Studienförderungsgesetz (*StudFG*) bietet finanziell schwächer gestellten →Studierenden in ÖSTERREICH eine Möglichkeit, ein Studium zu absolvieren (vgl. Abschnitt III 2.2).

**Studiengang**
Ein Studiengang bezeichnet die Lehrinhalte, die bei dem Studium eines wissenschaftlichen Fachs an einer →Hochschule vermittelt werden (vgl. Abschnitt II 3).

**Studiengebühr**
Die Studiengebühr ist der Beitrag, den →Studierende jedes →Semester entrichten müssen, um studieren zu dürfen. Die Höhe der Studiengebühr variiert in DEUTSCHLAND je nach Bundesland und →Hochschulform, teilweise wird sie von den Hochschulen individuell festgesetzt. Auch wird die Studiengebühr nicht flächendeckend erhoben. Bei nicht gezahlter Studiengebühr droht die →Exmatrikulation. In der SCHWEIZ variiert die Studiengebühr ebenfalls je nach Hochschule. In ÖSTERREICH ist die Studiengebühr einheitlich geregelt, in der SCHWEIZ ist die Höhe der Studiengebühr abhängig von der jeweiligen →Hochschule (vgl. Abschnitt III 1.2). In ÖSTERREICH wird die Studiengebühr als *Studienbeitrag*, in der SCHWEIZ auch als *Semesterbeitrag* oder *Semestergebühr* bezeichnet.

**Studienkredit**
Der Studienkredit ist in DEUTSCH-LAND ein Darlehen von einem Kreditinstitut, das es ermöglicht, ein →Studium zu finanzieren. Er muss erst nach →Studienabschluss zurückgezahlt werden (vgl. Abschnitt III 2.2). In ÖSTERREICH und der SCHWEIZ sind Studienkredite unbekannt.

**Studienordnung**
Die Studienordnung regelt detailliert den Inhalt und den Aufbau des →Studiums und ergänzt die →Prüfungsordnung.

**Studienplan**
Der Studienplan gibt Auskunft, in welchen →Semestern bzw. in welcher Reihenfolge bestimmte Studieninhalte wie →Seminare und →Vorlesungen belegt werden sollten. Mitunter wird auch der →Stundenplan als Studienplan bezeichnet.

**Studienplatz**
Jeder →Studiengang bietet eine bestimmte Anzahl an Studienplätzen, die sich nach den personellen, räumlichen und finanziellen Kapazitäten der →Hochschule richtet. Ein Studienplatz bezeichnet in diesem Sinne die Möglichkeit zur →Einschreibung in einen →Studiengang.

**Studienvertretung**
→Fachschaft

**Studierendenausschuss**
→Allgemeiner Studierendenausschuss

**Studierendenausweis**
Der Studierendenausweis dokumentiert den Status als →Studierender und kann zum Erhalt diverser Vergünstigungen (vgl. Abschnitt III 1.3) vorgelegt werden. In DEUTSCHLAND dient häufig der Studierendenausweis auch als Nachweis für die Benutzung des regionalen öffentlichen Nahverkehrs (→Semesterticket). Zusätzlich gibt es noch internationale Studierendenausweise, die allerdings nicht als →Semesterticket benutzt werden können. Der Studierendenausweis wird auch als *Studentenausweis* bezeichnet.

**Studierendenparlament**
Das Studierendenparlament oder *Studentenparlament* (StuPa, SP) ist das höchste beschlussfassende Wahlgremium aller eingeschriebenen →Studierenden an einer →Hochschule. Es

wählt und kontrolliert den →Allgemeinen Studierendenausschuss (AStA) und beschließt über dessen Satzung sowie den Haushalt der Studierendenschaft. Das Studierendenparlament wird auch als *Studentenrat* (SR) oder *Studierendenrat* (SR) bezeichnet. In ÖSTERREICH heißen diese Gremien *Studierendenvertretung* und *Österreichische Hochschülerinnen- und Hochschülerschaft* (*ÖH*). An den SCHWEIZER Hochschulen ist die studentische Mitbestimmung, die z. B durch den *Verband der Schweizer Studierendenschaften* (*VSS*) ausgeübt wird, nur schwach ausgeprägt. Entsprechend haben die *Studentenräte* meist nur beratende Funktion bzw. sie wählen die studentischen Vertreter in hochschulweite Kommissionen und Arbeitsgruppen.

## Studierendenrat
→Studierendenparlament

## Studierendensekretariat
Das Studierendensekretariat ist eine Abteilung der Hochschulverwaltung, die für die →Einschreibung und →Rückmeldung der →Studierenden, manchmal auch für die Studienberatung zuständig ist. Es wird auch als *Studentensekretariat* oder *Immatrikulationsamt* bezeichnet.

## Studierendenvertretung
→Studierendenparlament

## Studierendenwerk
Das Studierendenwerk fördert die →Studierenden sozial, wirtschaftlich und kulturell durch zahlreiche Beratungs- und Vermittlungsdienste. Außerdem werden Wohnheime (vgl.

Abschnitt II 7.2), →Mensen (vgl. Abschnitt II 7.3) und Cafeterien durch das Studierendenwerk betrieben (vgl. Abschnitt II 7.7). Häufig führt es auch die Bezeichnung *Studentenwerk*. Der Dachverband aller Studierendenwerke ist das Deutsche Studentenwerk (DSW). In ÖSTERREICH und der SCHWEIZ gibt es keine vergleichbare Organisation. Die Aufgaben werden meist durch mehrere Institutionen oder Vereine abgedeckt.

## Studierender
Ein Studierender ist eine Person, die für ein →Studium eingeschrieben ist. Häufig werden Studierende auch als *Studenten* bezeichnet.

## Studium
Ein Studium (lat. studere; sich bemühen, streben) ist die wissenschaftliche Ausbildung an einer →Hochschule. Das Studium besteht aus Lernen und Forschen auf wissenschaftlichem Niveau.

## Studium Fundamentale
→Studium Generale

## Studium Generale
Als Studium Generale wird der Besuch allgemeinbildender →Lehrveranstaltungen wie →Ringvorlesungen bezeichnet. Es gibt keinen →akademischen Grad für ein Studium Generale (vgl. Abschnitt VI 1). Teilweise wird ein Studium Generale auch als *Studium Fundamentale, Studium Integrale* oder *Studium Universale*, selten als →Schülerstudium bezeichnet.

## Studium Integrale
→Studium Generale

**Studium Universale**
→Studium Generale

**Stundenplan**
Der Stundenplan wird an →Universitäten anhand des Angebots aus dem →Vorlesungsverzeichnis und der Anforderungen der →Prüfungs- und →Studienordnung von jedem →Studierenden selbst erstellt. An →Berufsakademien und an →Fachhochschulen sowie in einigen universitären, verschulten →Studiengängen wird der Stundenplan meist zu großen Teilen verbindlich vorgegeben. Der Stundenplan wird mitunter auch als →Studienplan bezeichnet.

**SWS**
→Semesterwochenstunde

**Technische Hochschule**
→Technische Universität

**Technische Universität**
Die Technische Universität (TU) ist eine wissenschaftliche →Hochschule, deren Schwerpunkt auf den Natur- und Ingenieurwissenschaften liegt. Die Technischen Universitäten waren früher oftmals *Technische Hochschulen* (TH).

**Thesenpapier**
→Handout

**Tischvorlage**
→Handout

**Trimester**
Trimester (lat. tri; drei; lat. mensis; Monat) bedeutet die Einteilung des akademischen Jahres in vier jeweils drei Monate lange Abschnitte. Während diese Einteilung an manchen →Fachhochschulen und den Universitäten der Bundeswehr gängig ist, wird das akademische Jahr an →Universitäten in der Regel in →Semester eingeteilt.

**Tutor**
Ein Tutor ist ein →Studierender eines höheren →Semesters, der →Erstsemestern Tipps für die ersten Wochen gibt (→Orientierungsphase) oder →Studierenden in →Übungen Grundkenntnisse vermittelt. In ÖSTERREICH ist das →Unabhängige Tutoriumsprojekt maßgeblich für die Betreuung der →Erstsemester durch Tutoren verantwortlich. Die Leiter von →Tutorien, die →Lehrveranstaltungen unterstützen, werden in ÖSTERREICH als *Studienassistenz* bezeichnet.

**Tutoriat**
→Repetitorium

**Tutorium**
Ein Tutorium ist eine besondere Form der →Übung, die in der Regel von →Tutoren durchgeführt wird (vgl. Abschnitt II 6.3).

**Tutoriumsprojekt**
→Unabhängiges Tutoriumsprojekt

**Übung**
Eine Übung ist die Anwendung und Vertiefung von in →Vorlesungen und →Seminaren erworbenen theoretischen Kenntnissen. Durch aktive Beteiligung üben und vertiefen die →Studierenden Lerninhalte und bereiten sich so auf Leistungsnachweise vor (vgl. Abschnitt II 6.3).

## Unabhängiges Tutoriumsprojekt

Das Unabhängige Tutoriumsprojekt ist in ÖSTERREICH ein zentral koordiniertes Projekt der →Österreichischen Hochschülerinnen- und Hochschülerschaft (ÖH), das u. a. Erstsemester- bzw. Anfängertutorien organisiert. Durch zielorientierte Kurse für höhersemestrige →Studierende werden →Tutoren ausgebildet, die →Erstsemester in den ersten Tagen, Wochen und Monaten begleiten (vgl. Abschnitt II 7.1).

## Uni

→Universität

## Universität

Eine Universität (lat. universitas magistrorum et scholarium; Gesamtheit der Lehrenden und Lernenden) ist eine →Hochschule, welche die Wissenschaften in Forschung, Lehre, →Studium und Ausbildung vertritt. Eine Universität wird umgangssprachlich auch als *Uni* bezeichnet.

## Universitätenkonferenz

→Hochschulrektorenkonferenz

## Urlaubssemester

In einem Urlaubssemester können keine →Lehrveranstaltungen besucht werden. Dies macht es z. B. möglich, →Praktika zu absolvieren oder Kinder zu betreuen, ohne dass die Studienzeit auf die →Fachsemester angerechnet wird. In einem Urlaubssemester sind in der Regel keine →Studiengebühren zu zahlen. Auch dürfen keine Studien- und Prüfungsleistungen erbracht werden.

## Verband der Schweizer Studierendenschaften

→Studierendenparlament

## Verwaltungsdirektor

→Kanzler

## Vordiplom

Das Vordiplom ist die →Zwischenprüfung in →Diplom-Studiengängen. Diese ist notwendig, um zum Hauptstudium zugelassen zu werden.

## Vorlesung

In einer Vorlesung vermittelt ein →Dozent Wissen und Methoden in Form eines Vortrages. Je nach Studienfach sind Zwischen- oder Nachfragen i. Allg. erlaubt, aber meist keine längere Diskussionen. Eine Vorlesung wird deshalb oftmals durch →Übungen oder →Seminare ergänzt. Viele →Dozenten stellen ein →Skript zur Vorlesung zur Verfügung (vgl. Abschnitt II 6.1).

## Vorlesungsfreie Zeit

Die vorlesungsfreie Zeit ist der Teil eines →Semesters, in dem normalerweise keine →Lehrveranstaltungen stattfinden. Die vorlesungsfreie Zeit wird von →Studierenden z. B. zur Prüfungsvorbereitung und -durchführung, zum Schreiben von Seminar- und Abschlussarbeiten, zur Teilnahme an →Praktika und Sprachtrainings, zur Erholung oder zum Geldverdienen genutzt. Die vorlesungsfreie Zeit wird auch als *Semesterferien* bzw. in ÖSTERREICH als *lehrveranstaltungsfreie Zeit* bezeichnet.

**Vorlesungsverzeichnis**
Das Vorlesungsverzeichnis listet alle →Lehrveranstaltungen auf, die für die einzelnen →Studiengänge einer →Hochschule in einem →Semester relevant sind. Oftmals gibt es darüber hinaus ein →kommentiertes Vorlesungsverzeichnis für einzelne →Fakultäten oder →Studiengänge, in dem die einzelnen →Lehrveranstaltungen ausführlich dargestellt werden. Dabei wird i. Allg. eine kurze Zusammenfassung des Lehrinhaltes und der Prüfungsanforderungen gegeben. Das Vorlesungsverzeichnis erscheint häufig sowohl in Buchform als auch elektronisch, in ÖSTERREICH meist ausschließlich elektronisch.

**Vorlesungszeit**
Die Vorlesungszeit ist der Teil eines →Semesters, in dem →Lehrveranstaltungen stattfinden.

**VSS**
→Verband der Schweizer Studierendenschaften

**Wartesemester**
Das Wartesemester bezeichnet die Anzahl der →Semester, die seit dem Erwerb der →Hochschulzugangsberechtigung ohne →Einschreibung an einer →Hochschule vergangen sind. Wer bei einem →Studiengang mit einem →Numerus clausus nicht den erforderlichen Notenschnitt hat, kann durch Wartezeit den Anspruch auf einen Studienplatz erwerben.

**Wintersemester**
→Semester

**Wissenschaftliche Hilfskraft**
→Hilfskraft

**Wissenschaftlicher Mitarbeiter**
Ein wissenschaftlicher Mitarbeiter ist ein Angestellter oder Beamter, der nach einem absolvierten Hochschulstudium an der →Hochschule oder an einem Forschungsinstitut arbeitet.

**Workload**
→Arbeitsbelastung

**Zentrale Studienberatung**
Die Zentrale Studienberatung (vgl. Abschnitt II 7.7) berät Studieninteressierte hinsichtlich der Wahl eines für sie geeigneten Studienfachs (vgl. Abschnitt VII 7) und der dafür nötigen Voraussetzungen sowie →Studierende, die einen Hochschulwechsel (vgl. Abschnitt VII 6) bzw. einen Studienabbruch (vgl. Abschnitt VII 8.1) erwägen. Hier können Sie sich auch darüber informieren, welche Berufs- und Tätigkeitsfelder Ihnen nach dem →Studium offen stehen (vgl. Kapitel VIII). Die Zentrale Studienberatung wird in ÖSTERREICH als *Studienberatung* und in der SCHWEIZ als *Akademische Studien- und Berufsberatung* bezeichnet.

**Zentralstelle für die Vergabe von Studienplätzen**
Die in Dortmund ansässige Zentralstelle für die Vergabe von Studienplätzen (ZVS) vergibt in DEUTSCHLAND Studienplätze für das erste →Semester in bestimmten zulassungsbeschränkten →Studiengängen mit in der Regel hoher Bewerberzahl wie z. B. Jura und Medizin. Eine vergleichbare Einrichtung gibt es in ÖSTERREICH und der SCHWEIZ nicht.

**Zulassung zum Studium**
→Einschreibung

**Zwangsexmatrikulation**
→Exmatrikulation

**Zweitstudium**
Ein Zweitstudium ist ein weiteres →Studium, das nach erfolgreichem Abschluss eines ersten →Studiums aufgenommen wird. Dabei ist das Erststudium keine Voraussetzung zur Aufnahme des Zweitstudiums. Manche Berufe wie Mund-, Kiefer- und Gesichtschirurg erfordern den Abschluss von zwei →Studiengängen (vgl. Abschnitt VIII 3). Hiervon sind das →Aufbaustudium und das →Doppelstudium zu unterscheiden.

**Zwischenprüfung**
Eine Zwischenprüfung ist eine Prüfung während des →Studiums, um in den nächsten Studienabschnitt wechseln zu können. In →Diplom-Studiengängen ist das →Vordiplom eine Zwischenprüfung zum Wechsel vom Grund- in das Hauptstudium. Bei den →Magister- und Staatsexamens-Studiengängen (→Staatsexamen) muss ebenfalls eine Zwischenprüfung abgelegt werden. In den →Bachelor- und →Master-Studiengängen gibt es eine solche Zwischenprüfung nicht.

# B Autorenverzeichnis

Die im Folgenden in alphabetischer Reihenfolge genannten Autoren waren maßgeblich am Gelingen dieses Buches beteiligt. Sie stehen gerne für weitere Informationen zur Verfügung. Eine Zuordnung von Autoren und Abschnitten ist in Anhang C zu finden.

**Augustin, Frank, Master of Business Administration, Diplom-Kaufmann (FH)**
Köln-Mindener-Bahn 29, D-47608 Geldern
E-Mail: FrankAugustin@freenet.de

**Bauhoff, Hannah, Diplom-Designerin, Meisterschülerin**
Lachnerstr. 3e, D-22083 Hamburg
E-Mail: hb@hannahbauhoff.de

**Beneke, Frank, Prof. Dr.-Ing., Diplom-Ingenieur**
Fachhochschule Schmalkalden, Fachbereich Maschinenbau,
Produktentwicklung / Konstruktion, Blechhammer, D-98574 Schmalkalden
E-Mail: f.beneke@fh-sm.de

**Birk, Florian, Dr. rer. nat., Diplom-Wirtschaftsgeograf, Master of Public Administration**
Samtgemeinde Artland, Markt 1, D-49610 Quakenbrück
E-Mail: birk@artland.de

**Blume, Eva, Master of Arts, Bachelor of Arts**
Ruhr-Universität Bochum, Germanistisches Institut,
Universitätsstr. 150, D-44801 Bochum
E-Mail: Eva.Blume@ruhr-uni-bochum.de

**Blumenthal, Margot, Dr. phil., Magister Artium**
Postfach 60 51 70, D-22246 Hamburg
E-Mail: info@margotblumenthal.com

**Bode, Thomas, Diplom-Pflegewirt (FH)**
Breite Str. 73, D-16727 Velten
E-Mail: bode_co_art@yahoo.de

**Bohlinger, Sandra, PD Dr. phil., Magistra Artium**
Sokratous 13, GR-57001 Thessaloniki
E-Mail: Sandra.Bohlinger@cedefop.europa.eu

**Boniberger, Bernhard, Diplom-Ingenieur**
Mitscherlich & Partner, Sonnenstr. 33, D-80331 München
E-Mail: B.Boniberger@gmx.de

**Bonnes, Caroline, Diplom-Pädagogin**
Graebestr. 3, D-60488 Frankfurt am Main
E-Mail: CarolineBonnes@aol.com

**Bremer, Steffen, Master of Business Administration,**
**Diplom-Betriebswirt (FH)**
Friedensstr. 49, D-72224 Ebhausen
E-Mail: steffen.bremer@web.de

**Bründl, Monika Elisabeth, Dr. phil., Magistra Artium**
Gronsdorfer Str. 1a, D-85540 Haar
E-Mail: mbruendl@gmx.net

**Cacace, Mirella, Diplom-Volkswirtin**
Universität Bremen, Sonderforschungsbereich 597 „Staatlichkeit im Wandel",
Linzer Str. 9a, D-28359 Bremen
E-Mail: mirella.cacace@sfb597.uni-bremen.de

**Dalhaus, Eva, Diplom-Pädagogin**
Piusallee 141, D-48147 Münster
E-Mail: EvaDalhaus@web.de

**Dobnik, Christian, Bakk. rer. soc. oec.**
Hochschülerinnen- und Hochschülerschaft an der TU Graz
Rechbauerstr. 12, A-8010 Graz
E-Mail: christian.dobnik@htu.tugraz.at

**Eekhoff, Insa, Bachelor of Arts**
Kötnerholzweg 38, D-38451 Hannover
E-Mail: insa_eekhoff@web.de

**Eichenberg, Christiane, Dr. phil., Diplom-Psychologin**
Universität zu Köln, Institut für Klinische Psychologie und Psychologische
Diagnostik, Höninger Weg 115, D-50969 Köln
E-Mail: eichenberg@uni-koeln.de

**Einecke, Björn, Diplom-Pädagoge**
Johann Wolfgang Goethe-Universität Frankfurt, Fachbereich Erziehungswissen-
schaften, Institut für Pädagogik der Elementar- und Primarstufe, Fach 113,
Senckenberganlage 15, D-60054 Frankfurt am Main
E-Mail: ratgeber@bjoern-einecke.de

**Fenchel, Monika, Diplom-Kauffrau, Diplom-Wirtschaftspädagogin**
Kanzlerweg 50, D-75233 Niefern
E-Mail: monika-fenchel@t-online.de

**Fiedler, Rolf Georg, Dr. rer. med., Diplom-Psychologe**
Bergkamp 7, D-48351 Everswinkel
E-Mail: fiedler@uni-muenster.de

**Fischbach, Dirk, Prof. Dr. oec.,**
**Master of Business Administration (Indiana University)**
Hochschule Harz, Fachbereich Wirtschaftswissenschaften,
Friedrichstr. 57 - 59, D-38855 Wernigerode
E-Mail: nospam@prof-fischbach.de

**Fischbach, Heike, Diplom-Ökonom, Licence en Sciences Économiques**
Hochschule Harz, Friedrichstr. 57 - 59, D-38855 Wernigerode
E-Mail: heike.fischbach@gmx.net

**Fischer, Maik, Diplom-Kaufmann (FH), Master of Science**
Rehbergstr. 2, D-30173 Hannover
E-Mail: fischer_maik@gmx.de

**Gattermann-Kasper, Maike, Dr. rer. pol., Diplom-Kauffrau**
Präsidialverwaltung der Universität Hamburg, Koordinatorin für die Belange von
Studierenden mit Behinderung oder chronischer Erkrankung,
Von-Melle-Park 8, D-20146 Hamburg
E-Mail: Gattermann@erzwiss.uni-hamburg.de

**Gerhardt, Anke, Diplom-Soziologin**
Landesamt für Datenverarbeitung und Statistik NRW, Referat Privathaushalte,
Arbeitsmarkt, Postfach 10 11 05, D-40002 Düsseldorf
E-Mail: anke_gerhardt@arcor.de

**Giemsch, Peer, Diplom-Mathematiker**
Pro-Liberis gGmbH, Durlacher Allee 35, D-76131 Karlsruhe
E-Mail: peer@giemsch.de

**Giglmaier, Fabian**
Brehmweg 69, D-22527 Hamburg
E-Mail: fabi_gigi@hamburg.de

**Gildemeister, Benjamin**
Universität Hamburg, AStA, Von-Melle-Park 5, D-20146 Hamburg
E-Mail: b.gildemeister@gmail.com

**Gladitz, Uwe, Assessor iuris, Master of European Laws,**
**2. juristisches Staatsexamen**
E-Mail: Uwe.Gladitz@gmx.de

**Goßmann, Ulrike, Dr. des., Maîtrise en Lettres Modernes,**
**Master en Gestion et Marketing franco-allemand**
48, rue de Clignancourt, F-75018 Paris
E-Mail: ugossmann@club-internet.fr

**Grape, Jonny, Diplom-Betriebswirt, Master of Business Administration**
Langenrehm 23, D-22081 Hamburg
E-Mail: post@jonnygrape.de

**Gräske, Johannes, Diplom-Pflegewirt (FH)**
Florastr. 37, D-13187 Berlin
E-Mail: johannes.graeske@gmx.de

**Grotevent, Jan-Hendrik, Diplom-Geograf**
Raesfeldstr. 38, D-48149 Münster
E-Mail: jhghenne@gmx.de

**Haubitz, Martin, Dr.-Ing., Diplom-Ingenieur**
Adnetstr. 16, D-55276 Oppenheim
E-Mail: martin.haubitz@web.de

**Henze, Jonas**
Hinzehof 2, D-38533 Eickhorst
E-Mail: r.jonash@t-online.de

**Herden, Olaf, Prof. Dr.-Ing., Diplom-Informatiker**
Berufsakademie Stuttgart / Horb, Angewandte Informatik,
Florianstr. 15, D-72160 Horb / Neckar
E-Mail: o.herden@ba-horb.de

**Heß, Bettina**
Kipperweg 6, D-70569 Stuttgart
E-Mail: h_b_mail@arcor.de

**Heß, Sebastian, 2. juristisches Staatsexamen,**
**Maîtrise en Droit international (Université de Nice, Sophia Antipolis)**
Kipperweg 6, D-70569 Stuttgart
E-Mail: s_h_mail@arcor.de

**Hirsch, Lilia Monika, Dr. phil., Diplom-Pädagogin**
Kirchstr. 19, D-40227 Düsseldorf
E-Mail: lilia.hirsch@email.de

**Holländer, Karoline, Master of Business Administration, Bachelor of Science**
Technische Universität München, International Graduate School of Science and Engineering, Arcisstr. 21, D-80333 München
E-Mail: hollaender@zv.tum.de

**Holtkamp, Nikola, Master of Arts, Bachelor of Arts**
Lessingstr. 3, D-45468 Mülheim an der Ruhr
E-Mail: NikolaHoltkamp@gmx.de

**Hoppe, Christian, Diplom-Pädagoge**
Hans-Hemberger-Str. 127, D-63150 Heusenstamm
E-Mail: hoppe@em.uni-frankfurt.de

**Horstkotte, Martin, Dr. phil., Magister Artium**
Deutsche Nationalbibliothek, Deutscher Platz 1, D-04103 Leipzig
E-Mail: m.horstkotte@d-nb.de

**Hruska, Claudia, Dr. rer. nat., Diplom-Psychologin, Diplom-Sozialtherapeutin**
Raumerstr. 2, D-10437 Berlin
E-Mail: claudia.hruska@web.de

**Jäger, Reingard, Diplom-Betriebswirtin (BA)**
Hubertusbader Str. 43, D-14193 Berlin
E-Mail: r.hopf@freenet.de

**Jäger, Bettina, Magistra Artium**
Ulmenstr. 11, D-60325 Frankfurt am Main
E-Mail: jaebet@web.de

**Kaiser, Daniel Johannes, Dr. iur., 2. juristisches Staatsexamen**
Ruprecht-Karls-Universität Heidelberg, Zentrale Universitätsverwaltung D. 2.2, Seminarstr. 2, D-69117 Heidelberg
E-Mail: danieljohkaiser@aol.com

**Klein, Gudrun, Diplom-Psychologin**
Pädagogische Hochschule Weingarten, Pädagogische Psychologie, Kirchplatz 2, D-80250 Weingarten
E-Mail: klein@ph-weingarten.de

**Kohlhase, Claus, Dr. med., Medizinisches Staatsexamen**
Krefelder Str. 3, D-10555 Berlin
E-Mail: dr.c.kohlhase@web.de

**Kost, Jakob, Bachelor of Arts**
Universität Fribourg, Departement für Erziehungswissenschaften,
Rue P. A. de Faucigny 2, CH-1700 Fribourg
E-Mail: jakob.kost@unifr.ch

**Kruse, Susanne, Dr. rer. nat., Diplom-Biologin**
Medizinische Hochschule Hannover, OE 9117,
Carl-Neuberg-Str. 1, D-30625 Hannover
E-Mail: Kruse.Susanne@mh-hannover.de

**Küllertz, Daniela, Magistra Artium, Master of Arts**
Große Schlossgasse 1, D-06108 Halle
E-Mail: daniela_kuellertz@gmx.de

**Lauer, Jan-Hendrik, Magister Artium**
Am Springintgut 4, D-24335 Lüneburg
E-Mail: jan_Hendrik_Lauer@web.de

**Leiva, Sandra, Dr. disc. pol., Diplom-Soziologin**
Universidad Arturo Prat, Departamento de Ciencias Sociales,
Av. Arturo Prat 2120, Iquique, Chile
E-Mail: sandraleiva@web.de, sandra.leiva@unap.cl

**Lennartz, Judith**
Pulverteich 18, D-20099 Hamburg
E-Mail: JudithLennartz@gmx.de

**Lierse, Meike, Dr. P. H., Master of Public Health**
Beekestr. 88 G, D-30459 Hannover
E-Mail: meike.lierse@web.de

**Lohmann, Dieter, Diplom-Volkswirt**
Gustav-Adolf-Str. 13, D-65195 Wiesbaden
E-Mail: Dieter.Lohmann@t-online.de

**Manthey, Sabine, Dr.-Ing., Diplom-Geologin**
Universität Stuttgart, Fakultät für Bau- und Umweltingenieurwissenschaften,
Pfaffenwaldring 7, D-70569 Stuttgart
E-Mail: sabine.manthey@f02.uni-stuttgart.de

**Markewitz, Sandra, Dr. phil., Magistra Artium**
E-Mail: sandramarkewitz@yahoo.de

**Meichsner, Sylvia, Diplom-Soziologin**
University of London, Goldsmiths College, Sociology Department,
New Cross, London SE14 6NW, United Kingdom
E-Mail: s.meichsner@gold.ac.uk

**Merten, René, Magister der Verwaltungswissenschaften,
1. juristisches Staatsexamen**
Justus-Liebig-Universität Gießen, Fachbereich Rechtswissenschaft, Prüfungsamt,
Licher Str. 60, D-35394 Gießen
E-Mail: Rene.Merten@recht.uni-giessen.de

**Mietchen, Daniel, Dr. rer. nat., Diplom-Biophysiker**
Friedrich-Schiller-Universität Jena, Zentrum für Neuroimaging,
Jahnstr. 3, D-07743 Jena
E-Mail: daniel.mietchen@uni-jena.de

**Mohring, Siegrun, Master of Science, Diplom-Ingenieur (FH)**
Stiftung Tierärztliche Hochschule Hannover, Institut für Lebensmitteltoxikologie
und Chemische Analytik, Ferdinand-Wallbrecht-Str. 48, D-30163 Hannover
E-Mail: Siegrun@mohring.net

**Molitor, Eva, Dr. phil., 2. Staatsexamen**
Kattenstr. 18, D-63452 Hanau
E-Mail: eva.molitor@studierendenratgeber.de

**Mues, Christopher, Diplom-Mathematiker**
Weimarer Str. 16, D-10625 Berlin
E-Mail: post.mues@arcor.de

**Müller-Etienne, Daniel, Dr. jur., Master of Laws (New York University),
1. juristisches Staatsexamen**
Hengeler Mueller, Bockenheimer Landstr. 51, D-60325 Frankfurt am Main
E-Mail: Daniel.Mueller-Etienne@hengeler.com

**Neisz, geb. Schöneberger, Petra, Dr. sc. hum., Diplom-Biologin**
Josephinaplein 4, NL-6462 EM Kerkrade
E-Mail: lammas@gmx.de

**Noetzel, Melanie, Diplom-Kauffrau**
Flintsbacher Str. 3, 80686 München
E-Mail: melanie.noetzel@gmx.net

**Ochs, Andreas, Diplom-Betriebswirt (FH), Master of Tax and Auditing**
Altpforterstr. 30, D-56348 Weisel
E-Mail: Andreas.Ochs@gmx.de

**Peper, Elisabeth, Dr. rer. nat., 1. Staatsexamen, Diplom-Gesundheitslehrerin**
Harfenstr. 2a, D-97080 Würzburg
E-Mail: elisabeth.peper@studierendenratgeber.de

**Pippel, Nadine, Magistra Artium**
Lessingstr. 15, D-35390 Gießen
E-Mail: nadine.pippel@web.de

**Prutner, Wiebke, Staatsexamen Tiermedizin, Tierärztin**
Kestnerstr. 45, D-30159 Hannover
E-Mail: wiebke.prutner@tiho-hannover.de

**Rebenich, Benjamin, Bakkalaureus Artium**
Am Niederwald 29, D-64625 Bensheim
E-Mail: benjamin.rebenich@web.de

**Reichenbacher, Tumasch, Dr. rer. nat., Diplom-Geograf**
Nettie-Sutro-Str. 3, CH-8046 Zürich
E-Mail: tumasch.reichenbacher@geo.uzh.ch

**Rhode, Katharina, Magistra Artium**
Luxemburger Str. 30, D-13353 Berlin
E-Mail: katharina.rhode@gmx.de

**Richter, Margrit, Master of Science, Bachelor of Science**
Wilsonstr. 5, D-35392 Gießen
E-Mail: margrit.r@gmx.de

**Ruckdäschel, Christine, Licentiata Philosophiae**
Universität Fribourg, Departement für Erziehungswissenschaften,
Rue P. A. de Faucigny 2, CH-1700 Fribourg
E-Mail: christine.ruckdaeschel@unifr.ch

**Säfken, Christian, Diplom-Jurist**
Haupt Pharma AG, Pfaffenrieder Str. 5, D-82515 Wolfratshausen
E-Mail: anwalt@saefken.de

**Schmidt, Michaela, Diplom-Psychologin**
Technische Universität Darmstadt, Institut für Psychologie,
Alexanderstr. 10, D-64283 Darmstadt
E-Mail: mschmidt@psychologie.tu-darmstadt.de

**Schneider, Patricia, Dr. phil., Diplom-Politologin**
Institut für Friedensforschung und Sicherheitspolitik an der Universität Hamburg,
Beim Schlump 83, D-20144 Hamburg
E-Mail: patricia.schneider@studierendenratgeber.de

**Schneiders, Hanno**
Domstr. 64, D-50668 Köln
E-Mail: hanno.schneiders@gmx.de

**Schöneck, Nadine, Diplom-Sozialwissenschaftlerin**
Kemnader Str. 275c, D-44797 Bochum
E-Mail: nadine.schoeneck@fernuni-hagen.de

**Schraft, Matthias S., Dr. rer. pol., Diplom-Kaufmann,**
**Master of Business Administration**
W&W Wüstenrot & Württembergische, Gutenbergstr. 30, D-70176 Stuttgart
E-Mail: schraft@web.de

**Sieben, Christina, Master of Science, Bachelor of Arts**
Wartburgstr. 4, D-99094 Erfurt
E-Mail: christina.sieben@googlemail.com

**Stahn, Anne-Katrin**
Kietzstr. 25, D-15890 Eisenhüttenstadt
E-Mail: astahn@hotmail.de

**Stock, Steffen, Dr. rer. oec., Diplom-Kaufmann**
Heiler Str. 42, D-51647 Gummersbach
E-Mail: steffen.stock@studierendenratgeber.de

**Stoklas, Karlheinz, Diplom-Ingenieur, Diplom-Ingenieur (FH)**
Maueräckerstr. 38, D-75399 Unterreichenbach
E-Mail: stoklas@web.de

**Tesler, Ralf, Diplom-Sozialökonom, Diplom-Betriebswirt (FH)**
Fachhochschule für Ökonomie & Management, Studienzentrum Hamburg,
Holstenhofweg 85, D-22043 Hamburg
E-Mail: TeslerCampus@aol.com

**Thoma, Alexandra, Magistra Artium**
Goethe Institut e. V., Hauptstadtbüro, Neue Schönhauser Str. 20, D-10997 Berlin
E-Mail: xelabel@web.de

**Thomas, Jan, Magister Artium, 1. Staatsexamen**
Universität Wien, Lehrentwicklung, Porzellangasse 33a, A-1090 Wien
E-Mail: jan.thomas@univie.ac.at

**Toledo, Eva, Licenciada en Traducción e Interpretación**
Peter-Vischer-Str. 29, D-12157 Berlin
E-Mail: evatoledo@web.de

**Voigt, Susanne, Diplom-Politologin, Master of Peace and Security**
Mainzer Str. 12, D-12053 Berlin
E-Mail: voigt-susanne@web.de

**Volke, Beate, Dr. sc. agr., Diplom-Biologin**
Medizinische Hochschule Hannover, Carl-Neuberg-Str. 1, D-30625 Hannover
E-Mail: volke.beate@mh-hannover.de

**Weiß, Verena, Diplom-Pädagogin, 2. Staatsexamen**
Zeppelinstr. 40, D-70193 Stuttgart
E-Mail: verenabb@hotmail.com

**Wesener, Stefan, Dr. phil., Diplom-Pädagoge**
Vennstr. 2, D-40627 Düsseldorf
E-Mail: swesener@arcor.de

**Winter, Maria, Docteur de l'École des Hautes Études en Sciences Sociales, Magister Artium, 1. Staatsexamen, Diplôme d'Études Approfondies**
Karl-Marx-Str. 138, D-12043 Berlin
E-Mail: Maria.Winter@gmx.net

**Wojak, Norman, Assessor iuris**
Ruhr-Universität Bochum, Lehrstuhl für Öffentliches Recht, Rechtsphilosophie und Rechtssoziologie, Universitätsstr. 150, D-44801 Bochum
E-Mail: norman.k.wojak@rub.de

**Wolf, Simon, Magister Artium**
Eberhard Karls Universität Tübingen, Seminar für Allgemeine Rhetorik, Riedstr. 26, D-72070 Tübingen
E-Mail: simon.wolf@uni-tuebingen.de

**Wolff, Monika, Dr. rer. nat., Diplom-Psychologin**
Raumerstr. 36, D-10437 Berlin
E-Mail: wolff@morgenfangichan.de

# C  Autorenzuordnung

Bei einem redaktionell überarbeiteten Mehrautorenwerk ist es schwierig, eindeutige Autoren festzulegen. Einige Textbausteine wurden während des Integrationsschrittes zur besseren Verständlichkeit verschoben, in verschiedene Abschnitte aufgeteilt oder modifiziert. Die folgende Zuordnung nennt deshalb die Hauptverantwortlichen der jeweiligen Abschnitte. Die Namen der Autoren werden alphabetisch aufgeführt.
Die Erfahrungsberichte in den Abschnitten I 3.2 und VII 8.2 sowie im Kapitel X sind im Folgenden nicht mehr aufgeführt, da diese einzeln namentlich gekennzeichnet sind.

## Kapitel I: Studienbeginn

| | | |
|---|---|---|
| 1 | Selbsteinschätzung | F. Beneke, I. Eekhoff, A. Gerhardt, S. Stock |
| 2 | Unterschied zur Schule und Ausbildung | R. Jäger, S. Markewitz |
| 3 | Hochschulformen | |
| | 3.1  Allgemeines | R. Jäger, S. Stock |
| 4 | Checklisten für Studienanfänger | M. Haubitz, A.-K. Stahn |
| 5 | Studiensituation im statistischen Überblick | A. Gerhardt, S. Stock |

## Kapitel II: Rahmenbedingungen

| | | |
|---|---|---|
| 1 | Hochschulpolitische Rahmenbedingungen | D. Kaiser, A. Ochs, C. Ruckdäschel |
| 2 | Persönliches und gesellschaftliches Umfeld | M. Haubitz, D. Küllertz |
| 3 | Studienabschlüsse im Überblick | A. Gerhardt, D. Kaiser, S. Stock |
| 4 | Formale Voraussetzungen | C. Dobnik, A. Gerhardt, D. Kaiser, A. Ochs, C. Ruckdäschel, S. Stock |
| 5 | Studienaufbau und Studiengestaltung | I. Eekhoff, D. Küllertz, P. Schneider, S. Stock, B. Volke |

2    Finanzierungsquellen

| | | |
|---|---|---|
| 2.1 | Ausbildungsunterhalt durch Eltern | J. Kost, A. Ochs, A.-K. Stahn |
| 2.2 | Staatliche Förderung, Kredite und Sozialleistungen | T. Bode, C. Dobnik, J. Gräske, J. Kost |
| 2.3 | Stipendien | T. Bode, C. Dobnik, J. Gräske, L. Hirsch, J. Kost, S. Meichsner |
| 2.4 | Bezahlte Tätigkeiten | |
| 2.4.1 | Hauptberufliche Beschäftigung | R. Jäger, A.-K. Stahn |
| 2.4.2 | Nebentätigkeit | T. Bode, P. Giemsch, J. Gräske, B. Jäger, N. Pippel, A.-K. Stahn |

**Kapitel IV: Planung und Organisation**

| | | |
|---|---|---|
| 1 | Projektmanagement | M. Lierse, S. Stock, R. Tesler |
| 2 | Arbeitsplatzorganisation | U. Gladitz, M. Haubitz, E. Molitor |
| 3 | Zeitmanagement | E. Molitor, N. Schöneck |

**Kapitel V: Studienarbeiten, Referate, Prüfungen**

| | | |
|---|---|---|
| 1 | Lesen im Studium | E. Molitor, P. Schneider |
| 2 | Leistungsnachweise | E. Molitor, P. Schneider |
| 3 | Schreiben im Studium: Von der Seminararbeit zur Abschlussarbeit | E. Molitor, P. Schneider |
| 4 | Schreiben im Studium: Die technische Seite | E. Molitor, P. Schneider |

Kapitel V ist eine Zusammenfassung aus Stock / Schneider / Peper / Molitor 2009a.

**Kapitel VI: Zusatzqualifikationen**

| 1 | Studium Generale | J.-H. Grotevent, R. Merten, P. Neisz |
|---|---|---|
| 2 | Fremdsprachen | E. Dalhaus, J. Henze, J. Lennartz, M. Noetzel |
| 3 | Computerkurse | M. Bründl |
| 4 | Rhetorikkurse | F. Birk, E. Dalhaus, P. Neisz, S. Wolf |
| 5 | Praktika | F. Beneke, C. Bonnes, M. Bründl, E. Dalhaus |
| 6 | Sommeruniversität | J. Henze, J. Lennartz |
| 7 | Auslandssemester | H. Fischbach, M. Horstkotte, S. Meichsner, M. Richter |

**Kapitel VII: Krisenbewältigung**

| 1 | Motivationsschwierigkeiten | S. Bohlinger, R. Fiedler, C. Hruska, E. Peper, M. Wolff |
|---|---|---|
| 2 | Stress | S. Bohlinger, C. Hruska, C. Mues, M. Schmidt, S. Wesener |
| 3 | Ängste | S. Bohlinger, C. Kohlhase, E. Peper, B. Rebenich, M. Schmidt, S. Wesener |
| 4 | Mobbing | C. Eichenberg, G. Klein, C. Säfken, M. Schmidt |
| 5 | Gesundheitliche Probleme | M. Gattermann-Kasper, C. Hruska, E. Peper, S. Wesener, M. Winter |
| 6 | Studienortswechsel | C. Dobnik, U. Gladitz, C. Ruckdäschel |
| 7 | Studienfachwechsel | M. Blumenthal, D. Küllertz, S. Markewitz |
| 8 | Studienabbruch | |
| 8.1 | Allgemeines | M. Blumenthal, E. Dalhaus, D. Lohmann |
| 8.3 | Prominente Studienabbrecher | E. Molitor, S. Stock |

## Kapitel VIII: Studium und was dann?

| | | |
|---|---|---|
| 1 | Praktikum | F. Birk, J. Grape |
| 2 | Beruf | F. Augustin, H. Bauhoff, M. Fischer, J. Grape |
| 3 | Weiteres Studium | F. Augustin, F. Birk, E. Blume, M. Fischer, L. Hirsch, A. Ochs, M. Richter, K. Stoklas |
| 4 | Promotion | F. Augustin, M. Bründl, C. Hruska, S. Manthey, E. Molitor, E. Peper, P. Schneider, S. Stock |
| 5 | Wissenschaftliche Laufbahnplanung | K. Holländer, C. Hruska, S. Kruse, S. Manthey |

## Kapitel IX: Besondere Situationen

| | | |
|---|---|---|
| 1 | Schülerstudium | J. Grape, D. Mietchen |
| 2 | Fernstudium | C. Dobnik, B. Heß, L. Hirsch |
| 3 | Online-Studium | L. Hirsch, P. Schneider |
| 4 | Doppelstudium | C. Hruska, D. Mietchen |
| 5 | Studium auf dem Zweiten Bildungsweg | J. Grape, S. Meichsner |
| 6 | Studium mit Kind | M. Fenchel, P. Giemsch, C. Hruska, C. Ruckdäschel |
| 7 | Studium im fortgeschrittenen Alter | M. Fenchel, J. Grape, B. Jäger |
| 8 | Studium mit Behinderung | B. Einecke, M. Gattermann-Kasper, D. Kaiser, D. Lohmann |
| 9 | Studium mit ausländischem Schulabschluss | H. Fischbach, S. Leiva, E. Toledo |
| 10 | Studienabschluss im Ausland | H. Fischbach, U. Goßmann, S. Heß |

## Anhang

A   Wichtige Begriffe an der                    E. Molitor, E. Peper, P. Schneider, S. Stock
     Hochschule

Für Hinweise zu Anhang A (Wichtige Begriffe an der Hochschule) bedanken wir uns insbesondere bei Christian Dobnik (Graz), Dr. techn. Wolfgang Eppenschwandtner (Wien), Thomas König (Wien), Christine Ruckdäschel (Fribourg), Christian Seidl (Zürich), Dr. rer. nat. Tumasch Reichenbacher (Zürich) und Dr. phil. Harald Völker (Zürich).

# D  Abkürzungsverzeichnis

| | |
|---|---|
| ABGB | Allgemeines bürgerliches Gesetzbuch (www.ibiblio.org/ais/abgb1.htm) |
| BA | Berufsakademie |
| BAföG | Bundesausbildungsförderungsgesetz (www.bafoeg.bmbf.de/de/204.php) |
| BFH | Bundesfinanzhof (www.bundesfinanzhof.de) |
| BFS | Bundesamt für Statistik (www.bfs.admin.ch) |
| BGB | Bürgerliches Gesetzbuch (bundesrecht.juris.de/bgb) |
| BIBB | Bundesinstitut für Berufsbildung (www.bibb.de) |
| BMBF | Bundesministerium für Bildung und Forschung (www.bmbf.de) |
| BMF | Bundesministerium der Finanzen (www.bundesfinanzministerium.de) |
| BMG | Bundesministerium für Gesundheit (www.bmg.bund.de) |
| BStBl. | Bundessteuerblatt (www.bstbl.de) |
| BVerfG | Bundesverfassungsgericht (www.bundesverfassungsgericht.de) |
| DAAD | Deutscher Akademischer Austauschdienst (www.daad.de) |
| DSW | Deutsches Studentenwerk (www.studentenwerk.de) |
| ECTS | European Credit Transfer and Accumulation System (ec.europa.eu/education/programmes/socrates/ects) |
| ENIC | European Network of Information Centres (www.enic-naric.net) |
| EStG | Einkommensteuergesetz (bundesrecht.juris.de/estg bzw. www.steuerberater.at/gesetze/estg) |
| FHT | Fachhochschule für Technik |
| FIBAA | Foundation for International Business Administration Accreditation (www.fibaa.de) |
| FS | Frühlingssemester |
| FU | Freie Universität |
| GEW | Gewerkschaft für Erziehung und Wissenschaft (www.gew.de) |

| | |
|---|---|
| GG | Grundgesetz (bundesrecht.juris.de/gg) |
| HRG | Hochschulrahmengesetz (bundesrecht.juris.de/hrg) |
| HRK | Hochschulrektorenkonferenz (www.hrk.de) |
| HS | Herbstsemester |
| KH | Kunsthochschule |
| KMK | Kultusministerkonferenz (www.kmk.org) |
| lat. | lateinisch |
| NARIC | Network of national academic recognition information centres (www.enic-naric.net) |
| NC | Numerus clausus |
| ÖH | Österreichische Hochschülerinnen- und Hochschülerschaft (www.oeh.at) |
| SGB | Sozialgesetzbuch (sozialgesetzbuch.de/gesetze) |
| SS | Sommersemester |
| StudFG | Studienförderungsgesetz (www.stipendium.at/stbh/studienfoerderung/studfg) |
| SWS | Semesterwochenstunde |
| Tarifini | Bundesweite Tarifvereinigungsinitiative der Studentischen Beschäftigten (www.tarifini.de) |
| TiHo | Stiftung Tierärztliche Hochschule |
| TzBfG | Teilzeit- und Befristungsgesetz (bundesrecht.juris.de/tzbfg) |
| U | Universität |
| UG | Universitätsgesetz 2002 (www.bmwf.gv.at/uploads/media/0oehs_ug02.pdf) |
| VfGH | Verfassungsgerichtshof (ris.bka.gv.at/vfgh) |
| WS | Wintersemester |
| ZAB | Zentralstelle für ausländisches Bildungswesen (www.kmk.org) |
| ZGB | Zivilgesetzbuch (www.admin.ch/ch/d/sr/2/210.de.pdf) |
| ZSPB | Zentrum für Studienberatung und Psychologische Beratung der Universität Hamburg (www.verwaltung.uni-hamburg.de/studienberatung) |
| ZVS | Zentralstelle für die Vergabe von Studienplätzen (www.zvs.de) |

# E  Literaturverzeichnis

*Arnold et al. 2004*
Arnold, Patricia; Kilian, Lars; Thillosen, Anne; Zimmer, Gerhard (Hrsg.): E-Learning. Handbuch für Hochschulen und Bildungszentren. Didaktik, Organisation, Qualität. Nürnberg 2004.

*Auhagen / Bierhoff 2003*
Auhagen, Ann; Bierhoff Hans (Hrsg.): Angewandte Sozialpsychologie. Weinheim 2003.

*Bargel et al. 2005*
Bargel, Tino; Multrus, Frank; Ramm, Michael: Studiensituation und studentische Orientierungen. 9. Studierendensurvey an Universitäten und Fachhochschulen. Http://www.bmbf.de/pub/studiensituation_und_studentische_orientierungen_2005.pdf, 2005, Abruf am 19. September 2008.

*Bartsch et al. 2005*
Bartsch, Tim-Christian; Hoppmann, Michael; Rex, Bernd; Vergeest, Markus: Trainingsbuch Rhetorik. Paderborn 2005.

*BFS 2007*
BFS (Hrsg.): Fachbereichsgruppe des Hochschulsystems. Http://www.mediastat.admin.ch/pdf/FachbereichsgruppeHS_de.pdf, 2007, Abruf am 19. September 2008.

*BFS 2008a*
BFS (Hrsg.): Abschlüsse der Fachhochschulen 2007. Neuchâtel 2008. Http://www.bfs.admin.ch/bfs/portal/de/index/news/
publikationen.Document.110965.pdf, Abruf am 19. September 2008.

*BFS 2008b*
BFS (Hrsg.): Abschlüsse der universitären Hochschulen 2007. Neuchâtel 2008. Http://www.bfs.admin.ch/bfs/portal/de/index/news/
publikationen.Document.111217.pdf, Abruf am 19. September 2008.

*BIBB 2000*
BIBB (Hrsg.): Referenz-Betriebs-System. Vermittlung und Förderung von Zusatzqualifikationen. Nr. 16 Teil II. Http://www.bibb.de/dokumente/pdf/a1_rbs_info16-2.pdf, 2000, Abruf am 19. September 2008.

*Blankertz 2004*
Blankertz, Stefan: Wenn der Chef das Problem ist. Leitfaden zur Lösungsfindung. Essen 2004.

*BMBF 2007*
BMBF (Hrsg.): Die wirtschaftliche und soziale Lage der Studierenden in der Bundesrepublik Deutschland 2006. 18. Sozialerhebung des Deutschen Studentenwerks durchgeführt durch HIS Hochschul-Informations-System. Http://www.bmbf.de/pub/
wsldsl_2006.pdf, 2007, Abruf am 19. September 2008.

*BMG 2008*
BMG (Hrsg.): Ratgeber zur neuen Gesundheitsversicherung. 4. Aufl. 2008. Http://www.bmg.bund.de/cln_110/nn_1168248/SharedDocs/Publikationen/DE/ Gesundheit/BMG-G-07031,templateId=raw,property=publicationFile.pdf/ BMG-G-07031.pdf, Abruf am 19. September 2008.

*Böhme 2001*
Böhme, Günther: Studium im Alter. Handbuch Bildung im Dritten Lebensalter. Frankfurt am Main 2001.

*Brenner / Brenner 2004*
Brenner, Doris; Brenner, Frank: Karrierefaktor Self Assessment. Das Trainingsprogramm. Die wichtigsten Übungen – die besten Lösungen. Berlin 2004.

*Burton o. J.*
Burton, Gideon: Silva Rhetoricae. The Forest of Rhetoric. Http://humanities.byu.edu/ rhetoric, o. J., Abruf am 19. September 2008.

*Chevalier 2005*
Chevalier, Brigitte: Effektiver lernen. Mehr Textverständnis. Bessere Arbeitsorganisation. Prüfungen erfolgreich bestehen. 7. Aufl. Frankfurt am Main 2005.

*Csikszentmihalyi 2008*
Csikszentmihalyi, Mihaly: Das Flow-Erlebnis. Jenseits von Angst und Langeweile: Im Tun aufgehen. 10. Aufl. Stuttgart 2008.

*Davidovits 2004*
Davidovits, Daniela: Matura, was jetzt? Vom Schulabschluss bis zum ersten Job. Wien 2004.

*Deutsch / Gäbler 2006*
Deutsch, Tobias; Gäbler, Ira: BISS. Befragung Internationaler Studierender zur Studiensituation. Http://www.uni-leipzig.de/~akadem/Downloads/Broschueren/ BISS_intern_stud.pdf, 2006, Abruf am 19. September 2008.

*DIN 1987*
DIN (Hrsg.): Projektwirtschaft. Projektmanagement. Begriffe. DIN 69901. Berlin 1987.

*Dörner / Plog 2007*
Dörner, Klaus; Plog, Ursula: Irren ist menschlich. Lehrbuch der Psychiatrie, Psychotherapie. 3. Aufl. Bonn 2007.

*DSW 2005*
DSW (Hrsg.): Studium und Behinderung. Praktische Tipps und Informationen für Studierende und Studieninteressierte mit Behinderung und chronischer Krankheit. 6. Aufl. Berlin 2005. Http://www.studentenwerk.de/pdf/Broschuere_Studium_und_ Behinderung_Gesamt_2006.pdf, Abruf am 19. September 2008.

*Eichenberg et al. 2009*
Eichenberg, Christiane; Klein, Gudrun; Säfken, Christian: Krisenbewältigung. Mobbing. In: Stock / Schneider / Peper / Molitor 2009b, 157 - 160.

*Esser 2003*
Esser, Axel: Mobbing. In: Auhagen / Bierhoff 2003, 394 - 408.

*Fellenberg / Hannover 2006*
Fellenberg, Franziska; Hannover, Bettina: Kaum begonnen, schon zerronnen? Psychologische Ursachenfaktoren für die Neigung von Studienanfängern, das Studium abzubrechen oder das Fach zu wechseln. In: Empirische Pädagogik 20 (2006) 4, 381 - 399.

*FIBAA 2004*
FIBAA (Hrsg.): ECTS als System zur Anrechnung, Übertragung und Akkumulation von Studienleistungen. Http://www.fibaa.de/dokumente/progdokumente/HRK-ECTS-als-System-zur-Anrechung-Uebertragung-und-Akkumulierung-von-Studienleistungen.pdf, 2004, Abruf am 19. September 2008.

*Filipp 1995*
Filipp, Sigrun-Heide (Hrsg.): Kritische Lebensereignisse. 3. Aufl. München 1995.

*Fischer / Riedesser 2003*
Fischer, Gottfried; Riedesser, Peter: Lehrbuch der Psychotraumatologie. 3. Aufl. München 2003.

*Gerth 2007*
Gerth, Steffen: Schweineteuer?! Was ein Studium kostet und wie man es clever finanziert. Nürnberg 2007.

*GEW 2005*
GEW (Hrsg.): Man muss es sich leisten können ... Studentische Hilfskräfte. Wer sie sind. Wie sie arbeiten. Was sie wollen. Eine empirische Studie. Http://www.gew-hessen.de/uploads/mit_download/Hiwistudie_Marburg2004.pdf, 2005, Abruf am 19. September 2008.

*Goleman 2007*
Goleman, Daniel: Emotionale Intelligenz, EQ. 19. Aufl. München 2007.

*Hatzelmann / Held 2005*
Hatzelmann, Elmar; Held, Martin: Zeitkompetenz: Die Zeit für sich gewinnen. Übungen und Anregungen für den Weg zum Zeitwohlstand. Weinheim, Basel 2005.

*Heckhausen 1989*
Heckhausen, Heinz: Motivation und Handeln. 2. Aufl. Berlin et al. 1989.

*Heinen / Horndasch 2007*
Heinen, Nicolaus; Horndasch, Sebastian: Master nach Plan. Strategien für Auswahl, Bewerbung und Finanzierung des Masterstudiums. Bielefeld 2007.

*Herrmann / Verse-Herrmann 2006*
Herrmann, Dieter; Verse-Herrmann, Angela: Geld fürs Studium und die Doktorarbeit: Wer fördert was? Frankfurt am Main 2006.

*Hildebrandt 2007*
Hildebrandt, Bodo: Studium Generale. In: Lenzen 2007, 1471 - 1476.

*Holst 2002*
Holst, Ulrich: Online studieren. Fernstudium und virtuelle Universität. Würzburg 2002.

*HRK 2004*
HRK (Hrsg.): ECTS-Key Features, ECTS Users' Guide. Rundschreiben 22 / 2004. Http://www.fibaa.de/dokumente/progdokumente/HRK-ECTS-Key-Features.pdf, 2004, Abruf am 19. September 2008.

*Huber et al. 1994*
    Huber, Ludwig; Olbertz, Jan; Rüther, Hans-Joachim; Wildt, Johannes (Hrsg.): Über das Fachstudium hinaus. Berichte zu Stand und Entwicklung fachübergreifender Studienangebote an Universitäten. Weinheim 1994.

*Karbach 2005*
    Karbach, Rolf: Einführung in die Rhetorik. Werkzeugkasten zur Aneignung einer Schlüsselqualifikation. Altenberge 2005.

*Kehr 2002*
    Kehr, Hugo: Souveränes Selbstmanagement. Weinheim 2002.

*Kleinbeck 2004*
    Kleinbeck, Uwe: Arbeitsmotivation. Weinheim, München 2004.

*KMK 2007*
    KMK (Hrsg.): Ländergemeinsame Strukturvorgaben gemäß § 9 Abs. 2 HRG für die Akkreditierung von Bachelor- und Masterstudiengängen. Beschluss der Kultusministerkonferenz vom 10. Oktober 2003 in der Fassung vom 15. Juni 2007. Http://www.akkreditierungsrat.de/fileadmin/Seiteninhalte/Dokumente/kmk/BS_070615_LaendergemeinsameStrukturvorgaben.pdf, 2007, Abruf am 19. September 2008.

Knill 2002
    Knill, Marcus: Zeit managen – aber wie? Http://www.rhetorik.ch/Zeitmanagement/Zeitmanagement.html, 2002, Abruf am 19. September 2008.

*Knorr 1998*
    Knorr, Dagmar: Pfade durch den Bücherdschungel. Arbeit in der Bibliothek. In: Kruse 1998, 162 - 176.

*Köster 2002*
    Köster, Fritz: Studienabbruch. Perspektiven und Chancen. Frankfurt am Main 2002.

*Kraus / Westermann 2006*
    Kraus, Georg; Westermann, Reinhold: Projektmanagement mit System. Organisation, Methoden, Steuerung. 3. Aufl. Wiesbaden 2006.

*Krisam 2002*
    Krisam, Ilse: Zum Studieren ist es nie zu spät. Statistische Daten, soziokulturelle Basis, Motivationen, Inhalte und Gestaltung eines ordentlichen Studiums im dritten Lebensabschnitt. Münster 2002.

*Kruse 1998*
    Kruse, Otto (Hrsg.): Handbuch Studieren. Von der Einschreibung bis zum Examen. Frankfurt am Main 1998.

*Lazarus 1995*
    Lazarus, Richard: Streß und Streßbewältigung. Ein Paradigma. In: Filipp 1995, 198 - 232.

*Leger 1998*
    Leger, Bernd: Lohnender Blick über den Tellerrand. Auslandspraktika. In: Kruse 1998, 361 - 369.

*Lennertz 2002*
    Lennertz, Dieter: Projekt-Management. In: Thommen 2002, 307 - 347.

*Lenzen 2007*
   Lenzen, Dieter (Hrsg.): Pädagogische Grundbegriffe. Bd. 2: Jugend bis Zeugnis. 8. Aufl. Reinbek 2007.

*Leppert / Ramm 1998*
   Leppert, Georg; Ramm, Thorsten: Uni-Survival-Buch. Studienanfang leicht gemacht. Frankfurt am Main 1998.

*Leymann 2006*
   Leymann, Heinz: Mobbing. Psychoterror am Arbeitsplatz und wie man sich dagegen wehren kann. 13. Aufl. Reinbek 2006.

*Lind 2006*
   Lind, Inken: Kurzexpertise zum Themenfeld Frauen in Wissenschaft und Forschung. Http://www.bosch-stiftung.de/content/language1/downloads/Kurzexpertise.pdf, 2006, Abruf am 19. September 2008.

*Litke / Kunow 2006*
   Litke, Hans-Dieter; Kunow, Ilonka: Projektmanagement. 5. Aufl. München 2006.

*Lockstein / Faust 2001*
   Lockstein, Carolin; Faust, Susanne: Relax! Der schnelle Weg zu neuer Energie. München 2001.

*Martens / Kuhl 2008*
   Martens, Jens; Kuhl, Julius: Die Kunst der Selbstmotivierung. 3. Aufl. Stuttgart 2008.

*Meinefeld 2007*
   Meinefeld, Werner: Studienabbruch und Studienfachwechsel in der Soziologie. Ein Blick hinter die Zahlen. In: Soziologie 36 (2007) 1, 45 - 62.

*Messing 2006*
   Messing, Barbara: Das Studium: Vom Start zum Ziel. Leitfaden für Studierende. Berlin, Heidelberg 2006.

*Münzing-Ruef 2000*
   Münzing-Ruef, Ingeborg: Kursbuch gesunde Ernährung. München 2000.

*Notter / Arnold 2003*
   Notter, Philipp; Arnold, Claudia: Der Übergang ins Studium. Bericht zu einem Projekt der Konferenz der Schweizerischen Gymnasialrektoren (KSGR) und der Rektorenkonferenz der Schweizer Universitäten (CRUS). Http://www.sbf.admin.ch/htm/dokumentation/publikationen/Bildung/Gym_UniBericht-d.pdf, 2003, Abruf am 19. September 2008.

*O. V. 2005a*
   O. V.: Gut leben im Studium. In: Finanztest (2005) 10, 14 - 19. Http://www.test.de/themen/bildung-soziales/special/-Studienbeginn/1290971/1290971, Abruf am 19. September 2008.

*O. V. 2005b*
   O. V.: Leitbild. Http://mediendidaktik.uni-duisburg-essen.de/leitbild, 2005, Abruf am 19. September 2008.

*ÖH 2007*
   ÖH (Hrsg.): Studieren und Arbeiten. Http://www.oeh.ac.at/fileadmin/user_upload/pdf/Broschueren/arbeiten07.pdf, 2007, Abruf am 19. September 2008.

*ÖH Klagenfurt 2007*
ÖH Klagenfurt (Hrsg.): Krankenversicherung. Http://www.oeh-klagenfurt.at/node/133, 2007, Abruf am 19. September 2008.

*Öttl / Härter 2005*
Öttl, Christine; Härter, Gitte: Studienabbruch, na und? Nürnberg 2005.

*Pabst-Weinschenk 2004*
Pabst-Weinschenk, Marita: Reden im Studium. Ein Trainingsprogramm. 3. Aufl. Berlin 2004.

*Papenkort 1993*
Papenkort, Ulrich: Studium Generale. Geschichte und Gegenwart eines hochschulpädagogischen Schlagwortes. Weinheim 1993.

*Papenkort 1994*
Papenkort, Ulrich: Studium Generale. Etikettenschwindel oder Markenname? In: Huber et al. 1994, 49 - 70.

*Pohlenz et al. 2007*
Pohlenz, Philipp; Tinsner, Karen; Seyfried, Markus: Studienabbruch. Ursachen, Probleme, Begründungen. Saarbrücken 2007.

*Prinz 2005*
Prinz, Ulrich: Bildungsaufwendungen im Ertragsteuerrecht. Koordinatenverschiebung durch den BFH, Rechtsprechungsbrechung durch den Gesetzgeber. In: Finanz-Rundschau Ertragsteuerrecht 87 (2005) 5, 229 - 236.

*Riemann 2007*
Riemann, Fritz: Grundformen der Angst. 38. Aufl. München 2007.

*Roth 2007*
Roth, Susanne: Einfach aufgeräumt! In 24 Stunden mit der Simplify-Methode das Chaos besiegen. Frankfurt, New York 2007.

*Rückert 2004*
Rückert, Hans-Werner: Entdecke das Glück des Handelns. Überwinden, was das Leben blockiert. 2. Aufl. Frankfurt 2004.

*Saup 2001*
Saup, Winfried: Studienführer für Senioren. Http://www.bmbf.de/pub/studienfuehrer_fuer_senioren.pdf, 2001, Abruf am 19. September 2008.

*Schlote 2002*
Schlote, Axel: Du liebe Zeit! Erfolgreich mit Zeit umgehen. Weinheim, Basel 2002.

*Schneider 2001*
Schneider, Günther: Das Europäische Sprachenportfolio. Bern 2001.

*Schröder-Gronostay 1999*
Schröder-Gronostay, Manuela: Studienabbruch. Zusammenfassung des Forschungsstandes. In: Schröder-Gronostay / Daniel 1999, 209 - 240.

*Schröder-Gronostay / Daniel 1999*
Schröder-Gronostay, Manuela; Daniel, Hans-Dieter (Hrsg.): Studienerfolg und Studienabbruch. Beiträge aus Forschung und Praxis. Neuwied, Berlin 1999.

*Schulz von Thun 2008*
Schulz von Thun, Friedemann: Miteinander reden. Kommunikationspsychologie für Führungskräfte. 8. Aufl. Hamburg 2008.

Seiwert 2002
Seiwert, Lothar: Das neue 1x1 des Zeitmanagement. 28. Aufl. München 2002.

Seiwert 2006a
Seiwert, Lothar: Noch mehr Zeit für das Wesentliche. Zeitmanagement neu entdecken. Kreuzlingen, München 2006.

Seiwert 2006b
Seiwert, Lothar: Wenn du es eilig hast, gehe langsam. Mehr Zeit in einer beschleunigten Welt. 11. Aufl. Frankfurt, New York 2006.

*Sonntag 2005*
Sonntag, Robert: Blitzschnell entspannt. 2. Aufl. Stuttgart 2005.

*Spiess 1998*
Spiess, Claudia: Unterbruch zwischen Matura und Studium – empfehlenswert oder karrierehinderlich? In: Panorama (1998) 1, 21 - 22. Http://www.edudoc.ch/static/infopartner/periodika_fs/1998/Panorama/Heft_1_1998/pan8121.pdf, Abruf am 19. September 2008.

*Statistisches Bundesamt 2007*
Statistisches Bundesamt (Hrsg.): Deutsche Studierende im Ausland. Statistischer Überblick 1995 - 2005. Wiesbaden 2007. Http://www.destatis.de/jetspeed/portal/cms/Sites/destatis/Internet/DE/Content/Statistiken/BildungForschungKultur/Internationales/StudierendeAusland,property=file.pdf, Abruf am 19. September 2008.

*Statistisches Bundesamt 2008*
Statistisches Bundesamt (Hrsg.): Bildung und Kultur. Prüfungen an Hochschulen 2007. Fachserie 11, Reihe 4.2. Wiesbaden 2008. Http://www-ec.destatis.de/csp/shop/sfg/bpm.html.cms.cBroker.cls?cmspath=struktur,vollanzeige.csp&ID=1022593, 2008, Abruf am 19. September 2008.

*Statistik Austria 2008a*
Statistik Austria (Hrsg.): Studienabschlüsse an Fachhochschul-Studiengängen 2006/2007 nach Studienart, Ausbildungsbereich und Studienort-Bundesland. Http://www.statistik.at/web_de/static/studienabschluesse_an_fachhochschul-studiengaengen_200607_nach_studienart__024435.pdf, 2008, Abruf am 19. September 2008.

*Statistik Austria 2008b*
Statistik Austria (Hrsg.): Studienabschlüsse ordentlicher Studierender an öffentlichen Universitäten 2006/2007 nach Studienart und Hauptstudienrichtung. Http://www.statistik.at/web_de/static/studienabschluesse_ordentlicher_studierender_an_oeffentlichen_universitaet_021625.pdf, 2008, Abruf am 19. September 2008.

*Stock / Schneider / Peper / Molitor 2009a*
Stock, Steffen; Schneider, Patricia; Peper, Elisabeth; Molitor, Eva (Hrsg.): Erfolg bei Studienarbeiten, Referaten und Prüfungen. Alles, was Studierende wissen sollten. Berlin, Heidelberg 2009.

*Stock / Schneider / Peper / Molitor 2009b*
Stock, Steffen; Schneider, Patricia; Peper, Elisabeth; Molitor, Eva (Hrsg.): Erfolgreich promovieren. Ein Ratgeber von Promovierten für Promovierende. 2. Aufl. Berlin, Heidelberg 2009.

*Stöckli 2007*
Stöckli, Thomas (Hrsg.); Taylor, Gordon; Hauenstein, Urs: Perspektiven für zeitgemäße Masterstudiengänge. 2. Aufl. Solothurn 2007.

*Tarifini o. J.*
Tarifini (Hrsg.): Geld ist nicht alles. Argumente für einen Tarifvertrag für studentische Beschäftigte. Http://www.tarifini.de/Documents/Tarif/36811.pdf, o. J., Abruf am 19. September 2008.

*Thommen 2002*
Thommen, Jean-Paul (Hrsg.): Management und Organisation. Konzepte, Instrumente, Umsetzung. Zürich 2002.

*Trökes 2006*
Trökes, Anna: Yoga für Rücken, Schulter und Nacken. München 2006.

*Verbraucherzentrale Nordrhein-Westfalen 2007*
Verbraucherzentrale Nordrhein-Westfalen (Hrsg.): Clever studieren – mit der richtigen Finanzierung. 2. Aufl. Düsseldorf 2007.

*VfGH 2004*
VfGH (Hrsg.): Erkenntnis 17218. Http://www.ris.bka.gv.at/taweb-cgi/taweb?x=d&o=d&v=vfgh&d=VfGHT&i=10255, 2004, Abruf am 19. September 2008.

*Wagner-Link 2005*
Wagner-Link, Angelika: Verhaltenstraining zur Stressbewältigung. Arbeitsbuch für Therapeuten und Trainer. 4. Aufl. Stuttgart 2005.

*Weber 2003*
Weber, Franziska: Nie wieder Rückenschmerzen! Reinbek 2003.

*Weigl 2007*
Weigl, Peter: Pressekonferenz „Hochschulstandort Deutschland 2007". 12. Dezember 2007. Http://www.destatis.de/jetspeed/portal/cms/Sites/destatis/Internet/DE/Presse/pk/2007/Hochschulstandort/statement__vpraes,property=file.pdf, Abruf am 19. September 2008.

*Winkler / Commichau 2005*
Winkler, Maud; Commichau, Anka: Reden. Handbuch der kommunikationspsychologischen Rhetorik. Hamburg 2005.

*Wolf 2006*
Wolf, Doris: Ängste verstehen und überwinden. Wie Sie sich von Angst, Panik und Phobien befreien. 21. Aufl. Mannheim 2006.

*Zacharias 1998*
Zacharias, Gerhard: Kopierjob oder Startrampe zum ersten Arbeitsplatz? Praktika. In: Kruse 1998, 349 - 360.

*Zapf 1999*
Zapf, Dieter: Mobbing in Organisationen. Überblick zum Stand der Forschung. In: Zeitschrift für Arbeits- und Organisationspsychologie (1999) 1, 1 - 25.

*Zimmerhofer et al. 2006*
Zimmerhofer, Alexander; Heukamp, Verena; Hornke, Lutz: Ein Schritt zur fundierten Studienfachwahl – webbasierte Self-Assessments in der Praxis. In: Report Psychologie (2006) 2, 62 - 72.

*ZSPB 2008*
ZSPB (Hrsg.): Beispiele für Selbsttests zur Studieneignung für verschiedene Studienfächer sowie zur Selbsteinschätzung von Profilen eigener Interessen und Potenziale. Http://www.verwaltung.uni-hamburg.de/studienberatung/mb40.pdf, 2008, Abruf am 19. September 2008.

# F   Stichwortverzeichnis

# G Index zu Kapitel X Erfahrungsberichte aus den Disziplinen

Im Folgenden finden Sie den Index zu den Erfahrungsberichten aus den Disziplinen (Kapitel X) wieder. Dieser ist nach Hochschule, Fakultät, Hochschulzugangsberechtigung, Studienabschluss, Finanzierungsquelle, Zusatzqualifikation, Krisenbewältigung, Perspektiven nach dem Studium (Studium und was dann?) und besonderer Situation untergliedert. Die Aufgliederung der Finanzierungsquelle orientiert sich dabei an der Gliederung des Abschnittes III 2, die der Zusatzqualifikation an der des Kapitels VI, die der Krisenbewältigung an der des Kapitels VII, die von „Studium und was dann?" an der von Kapitel VIII und die der besonderen Situation an der des Kapitels IX.

springer.com

Stock · Schneider
Peper · Molitor (Hrsg.)
Erfolg bei Studienarbeiten,
Referaten und Prüfungen

Alles, was Studierende wissen sollten

🙋 Springer

# Erfolg bei Studienarbeiten, Referaten und Prüfungen

**Alles, was Studierende wissen sollten**

Steffen Stock; Patricia Schneider;
Elisabeth Peper; Eva Molitor (Hrsg.)

Dieser Ratgeber richtet sich an Studierende aller
Disziplinen. Er vermittelt den Lesern Techniken, um
Leistungsnachweise aller Art erfolgreich zu bestehen.
„Erfolg bei Studienarbeiten, Referaten und Prüfungen"
zeigt Ihnen die nötigen Lesemethoden und Schreibtechniken, um die Anforderungen im Studium zu erfüllen.
Sie erfahren darüber hinaus, wie Sie sich gezielt auf
Referate vorbereiten sollten und was an der Hochschule
von Ihnen erwartet wird. Schließlich schildern Dozenten
selbst ihre Erfahrung mit Studierenden und geben wertvolle Hinweise, wie Sie Ihr Studium meistern können. Dieser
interdisziplinäre Ratgeber für Studierende präsentiert das
geballte Wissen vieler Hochschulabsolventen und bietet
damit alles, was Sie für ein erfolgreiches Studium wissen
sollten!

2009. X, 207 S. 3 Abb. Brosch.

ISBN: 978-3-540-88815-4

▶€ (D) 16.95 | € (A) 17.42 | * sFr 26.50 |

**Bei Fragen oder Bestellung wenden Sie sich bitte an** ▶Springer Customer Service Center GmbH, Haberstr. 7,
69126 Heidelberg ▶**Telefon:** +49 (0) 6221-345-4301 ▶**Fax:** +49 (0) 6221-345-4229 ▶**Email:** orders-hd-
individuals@springer.com ▶€(D) sind gebundene Ladenpreise in Deutschland und enthalten 7% MwSt; €(A) sind
gebundene Ladenpreise in Österreich und enthalten 10% MwSt. ▶Die mit * gekennzeichneten Preise für Bücher und
die mit ** gekennzeichneten Preise für elektronische Produkte sind unverbindliche Preisempfehlungen und enthalten die landesübliche MwSt. ▶Programm- und Preisänderungen (auch bei Irrtümern) vorbehalten ▶Springer-
Verlag GmbH, Handelsregistersitz: Berlin-Charlottenburg, HR B 91022. Geschäftsführer: Haank, Mos, Hendriks

 **Springer**

springer.com

Stock · Schneider
Peper · Molitor (Hrsg.)
**Erfolgreich promovieren**

Ein Ratgeber von Promovierten
für Promovierende

Infos zu
D, A, CH

2. Auflage

🕮 Springer

# Erfolreich promovieren

### Ein Ratgeber von Promovierten
### für Promovierende

Steffen Stock; Patricia Schneider;
Elisabeth Peper; Eva Molitor (Hrsg.)

Dieser Ratgeber richtet sich an Promovierende aller
Disziplinen. Er ermöglicht den Lesern in Deutschland und seit
dieser zweiten Auflage auch in Österreich und der Schweiz,
die Arbeit an der Promotion effektiver zu gestalten. Er
begleitet den Leser daher durch den gesamten Promotions-
prozess von der Entscheidung zur Promotion, über Rahmenbedingungen und Durchführung des Promotionsvorhabens
bis hin zur Fertigstellung der Dissertation, Prüfung und
Veröffentlichung. Zugleich will „Erfolgreich promovieren"
möglichen Krisen wie Vereinsamung, Schreibblockaden,
Zeitproblemen und Stress vorbeugen sowie Tipps zu deren
Bewältigung geben. Darüber hinaus enthält dieses Buch
vielerlei Erfahrungsberichte aus den unterschiedlichsten
Disziplinen. In der zweiten Auflage wurden u. a. neue
Erfahrungsberichte von Promovierten sowie Berichte von
Abbrechern und Betreuern aufgenommen. Dieser Ratgeber
stellt das geballte Wissen von Promovierten für Promovie-
rende und damit das optimale Werkzeug für eine erfolgreiche Promotion dar!

2009. 2., überarb. u. erw. Aufl. XII, 374 S. 20 Abb. Brosch.

ISBN: 978-3-540-88766-9

▶€ (D) 24.95  € (A) 25.65 | * sFr 39.00 |

**Bei Fragen oder Bestellung wenden Sie sich bitte an** ▶Springer Customer Service Center GmbH, Haberstr. 7,
69126 Heidelberg ▶**Telefon:** +49 (0) 6221-345-4301 ▶**Fax:** +49 (0) 6221-345-4229 ▶**Email:** orders-hd-
individuals@springer.com ▶€(D) sind gebundene Ladenpreise in Deutschland und enthalten 7% MwSt; €(A) sind
gebundene Ladenpreise in Österreich und enthalten 10% MwSt. ▶Die mit * gekennzeichneten Preise für Bücher und
die mit ** gekennzeichneten Preise für elektronische Produkte sind unverbindliche Preisempfehlungen und enthalten die landesübliche MwSt. ▶Programm- und Preisänderungen (auch bei Irrtümern) vorbehalten ▶Springer-
Verlag GmbH, Handelsregistersitz: Berlin-Charlottenburg, HR B 91022. Geschäftsführer: Haank, Mos, Hendriks

Printed in the United States
By Bookmasters